NOUVEAUX ÉLÉMENS

DE

MINÉRALOGIE

OU

MANUEL

DU MINÉRALOGISTE VOYAGEUR;

Par M. Brard,

INGÉNIEUR CIVIL, CHEVALIER DE LA LÉGION D'HONNEUR

TROISIÈME ÉDITION,

REVUE, CORRIGÉE ET MISE AU NIVEAU DES CONNAISSANCES ACTUELLES

PAR M GUILLEBOT,

ANCIEN ÉLÈVE DE L'ÉCOLE POLYTECHNIQUE, ÉLÈVE INGÉNIEUR DES MINES.

PARIS,

MÉQUIGNON-MARVIS PÈRE ET FILS,

LIBRAIRES-ÉDITEURS,

RUE DU JARDINET, 13.

1838.

NOUVEAUX ÉLÉMENS

DE

MINÉRALOGIE.

CORBEIL, IMPRIMERIE DE CRÉTÉ.

NOUVEAUX ÉLÉMENS

DE

MINÉRALOGIE

OU

MANUEL

DU MINÉRALOGISTE VOYAGEUR;

Par M. Brard,

INGÉNIEUR CIVIL, CHEVALIER DE LA LÉGION D'HONNEUR.

TROISIÈME ÉDITION,

REVUE, CORRIGÉE ET MISE AU NIVEAU DES CONNAISSANCES ACTUELLES

PAR M. GUILLEBOT,

ANCIEN ÉLÈVE DE L'ÉCOLE POLYTECHNIQUE, ÉLÈVE INGÉNIEUR DES MINES.

PARIS,

MÉQUIGNON-MARVIS PÈRE ET FILS,

LIBRAIRES-ÉDITEURS,

RUE DU JARDINET, 13.

1838.

INTRODUCTION.

J'ai hésité un moment avant de me déterminer à publier cette troisième édition de mes Élémens de Minéralogie; j'avais peine à croire que les élèves qui suivent les cours de l'École des Mines et du Jardin des Plantes de Paris n'eussent encore rien de mieux pour les guider que ce livre, qui commençait cependant à vieillir.

Mais quand j'ai été bien convaincu qu'il en était cependant ainsi, et quand j'ai été certain que ce livre ne se trouvait plus dans le commerce, j'ai cru devoir, dans l'intérêt de la science, prendre toutes les mesures possibles pour porter cet ouvrage au point de perfection dont il est susceptible, et pour le placer au niveau des connaissances actuelles.

Pour parvenir à ce but et pour avoir l'avantage d'offrir aux élèves un livre qui leur fût véritablement utile, soit pour soutenir leurs examens, soit pour les aider à rédiger les notes qu'ils prennent à la hâte dans les cours, je n'ai pas voulu m'en rapporter à moi seul, car, éloigné de Paris depuis long-temps, et m'étant adonné tout entier à la minéralogie industrielle et populaire, j'aurais craint de n'être point assez parfaitement au courant de la minéralogie scientifique telle qu'elle se professe aujourd'hui. En conséquence, pour l'acquit de ma conscience, pour satisfaire mes nombreux lecteurs et pour soutenir la vieille réputation de ce livre véritablement élémentaire, j'ai prié un des élèves les plus distingués de l'École des Mines de vouloir bien se charger de rajeunir le Manuel du Minéralogiste voyageur, tout en lui conservant sa physionomie simple et primitive. M. Guillebot, en acceptant cette tâche par amour pour la science, s'en est acquitté de manière à mériter la reconnaissance de tous les jeunes minéralogistes de la nouvelle école.

Le double titre de cet ouvrage annonce assez qu'il est destiné aux élèves et aux voyageurs, et l'expérience a prouvé qu'il avait satisfait et les uns et les autres.

On a conservé la méthode et la nomenclature d'Haüy pour le fond de l'ouvrage; mais on n'a pas hésité à s'en éloigner et à la modifier toutes les fois que les progrès de la science l'ont exigé. Ce livre est donc au courant du dernier cours de minéralogie fait à l'École des Mines, par M. Dufrénoy.

Quant aux *signalemens* que j'ai adoptés dans l'édition précédente, je les conserve dans celle-ci, parce que je crois qu'ils sont commodes pour tout le monde. J'entends par le signalement d'un minéral le choix d'un ou de plusieurs caractères, pris parmi ceux qui persistent dans toutes ses variétés, quels que soient leurs couleurs, leur degré de transparence ou de pureté; les meilleurs signalemens sont les plus courts : la saveur salée pour toutes les variétés de soude muriatée, et le goût d'encre pour toutes les substances qui contiennent du sulfate de fer, sont des signalemens parfaits.

L'explication des termes minéralogiques, quelques conseils dictés par l'expérience sur la marche qu'il faut suivre quand on veut former les différens genres de collections lithologiques dont j'ai cru devoir caractériser les divers degrés d'utilité ; quelques données pratiques sur l'art de recueillir les minéraux et sur les précautions qu'ils exigent pour les transporter et les conserver ; plusieurs itinéraires tracés au travers des contrées minéralogiques de la France et des pays qui forment sa frontière, pourront être utiles aux jeunes gens qui commencent à voyager, et leur éviter des erreurs et des regrets.

Toutes les discussions, tous les calculs cristallographiques, toutes les petites contestations qui se sont élevées entre les chimistes et les cristallographes, entre l'école allemande et l'école française, ont été soigneusement écartées de cette nouvelle édition, comme elles l'avaient été des deux précédentes, persuadés que nous sommes qu'il faut simplifier les abords de la science pour la faire aimer, et que les débats scientifiques ne sont ni moins aigres ni moins pénibles que les discussions civiles.

La minéralogie, ainsi débarrassée de tout ce qui pourrait en rendre les élémens par trop sévères, devient une science à la portée de tous les bons esprits ; elle est utile, elle est agréable, elle a son côté sérieux, sans doute ; mais on peut l'éviter quand on ne veut point entrer dans toutes les sublimités de la science, et que l'on se contente, pour commencer, de pouvoir reconnaître de prime-abord les quinze ou vingt substances qui nous entourent habituellement, et tous les phénomènes qui sont particuliers au règne minéral.

La connaissance des minéraux, ramenée ainsi à sa plus simple expression, est loin de satisfaire celui qui se destine à l'art des mines ou à l'étude de la géologie; mais il doit commencer par là, et elle suffit à l'artiste, au voyageur, aux marins et aux militaires, que leurs devoirs ou leurs goûts appellent dans des contrées lointaines, dont le sol est encore nouveau pour les nations civilisées.

Bientôt il ne sera plus permis d'ignorer les élémens d'une science qui se trouve en contact avec l'agriculture et tous les arts industriels, et nous serons heureux de pouvoir penser que nous avons pu contribuer à la propagation de cette partie des connaissances humaines.

NOUVEAUX ÉLÉMENS

DE

MINÉRALOGIE.

NOTIONS PRÉLIMINAIRES.

LES minéraux sont les corps qui composent la masse solide du globe ; ils sont dépourvus d'organisation, ne présentant qu'un assemblage de molécules déposées par juxtaposition, et réunies par une force que l'on nomme affinité. Ces molécules sont de deux espèces : les molécules intégrantes et les molécules élémentaires. On obtient les premières par la division mécanique, et les autres par les agens chimiques. Ainsi, par exemple, si l'on prend un cube de plomb sulfuré, et qu'on le brise, on obtient un plus ou moins grand nombre de parties qui sont composées de plomb et de soufre ; si l'on pulvérise ces parties, qu'on les porphyrise si l'on veut, on obtiendra une multitude de parties d'une ténuité extrême, mais qui, prises séparément, n'en seront pas moins composées de plomb et de soufre : voilà les *molécules intégrantes*. Maintenant, si l'on soumet ces mêmes molécules à une action chimique quelconque qui soit capable de les décomposer, on obtiendra, d'une part, des molécules de plomb, et, de l'autre, des molécules de soufre ; et voilà les *molécules élémentaires*.

De la cristallisation régulière.

La cristallisation est l'action par laquelle les molécules intégrantes d'un minéral se réunissent, après avoir été dissoutes dans un fluide.

Si ce fluide est parfaitement en repos, que l'espace qui le contient soit vaste, et que l'abandon du dissolvant se fasse avec calme et lenteur, les molécules se placent suivant des lois qui varient avec les espèces, mais qui sont d'une constance imperturbable dans chacune d'elles. De ce concours de circonstances résultent des cristaux réguliers, isolés ou groupés, qui recèlent un noyau commun, d'une figure régulière et constante pour chaque espèce, mais qui affectent ordinairement des formes secondaires excessivement variées, toujours soumises à des lois immuables, et susceptibles d'être ramenées au noyau, ou à leur forme primitive, par l'enlèvement successif des lames qui sont venues se déposer sur ses faces et qui l'ont simplement déguisé. Une cristallisation précipitée ou agitée ne donne naissance qu'à des cristaux imparfaits, qu'à des aiguilles, qu'à des lames entrelacées, ou simplement à des masses fibreuses, soyeuses ou saccaroïdes, tels que les albâtres, les marbres statuaires, etc.

La forme primitive est donc un solide régulier qui sert de noyau à tous les cristaux, qui est invariable dans chaque espèce, mais qui est souvent cachée sous une enveloppe symétrique, qui est la forme secondaire, dont on peut la dégager, soit par la division mécanique ou par le raisonnement appuyé du calcul. C'est ainsi qu'un grand nombre de minéraux ne se sont point encore présentés sous leur forme primitive, et que l'on a été forcé, pour la découvrir, d'avoir recours à l'un de ces deux moyens.

Tous les cristaux peuvent se rapporter à six formes primitives qui sont :

1° Octaèdre régulier ;

2° Rhomboèdre ou rhomboïde ;

3° Octaèdre à base carrée ;

4° Octaèdre à base rectangulaire ; .

5° Prisme oblique , rhomboïdal ou symétrique ;

6° Prisme oblique non symétrique.

Outre ces six formes primitives , les minéraux présentent dans la nature d'autres formes très-variées, auxquelles on a donné le nom de *formes secondaires*, et qui dérivent des six types primitifs par des lois géométriques bien déterminées. L'étude détaillée de ces lois constitue *la cristallographie*.

Haüy découvrit le premier une relation entre tous les cristaux d'une même substance ; il énonça ces deux lois :

1° *Les divers cristaux d'un même minéral peuvent toujours être rapportés à une même forme primitive dont les angles sont constans;*

2° *Lorsque les minéraux diffèrent chimiquement, les formes cristallines sont différentes, ou, si les formes appartiennent à un même type, les angles sont différens.*

Cette seconde loi est trop générale, et on y reconnaît maintenant quelques exceptions. Ainsi il existe des corps dimorphes , c'est-à-dire des substances identiques chimiquement, mais dont les cristaux doivent être rapportés à deux formes primitives distinctes. Tels sont le carbonate de chaux et l'arragonite.

Sans entrer ici dans des détails de cristallographie qui nécessiteraient l'examen de figures géométriques et quelques calculs trigonométriques, j'indiquerai seulement la loi générale en vertu de laquelle les formes secondaires dérivent des formes primitives. *Toutes les fois qu'une partie d'un cristal subit une modification, toutes les parties semblables du même cristal sont modifiées de la même manière.* Exemple: Un cube présente huit angles solides et douze arêtes ; d'après la symétrie de ce solide, ses huit angles sont des parties seblables, et il en est de même de ses douze arêtes. Alors , d'après la loi que je viens d'énoncer, si l'un des angles solides est coupé par un plan, il en sera de même des sept autres ; on aura donc un nouveau solide dans lequel tous les angles du cube auront été remplacés par de petites faces triangulaires. De même, si l'une des arêtes est taillée par un plan, toutes les autres arêtes seront enlevées de la même manière. Toutes ces arêtes du cube primitif auront donc été remplacées par une bordure de facettes hexagonales. Si la première modification empiète de plus en plus sur les angles du cube primitif, elle mène à l'octaèdre régulier ; la seconde modification mène au dodécaèdre rhomboïdal.

Quand on étudie géométriquement les cristaux, on se représente les modifications comme provenant de plans géométriques menés par les arêtes ou sur les angles, et prolongés de façon à comprendre entre eux un nouveau solide ; mais il y a une autre manière d'envisager la formation de ces modifications, qui donne l'idée de la manière dont s'opèrent dans la nature les transformations de ces cristaux secondaires. Cette sorte de métamorphose paraît avoir lieu par une superposition de lames auxquelles il manque un certain nombre de rangées de molécules, soit sur les bords, soit sur les angles. C'est à cette soustraction de rangées que l'on a donné le nom fort expressif de décroissement.

Je ne puis entrer dans les détails et dans les calculs que le simple exposé du phénomène exigerait ; mais l'on se figurera facilement de combien de modifications et de combinaisons ces décroissemens sont susceptibles, en supposant tour à tour qu'ils ont lieu sur les bords, sur les angles solides, sur les arêtes, suivant les diagonales ou dans des directions mixtes ; en les supposant lents ou rapides dans tous les sens, lents dans un sens, et rapides dans l'autre. De là cette source inépuisable de *formes secondaires*, de résultats variés, si compliquée en apparence et si simple en définitive, dont la première idée appartient à Linné, mais qui a reçu tout son lustre et tout son développement des mains de notre célèbre et savant compatriote Haüy.

On appelle système cristallin d'une substance l'ensemble de la forme primitive et de toutes les formes secondaires de cette substance. Il y a 18 formes que l'on retrouve le plus fréquemment parmi les cristaux, et auxquelles on donne le nom de *formes dominantes*; ce sont : le tétraèdre, le cube, l'octaèdre, le dodécaèdre rhomboïdal, le dodécaèdre pentagonal, l'icosaèdre, le trapézoèdre, le rhomboèdre, le prisme hexaèdre régulier, le dodécaèdre à triangles isocèles, le métastatique, l'octaèdre à base carrée, l'octaèdre symétrique, le prisme à base carrée, le prisme droit symétrique, le prisme droit rhomboïdal, le prisme oblique rhomboïdal, le prisme oblique non symétrique.

La variété des formes secondaires paraît due aux divers dissolvans dans lesquels les cristaux se formaient. Ainsi, M. Leblanc a montré qu'on pouvait à volonté obtenir de l'alun avec les diverses formes de son système cristallin, au moyen de substances additionnelles ajoutées dans l'eau mère; savoir : des cubes, en ajoutant de l'acide nitrique; des cubo-octaèdres, en ajoutant du nitrate de cuivre ; des cubo-icosaèdres, en ajoutant de l'acide muriatique ; des octaèdre-dodcaèdres, en ajoutant du borax ; des cube-octaèdre-dodécaèdres, en ajoutant du sel marin.

Fréquemment la cassure des minéraux est lamelleuse ; on peut en enlever des plaques qui sont juxtaposées parallèlement. On désigne par le nom de *clivage* cette propriété des minéraux de se diviser en portions à surfaces nettes, et on dit qu'une substance a un ou plusieurs clivages, suivant qu'elle est susceptible de se diviser en lames parallèlement à une ou plusieurs directions. Une substance minérale peut avoir plusieurs clivages différant entre eux, non seulement par la direction, mais encore par la facilité. La chaux sulfatée en offre un exemple : elle a trois clivages, dont l'un est très-facile, et les deux autres plus difficiles. Cette facilité variable du clivage est liée à la forme cristalline. Généralement, dans un même minéral, les clivages forment entre eux, et avec l'axe de la forme primitive, des angles constans. Il y a cependant quelques exceptions ; ainsi le pyroxène des volcans n'a que deux clivages, lorsque celui des terrains primitifs en a trois. Le plus souvent, les clivages mènent à la forme primitive, mais cette règle n'est pas générale ; car d'abord les clivages n'existent pas toujours ; puis il y en a de supplémentaires, comme dans la chaux carbonatée, suivant les plans diagonaux.

Je terminerai l'exposé de ces généralités sur la cristallographie en indiquant quelques anomalies aux lois qui régissent la transformation des formes primitives en formes secondaires.

La première de ces anomalies est l'existence de quelques cristaux incomplets ; ainsi le tétraèdre n'est qu'un demi-cristal, car il dérive du cube, en ne menant que la moitié du nombre des plans qui donnent l'octaèdre. Le dodécaèdre pentagonal est aussi un demi-icositétraèdre (solide à vingt-quatre faces). Cet icositétraèdre naîtrait d'un cube, sur chacune des arêtes duquel on placerait un biseau, et le dodécaèdre pentagonal provient de ce que, dans chacun de ces biseaux, un des plans disparaît, est en quelque sorte paralysé.

Une autre anomalie, plutôt apparente que réelle, est celle des cristaux qui présentent des angles rentrans auxquels Haüy a donné le nom *d'hémitropes.* On se fera une idée nette de *l'hémitropie*, en supposant qu'un cristal est partagé en deux parties par un plan, puis que l'une de ces portions tourne d'une demi-révolut on sur l'autre. D'autres fois, l'hémitropie résulte de ce que deux cristaux se pénètrent en se croisant sous un angle constant. Je citerai comme le meilleur exemple la staurotide, dont les cristaux prismatiques se coupent à angle droit, ou sous un angle de 60°. On est averti de l'hémitropie en ce que les clivages ne se continuent pas dans toute la masse, mais s'arrêtent à un plan déterminé, qui est généralement parallèle à une face de la forme primitive. Quelquefois, et cela a lieu pour le feldspath, les hémitropies ont lieu suivant les plans diagonaux.

Une autre anomalie consiste en ce que les cristaux ne sont pas toujours terminés par des faces correspondantes. La tourmaline en offre un exemple ; elle présente des pointemens à trois faces sur des prismes hexagonaux ; les trois faces de l'un des sommets appartiennent à un certain rhomboèdre ; celles de l'autre sommet, à un autre rhomboèdre ; mais ces deux rhomboèdres appartiennent l'un et l'autre au système cristallin de la tourmaline. La propriété électrique polaire de la tourmaline est liée à cette infraction aux lois de la cristallisation.

Il y a une anomalie plus importante encore, dont j'ai déjà dit un mot, c'est le dimorphisme, propriété d'une substance de se présenter avec deux formes primitives différentes. Nous insisterons, dans le courant de cet ouvrage, sur les substances qui présentent cette propriété.

Des Cristallisations confuses, des Concrétions, des Incrustations ou Pseudomorphoses, et des Minéraux formés par dépôt ou sédiment.

Nous avons dit qu'une cristallisation gênée, précipitée ou agitée, ne donnait naissance qu'à des cristaux imparfaits, dont les angles et les pyramides sont émoussés, dont les faces sont raboteuses ou curvilignes, qui se changent en lames, en aiguilles ou en filamens groupés et entrelacés confusément ; qu'il en résultait souvent des masses solides, composées de lames ou lamelles qui se croisent dans tous les sens, ou qui sont lamelleuses dans une direction et fibreuses dans l'autre. Tels sont, avons-nous dit, les marbres blancs statuaires et les albâtres calcaires qui appartiennent à la formation des concrétions, qui conservent encore les dernières traces de la cristallisation proprement dite, puisqu'elles sont souvent hérissées à leur surface d'une infinité de cristaux imparfaits, et que leur cassure présente encore des lames cristallines.

Les concrétions les plus remarquables, et celles qui donnent naissance à l'albâtre, sont des stalactites et les stalagmites calcaires; ce sont au moins les plus volumineuses, les seules peut-être qui se forment journellement, et qui tendent à remplir les cavités plus ou moins spacieuses qui se trouvent çà et là dans le sein des montagnes calcaires.

Un autre genre de cristallisation est celui qui a rempli les moules creux de certains cristaux qui ont disparu par une cause qui nous est encore tout-à-fait inconnue, et qui ont été remplacés par une substance qui s'est moulée dans ces vides; d'autres fois même, la nouvelle substance n'a fait que les recouvrir : ils sont restés cachés sous cette enveloppe étrangère, ou n'ont laissé qu'un vide à leur place. Ce qui arrive aux cristaux se présente bien plus souvent encore par rapport aux corps organisés, tels que les coquilles, les madrépores, les bois, les os, etc., et ce sont ces imitations, ces empreintes en creux ou en relief qui portent dans la méthode le surnom de *pseudomorphoses*. Un moulage aussi parfait suppose une substance d'une assez grande pureté dissoute ou réduite à une bien grande ténuité, puisque les traits les plus fins y sont reproduits avec une fidélité et une netteté parfaites; que les espèces et les variétés sont encore reconnaissables, et qu'il semble parfois que c'est l'animal lui-même qui n'a fait que changer de nature.

Dans les *incrustations*, il n'est plus question que d'un simple moulage extérieur, et toutes les fois qu'il devient trop épais, le corps organisé qui a servi de moule se déguise de plus en plus, et finit par se perdre en entier sous la substance qui n'avait fait, dans l'origine, que le recouvrir d'une couche tellement mince, que les contours en étaient encore reconnaissables. Ici, il ne s'agit plus que de simples dépôts terreux où la cristallisation n'a aucune part. Tels sont les tufs et toutes les incrustations fabriquées à volonté, dont nous parlerons ailleurs.

Quant aux minéraux *de sédiment*, ils ne présentent que l'aspect des substances qui auraient été réduites à l'état de pâtes finement broyées, dont les molécules auraient été suspendues dans un liquide qui les aurait ensuite abandonnées, en leur permettant d'obéir à la gravité, et de se déposer d'une manière plus ou moins calme. La plupart des calcaires secondaires, toutes les argiles, et les marnes, les schistes plus ou moins micacés, les ardoises, semblent avoir été formés de la sorte ; et, si l'on remarque, dans la manière dont ils se brisent, quelques traces de régularité, il faut se garder d'en attribuer l'effet à la cristallisation : ce ne sont que de simples retraits qui n'ont qu'une apparence de régularité, et dont les angles diffèrent entre eux, tandis que les vrais cristaux sont toujours parfaitement constans dans la valeur de leurs incidences respectives. Ces remarques sur les faux cristaux s'appliquent aux basaltes, aux marnes, à certains grès, aux schistes, et même à la houille, qui a souvent une tendance à se briser en rhomboïdes assez réguliers.

DES CARACTÈRES MINÉRALOGIQUES.

L'on nomme *caractère*, en histoire naturelle, tout ce qui peut tendre à faire reconnaître les êtres ou les objets que l'on veut décrire : ainsi la forme et le nombre des dents chez les mammifères, la figure du bec et des pattes chez les oiseaux, le nombre et la position des nageoires chez les poissons, celui des étamines, des pistiles et des pétales en botanique, sont des caractères, comme la fusion, la forme cristalline, la pesanteur, l'aspect, la couleur et la dureté par rapport aux minéraux.

Avant de faire connaître le parti que l'on doit tirer de chaque caractère minéralogique, je vais en présenter le tableau, et les ranger suivant l'ordre de leur importance.

Caractères physiques.

La forme primitive, la double réfraction, la pesanteur spécifique, l'électricité, le magnétisme et la phosphorescence.

Caractères chimiques.

L'action des acides, l'action du chalumeau.

Caractères mécaniques.

La dureté et la fragilité, l'élasticité et la flexibilité, la ductilité et la ténacité.

Caractères des sens.

Les couleurs et les chatoiemens, l'aspect et la cassure, le toucher, le goût et le happement à la langue, l'odeur et le son.

L'analyse est plus qu'un caractère, c'est l'exposé des principes constituans, et par conséquent l'explication des propriétés ou des caractères chimiques des minéraux, qui n'en sont que les justes conséquences. L'analyse lutte avec les considérations cristallographiques, qui lui ont parfois servi de guide, ou du moins d'index.

1. *Forme primitive.*

La forme primitive est si constante dans les minéraux de même espèce, que je ne balance point à lui donner la première place dans la série des caractères minéralogiques.

· La même forme primitive se retrouve dans plusieurs espèces différentes, il est vrai, parce que la nature est partie plusieurs fois du même point ; mais jusqu'ici cette répétition n'a apporté aucune confusion dans la science, car les substances qui jouissent du même noyau sont si différentes d'ailleurs, qu'il ne peut s'élever aucun doute à leur égard, malgré ce trait d'analogie. Tels sont l'alun et le spinelle, le sel et la pyrite, etc.

Voyez ci-dessus, page 2, ce qui a été déjà dit au sujet de la forme primitive, en parlant de la cristallisation en général.

2. *Double réfraction.*

Plusieurs substances minérales ont la propriété de doubler les objets que l'on regarde à travers deux de leurs faces ; celle qui présente ce caractère de la manière la plus prononcée et la plus facile à observer est la chaux carbonatée, puisque non seulement la double image est parfaitement distincte, mais qu'on peut la découvrir à travers deux faces parallèles, circonstance assez rare, car ordinairement le phénomène n'a lieu que lorsque l'on regarde l'objet à travers deux faces inclinées entre elles, de telle manière qu'il faut quelquefois faire tailler la pierre pour développer en elle la propriété dont il est ici question, et qui appartient néanmoins à la nature de la substance. J'insiste, afin que l'on ne puisse point s'imaginer que cette faculté n'est qu'un résultat de la taille.

On indique plusieurs moyens d'observer la double réfraction : le premier consiste à placer le cristal sur une ligne noire tracée sur le papier, et à l'instant l'on en aperçoit deux dont l'une paraît plus pâle et plus éloignée que l'autre ; mais ce premier procédé n'est applicable qu'à la chaux carbonatée et au soufre, qui doublent à travers deux faces parallèles. Le second moyen consiste à placer la pierre très-près de l'œil, à saisir une épingle par la pointe de l'autre main, et à chercher, en l'éloignant et lui donnant différentes directions, le point où la tête paraîtra composée de deux segmens de sphères qui s'entrecoupent : le corps de l'épingle paraît beaucoup plus gros, et les bords, ainsi que ceux de la tête, sont irisés. Il est essentiel que l'observateur se place vis-à-vis le grand jour pour que l'effet soit apparent.

Le troisième procédé, dont Haüy faisait souvent usage, consiste à percer une carte avec une épingle, à l'appliquer sur la face de la pierre que l'on approche près de l'œil, et à regarder, à travers, la flamme d'une bougie, dont on s'éloigne convenablement et à propos. Si la pierre jouit de la double réfraction, la flamme paraît bifurquée vers sa pointe et irisée sur les bords.

Ce caractère est excellent. Il convient particulièrement aux gemmes ; je ne lui trouve que le défaut d'être assez difficile à observer, d'exiger une taille particulière, et de n'être véritablement applicable qu'aux variétés les plus pures d'un petit nombre d'espèces.

Relation entre la propriété de double réfraction et la forme des cristaux.

Il existe une liaison intime entre la propriété de la double réfraction et la forme des cristaux des minéraux. Les corps dont la forme primitive est l'octaèdre n'ont que la réfraction simple ; les rhomboèdres, prismes à six faces, prismes à base carrée, ont la double réfraction à un seul axe ; le prisme oblique et le prisme rectangulaire droit ont la double réfraction à deux axes.

. Il est nécessaire d'entrer ici dans quelques détails pour faire concevoir ce que l'on entend par axe de double réfraction. Les cristaux dans lesquels on observe la double réfraction forment deux classes distinctes. Si on taille une face plane quelconque dans un cristal de l'une ou de l'autre classe, un rayon lumineux qui y tombera perpendiculairement se divisera généralement en deux rayons, dont l'un prend le nom de rayon ordinaire, l'autre celui de rayon extraordinaire. Mais, pour un cristal de la première classe, il existe une direction particulière et unique de la face plane pour laquelle le rayon incident normal pénètre sans se diviser ; pour un cristal, de la deuxième classe, il y a deux directions qui jouissent de cette propriété. La normale à la section d'un cristal pour laquelle cette propriété a lieu, ou la direction suivie par le rayon incident normal non divisé, est appelée axe de double réfraction ; c'est pour cela qu'on donne aux deux classes différentes des cristaux jouissant de la double réfraction le nom de cristaux à un seul axe, et celui de cristaux à deux axes.

Ces propriétés sont souvent difficiles à manifester. Si une face est taillée parallèlement à l'axe, un faisceau lumineux passant à travers le cristal se divise en deux, et si on a deux cristaux de tourmaline à axes perpendiculaires, aucune lumière ne traverse leur système ; mais, si on interpose un cristal jouissant de la double réfraction, la transparence reparaît. De plus, on peut voir si le cristal est à un seul axe ou à deux axes ; s'il n'y a qu'un seul axe, on observe une série d'anneaux colorés, traversée par une croix tantôt brillante, tantôt noire ; s'il n'y a qu'une seule ligne brillante ou noire, le cristal est à deux axes.

Enfin, il faut aussi rendre compte d'une expression souvent employée en minéralogie, en avertissant que, suivant que la réfraction rapproche ou éloigne l'image de l'axe, on dit que le cristal est à axe attractif ou répulsif.

3. *De la pesanteur spécifique.*

Afin de bien comprendre ce que l'on doit entendre par la pesanteur spécifique des minéraux et de tous les corps en général, il faut supposer pour un instant que l'on en ait un certain nombre réduits, à un volume égal, d'un pouce cube, par exemple : l'on pense bien que les uns seront plus pesans que les autres, et que, si l'on en plaçait un dans chacun des plateaux d'une balance ordinaire, il faudrait ajouter des poids dans celui qui contiendrait le plus léger, afin d'établir l'équilibre.

Il est évident, par exemple, qu'un pouce cube de marbre est beaucoup plus léger qu'un pouce cube de fer, et qu'il faudrait mettre les poids du côté du marbre pour équilibrer la balance; il est évident aussi que, si l'on pouvait ainsi réduire tous les corps à une dimension égale, on aurait aussitôt le rapport de leur pesanteur spécifique, en faisant usage de la balance commune. Mais comme il faut renoncer à cette idée, et que la plupart des minéraux ne sauraient être ainsi taillés et calibrés, l'on a eu recours aux balances hydrostatiques, et particulièrement à celle de Nickolson. A l'aide de ces instrumens, on trouve le rapport entre le poids du corps pesé dans l'air, et la perte qu'il fait lorsqu'on vient à le peser dans l'eau, que l'on suppose ici plus légère que lui. Voici ce qui arrive.

La perte que fait un corps de son poids dans l'eau est égale au poids du volume d'eau qu'il déplace, parce que la force qui servait à soutenir cette eau déplacée est employée à soutenir en partie le corps que l'on y plonge. De cette manière, on obtient le rapport entre le poids du corps et celui de l'eau à volume égal, en divisant le poids du corps pesé dans l'air par la perte qu'il fait dans l'eau. Ainsi, par exemple, si une pierre pèse 6 dans l'air et seulement 3 dans l'eau, il faudra diviser 6 par 3, et l'on aura 2 au quotient, ce qui signifie en termes plus clairs que cette pierre ou ce minéral pèse deux fois autant que l'eau à volume égal; et, si l'on veut savoir combien cette substance pèserait le pied cube, l'opération se bornera à multiplier 2 par 70, poids du pied cube d'eau, et l'on aura 140, qui est le poids du pied cube de cette substance minérale.

La pesanteur spécifique est un excellent caractère pour les minéraux homogènes; c'est un des meilleurs entre autres pour lever les doutes à l'égard des différentes pierres fines qui jouissent de la même couleur. J'ai fait exécuter à cet effet une nouvelle balance hydrostatique, qui est plus commode que celle de Nickolson, et qui peut aider à déterminer très-facilement la nature de la plupart des pierres fines (1).

Ainsi donc, pour obtenir la pesanteur spécifique d'un minéral, au moyen des balances hydrostatiques, il faut diviser son poids dans l'air par la perte qu'il fait dans l'eau, et le quotient exprime le rapport qui existe entre la pesanteur spécifique de ce corps et celle de l'eau à volume égal. Par exemple, la pesanteur spécifique de la baryte sulfatée s'exprimant par 4,47, signifie que ce sulfate pèse presque quatre fois et demie plus que l'eau que l'on suppose exprimée par l'unité. La pesanteur spécifique du platine ordinaire, qui est près de vingt et une fois plus forte que l'eau, s'exprime par 20,98, et ainsi de suite.

4. *De l'Électricité des Minéraux.*

Presque tous les minéraux peuvent s'électriser par le frottement, la pression, le contact de certains corps, la chaleur ; mais les cristaux électriques sont ceux qui conservent l'électricité sans être isolés.

Les minéraux manifestent leurs propriétés électriques par des attractions et des répulsions sur les corps légers et librement suspendus dans l'espace : on obtient ces signes après qu'ils ont été légèrement chauffés, frottés, ou simplement pressés avec le pouce et l'index.

Les uns s'électrisent vitreusement ou résineusement par le frottement.

Les autres jouissent de la double électricité après qu'ils

---

(1) Minéralogie appliquée aux arts, t. III, figure de cette balance, et table à l'appui.

ont été convenablement chauffés, et l'on a trouvé dans ces derniers un accord extrêmement remarquable entre l'électricité et la forme cristalline, puisque les substances électriques, par la chaleur, présentent constamment un manque de symétrie dans la forme de leurs cristaux ; que l'une de leurs extrémités est toujours plus chargée de facettes que l'autre, et que c'est constamment le côté le plus simple qui s'électrise résineusement, tandis que l'électricité vitrée siége toujours au sommet le plus surchargé de facettes.

Huit substances minérales se font particulièrement distinguer par cette propriété électrique : tourmaline, topaze, boracite, axinite, prénite, meionite, zinc oxidé-silicifère, titane siliceo-calcaire.

C'est particulièrement dans les topazes, et surtout dans les tourmalines, que ce phénomène est le plus sensible, parce que ces deux substances se présentent ordinairement sous la forme de cristaux prismatiques alongés, et que leurs sommets sont toujours dissemblables ; on peut, avant de les avoir éprouvés, savoir de quel côté résidera chaque électricité.

On électrise ces substances en les chauffant et les tenant avec une pince isolée ; l'électricité ne se manifeste que pendant que la chaleur croît ou décroît, et, au moment où elle devient stationnaire, les pôles s'inversent. Ainsi, la température croissant, le pôle le plus compliqué est positif, si elle diminue, c'est le contraire. On observe surtout ce phénomène sur la tourmaline, l'axinite et le titane siliceo-calcaire.

Pour observer l'électricité des minéraux qui jouissent de cette faculté, l'on a imaginé une foule de petits appareils extrêmement ingénieux. Haüy les avait presque tous inventés et fait exécuter avec le plus grand soin ; mais un simple bâton de cire à cacheter, terminé par un fil délié ou par un poil de chat, suffit réellement pour éprouver ce caractère ; et celui-là du moins a l'avantage de se trouver à peu près partout. je n'oublie pas que je m'adresse aux voyageurs.

L'électromètre ordinaire du minéralogiste se compose d'une petite aiguille de laiton, terminée par une boule à chaque extrémité, et suspendue à son centre sur un pivot délié qui repose sur un pied. Quand on veut essayer une substance électrique par frottement, on se contente de la présenter à l'une des deux boules, et aussitôt l'aiguille se met à tourner et à s'approcher du minéral en épreuve. Mais s'il ' s'agit d'une subtance électrique par chaleur, il faut commencer par isoler l'électromètre, c'est-à-dire par le poser sur du verre, de la cire ou tout autre corps idioélectrique ; ensuite, il faut frotter un bâton de cire, poser un doigt sur le pied du pivot, approcher la cire de l'électromètre, relever le doigt et ensuite le bâton, et alors l'appareil est électrisé vitreusement ; car je suppose que l'on sait d'avance que les électricités de même nom se repoussent, et que par conséquent la portion d'électricité résineuse, contenue dans l'électromètre à l'état naturel, se sera échappée par le doigt vers le réservoir commun, et le fluide vitré sera resté seul. Cela fait, on approche le minéral échauffé de l'une des boules de l'électromètre : s'il y a attraction, cela prouve que l'on a présenté le sommet le plus simple ou le pôle résineux ; s'il y a répulsion, ce sera le côté vitreux ou le plus compliqué. Le bâton de cire à cacheter, terminé par un poil, remplit absolument le même but, car, après avoir passé ce poil entre les doigts il se trouve électrisé résineusement, et alors en l'approchant ou l'éloignant du minéral, il indique tout aussi bien le côté résineux et le sommet vitré que l'électromètre le plus compliqué. Il existe des minéraux qu'il suffit de presser pour qu'ils manifestent aussitôt des signes très-apparens d'électricité, telles sont certaines topazes, la chaux carbonatée spathique, etc. ; en sorte qu'il est assez difficile de s'assurer s'ils ne sont point dans un état habituel d'électricité.

Un grand nombre de roches et de minerais sont très-bons conducteurs de l'électricité, c'est-à-dire qu'ils laissent passer facilement l'étinçelle ou la commotion, tandis que d'autres sont mauvais conducteurs ou tout-à-fait idiélectriques. Le caractère tiré de l'électricité des minéraux est fort bon, surtout pour les substances qui s'électrisent par la chaleur, car leur nombre est assez limité. Quant à la faculté conservatrice, c'est un fait très-curieux sans doute ; mais les causes qui peuvent les faire varier dans la même substance sont si différentes et si nombreuses, que je ne saurais le mettre au nombre des caractères minéralogiques, et il ne saurait s'appliquer tout au plus qu'aux substances qui jouissent de cette faculté d'une manière très-marquée. On fera cependant fort bien de consulter les tables qu'Haüy a publiées dans son *Traité des caractères des pierres précieuses*, où il fait entrer cette faculté conservatrice des substances minérales pour l'électricité au nombre de leurs caractères distinctifs.

5. *Du magnétisme de minéraux.*

Quand un minéral ne fait que déranger l'aiguille aimantée de sa station ordinaire, et qu'après s'en être faiblement éloignée, elle cesse de le suivre pour retourner à sa direction accoutumée, on dit que *ce minéral fait mouvoir l'aiguille aimantée.*

Quand il attire l'aiguille à lui, l'entraîne à sa suite à mesure qu'il s'en éloigne, et lui fait décrire une révolution complète, on dit que *cette substance attire fortement l'aiguille aimantée.*

Quand un minéral, réduit en petits fragmens ou même en poussière, s'attache à un morceau de fer aimanté qu'on lui présente, qu'il s'élance vers lui d'une certaine distance, on dit qu'*il est attirable à l'aimant.*

Enfin, et c'est le cas le plus rare, quand un minéral attire l'aiguille aimantée dans un sens et la repousse dans l'autre, on dit qu'*il est magnétique*, qu'il jouit du *magnétisme polaire*; et c'est un aimant proprement dit, s'il a la faculté de se diriger suivant la ligne N. S. La limaille de fer s'attache ordinairement à la surface de ces minéraux magnétiques, sous la forme d'aigrettes divergentes, comme elle le fait à l'extrémité des barreaux et des aigui les que l'on a aimantés artificiellement; ils sont susceptibles d'augmenter de vigueur quand on les entoure d'une armure de fer, et qu'on les charge de plus en plus. Nous reviendrons à ce sujet, en parlant du fer oxydulé magnétique.

Haüy était parvenu à reconnaître les plus légères dispositions magnétiques des minéraux par la méthode du double magnétisme, qui consiste à placer l'aiguille servant à l'épreuve dans un état tel, que la plus légère action la détermine à se mouvoir dans le sens où un autre aimant voisin la sollicite à marcher; expérience délicate et ingénieuse, mais qui ne peut guère servir à la distinction des minéraux.

L'on voit que le caractère tiré du magnétisme des minéraux est extrèmement facile à éprouver; il est particulièrement applicable aux minerais de fer; mais nous le citerons toujours avec empressement, en parlant des substances qui en sont douées naturellement, ou qui acquièrent cette faculté par le grillage ou la calcination.

L'aiguille d'une boussole est le seul instrument dont on fasse usage pour reconnaître cette propriété; cependant on y joint quelquefois le barreau aimanté, qui est plus solide, et qui a plus de vigueur que la simple aiguille. Cette propriété n'existe que dans le fer-oxydulé. Quelques fers-oxydulés sont polaires, tous ne le sont pas.

6. *De la phosphorescence.*

Il y a deux sortes de phosphorescence dans les minéraux: celle qui se développe par le simple frottement de deux morceaux l'un contre l'autre, et celle qui se manifeste sur les charbons ardens ; l'une et l'autre épreuve doivent se faire dans l'obscurité, car la lueur qu'elles répandent est si douce, qu'elle ne serait pas sensible au jour.

La phosphorescence par frottement n'exige aucun apprêt, puisqu'il suffit de se placer dans un lieu obscur, et de frotter deux morceaux de la substance qu'on veut éprouver:

L'autre exige que le mineral soit pulvérisé, et que les charbons ne soient point recouverts de cendre ; quelquefois elle réussit aussi fort bien sur la pelle chaude. La lueur phosphorescente est plus ou moins vive et varie de couleur : tantôt elle est bleuâtre ou verdâtre ; d'autres fois, elle ressemble parfaitement, par l'éclat et la teinte, à la lumière du vers luisant. Enfin, certains minéraux, après avoir été long-temps exposés à une vive lumière, et s'en être pour ainsi dire saturés, continuent à luire dans l'obscurité.

La chaux fluatée est la substance la plus phosphorescente.

7. *Action des acides.*

L'on ne fait usage en minéralogie que de l'acide nitrique et de l'acide sulfurique, parce que les différens effets qu'ils produisent sur les minéraux sont assez variés pour procurer d'excellens caractères distinctifs. En effet, ceux qu'ils peuvent attaquer ou dissoudre le sont lentement ou sans effervescence, quelquefois avec effervescence tardive, souvent avec bouillonnement subit et prolongé ; certains colorent la liqueur, et d'autres enfin s'y convertissent en gelée passagère ou permanente. Quant aux autres réactifs, ils rentrent plus ou moins dans le domaine de l'analyse ou de la docimasie, et

l'on peut très-bien les supprimer du nécessaire des minéralogistes.

L'expérience consiste à toucher le minéral avec l'extrémité d'un tube, ou d'une lame de verre que l'on a trempée
dans l'acide, et cela suffit pour déterminer toutes les variétés de chaux carbonatée ; mais comme cela n'apprendrait
point la manière dont certaines substances se comportent dans la liqueur, il faut en verser quelques gouttes
dans un verre de montre, ou mieux dans un petit verre
à pied bien limpide, et y jeter la substance à éprouver, soit
en fragmens ou en poussière : on conçoit qu'il faut choisir
les parties les plus pures et parfaitement dégagées de leur
gangue.

8. Action du chalumeau ordinaire.

Je n'entends parler ici que de l'effet du chalumeau dont se
servent habituellement les bijoutiers, ou tout au plus de celui qui fut perfectionné par Gahn. J'exclus tous les effets
des chalumeaux animés par des soufflets ou par des courans
d'oxygène, etc., leur énergie effaçant les termes de comparaison qui font tout le mérite de ce caractère.

Le chalumeau du minéralogiste est un tube de fer, d'argent, de cuivre ou de verre, dont l'extrémité est recourbée
à peu près à l'angle droit, et terminée par un très-petit trou
par où l'air s'échappe sous la forme d'un jet qui traverse la
flamme d'une lampe ou d'une bougie, et qui donne naissance
à un dard ardent dont on se sert pour fondre les minéraux
ou réduire les minerais. Gahn, qui a beaucoup perfectionné
l'art d'essayer au moyen du chalumeau, a aussi apporté
quelques changemens heureux dans la construction de cet
instrument, savoir, une chambre où l'humidité se rassemble,
et des tuyères de platine de rechange, qui sont percées de
trous plus ou moins fins, suivant l'opératoin que l'on veut
exécuter. A cet instrument, très-simple en lui-même, on

doit ajouter de petites pinces, pour tenir le fragment de la substance que l'on veut éprouver; plus, une petite cuiller, des fils et des lames de platine, dont on se sert suivant la nature de l'épreuve, et dont le principal usage est de faire connaître la manière dont les minéraux se comportent quand on les fond avec le borax, la soude, le nitre, ou tout autre fondant. Quant aux minerais, on les place ordinairement dans le creux d'un charbon que l'on a pratiqué avec la pointe d'un couteau, en ayant soin de ménager au fond une petite loge, dans laquelle il devient quelquefois indispensable d'enchâsser la pièce d'épreuve, qui peut avoir dans cette circonstance la grosseur d'un très-petit pois. Ayant tous ces petits meubles, on pourra essayer la fusion d'un minéral, en préférant pour cette opération la flamme d'une bougie, ou celle d'une petite lampe, à celle d'une chandelle; mais le succès de l'épreuve tient surtout à l'adresse et à l'habitude de celui qui veut l'exécuter. Voici à cet égard ce que M. Berzelius nous prescrit dans son ouvrage sur l'*Art d'essayer les minéraux au chalumeau* (1).

_ « Pour atteindre le *maximum* de chaleur, il ne faut souf-
« fler ni trop fort ni trop doucement. Dans le premier cas,
« la chaleur est enlevée aussitôt que produite par l'impétuo-
« sité du courant d'air; de plus, une partie de cet air s'é-
« chappe sans contribuer à la combustion; dans le second
« cas, il n'arrive pas assez d'air pour un temps donné. »
Une température très-haute est nécessaire, soit lorsqu'on veut éprouver la fusibilité des corps, soit lorsqu'on a à réduire certains oxydes métalliques. Or, pour obtenir ce degré de chaleur extrême, il faut, outre la précaution déjà citée, souffler avec le chalumeau dans la partie supérieure de la flamme de la lampe, parce que l'on prouve que c'est dans

---

1 (1) De l'Emploi du chalumeau dans les analyses chimiques, et des déterminations minéralogiques, par Berzelius; avec figures.

cette partie que réside le plus grand degré de chaleur. On produira, en dirigeant ainsi le bec du chalumeau, un dard de flamme bleue, et c'est vers son extrémité qu'il faudra exposer la pièce d'épreuve, s'il s'agit de fondre un minéral. Dans le cas où l'on aurait l'intention d'opérer la réduction d'un minerai, il faut terminer le chalumeau par une petite tuyère bien fine, ne pas trop engager le bec du chalumeau dans la flamme de la lampe, et l'on produira un dard très-blanc, très-brillant, qui sera propre à la réduction des oxydes. Le choix de la pièce d'essai n'est point indifférent : il faut la choisir pointue ou tranchante sur l'un de ses bords, et surtout se garder de la prendre trop volumineuse ; car il devient impossible d'en opérer la fusion, si pointue qu'elle puisse être à l'une de ses extrémités. Une ligne est à peu près le *maximum* du diamètre que doit avoir une écaille bien mince, ou la longueur d'une aiguille, si la substance est aciculaire.

L'essai du chalumeau, tout simple qu'il paraît être, exige cependant une grande habitude et beaucoup d'adresse : il faut savoir donner le vent sans se fatiguer la poitrine ; il faut savoir choisir la flamme qui convient pour produire bon feu; il faut savoir assortir le feu à l'épreuve que l'on veut exécuter ; il faut bien choisir les pièces, les bien assujettir, soit à l'extrémité de la pincette, dans la boucle du fil, dans la cuiller ou la feuille de platine ; il faut savoir choisir son charbon, quand il s'agit de la réduction d'un minerai; enfin, si l'on veut employer quelques fondans, il faut en connaître les effets, et l'on se trouve ainsi insensiblement conduit dans le domaine de la docimasie, ou de l'essai, par la voie sèche. Ce sont tous ces procédés, toutes les précautions indispensables aux succès de ce genre d'épreuve, qu'il faut étudier dans l'ouvrage de M. Berzelius, que nous venons de citer (1).

______

(1) M. Baillif nous a également donné un excellent Mémoire sur

Nous nous contenterons de récapituler ici les différens effets et les différens produits du feu du chalumeau, sur les minéraux et sur les minerais, et nous dirons qu'une substance minérale

Est réfractaire ou tout-à-fait infusible, quand le feu du chalumeau ne peut pas même émousser ses arêtes ;

Qu'elle se fritte ou se couvre d'une espèce d'enduit ou de vernis ;

Qu'elle se fond en verre, en émail, ou se réduit en scorie ;

Qu'elle ne se fond qu'après avoir augmenté de volume, et s'être boursoufflée avec ou sans bruit ; .

Qu'elle se réduit en bouton métallique, avec ou sans addition, avec ou sans odeur ou fumée ;

Qu'elle se volatilise en tout ou en partie, avec ou sans odeur ;

Enfin, qu'elle colore le verre de borax, ou qu'elle s'y dissout avec ou sans effervescence.

L'essai du chalumeau est un des meilleurs caractères dont nous puissions disposer pour nous aider dans les déterminations minéralogiques ; il paraît que Gahn avait poussé cet art à un point de perfection véritablement extraordinaire, et qu'il était parvenu, surtout à l'aide du carbonate de soude employé comme fondant, à découvrir des atomes de métal dans les minerais les plus pauvres ; le chalumeau peut donc être de la plus grande utilité, non seulement au simple minéralogiste, mais aussi aux mineurs et aux métallurgistes.

L'on peut dire, en général, que la propriété qui permet à certaines substances de se fondre au chalumeau est tout à fait décisive, car il est évident qu'elle se rattache à certains principes constituans, qui font partie intégrante du minéral

---

l'emploi des chalumeaux et de ses accessoires. (Mercure technologique, n° 45.)

qui jouit de cette faculté. Cela est prouvé pour le feldspath, qui cesse d'être fusible quand il perd sa potasse en passant à l'état de kaolin.

Le feu tout naturel des charbons ardens suffit pour déter-miner plusieurs minéraux, sans compter ceux qui répandent une lueur phosphorescente plus ou moins vive. Le nitre, le soufre, le borax, la chaux sulfatée, par exemple, se découvrent par ce seul essai, quels que soient d'ail-leurs leur déguisement et leur peu de pureté : le premier, en fusant et activant l'ardeur du charbon; le second, en répandant cette odeur suffocante qui est connue de tout le monde; le troisième, en se fondant avec un boursouffle-ment qui triple son volume, et qui est accompagné d'un bruissement très-sensible; et le quatrième, en blanchissant et tombant bientôt en poussière.

Le feu de forge ne s'emploie guère que pour éprouver les pierres à chaux et les argiles; les premières se réduisent en chaux vive, et les autres entrent en fusion ou résistent à l'action de la chaleur, suivant qu'elles sont fondantes ou ré-fractaires. L'essai de la forge peut se faire sur des morceaux de la grosseur d'une pomme, et dans la boutique d'un simple maréchal de village.

9. *Dureté et fragilité.*

Le carcatère provenant de l'essai comparatif de la dureté des minéraux n'est décisif que pour les variétés les plus pu-res, pour les gemmes, par exemple, car le plus léger mé-lange de substances hétérogènes, la plus légère altération, augmente ou diminue la dureté d'un minéral. Néanmoins, ce caractère est si expéditif et si facile à éprouver, qu'on ne doit point le négliger. Ainsi, par exemple, il suffit d'une pointe de fer pour déterminer si telle roche est calcaire ou quarzeuse, parce que la première se laisse rayer en blanc, et que l'autre au contraire attaque la pointe et lui résiste.

Le choc du briquet, en déterminant l'étincelle à jaillir de toutes les roches dures, est encore un assez bon moyen de juger le degré de dureté.

Enfin, certaines substances dont la dureté est uniforme sont également employées comme termes de comparaison : tels sont le verre blanc, le quarz et la chaux carbonatée ; on pourrait y en ajouter plusieurs autres, mais celles-ci paraissent suffire aux besoins de la science.

Une substance peut être dure et fragile à la fois, et une autre tendre et tenace. Il ne faut donc point confondre ces deux propriétés des corps, qui sont très-distinctes l'une de l'autre. J'en citerai plusieurs exemples.

Le quarz résiste au fer et s'éclate très-facilement par le choc. Les serpentines se travaillent au tour à la manière du bois et avec les mêmes outils, et, en général, elles sont d'une ténacité très-remarquable.

L'euclase raie le quarz, et sa fragilité est extrême.

Enfin, le jade est d'une telle ténacité, qu'il faut employer beaucoup de force pour le rompre ; que le choc du marteau est pour ainsi dire repoussé par lui, quoique sa dureté ne soit point excessive.

10. *De l'élasticité et de la flexibilité.*

Quelques minéraux lamelleux ou fibreux sont élastiques ou simplement flexibles. Les premiers, après avoir été courbés, reprennent leur forme première, quand on vient à les abandonner ; les autres fléchissent aussi, mais ne font point ressort, et gardent la courbure qu'on leur a imprimée : ces deux facultés ont été employées jusqu'à présent pour distinguer les micas, qui sont élastiques, d'avec les talcs, qui ne sont que flexibles ; et c'est à peu près là où se borne l'utilité de ce caractère. On en parlera cependant encore, en décrivant les propriétés des métaux.

Nous venons de considérer l'élasticité des minéraux

comme caractère distinctif quand elle est très-prononcée ; mais tous les minéraux sont plus ou moins élastiques, et cette propriété, liée à la forme cristalline des substances comme la double réfraction, dépend essentiellement de la disposition moléculaire, comme l'ont démontré les expériences de M. Savart.

Sans entrer ici dans les détails de ces expériences, nous en indiquerons seulement la méthode. M. Savart prenait une plaque taillée parallèlement à l'une des faces du cristal, et, la fixant horizontalement par son milieu, il la saupoudrait de poussière fine, puis la mettait en vibration par le frottement d'un archet sur l'un de ses bords. Un son musical se faisait entendre, et la poussière, disséminée sur la plaque, mise en mouvement par les vibrations, et refoulée sur les points qui restaient en repos, y traçait des lignes géométriques bien déterminées. Il est résulté de ces expériences : que toujours des plaques d'une même substance, taillées parallèlement à des faces situées d'une manière semblable sur le cristal, donnent lieu aux mêmes sons et aux mêmes lignes nodales ; mais que, pour des plaques taillées parallèlement à des faces situées d'une manière différente, les sons diffèrent ainsi que les lignes nodales.

11. De la ductilité et de la ténacité.

Ces deux propriétés sont particulières aux métaux obtenus par l'art, et sortent de la ligne des caractères minéralogiques.

La ductilité est la faculté dont quelques métaux sont doués de s'étendre en lames ou en feuilles minces, sous le choc réitéré du marteau, ou sous la pression des cylindres du laminoir. L'or, de tous les métaux ductiles, est celui qui jouit de cette propriété au plus haut degré.

La ténacité est la faculté qui permet à certains métaux réduits en fils déliés de soutenir un poids plus ou moins pesant, sans se rompre. C'est aussi cette même ténacité qui permet de les passer à la filière, et de les réduire à un tel état de ténuité, qu'ils deviennent susceptibles de former des tissus analogues à la gaze. L'or, le fer et le laiton sont susceptibles de cette sorte de tissage, et l'or même s'associe souvent aux tissus les plus délicats du lin et de la soie.

On donnera, en faisant l'histoire des métaux, le poids qu'ils sont susceptibles de soutenir sous un diamètre constant, et nous les rangerons aussi dans les tables particulières, suivant l'ordre de leur ductilité et de leur ténacité, ordre qui n'est pas parfaitement pareil, car tel métal qui se lamine fort bien, ne peut soutenir l'effort de la filière : tel est le plomb, par exemple.

12. *Des couleurs, des chatoiemens et des reflets.*

Les couleurs, dans les minéraux, sont les effets de deux causes bien distinctes; elles peuvent donc se partager en deux sections. La première est composée des couleurs qui sont dues à des substances colorantes étrangères, combinées avec les autres principes des minéraux.

La seconde renferme celles qui proviennent de la réflexion de la lumière, et qui dépendent par conséquent de l'arrangement des molécules qui leur donne la faculté de réfléchir toujours les mêmes rayons du spectre solaire. Or ces dernières, que l'on pourrait appeler couleurs inhérentes, sont infiniment plus constantes que les premières. Ainsi, par exemple, l'émeraude peut cesser d'être verte, mais le jaune pur est le trait caractéristique de l'or dépouillé de tout alliage; l'émeraude peut passer du vert le plus riche au vert le plus pâle, sans changer de nom, parce qu'ici la couleur est additionnelle, tandis que l'or ne peut cesser de porter sa couleur, sans cesser d'être pur : c'est alors un alliage, un mélange.

Les couleurs irisées et le phénomène des anneaux colorés distinguent surtout les substances lamellaires transparentes;

ainsi la chaux sulfatée est essentiellement lamelleuse, quelques unes de ses lamelles emprisonnant de petites lames
d'air, donnent lieu aux plus beaux anneaux colorés.

La couleur n'est donc point caractéristique dans les minéraux, mais elle l'est éminemment dans les métaux purs.
Aussi l'on serait dans l'erreur, si l'on croyait que les rubis
et les grenats sont toujours rouges, que le cristal de roche
est toujours incolore ; que la topaze est toujours jaune, etc.
Il y a des rubis noirs, des rubis bleus ; il y a des grenats verts,
jaunes et noirs ; il y a du cristal noir, vert, jaune, violet,
enfumé, et des topazes bleues ou incolores ; et, je le répète, les teintes différentes ne font point changer le nom
spécifique de ces substances : ce sont de simples variétés ;
tandis que, dans les métaux, au contraire, la teinte ne change
qu'aux dépens de leur pureté : c'est ainsi que le cuivre rouge
passe au cuivre jaune, par une addition de zinc ; au blanc,
par un mélange d'étain ; que l'on obtient de l'or vert, rouge
ou bleuâtre, par un alliage de cuivre, de fer ou d'argent.

Les reflets et les chatoiemens tiennent particulièrement à
la contexture des minéraux qui en sont pourvus ; mais quelquefois aussi au mélange d'une autre substance minérale,
qui leur donne alors l'aspect soyeux, aventuriné, nacré, etc.

Quelques reflets sont aussi les effets de la cristallisation,
et alors ils se font remarquer par leur régularité : telles sont
les étoiles chatoyantes du corindon astérie, et celle du grenat, qui sont également à six rayons.

L'on voit, d'après ce qui vient d'être dit, combien les
couleurs ont peu de stabilité et peu de constance dans les
minéraux, et combien il serait imprudent de leur accorder
plus d'importance qu'elles n'en méritent véritablement : elles
ne peuvent servir que d'indices ; mais, quand elles se joi-
gnent à d'autres caractères plus importans, elles complètent
et confirment quelquefois le jugement que l'on est prêt à
porter sur telle ou telle substance.

13. *De l'aspect, de la cassure et du tissu.*

Le mot aspect entraîne avec lui une idée de fausse apparence, et c'est en effet la juste application que l'on doit souvent en faire dans les minéraux que l'on compare à de la nacre, à du bronze, à de l'or, etc.

Les micas, les diallages bronzées, les hyperstènes, n'ont que l'aspect métallique ; car il suffit de gratter ou de rayer ces substances pour le leur enlever sans retour.

Quelques minéraux ont l'aspect gras, semblent toujours frottés d'huile, et ne sont cependant ni doux ni onctueux au toucher.

D'autres sont nacrés, d'autres soyeux, satinés, etc.

La cassure fraîche met souvent l'aspect particulier d'un minéral dans tout son jour, et il est certain que cette manière d'être, ce *facies*, est souvent plus constant que la couleur : cela èst évident, par exemple, dans les idocrases et les zircons, pour l'aspect gras ; dans les micas, pour l'aspect métalloïde, etc.

La cassure, jointe à l'aspect, est donc un assez bon caractère, surtout pour certaines espèces : il y en a de fort tranchées, telles que les cassures vitreuses, résineuses, cireuses, saccaroïdes, etc. Quelques minéraux enfin présentent dans leur fracture des espèces de creux qui ressemblent à des coquilles : c'est la cassure conchoïde.

Le tissu ou la contexture influent beaucoup sur la cassure : on distingue particulièrement le tissu compacte, lamelleux, laminaire, spathique, feuilleté, fibreux, soyeux, etc., suivant que l'on distingue des lames étendues ou seulement des lamelles ; suivant que l'on aperçoit des indices de cristallisation, que le minéral semble composé de feuillets superposés, qu'il approche plus ou moins de l'aspect ligneux, ou qu'il se fait remarquer par sa ressemblance avec la soie, etc. L'école allemande attache beaucoup d'importance aux caractères extérieurs en général, et surtout à l'aspect, au tissu et à la cassure ; mais le fait est que, si l'on excepte, comme nous l'avons déjà dit, la constance de l'aspect dans toutes les variétés de certaines espèces, il faut beaucoup diminuer la valeur des caractères que l'on tire habituellement du tissu, et de la cassure, qui lui est toujours subordonnée.

14. *Du toucher.*

Quelques substances sont douces et savonneuses au toucher, d'autres sont constamment rudes, sèches et arides sous la main. Toute la famille des talcs est savonneuse, toutes les roches volcaniques sont revêches.

L'école allemande admet aussi la sensation du froid au nombre des caractères minéralogiques ; et, en effet, plusieurs substances minérales sont sensiblement plus froides au toucher que les autres. On voit d'après cela que le caractère offert par le toucher n'est point général, et qu'il ne s'applique qu'à quelques espèces seulement.

15. *Du goût et du happement à la langue.*

Tous les sels solubles affectent l'organe du goût en raison de la saveur qui leur est propre. C'est ainsi que l'amertume appartient à la magnésie sulfatée ; que la saveur sucrée se retrouve dans les sels à base de plomb ; que la saveur métallique et astringente est portée à l'excès dans le sulfate de fer, de zinc et de cuivre ; qu'enfin le goût salé est particulier au muriate de soude, etc. La saveur est donc un fort bon caractère, quand on s'est exercé à la distinguer ; mais, comme elle est excessivement variée dans les sels qui sont le résultat des préparations chimiques, et qu'il n'est pas même sans danger de les déguster tous, il ne faut appliquer ce caractère qu'aux sels qui se trouvent tout formés dans la nature, et il est véritablement décisif pour la plupart d'entre eux.

Le happement à la langue est la faculté qui permet à certains minéraux d'absorber subitement l'humidité de cet organe, et de s'y attacher avec assez de force pour que l'on soit obligé d'exercer un léger effort pour l'en détacher. Cette propriété est particulière aux marnes, et en général aux substances argileuses sèches.

16. *De l'odeur.*

Peu de minéraux sont doués d'une odeur particulière ; mais ceux qui en ont une portent avec eux un caractère excellent, parce qu'il se rattache à leur nature et à leur composition.

L'odeur bitumieuse, l'odeur d'ail, l'odeur de soufre, sont les plus distinctes et les plus communes ; mais il en existe quelques autres encore qui ne doivent point être négligées. Telles sont l'odeur de pierre à fusil ; l'odeur fétide de certains quarz ; celle du calcaire noir, surnommé pierre de porc ; l'odeur nauséabonde du cuivre ; l'odeur empyreumatique des lignites ; l'odeur ambrée du succin, etc. La plupart de ces différentes odeurs se développent par le feu, les autres par le choc ou le frottement ; mais, comme elles ne sont point toutes caractéristiques, qu'il y en a plusieurs d'accidentelles, nous ne citerons que les premières, savoir : l'odeur de soufre, d'ail ou d'arsenic, de bitume, d'ambre et d'empyreume.

L'*odeur terreuse* se développe par l'humidité de la respiration projetée sur les substances argileuses : c'est la même qui se fait remarquer à la campagne, quand il commence à pleuvoir après une longue sécheresse.

17. *Du son.*

La propriété de faire vibrer l'air, et de produire le son par le choc, appartient essentiellement au règne minéral, mais seulement à certains métaux, et plus particulièrement encore à certains alliages. Quant aux minéraux proprement dits, très-peu jouissent d'un son particulier, car, excepté les ardoises et quelques roches qui se divisent en tables ou en feuillets minces, dont le son est assez remarquable, les autres ne font que le bruit commun quand on les frappe ou qu'on les entre-choque.

Les métaux mous produisent un son sourd quand on les bat, mais l'étain fait entendre un craquement singulier quand on en courbe un barreau, et ce bruit lui est tellement particulier, qu'il porte le nom de *cri de l'étain*, et qu'il est par conséquent caractéristique. Enfin, le soufre en masse, pressé dans la main, fait entendre aussi une espèce de pétillement très-sensible quand on vient à l'approcher de l'oreille.

Ici se termine l'énumération des propriétés et des caractères minéralogiques. J'ai tâché de faire sentir l'importance relative de chacun d'eux, par rapport à l'étude des minéraux, et c'est à l'aide de la connaissance parfaite de ces différentes propriétés et de l'heureuse application que l'on est journellement appelé à en faire, soit dans la nature, soit dans les collections, que l'on parvient à reconnaître les minéraux au premier aspect, ou par suite de l'examen de leurs caractères physiques et de leurs propriétés chimiques.

DISTRIBUTION MÉTHODIQUE

ET DESCRIPTION

DES ESPÈCES MINÉRALOGIQUES.

(MÉTHODE D'HAÜY.)

PREMIÈRE CLASSE.

ACIDES LIBRES.

Les acides libres que l'on rencontre dans la nature sont :
l'acide sulfurique, l'acide sulfureux et l'acide hydrogène-sul-
furé, l'acide boracique, l'acide carbonique et l'acide silicique
ou silice.

PREMIÈRE ESPÈCE.

ACIDE SULFURIQUE.

SIGNALEMENT.

*Saveur brûlante, ordinairement liquide, noircissant les
corps végétaux presque instantanément.*

Ne se congelant que par un froid de 4 à 5 degrés au
dessous de zéro.

Cristallisable en prismes hexaèdres pyramidés.

Pesanteur spécifique, 1,85, presque deux fois plus forte
que l'eau.

ANALYSE PAR BERZELIUS.

Soufre. . . . . 40,14 ⎫
Oxygène. . . . 59,86 ⎬ 100,000

Gisemens et localités.

Cet acide, qui résulte de la combustion rapide du soufre,
a été trouvé d'abord dans une grotte aux environs de Sienne

en Toscane, où il imprègne des concrétions de chaux sulfatée ; depuis dans d'autres grottes, où il suinte à travers les
voûtes, mêlé avec de l'eau. Enfin, M. Leschenaud l'a rapporté, il y a plus de quinze ans, de son voyage à Bornéo ;
il l'avait puisé dans l'intérieur du mont d'Idenne. M. Vauquelin l'ayant examiné, l'a trouvé mélangé de plusieurs sulfates
et d'une petite portion d'acide muriatique.

Le Riovinaigre présente, sur plusieurs lieues, des parties
ne renfermant pas de poissons. Ces parties sont en contact
avec des roches d'où suinte l'acide sulfurique, et en com-
munication avec des terrains volcaniques.

DEUXIÈME ESPÈCE.

ACIDE SULFUREUX.

SIGNALEMENT.

Gazeux à la température ordinaire.
Odeur d'allumette brûlée.
Pesanteur spécifique, 2,24. (Celle de l'air est prise pour
unité.)

ANALYSE.

Soufre. . . . . 50,14 ⎫
Oxygène. . . . 49,85 ⎬ 99,09

Gisemens.

L'acide sulfureux se dégage toutes les fois qu'il se brûle du
soufre ; il n'est produit que par les actions volcaniques, et
son contact, prolongé avec l'air, le transforme en acide sulfurique par l'absorption de l'oxygène.

TROISIÈME ESPÈCE.

ACIDE HYDROGÈNE-SULFURÉ.

SIGNALEMENT.

Gazeux, mais se présente en dissolution dans l'eau.

Odeur d'œufs pourris très-prononcée.
Pésanteur spécifique, 1,17

ANALYSE.

Soufre. . . . . 94,15 } 99,99
Hydrogène. . . 5,84 }

Gisemens.

L'hydrogène sulfuré est tenu en dissolution par toutes les eaux thermales dites sulfureuses (telles sont celles de Baréges). Il se dégage abondamment de ces eaux , et leur communique son odeur fétide. En se décomposant par une combustion lente, à l'air, il dépose du soufre en géodes.

QUATRIÈME ESPÈCE.
ACIDE BORACIQUE ou ACIDE BORIQUE.

SIGNALEMENT.

Fusible à la flamme d'une bougie en un globule de verre qui s'électrise résineusement par le frottement et sans être isolé.

Aspect nacré.
Pesanteur spécifique , 1,48.
Onctueux au toucher.
Très-volatil. On croit que sa forme primitive est un prisme rhomboïdal droit.

ANALYSE PAR BERZELIUS.

Bore. . . . . . 25,83 } 100,00
Oxygène. . . . 74,17 }

Gisemens , localités , usages.

L'acide boracique se trouve en petites masses composées de lamelles légères et nacrées , dont la suface est curviligne , et souvent hérissée par ces mêmes lamelles. On le recueille

sur les bords des Logoni (petits lacs), près de Sienne en Toscane, et aux bords d'une fontaine chaude qui coule aux environs de Sasso, dans le comté de Sienné, d'où lui était venu
le nom de *sassolin*, qui n'a pas été adopté. Enfin, M. Lucas
l'a découvert dans l'intérieur du cratère de Vulcano, où il est
non seulement d'un blanc éclatant comme à l'ordinaire,
mais aussi coloré en jaune par le soufre.

L'acide boracique est employé en pharmacie.

CINQUIÈME ESPÈCE.

ACIDE CARBONIQUE.

SIGNALEMENT.

Se présente toujours, dans la nature, à l'état gazeux.
Il éteint les corps en combustion; il asphyxie.
Pesanteur spécifique, 1,52.

ANALYSE.

Carbone. . . . 27,65 } 99,99
Oxygène. . . . 72,34 }

Gisemens.

L'acide carbonique se dégage en grande abondance, dans
beaucoup d'éruptions volcaniques; c'est un produit constant
des volcans des Andes; les volcans d'Europe le produisent
aussi, mais en moins grande quantité. Ce gaz se trouve mélangé en petites proportions, à l'air atmosphérique; il est
contenu en dissolution, dans beaucoup d'eaux minérales, qui,
par sa présence, acquièrent la propriété de dissoudre certains carbonates qu'elles déposent quand elles perdent leur
acide carbonique. Enfin, dans beaucoup d'exploitations de
mines, le gaz acide carbonique qui se trouvait emprisonné
dans des cavités sans issues, fait souvent irruption dans les
puits et les galeries; comme il est plus dense que l'air atmos-

phérique, il remplit les endroits les plus bas, et cause l'asphyxie. Ce gaz est rapidement absorbé par le lait de chaux.

N. B. Nous devrions nous occuper maintenant de la *silice*
ou *acide silicique*, mais nous avons trouvé plus convenable
de renvoyer l'étude de cet acide à un appendice à la première classe, qui précède immédiatement le chapitre des *silicates*, qui sont fort nombreux.

DEUXIÈME CLASSE.

SUBSTANCES MÉTALLIQUES HÉTÉROPSIDES (1).

Privées naturellement de l'éclat métallique, non réductibles par le charbon, réductibles par l'action de la pile gal-
vanique.

PREMIER GENRE.

CHAUX (oxyde de calcium des chimistes).

PREMIÈRE ESPÈCE.

CHAUX CARBONATÉE (autrefois pierre ou spath calcaire, vulgairement
pierre à chaux).

SIGNALEMENT.

*Réductible en chaux vive par la calcination, dissoluble
dans l'acide nitrique avec effervescence, rayée par une pointe
de fer.*

Forme primitive, un rhomboïde obtus.

On observe trois clivages également faciles parallèlement
aux faces du rhomboèdre primitif, et en outre un clivage
suivant les plans diagonaux.

---

(1) C'est-à-dire qui se montrent sous un aspect étranger. HAÜY.

Pesanteur spécifique, 2,69 à 2,7.

Réfraction double très-apparente à travers deux faces parallèles.

Électricité vitrée par la pression, surtout dans les fragmens rhomboïdaux transparens.

Éclat vitreux et rarement nacré.

ANALYSES.

FOURCROY ET VAUQUELIN.		BIOT ET THÉNARD.
Chaux. 57		56,551
Acide carbonique. . . . 43		42,919
Eau. 0		0,750
	100	100,000

Variétés de formes.

Chaux carbonatée primitive. Le rhomboïde primitif est assez rare dans l'état naturel, mais il s'obtient si facilement par la division mécanique des cristaux secondaires et des masses lamelleuses, qu'il est commun dans les collections : c'est le spath d'Islande par excellence, et c'est à l'aide de ces rhomboïdes que l'on observe la double réfraction de la manière la plus commode.

Équiaxe. Un rhomboïde beaucoup plus obtus que le primitif ; il passe au lenticulaire aussitôt que ses arêtes viennent à s'effacer par l'effet d'une cristallisation imparfaite.

Inverse. Un rhomboïde plus aigu que celui du noyau : souvent l'on n'aperçoit qu'une moitié de ce rhomboïde ; l'autre est engagée dans la masse, et semble s'y prolonger en donnant un tissu fibreux à la cassure, ou formant des aiguilles pressées et convergentes : cette disposition se trouve communément dans les concrétions modernes qui sont hérissées de pointes rhomboïdes à leur surface, et dont l'intérieur présente une contexture radiée.

Métastatique. Un dodécaèdre composé de deux pyramides

opposées base à base, dont chaque face est un triangle scalène. La ligne de jonction des deux pyramides suit les arêtes du noyau rhomboïdal. Cette variété, très-commune dans les filons du Derbyshire, atteint quelquefois jusqu'à un pied de longueur : elle tapisse aussi, assez souvent, l'intérieur des géodes, et ne présente alors qu'une de ses pyramides, l'autre étant engagée dans l'épaisseur de la coque.

Prismatique. Un prisme hexaèdre régulier, présentant quelquefois, alternativement, un pan large et un pan étroit, étant parfois évasé à l'une de ses extrémités, ou tellement comprimé entre ses deux bases, qu'il se change en simples lames hexagonales : variété commune dans les filons et les exploitations du Hartz, de la Saxe et de la Bohême.

C'est sur un cristal de cette variété que notre savant Haüy s'essaya, pour la première fois, à obtenir le noyau par la division mécanique.

Dodécaèdre. Un prisme hexaèdre, terminé à chaque base par trois faces pentagonales.

Le prisme se comprime quelquefois à tel point, qu'il cesse d'être sensible, et les cristaux, ainsi raccourcis à l'excès, sont presque lenticulaires, et ne présentent que les trois grandes faces de la pyramide : de là le nom de spâth calcaire en tête de clou que portait autrefois cette variété dans les collections. On la trouve souvent dans les filons de plomb du Derbyshire.

Haüy a décrit 154 variétés de forme de la chaux carbonatée ; mais il a calculé qu'il y en avait plusieurs milliers de possibles ; que l'on juge d'après cela des nombreuses découvertes qui restent encore à faire dans le champ de la cristallographie.

Variétés produites par la cristallisation imparfaite.

Chaux carbonatée *convexe.* Les variétés rhomboïdales obtuses ci-dessus, dont les faces et les arêtes sont devenues curvilignes.

Spiculaire. On présume que les variétés rhomboïdales aiglües, en s'alongeant outre mesure, ont donné naissance à certains groupes d'aiguilles divergentes, qui recouvrent souvent les incrustations.

Cylindroïde conjoint, autrefois *madréporite*. Une réunion de petits cylindres dont la coupe transversale est unie, légèrement concave et luisante, dont la couleur est le gris noirâtre, et qui rappelle, par cette contexture, l'organisation de certains lithophites; se trouve dans la vallée de Rüsbach, au pays de Saltzbourg.

Aciculaire. En aiguilles plus ou moins fines, radiées ou conjointes, dont la cassure transversale est toujours lamelleuse; ce qui les distingue des aiguilles d'arragonite, dont la cassure, dans le même sens, est vitreuse.

Fibreuse. Aspect soyeux et nacré, dû à la finesse et à la disposition des aiguilles excessivement fines dont elle est composée; se trouve en Cumberland, et se travaille pour la bijouterie.

Laminaire. En grandes lames, dont on peut souvent obtenir le noyau rhomboïdal.

Lamellaire. En lames plus ou moins fines, le marbre de Paros et le marbre grec pentelique.

Saccaroïde. En lamelles beaucoup plus fines encore, qui approchent du tissu du plus beau sucre; le marbre statuaire de Carrare.

Granulaire. Avec ou sans coquilles; la belle lumachelle opaline de Bleyberg en Carinthie.

Compacte. Cassure terne, tissu excessivement serré; le calcaire lithographique de Papenheim et de Châteauroux.

A. D'un rose incarnat, avec cristaux d'amphibole vert de l'île de Tirey en Écosse; B. avec dendrites profondes; C. avec dendrites superficielles.

Globuliforme compacte (vulgairement oolithe). En globules agglutinés par un ciment calcaire, et dont la grosseur varie depuis celle d'une graine de pavot jusqu'à celle d'un pois. On observe que ces différens volumes sont constans dans le même lieu. L'intérieur de ces globules est compacte, ce qui les éloigne d'une autre variété qui appartient aux concrétions ; le calcaire de Lucilebois en Bourgogne, de Nasaret près Brives, etc.

A. *Globuliforme libre* de l'île de la Trinité.

.. *Grossière.* Cassure terne, terreuse, s'égrainant ordinairement sous la pression des doigts, et renfermant souvent des coquilles entières ou brisées, leur empreinte ou leurs moules, la pierre à bâtir de Paris.

-. *Crayeuse* (vulgairement craie). Blanche quand elle est pure, laissant ses traces sur les corps durs ; friable et raboteuse dans sa cassure. Type, la craie de Meudon. Constitue des contrées entières.

-. *Spongieuse* (vulgairement moelle de pierre). Ordinairement blanche, douce au toucher, légère et surnageant l'eau dans laquelle on la plonge, jusqu'à ce qu'elle ait absorbé toute celle qu'elle peut contenir, en faisant entendre un léger bruissement.

.r *Pulvérulente* (vulgairement farine fossile). Elle recouvre assez souvent le calcaire grossier sous la forme d'une couche blanche et farineuse. On a même pensé qu'elle n'en était qu'une simple décomposition.

. *Pseudomorphique.* Cette variété comprend tous les corps organisés fossiles qui ont été changés en chaux carbonatée.

Concrétionnée (vulgairement stalactite et stalagmite).

A. *Fistulaire simple.* C'est une stalactite dont le centre est occupé par un canal assez large, en raison du diamètre entier de la concrétion, et dont le volume et la forme ressemblent assez bien au tuyau d'une grosse plume. Quelquefois l'extrémité inférieure de ce genre de stalactite est terminée par un cristal net dont la formation ne peut être attribuée qu'à la présence d'un liquide dans lequel trempait l'extrémité de la concrétion.

B. *Cylindrique ou fusiforme.* C'est encore une stalactite, mais dont le canal central est infiniment petit, en raison de l'épaisseur de la concrétion, qui est formée de couches concentriques, et qui atteint quelquefois un volume énorme. Ici les variétés de configuration sont infiniment nombreuse ; elles dépendent de l'âge, de la position, du voisinage et du point d'appui de la stalactite, qui croît de haut en bas, et qui a toujours son point d'attache au plafond des cavernes, où elles prennent naissance. Quelques unes sont aussi terminées par des cristallisations, mais ce ne sont que des ébauches de cristaux ou des espèces de rondelles hérissées de pointes. Souvent le canal central s'obstrue et se remplit d'une substance plus pure que celle du reste de la stalactite.

C. *Stratiforme* (vulgairement stalagmite). Formée de couches ondulées différemment colorées, qui se solidifient sur le sol des cavernes, et toujours perpendiculairement au dessous des stalactites.

Lorsque ces stalactites ou ces stalagmites sont assez épaisses et assez compactes, on les emploie dans la décoration, sous le nom d'albâtre, tel est l'albâtre oriental et de Malaga.

D. *Mamelonnée.* En croûtes plus ou moins épaisses, dont la surface est recouverte de mamelons semisphériques, ordinairement d'un assez beau jaune orangé.

Globuliforme testacé (vulgairement dragées de Tivoli). En globules libres ou liés entre eux, composés de couches concentriques, formées autour d'un noyau central. Les concrétions de Carlsbad en Bohême.

Géodique. En boules creuses d'un diamètre très variable, dont l'intérieur est hérissé de pointes de cristaux qui ap-

partiennent souvent à la variété métastatique, que nous avons
citée.

Incrustante et *sédimentaire* (vulgairement tuf). Cette variété se forme tous les jours et sous nos yeux, par l'effet du
dépôt de certaines eaux qui contiennent du calcaire en dissolution, et qui le laissent précipiter sur les corps qu'elles
touchent : tel est le travertin, ou pierre à bâtir de Rome. On
trouve souvent des corps organisés au centre des masses de
tuf, tels que des feuilles, des tiges, des coquilles, etc. Souvent même on fait à dessein déposer ces eaux sur des corps
que l'on veut simplement déguiser sous un aspect pierreux :
tel est le but du petit établissement de la fontaine de Clermont, où l'on fait incruster des nids d'oiseaux, des char-
dons, des perruques, des noisettes, etc., etc. Tel est encore,
mais dans un genre plus relevé, l'établissement de Saint-
Philippe, en Toscane, où l'on fait exécuter des bas-reliefs à
l'eau d'une fontaine voisine, qui dépose un calcaire blanc
et fin dans des moules.

Variétés de couleurs.

Ces couleurs sont ternes et peu variées dans la chaux carbonatée ; elles se réduisent au blanc et au jaune sale, dans
les variétés cristallines ;

Au blanc de neige, dans les beaux marbres statuaires.

Au jaune de miel, dans les incrustations ; mais le rouge,
le bleu, le vert, le violet purs y sont jusqu'ici tout-à-fait inconnus. En revanche, les différens degrés de transparence
se trouvent réunis dans les variétés de cette espèce, depuis
le diaphane le plus parfait dans les cristaux du Derbyshire,
jusqu'à l'opacité la plus complète dans les calcaires litho-
graphiques, grossiers, crayeux, etc. Quant aux couleurs des
marbres communs, elles tiennent à un mélange d'argile
colorée, et ces marbres font partie des roches proprement
dites.

Gisemens, localités, usages.

La chaux carbonatée est la substance minérale la plus répandue dans la nature, soit qu'on la considère en grandes masses sous le rapport du rôle important qu'elle joue dans la structure du globe, soit sous le point de vue simplement minéralogique, et par rapport aux variétés infinies de cristallisation, de formes, de tissus, d'aspects et d'associations dont elle est susceptible.

La chaux carbonatée appartient à toutes les formations, à tous e âges du globe; elle forme à elle seule des chaînes de montagnes immenses, qui coupent la terre en tous sens; elle s'associe aux roches antiques sous la forme de bancs puissans, où l'on chercherait en vain le moindre débris d'organisation; elle est présente dans les filons; elle fait partie de ces terrains intermédiaires qui servent de transition d'une époque à l'autre, et elle constitue la plupart des terrains de seconde et de troisième formation, qui sont caractérisés par des fossiles distincts, des amas de divers combustibles, et par toutes les traces des êtres qui ont vécu à la surface ou dans les eaux du vieux monde.

Le calcaire vit encore; il se forme de nos jours et sous nos yeux; les lithophites le créent de toutes pièces, et en bâtissent des récifs qui encombrent le bassin des mers. Les mollusques le produisent, et en composent le test qui les recouvre; enfin, toutes les classes inférieures des êtres organisés produisent cette substance, ou se l'approprient journellement par des moyens qui nous sont inconnus, mais dont nous ne pouvons méconnaître ni les effets ni les résultats.

Parmi les grandes chaînes où le calcaire domine, nous citerons les Pyrénées, le Jura, les premiers chaînons des Alpes, etc.

La chaux carbonatée cristallisée n'est d'aucun usage, elle

ne sert qu'à orner les collections de luxe; mais, en revanche, les applications des variétés qui se trouvent en masses sont tellement nombreuses et tellement importantes, que l'on peut ranger cette substance au rang des minéraux qui rendent les plus grands services à la société. C'est parmi les différens calcaires que l'on trouve les plus belles pierres d'appareil, celle qui se prêtent le plus facilement à la taille ou à la sculpture d'ornement; aussi la plupart des villes sont-elles bâties en pierre calcaire, et si l'éloignement ne permet pas d'en faire usage, on est encore forcé de recourir à elle pour la confection des mortiers et des cimens, dont elle est la base. En effet, toutes les variétés de chaux carbonatée, même les coquilles et les madrépores vivans, sont susceptibles de donner de la chaux par la calcination; et suivant que l'on calcine telle ou telle pierre calcaire, on obtient des chaux qui jouissent de telles ou telles propriétés : tantôt elles sont grasses et économiques, tantôt elles sont maigres et hydrauliques, et par là éminemment propres aux constructions humides ou submergées.

Les marbres blancs sont réservés aux travaux des sculpteurs, ou à la décoration des palais. Les marbres colorés qui, pour la plupart, ne sont que des mélanges, font l'objet d'une branche de commerce de la plus haute importance, et sont employés, comme on le sait, à la décoration et à l'ameublement des palais et des maisons particulières.

La craie préparée sert de base à la plupart des couleurs communes employées à fresque, ou à la fabrication des papiers de tenture.

Le calcaire grossier, plus ou moins mélangé d'argile, sert à l'amendement des terres, sous le nom de *marne*.

Enfin, la lithographie réclame impérieusement le calcaire compacte, qui peut remplacer le marbre proprement dit, dans les pays qui en sont privés.

CHAUX CARBONATÉE UNIE PAR VOIE DE MÉLANGE A DIFFÉRENTES SUBSTANCES. .

I. *Chaux carbonatée ferrifère.*

La présence du fer dans cette chaux carbonatée se décèle par le globule noir et attirable à l'aimant, que l'on obtient quand on en expose un fragment à l'action du feu du chalumeau.

Sa couleur varie du noir grisâtre au noir brunâtre.

Sa pesanteur spécifique est de 2,81.

Ses formes cristallines sont les mêmes que celles de la chaux carbonatée pure. On en trouve aussi de laminaire, qui doit sa couleur noire à une très-petite dose de charbon, qui disparaît à la simple flamme d'une bougie.

Les variétés cristallisées viennent des environs de Salzbourg en Bavière, et de Halle en Tyrol ; elles ont pour gangue une chaux sulfatée, blanche ou grise : celle qui est laminaire vient du Saualpe en Tyrol.

II. *Chaux carbonatée manganésifère rose.*

Ce minéral rose, réduit en poudre, se dissout lentement dans l'acide nitrique ; il se présente quelquefois en cristaux rhomboïdaux légèrement contournés, ou devenus lenticulaires par suite de leur imperfection. On le trouve aussi en masses compactes et laminaires. Il paraît être composé de carbonate de chaux et de carbonate de manganèse.

Cette chaux sert de gangue au tellure de Nagyag en Transylvanie, et accompagne le manganèse de Saint-Marcel, dans la vallée d'Aost en Piémont.

III. *Chaux carbonatée ferro-manganésifère* (autrefois mine d'acier; braunspath de Werner).

SIGNALEMENT.

Brunissant et devenant attirable à l'aimant par l'action du feu, dissoluble lentement dans l'acide nitrique.

Les variétés qui sont blanches et perlées en sortant du sein de la terre perdent bientôt leur fraîcheur à l'air ; puis elles jaunissent, passent au brun clair, et de là au brun noirâtre.

Certains échantillons ayant donné à l'analyse non seulement les principes ordinaires, mais encore de la magnésie, on considéra ce minéral comme étant composé de quatre carbonates, dont les bases seraient la chaux, la magnésie, le fer et le manganèse. Mais un fait plus important, et que l'on ne saurait révoquer en doute, c'est que cette chaux carbonatée ferro-manganésifère passe, par des nuances insensibles, au fer *carbonaté*, sans changer de forme cristalline ni d'aspect ; nous y reviendrons en parlant de cette espèce du genre fer.

Variétés de forme.

Chaux carbonatée ferro-manganésifère primitive. Le rhomboïde servant de noyau à la chaux carbonatée pure. Assez commune dans les filons métalliques, aux mines de Pesey et de Servoz, en Savoie. Souvent les cristaux de cette variété présentent une espèce de pli dans le sens de leur grande diagonale ; d'autres fois ces cristaux deviennent si petits et si serrés, que la masse prend l'aspect écailleux et nacré : c'est le spath perlé de l'ancienne nomenclature.

Gisemens et localités.

Ce minéral est commun dans les filons et dans les autres gîtes métallifères, il est associé à presque tous les minerais de plomb, de cuivre et d'argent : souvent il se groupe avec la chaux carbonatée pure, et contraste avec elle, quoique n'en différant que par quelques centièmes de fer et de manganèse. Le braunspath abonde en Hongrie, en Saxe, en France et en Piémont. Il se trouve en veines cristallines dans les grès houillers du bassin de la Vezère, département de la Dordogne.

§ IV. Chaux carbonatée quarzifère (vulgairement grès cristallisé de Fontainebleau).

Malgré la perfection des cristaux rhomboïdaux de ce minéral, il conserve l'aspect, la contexture et le toucher du grès ; il se divise en rhomboïdes obtus, comme la chaux carbonatée pure, et se dissout avec effervescence dans l'acide nitrique ; mais en y laissant pour résidu les grains quarzeux dont il est pénétré : ce mélange lui permet de rayer le verre, et d'étinceler sous le choc de l'acier ; enfin, sa pesanteur spécifique est de 2,6.

Variétés de forme.

Chaux carbonatée quarzifère inverse. En rhomboïdes aigus, isolés ou groupés, d'une perfection très-remarquable, d'un gris clair à l'extérieur, et d'une teinte plus foncée dans leur cassure. Quelques cristaux ont offert le passage de la chaux carbonatée pure et transparente à la chaux quarzifère opaque : il est donc évident que ce n'est qu'un mélange tout-à-fait mécanique qui, lors de la formation des cristaux, sera venu s'y adjoindre sans la troubler ; et cela est d'autant plus remarquable, que le sable y forme les 2/3 de la masse.

Chaux carbonatée quarzifère concrétionnée. Formée de mamelons disposés en grappe et en forme de choux-fleur.

Chaux carbonatée amorphe. En masses informes, qui ont l'aspect extérieur du grès commun, mais qui présentent des reflets et des lames dans leur cassure.

Gisemens et localités.

C'est dans certaines carrières de la forêt de Fontainebleau, où l'on extrait du pavé pour le service de Paris, que l'on a trouvé des espèces de poches ou fours remplis de sable fin, dont les parois étaient tapissées de cristaux groupés, et dont le sable était mêlé de cristaux isolés parfaits. La carrière de la Belle-Croix est celle qui a fourni les plus beaux groupes, et c'est en grande partie aux soins et au zèle de M. Deroi fils, attaché à la conservation et à l'administration de la forêt, que les minéralogistes en sont redevables. Il s'en est trouvé aussi aux environs de Nemours, et pendant long-temps l'on a cru que ces cantons étaient les seuls qui présentassent cette singulière variété; mais depuis peu M. André fils a retrouvé le même accident sur le mont Dobbln, près Stuttgard.

V. *Chaux carbonatée magnésifère* (bitterspath, Werner).

SIGNALEMENT.

Dissoluble d'une manière lente et tardive dans l'acide nitrique, ne brunissant point par l'action du feu, aspect nacré dans les cristaux ou les lames.

La chaux magnésifère jouit de la double réfraction à un aussi haut degré que la chaux carbonatée pure. Plusieurs de ses variétés sont phosphorescentes par injection ou frottement dans l'obscurité, mais ce qui la fait reconnaître, quand elle est cristalline ou seulement lamellaire, c'est son brillant éclat et les stries transversales dont elle est presque toujours surchargée; enfin, les partisans de la méthode allemande assurent qu'elle est froide au toucher.

N. B. Il est essentiel de remarquer que tant que le carbonate de magnésie vient se joindre au carbonate de chaux, pour le remplacer en proportions quelconques, la forme primitive n'est point changée ; mais, si le mélange a lieu en proportions chimiques définies, atome contre atome, alors on a un nouveau corps chimique: c'est un carbonate double; la forme primitive est encore un rhomboèdre, mais il est plus obtus que celui de la chaux carbonatée. Ce carbonate double prend le nom de dolomie; nous nous en occuperons à l'article de la magnésie.

Gisemens.

Lorsque nous traiterons de la dolomie, nous parlerons des gisemens de la chaux carbonatée magnésifère en général.

VI. *Chaux carbonatée nacrée* (schaumerde de Werner).

SIGNALEMENT.

Dissoluble dans l'acide nitrique avec une activité et une effervescence qui produisent de grosses bulles à la manière de l'eau de savon.

Couleur blanche nacrée.

Variétés.

Chaux carbonatée nacrée primitive. Toujours le rhomboïde de la chaux carbonatée ordinaire.

Testacée. En feuillets courbes.

Lamelliforme. En grandes lames isolées.

Lamellaire. En lames groupées confusément.

Gisemens et localités.

Cette simple variété de la chaux carbonatée ordinaire, qui a cependant reçu en Allemagne les noms spécifiques de *Schieferspath* et de *Schaumerde*, se trouve en Saxe dans une pierre calcaire ordinaire, ainsi qu'en Misnie et en Thuringe; mais elle est associée au zinc et au plomb sulfuré, dans quelques filons de la Norwège.

VII. *Chaux carbonatée fétide* (autrefois pierre de porc ; stinkstein, Werner).

SIGNALEMENT.

Répandant une odeur fétide analogue à celle des œufs pourris, lorsqu'on la frappe avec un corps dur.

Perdant cette odeur par l'action du feu.

Faisant une vive effervescence dans l'acide nitrique.

S'électrisant vitreusement quand elle est isolée.

Couleur blanche, grise, ou tout-à-fait noire.

M. Vauquelin pense que son odeur caractéristique est due à une certaine dose d'hydrogène sulfuré. Elle doit sa cou-leur grise ou noire à un mélange intime de matières organi-ques qui peuvent aussi être la seule cause de son odeur fé-tide.

Variétés de formes et de tissus.

Chaux carbonatée fétide fasciculée.

Composée de prismes qui se divisent en rhomboïdes par le choc du marteau.

Lamellaire. Susceptible de recevoir le poli.

Madréporique. Renfermant une multitude de fragmens d'entroque.

Terreuse.

Gisemens, localités, usages.

Ce calcaire, qui ne se distingue de la chaux carbonatée ordinaire que par son odeur fétide, se trouve quelquefois en grandes masses susceptibles d'être exploitées et travaillées comme pierre d'ornement : tel est le marbre de Jemmapes, qui est presque entièrement composé de tronçons, d'entro-ques, etc.

VIII. *Chaux carbonatée bituminifère.*

SIGNALEMENT.

Odeur bitumineuse par l'action du feu, qui ne tarde pas

à la lui enlever et à changer sa couleur noire en un blanc plus ou moins pur.

Couleur brune ou tout-à-fait noire.

Soluble avec effervescence dans l'acide nitrique, s'électrisant résineusement par le frottement. Le type de cette variété est le marbre noir de Dinan ; mais il en existe plusieurs autres variétés où le bitume est plus abondant et plus apparent : tels sont les calcaires de Sicile , du val Travers, etc.

DEUXIÈME ESPÈCE.

ARRAGONITE (excentrischer kalkstein, Reuss).

SIGNALEMENT.

Se dissolvant complètement dans l'acide nitrique avec effervescence , rayant fortement la chaux carbonatée,, cassure toujours vitreuse dans un sens.

Forme primitive , l'octaèdre rectangulaire.

Pesanteur spécifique, 2,92.

Réfraction double, mais seulement à travers deux faces inclinées à l'axe des cristaux.

Éclat plus ou moins vif ; celui de la cassure transversale est vitreux.

ANALYSES.

FOURCROY et VAUQUELIN.		THÉNARD et BIOT.
Chaux.	58,5	56,327
Acide carbonique. . .	41,5	43,045
Eau.	0,0	0,628
	100,0	100,000

Long-temps on a cru que l'arragonite était un carbonate double de chaux et de strontiane , parce que l'analyse avait indiqué dans tous les échantillons quelques traces de cette dernière substance ; puis on admettait sans exception cette loi de la cristallographie , qu'*une même espèce chimique a toujours la même forme primitive;* mais l'arragonite des Alpes est du carbonate de chaux pur, et les expériences de M. Mitscherlich ont montré que, dans les laboratoires, une simple différence de température peut faire cristalliser le même sel avec deux formes primitives différentes. On doit donc admettre maintenant le dimorphisme, et d'autres substances minérales ; nous en fournirons des exemples comme l'arragonite.

L'arragonite ne diffère pas seulement de la chaux carbonatée par la forme primitive, il y a en outre une suite de caractères distinctifs dont voici l'énumération :

L'arragonite raie fortement la chaux carbonatée, et lui est par là même très-supérieure en dureté.

L'arragonite est plus pesante dans le rapport de 14 à 15, et ici l'expérience a été faite comparativement, avec toutes les précautions possibles par M. Biot.

L'arragonite a la cassure transversale vitreuse, ce que ne présente jamais la chaux carbonatée.

L'arragonite ne jouit de la double réfraction qu'à travers deux faces inclinées à l'axe du cristal, tandis que la chaux carbonatée est douée de cette propriété même à travers deux faces parallèles.

Enfin, l'arragonite se dissout beaucoup plus lentement dans les acides, et cela est surtout sensible dans les acides d'une faible énergie.

Variétés de formes et de tissus.

Arragonite prismatoide. L'on a cru pendant long-temps que les prismes hexaèdres de l'arragonite d'Espagne étaient la vraie forme cristalline de ce singulier minéral; mais on a fini par trouver que ces prétendus cristaux étaient composés de la réunion de plusieurs octaèdres cunéiformes. Souvent on trouve que ces espèces de faisceaux présentent des angles rentrans qui dénotent leur composition, mais souvent aussi la cristallisation a effacé ses cannelures, en remplissant les vides de la même matière : aussi a-t-il fallu toute la sagacité du savant Haüy pour éclairer ce mode particulier de conformation, et démêler en quelque sorte ces agrégats composés de solides également différe s en nombre et en formes, .

Ces cristaux sont de véritables hémitropies, comme nous les avons définies dans le chapitre sur la cristallisation.

Cylindroïde. Les pans des prismes sont effacés et remplacés par des cannelures profondes.

Aciculaire. En aiguilles libres, conjointes, ou radiées.

Fibreux. En aiguilles beaucoup plus fines, parallèles ou radiées et terminées chacune par un petit cristal. La chaux carbonatée fibreuse présente toujours le clivage dans ses fibres mêmes ; tandis que l'arragonite fibreuse est toujours fibreuse. C'est une manière de distinguer ces substances.

Coralloïde. (autrefois flos-ferri), kalksinter de Werner. Cette jolie variété se présente en rameaux contournés, branchus, cylindriques, offrant dans leur cassure transversale un assemblage d'aiguilles soyeuses, qui partent d'un centre commun. Dans la section longitudinale de ces mêmes rameaux, les aiguilles sont disposées obliquement au centre à la manière des barbes de plume. L'arragonite coralloïde est lisse ou hérissé à sa surface ; il est toujours d'un très-beau blanc à l'intérieur, quelquefois gris à sa surface. On en cite de verdâtre et de violet. Cet arragonite se trouve ordinairement dans les filons de fer oxydé ; sa disposition ramuleuse ne peut se concilier avec l'idée des formations par infiltrations : quelques efflorescences salines, qui s'élèvent du dedans au dehors, ont avec elle un certain degré d'analogie.

Variétés de couleurs.

Les couleurs sont aussi ternes et aussi peu variées dans le calcaire arragonite que dans le calcaire ordinaire.

Les cristaux prismatoïdes d'Espagne et de Dax ont une légère nuance de violet améthiste sale, qui ne s'étend pas même également dans toute leur étendue.

Les masses radiées et les aiguilles libres sont d'un blanc légèrement jaunâtre.

Et enfin la variété coralloïde se fait remarquer ordinairement par son blanc de lait satiné.

Les cristaux violets ne sont jamais parfaitement transparens ; les aiguilles au contraire sont assez souvent diaphanes.

Gisemens et localités.

Haüy fait remarquer que l'arragonite diffère du calcaire ordinaire, non seulement par ses caractères physiques et géométriques, mais encore par ses gisemens ou sa manière d'être dans la nature. En effet, ce minéral n'est là que comme principe accidentel dans les terrains ou dans les roches dont il fait partie : jusqu'ici on ne l'a jamais trouvé en couches, en bancs, en masses tant soit peu considérables. En Espagne, entre les royaumes d'Aragon et de Valence, dans les Landes, aux environs de Dax, l'arragonite se présente en cristaux prismatoïdes, engagés dans une argile grise, conjointement avec du gypse et du quarz hématoïde d'une cristallisation parfaite.

En Auvergne, il forme quelques masses composées d'aiguilles d'un assez gros volume. Les basaltes de l'Ardèche, et particulièrement celui du château de Rochesauve, en contiennent des rognons composés d'aiguilles divergentes, qui partent, non du centre de la cavité qui les renferme, mais d'un des points de sa circonférence. Il en est à peu près de même de celui de Vertaison, département de l'Allier. Quant à l'arragonite coralloïde, nous avons déjà dit qu'il se trouve accidentellement dans les gîtes de fer de la Styrie, de la Carinthie, etc. ; et l'on trouve aussi quelques cristaux d'arragonite blanc dans la magnésie carbonatée de Baudissero, en

Piémont, associé à la chaux fluatée, au fer carbonaté, et à
la baryte sulfatée, dans la vallée de Leogang au pays de
Saltzbourg. Enfin, on trouve ce même arragonite groupé
et entrelacé avec de la chaux carbonatée ordinaire : il contraste par son aspect vitreux, et n'offre aucun passage ni
aucune de ces altérations graduelles qui conduisent d'un
minéral à l'autre.

TROISIÈME ESPÈCE.

CHAUX PHOSPHATÉE (autrefois apatit ou chrysolithe, spargelstein de Werner).

SIGNALEMENT.

*Phosphorescente quand on jette sa poussière sur des char-
bons ardens* (1), *infusible au chalumeau. Quand on la fait
fondre avec du plomb sur un charbon et au chalumeau, on obtient un bouton polyédrique de phosphure de plomb.*

Forme primitive, prisme hexaèdre régulier toujours sur-
baissé.

Pesanteur spécifique, 3,09 à 3,2.

Rayant à peine le verre.

Éclat ordinairement vitreux dans la cassure, soluble lentement et sans effervescence dans l'acide nitrique.

ANALYSE DE LA VARIÉTÉ VERTE D'ESPAGNE, PAR M. VAUQUELIN.

Chaux. . . . . ·54,28 ⎫
Acide phosphorique. . . 45,72 ⎬ 100,000
　　　　　　　　　　　　　　　⎭

Variétés de formes et de tissus.

Chaux phosphatée primitive. Prisme hexaèdre régulier.

Pyramidée. Le prisme du noyau terminé à chaque extrémité par une pyramide à six faces, un peu surbaissée.

Uni et bino-annulaire. Le prisme hexaèdre, dont les bases
sont entourées d'une couronne de facettes plus ou moins

---

(1) On assure que les cristaux pyramidés sont privés de cette propriété.

nombreuses. Dans les autres variétés de forme de cette espèce, le prisme est toujours assez reconnaissable à travers
les facettes additionnelles dont il est souvent surchargé.

Laminaire.

Lamellaire.

Granulaire.

Grossière. Aspect marneux, couleur blanchâtre, variée
de taches et de zones jaune de rouille. Surface quelquefois
mamelonnée.

Pulvérulente (terre de Marmarosch).

Ces deux dernières variétés contiennent plusieurs principes accidentels, entre autres de l'acide carbonique, fluorique, de la silice, etc.

APPENDICE.

Chaux phosphatée quarzifère et calcarifère. Elles étincel-
lent sous le choc de l'acier ; leur poussière est très-phospho-
rescente sur les charbons. Leur tissu est entrelacé, caverneux, et leur couleur passe du rouge de chair au bleu de
lavande. Ces deux variétés sont adhérentes l'une à l'autre ;
elles font toutes deux une effervescence passagère dans l'a-
cide nitrique, et se trouvent à Schnéeberg en Saxe.

Variétés de couleur.

La chaux phosphatée présente des variétés de couleurs
assez nombreuses. Il en existe d'*incolore* au Saint-Gothard,
de *violette*, d'*incarnat*, de *bleue*, de *vert foncé*, de *jaune
verdâtre*, de *vert grisâtre*, d'*oranger* et de *gris brunâtre*.

Gisemens et localités

La chaux phosphatée forme très-rarement de grandes
masses à elle seule. On ne cite même que la variété terreuse
qui se présente en couches étendues dans la juridiction de
Truxillo, près du village de Logrosan, dans l'Estramadure,

en Espagne. Quant aux variétés cristallines, elles appartiennent non seulement à tous les gîtes de minerai en filons, s'associent à un très-grand nombre de substances pierreuses, mais se rencontrent aussi accidentellement ou accessoirement dans plusieurs roches primordiales et dans certaines déjections volcaniques. C'est ainsi qu'elle se montre avec l'étain de Bohême, avec le schéelin et la topaze de Saxe, avec le fer oxydulé de Norwège qu'elle accompagne, et se groupe confusément avec le grenat, l'amphibole, le quarz, etc., au Saint-Gothard ; qu'elle entre dans la composition du granite des environs de New-York, dans celui de Chanteloube près de Limoges, de Nantes, etc. On la trouve dans une roche micacée du Groenland, dans un talc lamellaire du Cornouailles et du pays de Salzbourg, dans un calcaire granulaire en Espagne, dans une lave poreuse altérée avec fer spéculaire, de Gatte, en Espagne; dans des cristaux volumineux de pyroxène, du terrain volcanisé des environs d'Agde et de Montpellier, où M. Marcel de Serres l'a signalée le premier.

QUATRIÈME ESPÈCE.

CHAUX FLUATÉE (vulgairement spath fluor ; autrefois spath vitreux ou fusible, fluss de Werner).

SIGNALEMENT.

Phosphorescente sur les charbons ardens (1)*; fusible au chalumeau en émail blanc; couleurs vives et variées.*

Forme primitive; l'octaèdre régulier, facile à obtenir par la division mécanique.

Présente quatre clivages.

Molécule intégrante, le tétraèdre régulier.

Pesanteur spécifique, 3,09 à 3,19.

---

(1) On cite quelques exceptions.

Facile à rayer par une pointe d'acier, rayant la chaux carbonatée.

Éclat vitreux.

Répandant, lorsqu'on jette sa poussière dans l'acide sulfurique, une vapeur qui corrode le verre (c'est l'acide fluorique).

Deux morceaux frottés l'un contre l'autre dans l'obscurité produisent une lueur phosphorique.

ANALYSE PAR KLAPROTH.

Chaux. . . . . 32,25 ⎫
Acide fluorique. . . . 67,75 ⎬ 100,00
                    ⎭

Variétés de formes et de tissus.

Chaux fluatée *primitive.* L'octaèdre régulier.

Cubique. C'est la variété la plus commune. Certains cristaux de cette forme ont jusqu'à 4 pouces de diamètre.

Cubo-octaèdre. Le primitif, dont tous les angles solides sont remplacés par une facette.

Sphéroïdale.

Laminaire.

Testacée.

Granulaire. Près du Creusot, entre le hameau du Couchet et la fonderie, sur la droite de la route de Couche à l'établissement.

Stratiforme. Composée de plusieurs bandes ondulées différemment colorées, rubannées, festonnées, etc.

Compacte. Contexture homogène; cassure droite ou légèrement écailleuse, analogue à celle du silex de Stolberg au Hartz.

Terreuse. Du Devonshire.

Variétés de couleurs.

Peu de substances minérales présentent une suite aussi

nombreuse et aussi brillante de couleurs et de nuances, que la chaux fluatée. On remarque les suivantes :

Incolore de Konsberg, en Norwège, et de Salève, près Genève, où elle vient d'être découverte par M. Colladon de cette ville.

Violette d'Angleterre.

Lilas du Creusot, près de Couche, Saône-et-Loire.

Bleu foncé d'Angleterre.

Verte d'Auvergne et de Sibérie.

Jaune d'ambre d'Angleterre.

Rose du glacier des bois, près de Chaumouny, et de Cormayeur, en Savoie.

Dichroïte, ou violette par réflexion et verdâtre par transparence.

Deux ou trois de ces belles nuances sont souvent associées ensemble, et leur transparence, plus ou moins parfaite, donne naissance à une foule d'accidens de lumière, d'iris d'un très-bel effet, surtout quand le tout est avivé par le beau poli que cette substance est susceptible de recevoir.

APPENDICE.

Chaux fluatée quarzifère. Se trouve en masses grises qui sont intimement liées à du quarz, et qui par cela sont susceptibles d'étinceler sous le choc de l'acier du Cornouailles.

Chaux fluatée aluminifère. En cubes isolés, opaques, terreux, graveleux à leur surface, mais offrant dans leur intérieur des indices de lames très-sensibles ; de Boston en Angleterre.

Chaux fluatée chlorophane. Cette variété ne se distingue de toutes les autres que par sa plus grande faculté phosphorique, car à l'extérieur elle se présente sous l'aspect de petites masses laminaires bleuâtres ou violettes ; mais ce qui la fait distinguer, c'est la belle couleur d'émeraude qu'elle répand quand on vient à en placer un fragment sur les charbons ardens. Si l'on ne prolonge point trop l'expérience, on peut la recommencer avec le même fragment ; mais on s'aperçoit que l'éclat du phénomène s'affaiblit à chaque épreuve, et finit par disparaître complètement.

Patrin avait fait enchâsser plusieurs de ces chlorophanes dans un poêle que l'on chauffait tous les soirs, et cette chaleur suffisait pour faire luire ces belles pierres. On trouve la meilleure chlorophane dans le granite de Nertschinsk en Sibérie. La variété quarzifère est aussi très-fortement phosphorescente.

Gisemens, localites, usages.

Voici encore une espèce qui accompagne très-souvent les minerais dans leurs gîtes respectifs ; c'est une substance de filons par excellence : aussi trouve-t-on la chaux fluatée associée et groupée avec le plomb et le zinc sulfuré, avec le cuivre et le fer pyriteux, avec l'étain, le cobalt, l'argent, etc.

La chaux fluatée se trouve dans presque toutes les formations depuis la roche du Mont-Blanc, le granite de Bourgogne jusqu'au calcaire jurassique de Salève, près de Genève, et au calcaire grossier du sol de Paris ; enfin, elle n'est pas même étrangère aux produits des éruptions du Vésuve ; il est vrai qu'elle ne se présente nulle part en grandes masses, mais tout au plus en filons puissans ou en couches subordonnées aux roches primordiales.

Les duchés de Cumberland, de Durham et le Derbyshire en Angleterre, fournissent non seulement les plus beaux cristaux de cette substance, mais les masses les plus propres à être soumises au travail du tourneur ; aussi les plus jolis ouvrages exécutés avec cette belle substance viennent de Boston.

La France, et particulièrement l'Auvergne et les environs

de Vienne en Dauphiné, offrent aussi cette substance en abondance ; et celle qui fut découverte près du Creusot, en 1810, a cela de remarquable, qu'elle est incrustée dans de la calcédoine grossière, qui elle-même traverse un granite décomposé sous la forme de filets irréguliers. Les environs d'Avalon m'en ont également offert de semblable.

Outre les objets d'ornement qui s'exécutent avec la chaux fluatée, elle sert aussi quelquefois de fondant pour le traitement de certains minerais réfractaires, et l'on emploie son acide pour dépolir le verre, et pour graver sur l'émail, ainsi qu'on le pratique depuis peu à Genève.

CINQUIÈME ESPÉCE.

CHAUX SULFATÉE (autrefois sélénite, vulgairement pierre à plâtre, gypse, etc.).

SIGNALEMENT.

Rayée par l'ongle ; réductible en plâtre par la calcination.

Forme primitive, prisme droit, dont les bases sont des parallélogrammes obliquangles.

Pesanteur spécifique, 2,26 à 2,31.

Réfraction double à un degré médiocre, et à travers une face naturelle et une artificielle qui lui est oblique. Le feu du chalumeau dirigé sur le tranchant des lames la réduit en émail blanc ; dans le sens de leurs faces planes, il ne fait que les convertir en plâtre sans les fondre en aucune manière.

Soluble dans environ cinq cents fois son poids d'eau froide, quelquefois dans beaucoup moins.

ANALYSE DE LA CHAUX SULFATÉE LAMINAIRE DE NEW-YORK, PAR M. WARDEN, CONSUL-GÉNÉRAL DES ÉTATS-UNIS.

Chaux.	32	
Acide sulfurique. . . .	47	100
Eau.	21	

Chaux sulfatée trapézienne. Un trapèze dont les bords sont taillés en biseau.

Cristaux trapéziens alongés ou élargis dans le sens de leurs arêtes ou de leurs grandes diagonales.

Équivalente. Les variétés précédentes, dont les angles solides sont remplacés par deux facettes qui font suite à celles des bords.

Progressive. La variété trapézienne, dont deux des bords sont chargés de quatre facettes au lieu de deux. Ces variétés et beaucoup d'autres se trouvent aux salines de Bex en cristaux nets et volumineux.

Prismatoïde. En forme de prismes cylindracés, dont les bases sont curvilignes.

Mixtilignes. C'est la variété trapézienne qui a déjà subi une altération dans la vivacité de ses arêtes et de ses angles, et qui passe insensiblement à la variété suivante.

Lenticulaire. Deux de ces lentilles, en se mâclant d'une manière régulière, donnent naissance à des segmens qui ont la forme d'un fer de lance. Cet accident est très-commun à Montmartre, où l'on trouve aussi plusieurs variétés de forme régulière.

Ce groupe de deux cristaux lenticulaires, présentant un angle rentrant, est ce que l'on nomme une hémitropie.

Conique. C'est la variété lenticulaire dont chaque face convexe s'est relevée et a donné naissance à un solide composé de deux cônes opposés base à base.

Soyeuse. En masses composées de fibres soyeuses qui sont d'une finesse extrême, et qui sont susceptibles de recevoir un certain poli par le frottement du papier. Les objets d'ornement exécutés avec cette jolie variété ressemblent à de la nacre blanche.

Aciculaire. En aiguilles libres d'une finesse extrême, de la

Grilla, vallée de Chamouny ; en aiguilles divergentes des bords du Volga.

Laminaire. En grandes feuilles incolores et d'une limpidité parfaite, blanchâtre, ou seulement translucides, à Lagny près Paris, etc.

Lamellaire. Blanche, de Cascante, en Espagne.

Granulaire. En grandes masses, ordinairement blanches ou tachées de rouille, d'un tissu serré ; du sommet du Mont-Cenis, des environs de Vizille, département de l'Isère, de la vallée de Chamouny sur les bords du nan de la Grilla ; de Pesey en Tarentaise, etc.

Compacte (vulgairement albâtre). Blanc de neige de Volterra en Toscane ; rouge de chair et fleur de pêcher de Saint-Cernain-du-Plain, près Châlons-sur-Saône.

Terreuse. Ayant l'aspect terne de la craie et tachant les corps durs comme elle.

Niviforme. En petites masses arrondies, qui ont la forme et la blancheur de pelotes de neige.

Concrétionnée, mamelonnée. Près de Bex en Suisse.

APPENDICE.

Chaux sulfatée calcarifère. Tissu granulaire brillant composé d'une multitude de lamelles qui sont interposées dans la masse ; soluble en partie et avec effervescence dans l'acide nitrique, en raison de la portion de calcaire que cette variété renferme ; donnant d'excellent plâtre à bâtir par la calcination ; à Montmartre, à Aix en Provence, etc.

Variétés de couleurs.

Les couleurs de la chaux sulfatée ne sont ni vives ni variées ; elles se réduisent au blanc nacré, au blanc terne, au blanc éclatant de la neige ou du beau sucre, au jaune de miel, au rose et au rouge sale. Ces dernières passent quelquefois à la couleur de fleur de pêcher, etc. Quelques cristaux, de Sicile et surtout de Bex, sont incolores et d'une transparence parfaite. La plupart des autres variétés ne jouissent que d'une demi-transparence nébuleuse.

Gisemens, localités, usages.

La chaux sulfatée joue un assez grand rôle dans la nature; elle constitue des bancs et des masses assez étendus, pour qu'il soit permis de la considérer comme roche dans plusieurs circonstances; d'un autre côté, la chaux sulfatée cristalline entre comme élément, ou au moins comme association constante, dans la composition de certains terrains secondaires, tels que ceux qui renferment des amas de sel ou d'eau salée. Ailleurs elle sert d'enveloppe à une foule d'ossemens et de débris de corps organisés, dont l'étude a jeté un si grand jour sur l'une des dernières catastrophes du globe; dans d'autres points, elle fait partie du terrain houiller, forme des couches puissantes, ou s'insinue dans les argiles schisteuses, et dans les psammites qui avoisinent le combustible; enfin, cette même chaux sulfatée massive fait partie des terrains de transition, y forme de vastes amas comme au Mont-Cenis, ou des masses circonscrites et isolées comme au pied du Mont-Blanc. Ces gypses, et surtout ceux de la vallée de Lévantine, ont été considérés pendant quelque temps comme appartenant aux terrains primitifs; mais aujourd'hui l'on est généralement d'accord à les considérer comme terrains de sédiment, malgré les lames de talc et les fragmens de stéatite, dont plusieurs sont pénétrés : tel est celui du nan de la Grilla, d'Ayrolo, etc. Quant au gypse grenu de la mine de Pesey en Savoie, il renferme des fragmens de calcaire noirâtre, qui forment avec lui une sorte de brèche. Le gypse, considéré sous le rapport de ses associations, est infiniment remarquable : nous avons vu qu'il servait d'enveloppe aux débris des animaux terrestres qui habitèrent l'ancien monde; qu'il accompagnait certains terrains houillers , qu'il était toujours présent dans les salines : nous ajouterons qu'il s'associe ordinairement avec le soufre natif, comme en Sicile ; qu'il sert de gangue au minéral le plus remarquable par ses propriétés électriques (la magnésie boratée de Lunebourg) ; qu'il se rencontre au milieu des argiles et des marnes sous la forme de cristaux parfaits , isolés ou groupés ; qu'il sert de gangue aux arragonites d'Espagne et aux quarz hématoïdes prismés ; et qu'il n'est pas même étranger aux substances qui se trouvent dans les filons , puisqu'on l'a trouvé dans la montagne d'Allemont, dans les mines de Pesey, dans celles de Transylvanie, etc. , etc.

Un grand nombre de sources tiennent ce sel en dissolution , et l'on reconnaît ces eaux à la difficulté qu'on éprouve à y dissoudre le savon et à y faire cuire les légumes. Malgré son peu de dissolubilité, on en remarque cependant les effets sur les masses qui sont exposées à l'action des eaux pluviales , et qui sont corrodées dans tous les sens.

Le principal usage du gypse, pris en général, est de servir à la fabrication du plâtre à bâtir et à mouler, et du plâtre d'engrais ou d'amendement. On recherche la blancheur pour les premiers travaux ; mais elle importe fort peu pour l'emploi que l'on en fait en agriculture.

Le plâtre qui provient de la cuisson de la variété calcarifère, dont le gisement le plus connu est la butte Montmartre, paraît être supérieur à celui qui provient des variétés les plus pures, au moins, pour l'art de bâtir et d'exécuter les enduits et les plafonds. On attribue sa supériorité à la petite quantité de chaux qu'il contient.

Dans la cuisson du gypse il n'y a point décomposition comme dans celle de la pierre calcaire ; il ne fait que perdre l'eau qu'il contient dans le rapport de plus de 20 pour 100, tandis que la pierre calcaire perd son acide.

Le gypse blanc de Volterra est devenu depuis quelques années un objet de commerce. On connaît tous les objets d'ornement qui se fabriquent, non seulement à Florence et à Volterra, mais encore à Paris même, où l'on en apporte des masses brutes. Enfin, le gypse gris de Lagny, près Paris, a commencé à rivaliser avec lui pour les mêmes usages, et les avis étaient partagés lors de l'exposition de notre industrie, où l'on voyait une salle décorée, d'un côté, par des vases et des pendules d'albâtre italien, et, de l'autre, par des objets semblables, exécutés avec l'albâtre français.

SIXIÈME ESPÈCE.

CHAUX ANHYDRO-SULFATÉE (muriacit de Werner).

SIGNALEMENT.

Rayant la chaux carbonatée; ne blanchissant point sur les charbons ardens; insoluble dans les acides.

Forme primitive : prisme droit, rectangulaire, qui s'obtient facilement par la division mécanique.

Réfraction double à un haut degré.

Ne s'exfoliant point quand on l'expose sur un charbon ardent, ce qui suffirait pour la distinguer de la chaux sulfatée ordinaire.

Trois clivages perpendiculaires très-faciles.

ANALYSE DE LA VARIÉTÉ LAMINAIRE, PAR VAUQUELIN.

Chaux. . . . . 40 ⎫
Acide sulfurique. . . 60 ⎬ 100

Variétés de formes et de tissus.

Chaux anhydro-sulfatée primitive de Salzbourg en Bavière, et de Pesey en Savoie : 1 prisme droit rectangulaire.

Périoctaèdre. Un prisme à 8 pans, provenant de la variété précédente, dont les quatre arêtes sont abattues.

Laminaire. En lames plus ou moins étendues, différem-

ment colorées, suivant les localités. Salzbourg, Bex, Pesey, etc.

Lamellaire. Pesey, Halle en Tyrol, etc.

Sublamellaire. D'un bleu céleste, vulgairement marbre
bleu de Wurtemberg.

Fibreuse. D'un rose tendre.

Concrétionnée. En couches menues, contournées, qui
imitent les replis des intestins (vulgairement pierre de
trippes), de Soleure et de Wieliescka en Pologne.

Compacte. De Salzbourg.

Variétés de couleurs.

L'on trouve dans cette espèce une assez jolie suite de
teintes et de nuances remarquables par leur fraîcheur, à Salzbourg, à Hall et à Pesey. L'on en rencontre de blanc de
neige, de violette, de lilas, de rose, de bleuâtre, de brune,
et enfin d'un très-beau bleu céleste.

APPENDICE.

L'anhydrite absorbe facilement de l'eau, et se transforme
ainsi en chaux sulfatée ordinaire ; on lui donne alors le nom
de *chaux sulfatée épigène.* Comme par cette épigénie il y a
accroissement de volume, il en résulte une série de fentes
rectangulaires suivant les clivages, et les parois de quelques unes de ces fentes sont garnies de petits cristaux de
chaux sulfatée. On trouve cette variété à Pesey, en masses
qui se divisent facilement en fragmens cuboïdes.

Chaux anhydro-sulfatée quarzifère (pierre de Vulpino.)
Tissu lamellaire analogue à celui du marbre blanc, couleur
d'un blanc grisâtre uniforme, ou veinée de bleuâtre.

Pesanteur spécifique, 2,87.

Ne pouvant rayer le marbre.

Très-fusible au chalumeau, et légèrement phosphorescente
sur les charbons.

ANALYSE PAR M. VAUQUELIN.

Chaux sulfatée. . . 92 ⎱
Silice. . . . . 8 ⎰ 100

Se trouve à Vulpino dans le Bergamasc, et est employée comme marbre dans le pays.

Gisemens et localités.

La chaux sulfatée anhydre a beaucoup moins d'importance en géologie que la chaux sulfatée ordinaire ; elle forme cependant aussi quelques couches d'une certaine épaisseur, mais seulement dans les terrains de saline, et toujours subordonnée aux autres roches qui appartiennent à cette formation. C'est ainsi qu'elle se présente dans la saline de Bex, dans celles du Tyrol, etc. Elle accompagne le minerai de plomb à Pesey en Savoie, et renferme du soufre au glacier de Gébrulatz, près Moutiers en Tarentaise.

Je crois être à peu près certain que le dépôt gypseux du nan de la Grilla, près Chamouny, renferme des espèces de rognons ou de nœuds durs, qui ne sont autre chose que de la chaux anhydro-sulfatée : c'est cependant un fait à vérifier.

SEPTIÈME ESPÈCE.

CHAUX NITRATÉE (vulgairement nitre calcaire).

SIGNALEMENT.

Se liquéfiant à l'air ; détonnant sur les charbons, à mesure qu'elle se dessèche ; saveur amère.

Dissoluble dans deux fois son poids d'eau froide, et dans moins de son poids d'eau bouillante.

Calcinée et portée ensuite dans un lieu obscur, elle y produit un effet phosphorique.

Gisemens.

L'on ne trouve ce minéral que sous la forme d'aiguilles fines efflorescentes, qui sont détruites avec facilité par la plus légère humidité de l'atmosphère. Il accompagne la potasse nitratée sur les vieux murs, les parois de carrières, etc., et entre dans la fabrication du salpêtre, en cédant son acide à la potasse des cendres qu'on y ajoute.

HUITIÈME ESPÈCE.

CHAUX ARSENIATÉE (pharmacolithe , Werner).

SIGNALEMENT.

Odeur d'ail au chalumeau; soluble sans effervescence dans l'acide nitrique.

Forme primitive, un rhomboèdre.

Pesanteur spécifique, 2,54.

La forme habituelle de la pharmacolithe est un prisme hexagonal terminé par une bordure.

Cette substance raie la chaux fluatée.

ANALYSE PAR KLAPROTH.

Acide arsenique. . . . 50,54 ⎫
Chaux. . . . . 25,00 ⎬ 100,00
Eau. . . . . 24,46 ⎭

Il existe une seconde espèce de chaux arseniatée, à laquelle on a donné le nom de *pikropharmacolithe;* elle diffère de la première espèce par la composition, et aussi par la manière d'être dans la nature; car on ne la rencontre qu'en mamelons et en petites houppes composées d'aiguilles déliées. Cette seconde espèce est toujours légèrement colorée d'une belle nuance fleur de pêcher, due au cobalt arsenical; elle est très-tendre, s'écrase facilement, et donne une faible odeur d'ail quand on la traite au chalumeau.

ANALYSE.

Acide arsenique. . . 46,97
Chaux. 24,64
Magnésie.   5,22   } 100,00
Eau. 24,20
Oxyde de cobalt. . .   0,97

Gisemens et localités.

La chaux arseniatée se trouve dans un granite rose à gros grains, aux mines de Wittichen près Wolfac, en Souabe, et particulièrement dans l'atelier de la *Sophie*. On en doit la découverte à M. Selb; depuis lors on l'a rencontrée à Bieber, dans le Hanau, sur une matière argileuse.

NEUVIÈME ESPÈCE.

CHAUX BORATÉE SILICEUSE (dalhollt de Werner).

SIGNALEMENT.

Poussière se réduisant en gelée dans l'acide nitrique chaud, rayant la chaux fluatée.

Un fragment, exposé à la flamme d'une bougie, blanchit, et devient friable entre les doigts.

Forme primitive, un prisme droit rhomboïdal.

Pesanteur spécifique, 2,98.

ANALYSE PAR KLAPROTH.

Chaux. . . , . .   55,5
Silice. 36,5   } 100,0
Acide borique.   24,0
Eau.   4,0

Variétés.

Chaux boratée, siliceuse, *sexdécimale*. Un prisme à 8 pans, dont chaque sommet porte une pyramide à 4 faces surbaissées.

Mamelonnée. En petits mamelons composés de couches concentriques ; rougeâtre en dehors, et grise à l'intérieur ; sa cassure est écailleuse, et son tissu est fibreux, à fibres très-déliées. Elle accompagne le quarz ou la chaux carbonatée.

Amorphe.

Gisement et localité.

Découverte par Esmarck, dans une mine de fer des environs d'Arendal en Norwège.

SECOND GENRE.

BARYTE.

PREMIÈRE ESPÈCE.

BARYTE SULFATÉE (autrefois spath pesant ; schwerspath de Werner).

SIGNALEMENT.

Pesanteur spécifique remarquable, 4,3 à 4,5.
Fusible au chalumeau en émail blanc qui tombe en poussière.

Forme primitive, prisme droit rhomboïdal.

Trois clivages dont un est perpendiculaire aux deux autres.

Rayant la chaux carbonatée, rayée par la chaux fluatée.

Réfraction double à travers une des bases, et une facette oblique.

Chauffée au chalumeau, refroidie et placée sur la langue, elle fait éprouver le goût des œufs gâtés.

Calcinée et réduite en poussière, elle luit dans les ténèbres, surtout quand on l'a exposée quelque temps au soleil.

Baryte . . . . . . 66 }
Acide sulfurique. . 34 | 100

Variétés de formes et de tissus.

Baryte sulfatée primitive. En prismes rhomboïdaux tellement courts, qu'ils ont l'aspect de lames ou de plateaux : de
Schemnitz, en Hongrie.

Binaire. En prismes rhomboïdaux terminés par des biseaux toujours aigus, de Roure, département du Puy-de-
Dôme.

Subpyramidée. La forme primitive raccourcie, dont les
bords sont remplacés par des facettes.

Rétrécie. Une table hexaèdre.

Raccourcie. Idem.

Trapézienne. Un trapèze, dont les bords sont taillés en
biseau comme dans la chaux sulfatée.

Unitaire. Un prisme à 4 pans, terminé par 2 faces culminantes qui appartiennent au noyau.

Haüy décrit 73 variétés de ce minéral, qui, après la chaux
carbonatée, paraît être la plus riche en ce genre.

Baryte sulfatée crêtée. Cette variété provient de l'altération de quelques cristaux aplatis dont les angles et les bords
se seront arrondis.

Laminaire.

Lamellaire.

Bacillaire. En petites baguettes très-surchargées de stries
profondes, longitudinales, dont la surface est souvent nacrée.
C'est cette variété qu'il serait facile de confondre avec le
plomb carbonaté, si ce dernier ne faisait pas une vive effervescence dans l'acide nitrique, tandis que la baryte y est insoluble.

Radiée (autrefois spath de Bologne). En petites masses

arrondies ou ovoïdes, dont l'intérieur présente un assemblage d'aiguilles qui divergent en partant du centre, et dont la surface est hérissée de cristaux lenticulaires imparfaits; du mont Paterno, près Bologne.

Concrétionnée. En masses couvertes de petites saillies arrondies.

Granulaire.

Compacte.

Tricotée. Composée d'une infinité de petits cristaux imparfaits et très-brillans, formant des filamens qui s'entrelacent.¶

APPENDICE.

Baryte sulfatée fétide. En masses laminaires, blanches, jaunâtres, brunes, et même noires, qui donnent une odeur fétide par le choc ou par le feu ; sert de gangue à l'argent natif de la mine de Konsberg, en Norwège.

Variétés de couleurs.

Le jaune sale est la couleur la plus ordinaire de la baryte sulfatée d'Auvergne; mais outre cette teinte, qui lui est commune avec la chaux carbonatée, l'on en trouve aussi :

D'incolore en Derbyshire.

De rouge de chair dans les filons de plomb de Chabrignac, département de la Corrèze.

D'olivâtre.

De bleuâtre.

De brune.

Et *de blanc mat.*

Il en existe de transparente, de translucide et de complètement opaque.

Gisemens, localités, usages.

La baryte sulfatée est une substance essentiellement de

filon, elle en forme quelquefois à elle seule, mais le plus souvent elle accompagne les substances métalliques que l'on y recherche, tels que le plomb sulfuré, l'antimoine, le mercure, etc. Quelquefois elle traverse le granite sous la forme de veines droites qui s'entrecoupent sous différens angles : tels sont ceux des mines de Wittichen en Souabe, ceux de Chabrignac, département de la Corrèze. On rencontre aussi la baryte sulfatée dans l'Arkose, entre les terrains anciens et les terrains secondaires; ces grès de l'Arkose sont de composition très-variée, mais il y a toujours de la baryte sulfatée, quelquefois même au centre de la masse. Elle n'est point étrangère aux terrains houillers; on la trouve en petites masses roses dans le calcaire à gryphées et dans les psammites; on l'y rencontre en veines contournées qui se croisent dans tous les sens, et qui sont quelquefois accompagnées de minerai de plomb sulfuré. Il en existe un bel exemple aux mines de Chabrignac, département de la Corrèze. La baryte, enfin, semble appartenir aux terrains argileux modernes, car les masses ovoïdes de Bologne sont engagées dans une argile grise ; et celles de l'île de Scheppy, à l'embouchure de la Tamise, qui sont si remarquables sous le rapport des beaux fossiles qu'elles contiennent, présentent aussi de belles aigrettes de baryte sulfatée composée d'aiguilles divergentes.

Les cristaux de baryte sont souvent associés à une foule d'autres substances minérales; leurs formes cristallines sont excessivement variées, et c'est, je crois, après la chaux carbonatée, l'espèce qui est la plus féconde en ce genre. Les plus beaux cristaux nous sont apportés du duché de Cumberland et de Durham en Angleterre, mais le gîte de Roya, département du Puy-de-Dôme, est très-remarquable par le nombre de variétés qui y ont été découvertes.

La baryte sulfatée sert quelquefois de fondant pour le traitement de certains minerais réfractaires ; celle de Bologne fut employée anciennement pour préparer des espèces de tablettes phosphorescentes. Les Chinois, dit-on, la font entrer dans la composition de la pâte de leur porcelaine, et depuis peu l'on s'est avisé de l'introduire en fraude dans le blanc de céruse qui se vend pour la peinture.

SECONDE ESPÈCE.

BARYTE CARBONATÉE (witherit de Werner).

SIGNALEMENT.

Pesanteur spécifique remarquable 4,3; phosphorescente sur les charbons ardens, infusible.

Forme primitive, un prisme rhomboïdal droit. La cassure transversale est esquilleuse, demi-translucide; éclat gras.

Rayant la chaux carbonatée, rayée par la chaux fluatée.

Dissoluble dans l'acide nitrique avec une légère effervescence, et après avoir fourni une espèce de magma plus volumineux que le fragment soumis à l'expérience.

ANALYSE PAR PELLETIER.

Baryte.	62	
Acide carbonique.	22	100
Eau.	16	

Variétés de formes et de tissus.

Baryte carbonatée prismée. Un prisme à 6 pans terminé par deux pyramides à 6 faces.

Annulaire. Le même prisme, avec une couronne de facettes autour de ses bases.

Triannulaire. Trois anneaux de facettes placés les uns au dessus des autres.

Laminaire radiée. Composés de lames alongées et divergentes. Abondante en Lancashire.

Aciculaire, radiée.

Fibreuse.

Compacte.

Ces différentes variétés sont blanchâtres, légèrement jaunâtres et translucides.

Gisemens, localités, usages.

On trouve la baryte carbonatée à Anglesarck, dans le comté de Lancastre, en Angleterre; elle fait partie d'un filon de plomb sulfuré qui est associé à du zinc sulfuré et oxydé; à du cuivre pyriteux et à de la baryte sulfatée. Ce filon traverse un terrain houiller composé de grès psammites, de couches de houille, etc. Depuis cette première découverte, on a rencontré la même espèce près de Neuberg, dans la Haute-Styrie, parmi du fer carbonaté et du fer oxydé brun.

La baryte carbonatée est employée en Angleterre, comme poison contre les rats : malheureusement, celle que l'on fait de toutes pièces n'a pas la même propriété, au moins d'après les expériences comparatives de Pelletier père.

TROISIÈME GENRE.

STRONTIANE.

PREMIÈRE ESPÈCE.

STRONTIANE SULFATÉE.

SIGNALEMENT.

Colorant en rouge le dard de flamme produite par le chalumeau, saveur aigre après avoir été calcinée.

Forme primitive, prisme droit à base rhombe.

Pesanteur spécifique, 3,6 à 4,0.

Réfraction double à travers une des bases, et une facette oblique.

ANALYSE DE LA STRONTIANE SULFATÉE CRISTALLISÉE DE SICILE,

PAR VAUQUELIN.

Strontiane. . . . 54 }
Acide sulfurique. 46 } 100

N. B. Il existe une grande analogie entre la baryte sulfatée et la strontiane sulfatée. Ce sont surtout les cristaux surmontés d'un biseau qui peuvent le plus facilement être confondus. Haüy avait posé en principe général que le biseau de la strontiane sulfatée était toujours obtus, et celui de la baryte sulfatée toujours aigu ; mais tous les cristaux de strontiane sulfatée qui nous viennent de Sicile ont le biseau aigu, ce principe était donc trop général, et l'on peut seulement dire qu'il ne s'est point encore présenté de baryte sulfatée avec un biseau obtus.

Variétés de formes et de tissus.

Strontiane sulfatée unitaire. Un prisme à 4 pans, terminé par 2 faces culminantes qui appartiennent au noyau.

Émoussée. Le même, dont 2 arêtes du prisme sont remplacées par des facettes.

En raison de l'analogie de la forme primitive, les variétés ont aussi beaucoup de ressemblance avec celles de la baryte sulfatée.

Laminaire.

Aciculaire. De Montmartre.

Fibreuse.

APPENDICE.

Strontiane sulfatée calcarifère.

Ovoïde comprimée. En boules aplaties, dont l'intérieur est divisé par des retraits prismatiques, et les intervalles tapissés d'aiguilles de strontiane pure : le reste de ces masses est terreux ; de la butte Montmartre, vers la partie supérieure.

Pseudomorphique. Ayant pris la place de la chaux sulfatée lenticulaire.

Massive. Compacte et terreuse.

Quant aux couleurs, elles se réduisent au blanc, au jaunâtre, et au bleu céleste.

Gisemens et localités.

La strontiane sulfatée est beaucoup moins répandue que la baryte sulfatée, avec laquelle on lui trouve d'ailleurs tant d'analogie. Elle semble aussi appartenir à des formations beaucoup plus récentes. Je ne sache point qu'on l'ait jamais rencontrée dans les filons qui traversent les terrains anciens, tandis que l'on en cite dans plusieurs couches marneuses, argileuses ou crayeuses, comme à Bristol, en Angleterre ; à Toul, département de la Meurthe ; à Montmartre, près de Paris ; dans les silex, pierre à briquet, qui se trouvent dans la craie de Meudon ; à Bougival, près de Saint-Germain-en-Laye, etc.

Les beaux cristaux de strontiane sulfatée de Sicile accompagnent le soufre et la chaux sulfatée. Enfin, les roches amygdaloïdes volcaniques, du Vicentin, contiennent aussi cette substance sous la forme de petites masses lamelleuses, d'un très-joli bleu céleste, et analogue en cela avec la variété nommée célestin, qui se trouve en Pensylvanie.

SECONDE ESPÈCE.

STRONTIANE CARBONATÉE.

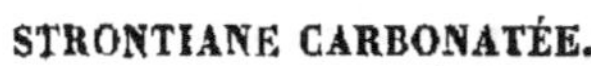

SIGNALEMENT.

Soluble dans l'acide nitrique, étendu avec effervescence, communiquant une couleur purpurine à la flamme d'un papier trempé dans cette dissolution, séché et brûlé.

Forme primitive, prisme rhomboïdal droit.

6

Pesanteur spécifique, 3,65.

Rayant la chaux carbonatée, rayée par la chaux fluatée.

Fusible au chalumeau, en répandant une belle lueur purpurine.

ANALYSE PAR PELLETIER.

Strontiane.	62
Acide carbonique. .	30 } 100
Eau.	8

Variétés de formes et de tissus.

Strontiane carbonatée prismatique. Un prisme hexaèdre.

Annulaire. Le même prisme dont les bases sont entourées de 6 faces annulaires.

Strontiane sulfatée aciculaire. En aiguilles libres, de
Braunsdorf, en Saxe, en aiguilles conjointes ou radiées.

Striée.

Couleur ordinairement blanchâtre, quelquefois verdâtre.

Gisemens, localités, usages.

Cette espèce fut la première découverte, et c'est à elle que
le genre doit son nom. On la trouve à Strontian, en Écosse;
elle y fait partie d'un filon qui renferme du plomb sulfuré,
du fer sulfuré, de la baryte, de la chaux carbonatée, et de la
stylbite; il traverse une roche de gneiss. Depuis lors on a
retrouvé cette même espèce de strontiane près Braunsdorf,
en Saxe, où elle est associée au cuivre pyriteux, et à Salzbourg, en Bavière.

N. B. Nous citerons seulement ici quelques sels doubles
sur lesquels il serait inutile d'insister. La *baryto-calcite* carbonate double de baryte et de chaux, qui se présente ordinairement en prismes cannelés assez durs. La *baryto-stron-
tianite*, composée de carbonate de strontiane sulfate de baryte, et un peu de carbonate de chaux. Ces minéraux sont
très-rares.

QUATRIÈME GENRE.

MAGNÉSIE (oxyde de magnesium des chimistes).

———

PREMIÈRE ESPÈCE.

MAGNÉSIE SULFATÉE (vulgairement sel d'Epsom ou de Sedlitz; bittersalz de Werner).

SIGNALEMENT

Saveur amère, se ternissant et tombant en efflorescence quand on l'expose à l'air.

Forme primitive, prisme rhomboïdal presque droit.

Réfraction double.

Cassure conchoïde.

Fusible à une très-faible chaleur.

Soluble dans moitié de son poids d'eau chaude, et dans deux fois son poids d'eau froide.

ANALYSE PAR BERGMANN.

Magnésie. . . . . 19 ⎫
Acide sulfurique. . . . 33 ⎬ 100
Eau. . . . . 48 ⎭

Variétés de formes et de tissus.

Magnésie sulfatée pyramidée. Un prisme à 4 pans, avec 2 pyramides à faces triangulaire surbaissées.

Dioctaèdre. Un prisme à 8 pans, avec 2 pyramides à 4 faces pentagonales surbaissées.

Soustractive. Un prisme à 8 pans, avec 2 pyramides à 8 faces, dont 4 triangulaires.

Ces variétés cristallisées sont obtenues par l'art, et ne se trouvent point dans la nature.

Granulaire. Associée à la chaux anhydro-sulfatée, dans la saline de Bergtolsgaden, en Bavière.

6.

Soyeuse. D'Espagne.

Pulvérulente. En poussière farineuse, de Montmartre.

Capillaire. En aiguilles droites, contournées et neigeuses. Cette variété est la plus commune; c'est sous cette forme que ce sel se présente le plus ordinairement dans la nature, où il se mélange quelquefois à diverses substances; c'est ainsi que l'on en cite de ferrifère, de rose cobaltifère, etc.

Gisemens localités, usages.

La magnésie abonde dans certains terrains, dont elle s'échappe de toutes parts sous la forme d'efflorescences. Patrin cite des contrées de la Sibérie où le sol en est tellement couvert, que les pas s'y impriment comme dans la neige. Elle se trouve en dissolution dans l'eau d'un grand nombre de fontaines, entre autres dans celle d'Epsom, en Angleterre, et de Sedlitz, en Bohême. L'eau de la mer en renferme, et lui doit en partie son amertume. Elle s'effleurit à la surface des schistes de transition du bas Faucigny; et on la recueille par lessivation de la plupart des roches qui constituent le bassin houiller de la Vezère, département de la Dordogne; la houille même de cette contrée en est imprégnée. Les bestiaux la mangent avec avidité. On sait que la magnésie sulfatée est employée comme purgatif en médecine.

DEUXIÈME ESPÉCE.

MAGNÉSIE BORATÉE (boracit de Werner).

SIGNALEMENT.

Électrique par la chaleur, en huit points opposés, fusible au chalumeau en un émail jaunâtre, avec bouillonnement et projection d'étincelles.

Forme primitive, le cube.

Molécule intégrante, *id.*

Cassure, un peu ondulée.

Pesanteur spécifique, 3,56.

Rayant le verre.

L'électricité de ce minéral est d'autant plus remarquable, que les deux fluides sont distribués à chacun des 8 angles solides du cube qui sert de forme aux cristaux, et qui sont surchargés de facettes plus ou moins nombreuses, suivant qu'ils sont le siége de l'électricité vitrée ou de l'électricité résineuse. Si jamais l'on rencontre des cristaux cubiques parfaits, il sera curieux d'en éprouver la faculté électrique.

ANALYSE PAR VAUQUELIN.

Acide borique. . 83,4 ⎫
Magnésie. . . . . 16,6 ⎬ 100

Variétés de formes.

Magnésie boratée primitive. Le cube. Jusqu'à présent elle ne s'est point trouvée dans la nature.

Défective. Le cube primitif, dont toutes les arêtes sont abattues, et dont quatre seulement de ses angles solides sont tronqués.

La plupart des autres variétés de formes sont des modifications du cube, qui, ordinairement, reste encore reconnaissable à travers les facettes additionnelles qui surchargent ses angles et ses arêtes ; d'autres passent au dodécaèdre à plans rhombes, dont 4 des angles solides sont tronqués et remplacés par une facette triangulaire, hexagonale, etc.

Ces cristaux, ordinairement peu volumineux, mais généralement assez nets, sont quelquefois limpides, blanchâtres, gris violâtre, ou tirant sur le gris noirâtre. Il en existe de faux dans le commerce, qui sont opaques et fabriqués avec le gypse qui leur sert de gangue.

APPENDICE.

Magnésie boratée calcarifère.

Les cristaux de magnésie boratée se trouvent engagés dans une chaux sulfatée grenue, au mont Kalkberg, près Lunebourg, dans le duché de Brunswick: ils s'en détachent aisément par le choc, et laissent leur empreinte parfaite dans leur gangue. On trouve aussi cette même substance près Sageberg, dans le Holstein; mais ici sa gangue est la chaux magnésifère laminaire.

TROISIÈME ESPÈCE.

MAGNÉSIE CARBONATÉE (reine talkerde de Werner).

SIGNALEMENT.

Dissoluble dans l'acide sulfurique, et donnant ensuite des cristaux de sulfate de magnésie par évaporation.

Forme primitive, un rhomboèdre.

Il y a un clivage triple très-facile.

Pesanteur spécifique, 2,17.

Infusible au chalumeau.

Durcissant au feu.

Se laissant ordinairement couper avec le couteau, à la manière des argiles.

ANALYSE DE LA MAGNÉSIE CARBONATÉE DE BAUDISSERO.

Carbonate de magnésie. . 59 ⎫ 100
Silicate de magnésie. . . 41 ⎬

Variétés de tissus.

Magnésie carbonatée subgranulaire. En masses, dont le tissu est légèrement grenu.

Compacte.

APPENDICE.

Magnésie carbonatée silicifère spongieuse (vulgairement écume de mer; meerschaum de Werner).

Cassure raboteuse; aspect terreux, souvent d'un très-beau blanc, mais quelquefois rougeâtre.

Compacte calcarifère. C'est la magnésie carbonatée, mélangée accidentellement à une certaine quantité de chaux à l'état de carbonate.

Gisemens, localités, usages.

On trouve la magnésie carbonatée à Roubschitz, en Moravie, et près de Castellamonte et de Baudissero, en Piémont. Dans ces diverses localités, elle a pour gisement des roches serpentineuses, et celle Baudissero sert à son tour de gangue à des aiguilles d'arragonite qui semblent s'y être formées après coup.

On en cite aussi à Vallecas, près Madrid.

La magnésie carbonatée de Moravie sert à la fabrication des pipes turques, connues sous le nom d'écume; et celle de Piémont a été et est peut-être encore employée dans plusieurs manufactures de porcelaine, au lieu et place du kaolin. Ce n'est point ici le lieu de décrire les manipulations de cette fabrication.

QUATRIÈME ESPÈCE.

DOLOMIE (carbonate double de chaux et de magnésie).

SIGNALEMENT.

Effervescence avec les acides, moins vive que celle que donne la chaux carbonatée.

Forme primitive, un rhomboèdre un peu plus obtus que celui de la chaux carbonatée.

Pesanteur spécifique, 2,86.

On trouve quelques cristaux de Dolomie, mais les formes sont moins variées que celles de la chaux carbonatée. Il existe un clivage parallèle aux plans diagonaux de la forme primitive, très-facile.

ANALYSE D'UNE DOLOMIE DU MEXIQUE.

Acide carbonique. 46,00
Chaux. 52,00
Magnésie. 20,50   99,40
Oxyde de fer. . . 0,90

Variétés.

Dolomie primitive. Difficile à distinguer de la chaux carbonatée primitive, autrement que par l'analyse. Les cristaux sont toujours complets, sans pénétration.

Inverse. C'est la forme la plus habituelle.

Saccharoïde. Apre au toucher.

Compacte. C'est probablement un calcaire magnésien ; on le reconnaît à ses percillures dues à ce que la dolomie a toujours une tendance à la cristallisation.

Élastique. Il y a des dolomies qui, réduites en plaques, présentent de l'élasticité; on explique cette propriété en remarquant que ces plaques sont formées de cristaux isolés qui peuvent jouer sans se séparer.

Gisemens.

La dolomie se trouve le plus souvent dans des positions anomales, rarement en couches ; ne présentant point de fossiles. C'est surtout au contact de roches anciennes porphyroïdes que l'on rencontre la dolomie, lorsque ces roches traversent des masses calcaires, ou les soulèvent ; il est donc à croire qu'il y a eu transformation de calcaire en dolomie, par le contact de ces roches anciennes : c'est une véritable épigénic. On rencontre des dolomies en couches sous le *lias*, étage inférieur du *terrain jurassique*.

CINQUIÈME ESPÈCE.

MAGNÉSIE HYDRATÉE.

SIGNALEMENT.

Dissoluble dans l'acide sulfurique étendu. Infusible au cha-lumeau.

Pesanteur spécifique, 2,13.

Surface nacrée.

Tissu laminaire légèrement flexible sans élasticité.

Acquérant, par le frottement, l'électricité vitrée, et se distinguant ainsi du talc laminaire qui s'électrise résineuse-ment par le même moyen.

ANALYSE PAR BRUNE.

Magnésie pure. . 70   } 100
Eau. 30   }

Gisemens.

La magnésie hydratée a été trouvée, en petits filons, dans une roche de serpentine. On l'a aussi rencontrée accompa-gnée d'amphibole et d'épidote. Enfin, on la trouve en veines laminaires dans un talc stéatite verdâtre des environs de New-Jersey, aux États-Unis.

CINQUIÈME GENRE.

ALUMINE (oxyde d'aluminium des chimistes).

— ALUMINE LIBRE. ( )

PREMIÈRE ESPÈCE.

CORINDON (réunissant ce que l'on nomme vulgairement le saphir, le spath adamantin et l'émeril).

SIGNALEMENT.

Rayant tous les corps, excepté le diamant (1).

Forme primitive, un rhomboïde aigu.

Pesanteur spécifique, 3,9 à 4,3.

Réfraction double, médiocrement sensible à travers deux faces inclinées à l'axe.

Conservant quelquefois l'électricité acquise par le frottement pendant l'espace d'une ou deux heures.

Infusible au chalumeau.

ANALYSE DU CORINDON HYALIN BLEU (SAPHIR), PAR KLAPROTH.

Alumine. . . .	98,5	
Chaux.	0,5	100,0
Oxyde de fer. .	1,0	

ANALYSE DU CORINDON HARMOPHANE DU BENGALE (SPATH ADA-MANTIN), PAR KLAPROTH.

Alumine. . . .	89,50	
Silice.	5,50	
Oxyde de fer .	1,25	100,00
Perte. . .	3,75	

---

(1) Quelques cymophanes lui résistent.

ANALYSE DU CORINDON GRANULAIRE (ÉMERIL), PAR VAUQUELIN.

Alumine.	53,83	
Silice.	12,66	
Chaux.	1,66	100,00
Oxyde de fer. .	24,66	
Perte. . . .	7,19	

N. B. Cette espèce renfermant trois modifications bien distinctes, qui ont chacune leurs variétés particulières, nous la diviserons suivant ces trois sections.

I. Corindon hyalin (saphir).

Transparence plus ou moins parfaite, cassure conchoïde éclatante dans un sens surtout, aspect vitreux.

Variétés de formes et de couleurs.

Corindon hyalin *primitif.*

Ternaire. Un dodécaèdre à plans triangulaires, composé de deux pyramides.

Assorti. Un dodécaèdre bipyramidal, plus alongé que le précédent.

Uniternaire. Le ternaire, dont les deux pyramides sont tronquées.

Prismatique. En prismes hexaèdres réguliers.

Dans cette sous-espèce les couleurs sont des plus belles et des plus variées. On y remarque surtout les suivantes :

Incolore (vulgairement saphir blanc).

Rouge de rose
Rouge cramoisi. } (vulgairement rubis oriental).

Bleu d'azur
Bleu indigo } (vulgairement saphir femelle et saphir mâle).

Jaune (vulgairement topaze orientale).

Vert (vulgairement émeraude orientale). Cette teinte n'approche pas de celle de l'émeraude du Pérou.

Violet (vulgairement améthiste orientale). Teinte généralement claire, mais très-variée pour la nuance.

Laiteux (vulgairement saphir ou rubis calcédonieux). Un nuage légèrement laiteux, répandu dans toute la masse de la pierre rouge ou bleue.

Chatoyant. Cet accident se remarque le plus souvent sur la variété indigo ; il consiste en un chatoiement blanchâtre très-vif.

Étoilé ou *astérie*. Une étoile à six rayons d'un reflet chatoyant, sur un fond rosé ou azuré.

Dichroïte, d'une couleur par réflexion, et d'une autre par réfraction. Il ne faut pas confondre cette belle variété avec les corindons bicolores ou tricolores qui présentent l'assemblage dans la même pierre de deux ou trois belles teintes bien tranchées, comme jaune et rouge, bleu et jaune, etc. La plupart de ces belles variétés, qui ont une grande valeur dans le commerce, nous sont apportées de Ceylan et du Pégu, où on les trouve roulées dans le sable et le lit de certaines rivières. L'on en trouve, mais fort rarement, dans le sable volcanique d'Expailly, près de la ville du Puy, département de la Haute-Loire.

II. Corindon harmophane (vulgairement spath adamantin).

Tissu éminemment lamelleux, transparence imparfaite ou nulle, couleurs impures.

Variétés de formes, de tissus et de couleurs.

Corindon harmophane primitif. Facile à obtenir par la division mécanique.

Basé. Un octaèdre irrégulier.

Prismatique. Prisme hexaèdre dont les angles sont rarement nets.

Laminaire. C'est la variété la plus commune, et celle que l'on pourrait confondre avec le feldspath de même apparence, si sa dureté ne lui permettait de rayer fortement le quartz et s'il n'était infusible au feu du chalumeau.

Fusiforme. C'est le dodécaèdre bipyramidal excessivement alongé, et devenu tout-à-fait indéterminable par l'absence de ses faces.

Compacte. Les couleurs de ces différentes variétés sont peu éclatantes; cependant l'on y trouve l'indice de presque toutes les belles teintes du saphir : c'est ainsi que l'on en trouve de bleues, de roses, de rouges et de jaunes. Viennent ensuite les teintes grisâtres, gris sombre, gris d'ardoise, etc.

La plupart viennent de l'Inde; mais plusieurs se sont également rencontrées en Europe, ainsi que nous le dirons bientôt à l'article de leur gisement.

III. Corindon granulaire ferrifère (vulgairement émeril; smirgel de Werner).

On appelle corindon granulaire ou émeril une substance très-alumineuse employée à polir; on la considère comme du corindon mélangé à du silicule de fer.

La cassure et la contexture sont celles d'un grès fin micassé; la couleur en est généralement violacée. Ce minéral exerce une action sensible sur l'aiguille aimantée; sa dureté et sa ténacité sont fort grandes.

Variétés de tissus et de couleurs.

Corindon granulaire ferrifère. A grain serré.

Lamellaire. Aspect qui est dû en grande partie à une addition de mica argentin.

Couleur. sombre, variant du gris blanchâtre au noir de fer. Quelques légères cavités présentent parfois des ébauches de saphirs roses, et cette observation est due à M. de Bournon.

Gisemens, localités, usages.

Les beaux corindons hyalins n'ont point encore été trouvés en place. On les ramasse à Ceylan dans le sable de certaines rivières, où ils sont mêlés avec d'autres substances plus ou moins précieuses. Ceux de France se rencontrent aussi dans un gîte analogue, près de la ville du Puy et dans un sol qui fut volcanisé.

Quant aux variétés lamelleuses ou harmophanes, elles font partie constituante des roches les plus antiques de la Chine, du Pégu, du Bengale, du Carnate, du Thibet, du Malabar, et de plusieurs contrées européennes. Le granite de l'Inde, comme celui de Suède et du Piémont, paraît être sa gangue ordinaire. Il est accompagné de deux substances qui semblent nouvelles, et auxquelles M. de Bournon a donné les noms d'*indianite* et de *fibrolite*.

Pendant long-temps on n'a connu que les corindons de l'Inde; mais, depuis quelques années, on en a trouvé en Suède, dans le fer oxydulé de Gellivara, sur plusieurs points des Alpes, et entre autres au Saint-Gothard dans les environs d'Ayrolo, dans des blocs détachés de granite sur la Moraine du glacier des Bois, près Chamouny; à Mozzo, commune de Bieley, sur le Mont-Baron, ainsi que dans le val Seissera, au nord de Biel, au sentier de la Fautggea en Piémont. Ici le corindon est d'un gris d'ardoise clair, empâté dans une substance blanche qui a l'aspect du kaolin, mais qui pourrait bien n'être qu'une modification de l'indianite ou de la fibrolite de M. de Bournon.

Quant à l'émeril le plus anciennement connu, il s'exploitait à Naxos, d'où il était porté en lest par les vaisseaux, à Venise et à Jersey : dans l'un et l'autre lieu, où le pulvérisait, on le broyait dans des moulins d'acier, et on le préparait suivant différens degrés de finesse par des lotions et des précipités alternatifs : ce qui a fait dire et répéter dans plusieurs ouvrages qu'il existait une exploitation d'émeril à Jersey. On en exploite aussi à Ochsenhopf en Saxe, où il est accompagné de talc laminaire et stéatite.

Les belles variétés du corindon hyalin tiennent les places les plus distinguées parmi les gemmes ou les pierres précieuses, en raison de leur rareté, de la fraîcheur de leurs teintes, et du brillant poli que leur grande dureté leur permet de recevoir. Le corindon harmophane est employé dans l'Inde par les lapidaires pour scier et polir les pierres fines; et le corindon hyalin lui-même étant plus pur que l'émeril, son énergie est beaucoup plus forte. Aussi a-t-on déjà cherché à utiliser celui de Piémont, pour aiguiser les cardes de la petite manufacture de draps de Chamouny.

L'émeril de Saxe, de Naxos et du Thibet sert à polir les corps durs, à tailler les pierres fines, etc. On trouvera les plus grands détails à ce sujet dans l'ouvrage où j'ai rassemblé l'histoire de tous les minéraux utiles, et de leurs nombreuses applications dans les arts (1).

La réunion dans la même espèce, du saphir, du spath adamantin et de l'émeril, est un des grands pas de la minéralogie moderne, et on le doit en grande partie aux travaux suivis de M. de Bournon, et aux mémoires qu'il publia sur ce point important.

ALUMINE COMBINÉE.

DEUXIÈME ESPÈCE.

ALUMINE SULFATÉE (vulgairement alun).

SIGNALEMENT.

Se fondant sur un corps chaud dans son eau de cristallisation avec bruissement et boursoufflement, saveur astringente.

Forme primitive, l'octaèdre régulier.

Cassure très-vitreuse.

Soluble dans neuf fois son poids d'eau froide, et dans moins de moitié de son poids d'eau bouillante.

ANALYSE DE L'ALUN ARTIFICIEL PAR VAUQUELIN.

Sulfate d'alumine. . . .	49	
Sulfate de potasse. . . .	7	100
Eau de cristallisation. .	44	

---

(1) Minéralogie appliquée aux arts, 3 vol. in-8., fig.

ANALYSE DE L'ALUN NATUREL DE FREYLNWALD PAR KLAPROTH.

Alumine. . . . . 15,25 ⎞
Acide sulfurique. 77,00 ⎟
Potasse. . . . . 0,25 ⎬ 99,55
Fer oxydulé. . . 7,05 ⎠

Variétés de formes et de tissus.

Alumine sulfatée primitive. La plupart des aluns du commerce se présentent en masses où l'on peut presque toujours observer des portions d'octaèdres plus ou moins volumineux. Souvent aussi ce solide est terminé par une arête au lieu d'une pointe ; il offre quelques troncatures qui le font passer insensiblement au cubo-octaèdre et au cube parfait.

Fibro-soyeuse (vulgairement alun de plume). En filamens blancs réunis en faisceaux, qui ont l'aspect de la soie.

Concrétionnée mamelonnée.

Amorphe. Les cristaux sont transparens quand ils sortent de la liqueur ; mais bientôt ils se couvrent d'un enduit farineux qui leur enlève leur transparence.

L'alun pur est incolore. Le rosé doit cette nuance à une très-légère dose d'oxyde de fer.

Gisemens, localités, usages.

L'alun tout formé est assez rare dans la nature ; mais les roches et les substances qui sont susceptibles d'en fournir les élémens sont assez répandues.

L'alun natif ne se rencontre qu'en filamens et en efflorescences plus ou moins mélangées de sulfate de fer, qui se produisent souvent sur les mêmes roches et dans le même lieu. L'une des grottes de l'île de Milo, dans l'Archipel grec, est devenue célèbre par la découverte de cette substance, ou plutôt par l'homme illustre qui la fit. C'est en effet à Tournefort que l'on doit cette observation minéralogique.

Quant aux roches qui renferment les principes constituans de l'alun, on les divise en deux, savoir : celles qui peuvent fournir l'alun sans alcali, et celles qui, manquant de ce
principe, ont besoin de cette addition pour donner naissance
à ce sel, à moins que certaines circonstances fortuites ne
viennent compléter cette sorte de fabrication.

Les roches de la Tolfa, qui ont été volcanisées, et dont on
vient de faire une espèce sous la dénomination *d'alumine
sous-sulfatée alcaline*, appartiennent aux premières, et la plupart des schistes pyriteux se rangent parmi les secondes ; car
souvent on est obligé d'ajouter à la lessive alumineuse que
l'on en retire une certaine dose de potasse ou d'ammoniaque,
pour en retirer de l'alun proprement dit. Enfin, il arrive
aussi que le principe alcalin est fourni par certaines causes
accidentelles, comme nous l'avons déjà dit, et c'est ce qui
arrive dans les houillères embrasées de l'Aveyron, et dans
celles du pays de Sarrebruck, dont les schistes calcinés naturellement donnent de l'alun parfait, par la simple évaporation de l'eau qui les a lessivés, et l'on attribue ce complément de formation à l'ammoniaque qui se dégage dans la
combustion de la houille.

La Hongrie, les États romains, le pays d'Aubin, les environs de Sarrebruck dans la Lorraine allemande, présentent
de grandes exploitations d'alun ; mais les manufactures où on
le fabrique de toutes pièces se multiplient de jour en jour.

Le plus grand usage de l'alun est celui de servir dans
l'art de teindre les étoffes ; il fait la fonction de mordant, en fixant les couleurs d'une manière infiniment
durable à la surface, ou dans toutes les parties des tissus de
tout genre. Ce sel est employé en chirurgie pour arrêter les
hémorragies, et pour restreindre les chairs qui se bour-
soufflent sur le bord des blessures : pour ce dernier usage,
on emploie particulièrement de l'alun que l'on a fait calciner
sur un fer chaud.

TROISIÈME ESPÈCE.

ALUMINE SOUS-SULFATÉE (autrefois alumine native).

SIGNALEMENT.

Dissoluble dans l'acide nitrique sans effervescence, happant à la langue, saveur nulle.

Pesanteur spécifique, 1,6.

Tendre et doux au toucher, se coupant au couteau.

Blanc mat.

ANALYSE PAR STROMEYER.

Alumine. . . . . 30 ⎫

Acide sulfurique. 24 ⎬ 100

Eau. . . . . 46 ⎭

Variétés.

Ce minéral n'a point encore été trouvé cristallisé, mais seulement en masses peu volumineuses.

Mamelonnée. Arrondie, lisse; ayant l'aspect et la consistance de la craie.

Pulvérulente.

Gisemens et localités.

L'alumine sous-sulfatée a été trouvée d'abord à Hâlle en Saxe; on la prit pour l'alumine pure, et son voisinage de la terre végétale fit présumer qu'elle pourrait bien n'être qu'un produit de l'art; la localité autorisait en quelque sorte cette présomption; mais depuis elle s'est rencontrée dans des terrains non équivoques, entre autres à Dolau en Saxe, où elle accompagne des lignites; à New-Haven en Angleterre, également associée au lignite; sur la montagne de Bernon, près d'Épernay en Champagne. Enfin, dernièrement on a trouvé cette substance à Auteuil, en masses d'un beau blanc, offrant une grande ressemblance avec le calcaire oolithique.

QUATRIÈME ESPÈCE.

ALUMINE SOUS-SULFATÉE ALKALINE (vulgairement pierre alumineuse de la Tolfa; alaunstein de Werner).

SIGNALEMENT.

Odeur d'acide sulfureux par une faible chaleur, et happant alors à la langue avec un goût d'alun.

Forme primitive, un rhomboïde légèrement aigu.

Pesanteur spécifique, 2,75.

Rayant la chaux carbonatée, rayée par la chaux fluatée.

Cassure, inégale et vitreuse.

Elle décrépite au chalumeau; mais quand on la chauffe d'abord à la flamme ordinaire, elle répand une odeur sulfureuse.

ANALYSE PAR CORDIER.

Acide sulfurique.	35,495	
Alumine.	39,654	
Potasse.	10,021	100,000
Eau et perte. . .	14,830	

Variétés de formes et de tissus.

Alumine sous-sulfatée alkaline primitive.

Basée.

Compacte.

APPENDICE.

Alumine sous-sulfatée silicifère.

Gisemens, localités, usages.

L'alumine sous-sulfatée alkaline se trouve en grandes masses homogènes sur différens points du globe, où l'action des volcans a laissé ses traces. Le gîte le plus connu, et le plus anciennement exploité peut-être, est la Tolfa, dans les États romains, à 14 lieues de la capitale. C'est de cette exploitation que provient tout l'alun du commerce, connu sous le nom d'alun de Rome. Vient ensuite le gîte de Hongrie, qui est aussi en pleine exploitation, et qui fournit une quantité prodigieuse d'alun. Enfin, on doit à M. Cordier la découverte d'une roche analogue dans les monts Dor en Auvergne.

CINQUIÈME ESPÈCE.

ALUMINE FLUATÉE ALKALINE (kriolith de Werner).

SIGNALEMENT.

Très-aisément fusible au chalumeau, en coulant sur la pince à la manière de la glace, prenant l'aspect gélatineux dans l'eau.

Forme primitive, trois clivages mènent au prisme rectangulaire droit.

Pesanteur spécifique, 2,95.

Rayant la chaux sulfatée.

Aspect légèrement nacré.

Après avoir coulé au chalumeau, elle se couvre d'une croûte qui résiste plus long-temps à un second feu.

ANALYSE PAR VAUQUELIN.

Alumine.	21	
Soude.	32	100
Acide fluorique et eau.	47	

Variétés.

Jusqu'ici l'on ne connaît point cette substance sous la forme de cristaux réguliers ; elle ne s'est présentée qu'en masses laminaires ou fibreuses ; quand elle est pure, sa couleur est blanche, mais elle est souvent colorée par de l'oxyde de fer. Ses trois clivages lui donnent de l'analogie avec l'anhydrite, mais elle s'en distingue par sa fusibilité à la simple flamme d'une bougie.

Gisemens et localités.

La cryolithe se trouve à *Irikaet*, près de la baie d'Arksut, dans le Groenland ; elle est engagée, suivant M. Giesecke, qui l'a observée en place, dans un gneiss, où elle est associée au quarz, au plomb sulfuré, au cuivre pyritreux et au fer spathique.

Ce minéral est un des plus rares et des plus précieux que l'on connaisse. Les échantillons qui présentent les minerais ci-dessus indiqués sont surtout du plus grand prix ; car, pendant quelque temps, on a douté que cette substance fût naturelle : on la soupçonnait d'être un produit de l'art.

SIXIÈME ESPÉCE.

ALUMINE-HYDRO-PHOSPHATÉE (wavellite ou hydragillite).

SIGNALEMENT.

Dissoluble dans les acides nitrique et sulfurique chauffés, en répandant une vapeur qui corrode le verre. Très-difficilement fusible au chalumeau.

Forme primitive, prisme rhomboïdal droit.

Pesanteur spécifique, 2,3.

Éclat vitreux légèrement nacré.

Infusible au chalumeau, mais les fragmens exposés à la flamme d'une bougie y blanchissent et deviennent friables.

ANALYSE PAR BERZELIUS.

Alumine.	35,35	
Acide phosphorique.	33,40	
Eau.	26,80	99,36
Acide fluorique.	2,06	
Chaux.	0,50	
Oxydes de fer et manganèse.	1,25	

Variétés.

Alumine hydro-phosphatée globuliforme. Composée de petites aiguilles divergentes.

Mamelonnée. Elle est d'un vert obscur, et se trouve sur
une roche schisteuse à Tipperary en Irlande.

Filamenteuse et blanche. Du Cornouailles.

Gisemens et localités.

On a découvert cette substance près de Barnstaple, dans
le Devonshire, en Angleterre; sa gangue est un schiste.

La variété filamenteuse se trouve près de Sainte-Austle,
dans le Cornouailles ; elle a pour gangue un quarz, et accompagne l'urane oxydé.

Au Brésil, on trouve aussi la wavellite à Villarica ; elle y
est en globules aciculaires, dont la surface est brune, et dont
le centre est occupé par une espèce de cylindre de la même
substance. Enfin, on l'a encore découverte en Irlande, en
Bohême, sur un grès psammite, en Bavière, etc.

SEPTIÈME ESPÈCE.

ALUMINE HYDRATÉE.

Première variété. DIASPORE.

SIGNALEMENT.

*Un fragment, exposé à la flamme d'une bougie, pétille et
se dissipe en une infinité de parcelles qui brillent dans l'air.*

Forme primitive, prisme oblique rhomboïdal.

Triple clivage. Éclat nacré. Couleur grise.

Pesanteur spécifique, 3,43.

Rayant le verre par ses parties les plus aiguës.

ANALYSE.

$$\left.\begin{array}{lr}\text{Alumine.} & 78,00 \\ \text{Eau.} & 14,00 \\ \text{Oxyde de fer.} & 8,00\end{array}\right\} \ 100,00$$

Le Diaspore se présente ordinairement à l'état lamelleux, et a pour gangues les roches anciennes.

Seconde variété. GYBSITE.

SIGNALEMENT.

Substance très-peu dure, soluble dans les acides.

Pesanteur spécifique, 2,4.

Sa couleur ordinaire est le blanc verdâtre, elle se présente en petits mamelons.

ANALYSE.

$$\left.\begin{array}{lr}\text{Alumine.} & 64,80 \\ \text{Eau.} & 34,70\end{array}\right\} \ 99,50$$

La gybsite a été trouvée aux États-Unis, mélangée de manganèse.

SIXIÈME GENRE.

POTASSE (oxyde de potassium des chimistes).

PREMIÈRE ESPÈCE.

POTASSE NITRATÉE (vulgairement nitre ou salpêtre; naturlicher salpeter de Werner).

SIGNALEMENT.

Fusant sur les charbons ardens, dont elle anime la combustion, saveur fraîche qui devient amère.

Forme primitive, prisme rhomboïdal droit.

Déliquescente à une assez forte humidité.

Soluble dans deux fois son poids d'eau froide, et dans moitié de son poids d'eau bouillante.

ANALYSE PAR BERGMANN.

Potasse. . . . . 49 ⎱
Acide sulfurique. . . 33 ⎰ 100
Eau de cristallisation. 18 ⎰

Variétés.

La potasse nitratée ne se trouve point naturellement en cristaux réguliers ; on ne les obtient que dans les manufactures de salpêtre ou dans les laboratoires de chimie : leur forme est toujours prismatique et pyramidée. On remarque les suivantes :

Potasse nitratée primitive.

Dodécaèdre. Deux pyramides à 6 faces triangulaires opposées base à base.

Basée. Cristaux plats, carrés et entourés d'un biseau.

Trihexaèdre. Un prisme à 6 pans, et 2 pyramides à 6 faces.

Aciculaire. En aiguilles confuses.

Efflorescente. En filamens soyeux.

La potasse nitratée pure est blanche et transparente, ou au moins translucide.

Gisemens, localités, usages.

La potasse nitratée se forme journellement dans les lieux où des matières animales et végétales entrent ensemble en putréfaction ; c'est ainsi qu'on la trouve ordinairement à la surface des murs d'étables, d'écuries, de caves, dans le sol des boucheries et des caves, etc. Il se trouve aussi certaines cavernes dont l'intérieur est en partie comblé par cette substance : telle est surtout la nitrière de la Mofetta en Calabre. Plusieurs plantes contiennent ce sel tout formé, entre autres la famille des boraginées en général, etc.

A Saint-Pol-Trois-Châteaux, sur les bords du Rhône, il y a des calcaires d'origine assez nouvelle, donnant beaucoup d'efflorescences de nitre. Ce sel est aussi en dissolution dans certaines eaux de la Hongrie.

On retire le salpêtre en grand, soit du lessivage des terres que l'on enlève à une certaine profondeur dans le sol des endroits ci-dessus désignés, soit par celui des nitrières artificielles, ou des amas de matières végétales et animales, que l'on assemble à dessein, et que l'on place dans les circonstances les plus favorables à la formation de ce sel.

Le principal emploi de la potasse nitratée, autrement désignée sous les noms de nitre ou de salpêtre, est de servir à la fabrication de la poudre à canon, qui, comme on le sait, est un mélange de nitre, de soufre et de charbon, dans des proportions qui varient avec la qualité de la poudre que l'on veut obtenir.

Soumis à la distillation, le nitre sert à la fabrication de l'acide nitrique, plus connu sous le nom d'eau forte. Enfin, la médecine en fait usage à petite dose, comme rafraîchissant et diurétique.

SECONDE ESPÈCE.

POTASSE SULFATÉE (autrefois sel de duobus).

SIGNALEMENT.

Saveur amère et désagréable, inaltérable à l'air.

Forme primitive, rhomboïde un peu aigu, soluble dans seize fois son poids d'eau froide, et dans deux fois son poids d'eau bouillante.

Variétés.

Potasse sulfatée dodécaèdre. Deux pyramides à 6 faces opposées base à base.

Prismatique. Un prisme hexaèdre.

Massive.

Gisement et localité.

Ce sel ne s'est encore rencontré qu'au Vésuve, en masses composées de couches superposées et stratiformes; leur surface est colorée par des nuances verdâtres et bleuâtres, l'intérieur est blanc. Les variétés cristallisées sont des produits de l'art.

SEPTIÈME GENRE.

SOUDE (oxyde de sodium des chimistes).

PREMIÈRE ESPÈCE.

SOUDE SULFATÉE (vulgairement sel de Glauber; Glaubersalz de Werner).

SIGNALEMENT.

Très-efflorescente à l'air et fusible à une faible chaleur en perdant plus de moitié de son poids.

Forme primitive, l'octaèdre symétrique.

av eur amère, fraîche et salée.

Éclat vitreux dans les cassures récentes.

Transparence parfaite quand le sel est pur et nouvellement cristallisé, car il s'effleurit promptement à l'air, en perdant environ moitié de son eau de cristallisation.

ANALYSE PAR BERGMANN.

Soude. . . . . , . 25 ⎫
Acide sulfurique. 27 ⎬ 100
Eau. . . . . . . ; 48 ⎭

Variétés.

Soude sulfatée primitive. Un octaèdre régulier.

Aciculaire.

Concrétionnée.

Incrustante.
Pulvérente.

Gisemens, localités, usages.

La soude sulfatée se trouve ordinairement en dissolution dans l'eau des fontaines qui avoisinent les salines; elle se rencontre aussi en efflorescences neigeuses, à la surface de quelques roches schisteuses ou calcaires; elle est employée en médecine comme purgatif. On l'a trouvée en cristaux dans les laves du Vésuve. Si l'on fait bouillir, pendant une demi-heure, dans une dissolution de sulfate de soude saturée à froid, une pierre d'appareil, dont on ne connaît pas encore la qualité, qu'on la fasse ensuite effleurir pendant quelques jours, en ayant soin de faire tomber les efflorescences avec quelques gouttes d'eau chaude, on sera certain que cette pierre pourra résister à la gelée, si cette épreuve ne la fait point tomber en grains, en miettes ou en feuillets; dans le cas contraire, on devra la rejeter comme étant gelive. Jusqu'ici le sulfate de soude est le seul sel qui ait rempli cette condition.

DEUXIÈME ESPÈCE.

SOUDE MURIATÉE (hydrochlorate de soude des chimistes ; vulgairement sel gemme).

SIGNALEMENT.

Saveur salée par excellence.
Forme primitive, le cube.
Soluble dans l'eau, à chaud comme à froid.
Réfraction simple.
Le sel marin décrépite au feu, le sel gemme s'y fond.

ANALYSE PAR BERGMANN.

Soude. . . . . . 42 ⎫
Acide muriatique. 52 ⎬ 100
Eau. . . . . . . 6 ⎭

Variétés de formes, de tissus et de couleurs.

Soude muriatée primitive. En cubes plus ou moins parfaits, naturels ou obtenus par la division mécanique.

Infundibuliforme. En petites trémies de quelques lignes de large, composées de cubes dont un seul forme le fond ou le point de départ et de cadres toujours croissans, qui sont venus s'adapter les uns aux autres. C'est le produit d'une évaporation lente, et cette cristallisation a lieu à la surface du liquide.

Laminaire.

Lamellaire.

Capillaire.

Fibreuse.

Mamelonnée.

On trouve ces diverses variétés de couleur :

Incolore.

Rouge.

Bleue.

Verte.

Violette.

Et blanchâtre. Celle-ci est la plus commune.

Quant aux degrés de transparence, rarement on trouve la parfaite limpidité, mais le plus souvent la demi-transparence nébuleuse.

APPENDICE.

Soude muriatée cuprifère. Elle est colorée en vert par le cuivre, et se trouve au Vésuve.

Gisemens, localités, usages.

La soude muriatée est très-répandue dans la nature, et présente quatre genres de gisemens différens : 1° en couches régulières ; 2° en masses interposées dans le terrain ; 3° en dissolution dans les sources salées; 4° en dissolution dans les eaux de la mer.

A Vic, dans le département de la Meurthe, plusieurs sondages, répartis sur une étendue de pays de plus d'une lieue de rayon, ont donné lieu à la découverte d'une mine de sel gemme, qui fournit un exemple du premier mode de gisement. Il existe sept couches ayant ensemble l'épaisseur de 38^m, 30. L'épaisseur varie d'une couche à l'autre; mais, pour la même couche, elle est presque invariable pour toute l'étendue des sondages. Les diverses couches de sel sont séparées par des couches d'argile d'une épaisseur moins grande, mais constante aussi pour la même couche; on peut donc regarder comme certain que ce sel et cette argile ont été déposés successivement par des eaux marines qui se retiraient périodiquement, après avoir couvert le sol pendant un temps plus ou moins long. Avant d'arriver à la première couche de sel de la mine de Vic, on traverse une argile schisteuse noire salée, puis une argile rouge, entremêlée de couches de grès, le tout formant une épaisseur de 65^m, 10.

Le sel gemme se trouve ordinairement dans les *marnes irisées* qui forment un étage du *grès bigarré*. En Angleterre il y a de superbes mines de sel dans ce *grès bigarré*, avec une uniformité complète dans l'épaisseur et la profondeur des couches pour les diverses exploitations voisines.

En Espagne, dans la partie septentrionale de la Catalogne, à Cardone, on trouve une mine de sel qui offre un exemple du second mode de gisement. La masse de sel constitue une montagne; elle est couverte d'un toit conique imperméable, formé de couches d'argile et de grès qu'elle a soulevées. Il est clair alors que, dans un semblable gisement, on ne peut plus dire que le sel gemme a été déposé par les eaux; il a été introduit dans le sol à la manière des filons.

Les sources et les rocs salés abondent en Bavière et en Tyrol, et les plaines immenses de l'Asie sont tellement im prégnées de sel, qu'on peut l'en retirer abondamment par le lavage ; et c'est en raison de cette abondance que l'eau douce est si rare dans ces contrées.

Le sel gemme est généralement accompagné par la chaux sulfatée ou gypse, qui admet aussi les deux premiers modes de gisemens que nous avons signalés.

La mer, enfin, est le plus vaste et le plus inépuisable de tous les dépôts de sel ; il n'y est pas pur, il est vrai; mais, tel qu'on l'en retire, il est susceptible de servir à tous les usages auxquels nous l'avons appliqué. Excepté le sel gemme, qui ne demande pas d'autre préparation que d'être écrasé ou égrugé pour entrer dans le commerce, tout celui qui se retire des rocs et des sources salées s'obtient par l'évaporation du liquide, dont on augmente préalablement le degré de salure par une évaporation-artificielle, qui consiste à diviser le liquide à l'infini, à lui faire présenter une grande surface à l'air, et à l'exposer, autant que possible, à un courant qui hâte l'évaporation et abrège infiniment le travail de la chaudière. Quant au sel marin, tout le monde sait qu'il s'obtient par l'évaporation naturelle de l'eau de mer, que l'on introduit dans les cases des marais salans, et au fond desquelles le sel se précipite à mesure qu'il se cristallise.

Outre les salaisons et les usages domestiques du sel, qui absorbent cependant la plus grande partie de celui qui se fabrique journellement, nous citerons l'emploi qui s'en fait maintenant pour la fabrication de la soude, celle du chlore, pour le blanchîment artificiel des fils, des toiles, de la cire et du papier, etc. Le sel est certainement l'une des substances les plus utiles que nous connaissions ; mais il est si répandu dans la nature, que son abondance répond parfaitement à nos besoins.

TROISIÈME ESPÈCE.

SOUDE BORATÉE (vulgairement borax).

SIGNALEMENT.

Saveur analogue à celle du savon, fusible en une masse très-spongieuse et très-boursoufflée, qui se convertit en un bouton de verre.

Forme primitive, prisme rectangulaire oblique.

Pesanteur spécifique, 1,7.

Cassure ondulée et brillante.

Jetée sur les charbons ardens, elle se boursouffle avec bruissement, et augmente trois ou quatre fois de volume.

Réfraction double.

ANALYSE PAR KLAPROTH.

Acide borique. .	57,0	
Soude.	14,5	
Eau.	47,0	100,0
Perte. . . .	1,5	

Variétés.

Soude boratée perihexaèdre. Un prisme hexaèdre.

Perioctaèdre. Un prisme octogone.

Dihexaèdre. Un prisme hexaèdre, dont deux bords opposés des bases sont remplacés par une facette oblique.

Ces cristaux sont des produits de l'art. On ne trouve la soude boratée dans la nature qu'en masses informes et impures, qui ont besoin d'être épurées. Dans l'état naturel, ce sel est blanchâtre et verdâtre; celui du commerce est incolore, farineux à sa surface et d'un aspect gélatineux.

Gisemens, localités, usages.

L'on ne connaît point encore bien le gisement du borax; il y a une sorte de mystère répandu sur les lieux d'où on le

retire, sur la manière dont il se forme et sur les moyens employés pour l'extraire. On s'accorde assez généralement à le
considérer comme un produit naturel aidé par l'art, à la manière du salpêtre; mais cependant on assure qu'il se trouve
tout naturellement formé au Thibet, en Perse, à Ceylan, dans
la grande Tartarie et même en Saxe. Le borax, tel qu'il arrive de l'Inde, n'est point pur; celui de Perse est en grands
cristaux recouverts d'un enduit gras qui paraît y avoir été
mis à dessein; celui de la Chine paraît plus pur, enfin, tous
ces borax demandent à être affinés, et c'est un secret qui a
été long-temps la propriété des Hollandais. Aujourd'hui, on
affine le borax en France tout aussi bien qu'en Hollande.

Le borax, nommé tenckal par les Indiens, et bourack par
les Arabes, est employé dans l'orfèvrerie et la bijouterie, pour
souder et braser les métaux les uns avec les autres; dans la
docimasie, pour aider à la fusion des minerais, et dans l'art
de fabriquer le verre, à très-petites doses, également pour
hâter la fusion des matières contenues dans les pots.

QUATRIÈME ESPECE.

SOUDE CARBONATÉE (vulgairement natron; naturliches minealkali de
Werner).

SIGNALEMENT.

*Saveur urineuse, dissoluble avec effervescence dans l'acide
nitrique, verdissant le sirop de violette.*

Forme primitive, prisme rhomboïdal droit.

Soluble dans le double de son poids d'eau froide et dans
un poids égal d'eau bouillante.

Très-efflorescent par l'action de l'air.

ANALYSE DE LA SOUDE CARBONATÉE DE SUKENA EN AFRIQUE,
PAR KLAPROTH.

$$
\left.
\begin{array}{ll}
\text{Soude.} \dots\dots\dots & 37,0 \\
\text{Acide carbonique.} \,. & 38,0 \\
\text{Eau.} \dots\dots\dots & 22,5 \\
\text{Soude sulfatée.} \,.\,. & 2,5
\end{array}
\right\} \quad 100,0
$$

Variétés.

Soude carbonatée primitive. Un octaèdre très-alongé.

Aciculaire.

Pulvérulente.

Les cristaux de soude carbonatée sont des produits de l'art. On ne la trouve dans la nature qu'en aiguilles qui tombent bientôt en poussière ; sa couleur est blanchâtre et ses cristaux sont translucides.

N. B. Il existe une seconde espèce de soude carbonatée à laquelle on donne le nom d'*Urao ;* elle contient environ la moitié moins d'eau ; elle est beaucoup plus pure, probablement parce qu'elle ne provient pas d'une double décomposition. L'Urao se présente en prismes à base oblique, et paraît aussi provenir de l'évaporation de certaines eaux ; il en vient du Thibet, de l'Inde et de la Barbarie, mais point de l'É-gypte.

Gisemens, localités, usages.

La soude carbonatée abonde en Égypte, et particulièrement dans le bassin des lacs Natron. Suivant Berthollet, elle s'y forme journellement par la décomposition du muriate de soude qui existe dans les mêmes eaux, au moyen de la chaux carbonatée qui s'y trouve aussi ; de là, double échange de base et d'acide ; formations simultanées de carbonate de soude qui cristallise, et de muriate de chaux qui reste en dissolution. Ce sel se trouve aussi dans le sol de la vallée où sont situés ces lacs, ainsi que dans plusieurs plaines de la

8

Hongrie, où il sort du terrain sous la forme d'aiguilles et d'efflorescences. C'est aussi sous cette forme qu'il se présente à la surface des murailles de certains édifices, comme nous l'avons vu à l'égard du salpêtre; enfin, il existe tout formé dans certains végétaux, et particulièrement dans les salsola et salicornia, qui fournissent, par l'incinération, la soude d'Alicante, qui est si estimée dans le commerce.

Les principaux usages de la soude carbonatée sont d'entrer dans la composition du verre, et de former avec l'huile la base des savons durs. On en fait usage en médecine, et les eaux de Vichy lui doivent une partie de leurs propriétés médicamenteuses.

 CINQUIÈME ESPÈCE.

SOUDE NITRATÉE (autrefois nitre cubique).

SIGNALEMENT.

Fusant sur les charbons, mais moins vivement que la potasse nitratée.

Forme primitive, prisme rhomboïdal.

Pesanteur spécifique, 2,09.

Très-tendre.

Soluble dans trois parties d'eau froide et dans autant d'eau chaude.

Saveur fraîche, un peu amère.

S'électrisant résineusement par le frottement, quand elle est isolée.

Gisement et localité.

Suivant M. Rivero, minéralogiste péruvien, la soude nitratée se trouve près du port de Yquique, district d'Atacama au Pérou, où elle forme des couches plus ou moins épaisses, recouvertes et mélangées d'argile, et d'une étendue de plus de 50 lieues.

SIXIÈME ESPÈCE.

GLAUBERITE.

SIGNALEMENT.

Perdant sa transparence et devenant laiteuse dans l'eau.
Forme primitive, le prisme rhomboïdal oblique.
Pesanteur spécifique, 2,73.

S'électrisant résineusement par le frottement, surtout quand on isole le fragment que l'on éprouve.

Décrépitant au premier coup du chalumeau, mais se fondant en émail blanc.

L'effet de l'eau sur le glauberite ne pénètre point jusqu'au centre, à moins que le cristal ne soit fort petit. On peut ordinairement enlever l'espèce de croûte blanche et terne qui se forme, et l'on trouve au centre une partie qui est encore transparente.

ANALYSE PAR BRONGNIART.

Soude sulfatée anhydre.	51	} 100
Chaux sulfatée anhydre.	49	

Variétés.

Glauberite primitif. Cristaux prismatiques obliques.

Ces cristaux sont ordinairement très-aplatis, d'une transparence et d'un blanc jaunâtres.

Gisement et localités.

On doit la connaissance du glauberite à M. Duméril, qui le trouva à Villarubia, près d'Occana, dans la Nouvelle-Castille, où les cristaux sont engagés dans des masses de soude muriatée laminaire.

Cette substance a aussi été trouvée en France à la mine de Vic.

8.

SEPTIÈME ESPÈCE.

POLYHALITE.

SIGNALEMENT.

Toujours en tubercules formant plusieurs plis, et à cassure fibreuse avec une couleur rougeâtre.

Cette substance est encore peu connue.

ANALYSE DE LA POLYHALITE D'ISCHEL.

Sulfate de soude.	22,22	
Sulfate de potasse. . . .	27,63	
Sulfate de magnésie. . .	20,04	
Sulfate de fer.	0,29	100,00
Sulfate de chaux. . . .		
Chlorure de sodium. .		
Chlorure de magnésium.	29,82	
Peroxyde de fer.		

Cette substance a aussi été trouvée au milieu de masses de sel ; aussi contient-elle un mélange variable de chlorure de sodium et autres impuretés.

HUITIÈME ESPÈCE.

THÉNARDITE.

SIGNALEMENT.

Effervescence avec les acides. Très-efflorescente.
Forme primitive, prisme rectangulaire droit.
Clivage très-facile, parallèlement à la base de l'octaèdre.

ANALYSE.

Sulfate de soude anhydre. .	99,78	100,00
Sous-carbonate de soude. .	0,22	

Gisemens.

Ce minéral a été trouvé aux salines d'Espartinas, à cinq

lieues de Madrid. Les sources d'eau salée sortent de roches pyroxéniques, et traversent une série de canaux dans lesquels se déposent des croûtes plus ou moins épaisses, où sont enchassés des octaèdres de thénardite ordinairement basés.

NEUVIÈME ESPÈCE.

GAY-LUSSITE.

SIGNALEMENT.

Effervescence avec les acides. Toujours en cristaux.
Forme primitive, prisme oblique rhomboïdal.

ANALYSE.

Acide carbonique.	28,66	
Soude.	20,44	
Chaux.	17,70	100,00
Eau.	52,20	
Argile.	1,00	

Gisemens.

Jusqu'à présent la gay-lussite s'est trouvée seulement en cristaux isolés, disséminés dans des bancs d'argile.

HUITIÈME GENRE.

AMMONIAQUE.

PREMIÈRE ESPÈCE.

AMMONIAQUE SULFATÉE (vulgairement sel secret de Glauber).

SIGNALEMENT.

Volatile, en partie seulement, par l'action du feu.
Soluble dans une quantité d'eau froide double de son poids, et dans une quantité égale au sien d'eau chaude.

ANALYSE PAR KIRWAN.

Ammoniaque. . . 29,70 ⎞
Acide sulfurique. 55,70 ⎟
Eau. . . . . . . 14,16 ⎬ 100,00
Perte. . . . 0,44 ⎠

Gisemens et localités.

On n'a encore trouvé ce sel que sous la forme de concrétions ou d'efflorescences pulvérulentes, soit dans certains
Lagoni de la Toscane, soit à la surface de la terre et dans le
voisinage des fumeroles de l'Etna, et enfin dans quelques
houilleres.

DEUXIÈME ESPÈCE.

AMMONIAQUE MURIATÉE (vulgairement sel ammoniac ;
naturlicher salmiak).

SIGNALEMENT.

Complètement volatile sur les charbons ardens.
Forme primitive, l'octaèdre régulier.
Saveur urineuse et piquante.
Légèrement flexible, quand on agit sur un fragment mince
et alongé.
Soluble dans six fois son poids d'eau froide, et à peu près
dans son poids d'eau bouillante.
Refroidissant sensiblement l'eau dans laquelle on le dis-
sout.

ANALYSE.

Ammoniaque. . . 40 ⎞
Acide muriatique. 52 ⎬ 100
Eau. . . . . . . 8 ⎠

Variétés de formes et de tissus.

Ammoniaque muriatée primitive. Un octaèdre régulier.

Trapézoèdre. Solide à vingt-quatre faces.

Concrétionnée plumeuse. En petites aiguilles qui paraissent être composées d'octaèdres implantés.

Striée. En masses dont le tissu est composé d'aiguilles serrées les unes contre les autres, et qui sont souvent sinueuses.

Les cristaux obtenus par l'art, les masses qui résultent des opérations chimiques par lesquelles on forme ce sel de toutes pièces, les aiguilles et les concrétions naturelles enfin, sont pour l'ordinaire d'un blanc grisâtre, tirant sur la couleur cendrée.

Gisemens, localités, usages.

On trouve l'ammoniaque muriatée dans le cratère de certains volcans en feu. Il y existe des masses plus ou moins considérables qui sont quelquefois l'objet d'une récolte lucrative pour les habitans voisins de ces grands laboratoires. En Perse et chez les Kalmouks, on la rencontre à la surface du sol, en efflorescences neigeuses mélangées d'argile.

Les houillères embrasées donnent de très-beaux cristaux d'ammoniaque muriatée, qui se subliment dans les fissures : ce sont ordinairement des trapézoèdres.

En Belgique, on fabrique le sel ammoniac en brûlant dans les mêmes fours, et tout à la fois, des os, de la houille, de la suie et du muriate de soude. La houille et les matières animales fournissent la base, et la soude muriatée cède l'acide.

En France et à Paris même, il existe des fabriques de ce même sel, que l'on obtient à peu près par les mêmes procédés, en utilisant une partie des immondices de cette grande ville.

Enfin en Égypte, où l'on manque de bois, les Arabes et les habitans du désert brûlent la fiente de leurs chameaux mêlée avec la paille, et la suie qui provient de cette combustion renferme une grande quantité d'ammoniaque que l'on ramasse avec soin par sublimation, et ce sel, sous la forme de pains ronds et plats, est versé dans le commerce.

² Les principaux usages de l'ammoniaque muriatée sont de servir à décaper les métaux et de disposer leur surface, en les désoxydant, à recevoir un autre métal et à s'y souder complètement. C'est ainsi qu'on en fait usage dans la fabrication du fer-blanc, en préparant les lames de fer à recevoir la couche d'étain qui doit les recouvrir.

Les teinturiers la réclament aussi dans plusieurs circonstances, et elle donne au plomb doux la propriété de se granuler ; enfin, elle est employée avec succès comme l'un des meilleurs réfrigérans connus.

APPENDICE A LA PREMIÈRE CLASSE.

SILICE.

SILICE LIBRE.

QUARZ (réunissant toutes les variétés du cristal de roche , de l'agate, du silex et du jaspe).

SIGNALEMENT.

Infusible au chalumeau, insoluble dans les acides, rayant toujours le verre.

§ I. QUARZ HYALIN (1) (vulgairement cristal de roche ; berg krystall de Werner).

Forme primitive, un rhomboïde légèrement obtus, que l'on obtient assez facilement par la percussion.

---

(1) Le nombre des modifications que l'espèce quarz fournit à l'observation a engagé M. Haüy à la sous-diviser en 4 sous-espèces : le quarz hyalin, le quarz agate, le quarz résinite, et le quarz jaspe. Malgré cette diversité, le signalement qui est en tête du quarz hyalin est applicable aux trois autres sous-divisions.

Pesanteur spécifique, 2,04.

Etincelant sous le choc de l'acier.

Réfraction double à un degré moyen.

Phosphorescent par la collision, dans l'obscurité, en répandant l'odeur de pierre à fusil.

Cassure vitreuse.

Quand le quarz hyalin est incolore, c'est de la silice pure dont voici la composition :

ANALYSE.

Silicium. . . . 48,05 } 100,00
Oxygène. . . . 51,95 }

Mais souvent il est coloré et doit sa couleur à un mélange intime de substances étrangères. Voici, pour en donner un exemple, une analyse de M. Rose :

ANALYSE DU QUARZ VIOLET, PAR ROSE.

Silice. 97,50
Alumine. 0,25
Fer oxydé. . . . 0,50 } 100,00
Manganèse oxydé. 0,25
Perte. . . 1,50

Variétés de formes et de tissus.

Quarz hyalin primitif. Est assez rare.

Dodécaèdre. Deux pyramides hexaèdres opposées base à base, et formant un dodécaèdre à faces triangulaires.

Prismé. Cette variété, la plus commune de toutes, est extrêmement rare à rencontrer entière et parfaite ; je ne l'ai même vue telle que parmi les cristaux qui proviennent des carrières de marbre blanc de Carare ; autrement elle est toujours incomplète ou modifiée. Dans son état parfait, elle se compose d'un prisme hexaèdre, terminé à chaque extrémité par une pyramide à six faces triangulaires. Toutes les autres variétés dérivent de celle-ci, et n'en diffèrent que par des fa-

cettes additionnelles ou par des modifications des faces ou
des pans qui prennent quelquefois un accroissement déme-
suré aux dépens des faces ou des pans adjacens ; un de ces
accidens les plus communs est celui qui résulte de l'extension
extrême d'une seule des faces de la pyramide, qui donne au
cristal l'apparence d'un prisme à base oblique. J'ai déjà dit
que ces sortes de changemens dans les dimensions des formes
ne dérangeaient en rien la constance de leurs incidences respectives.

Laminiforme. En lames isolées qui semblent avoir été
moulées dans les fentes d'une substance qui a été détruite
ensuite.

Laminaire. Des sablonnières de Paris, en cailloux roulés.

Sublaminaire. Bleu foncé d'Abo en Sibérie.

Aciculaire radié. Des environs d'Angers.

Fibreux.

Concrétionné.

Botryoïde.

Géodique.

Perlé, fistulaire ou *mamelonné* (muller glass). Des envi-
rons de Francfort, d'Expailly près du Puy, des environs de
Béziers, à la Bégude de Jordy, département de l'Hérault, de
Santa-Fiora en Toscane, etc.

Ondulé. Ayant l'apparence du verre fondu qui a coulé, du
Cap de Gate en Espagne.

Moiré. Nouvelle variété qui se présente en cailloux roulés
dans le psammite du bassin de la Vézère, département de
la Dordogne, et qui se fait remarquer par les reflets inté-
rieurs et satinés que l'on observe surtout au soleil. Sa couleur est le gris de cendre, et sa transparence est nébuleuse.

Massif. On peut comprendre dans cette variété tous les
quarz hyalins qui n'affectent aucune forme, et qui se trouvent en assez grandes masses ou en filons puissans, tels que
le quarz rose du Bolstein, près Darmstadt, celui de Passaw

et de Rabenstein en Bavière, le quarz fétide des environs de Nantes, celui qui est bleuâtre et que l'on trouve à Baudemneis en Bavière, etc. Parmi les quarz massifs, il faut encore ajouter l'hématoïde sinople, dont la couleur est le rouge, foncé joint à un aspect luisant; le quarz rubigineux qui se présente en masses assez considérables aux environs de Saint-Lazare, près Terrasson, département de la Dordogne, mais dont les fissures sont tapissées de très-petits cristaux de quarz opaque très-nets, et pourvus de leurs deux pyramides, etc., etc.

Granulaire. Servant de gangue au disthène, en Espagne.

Subgranulaire. La plupart des cailloux roulés qui se trouvent dans les terrains d'alluvion des environs de Lyon, et en place à la montagne du Roule, près Cherbourg.

Grossier (hornstein de W.) Cassure terne, offrant souvent des joints droits, qui se séparent facilement, noirs, brun jaunâtre, ou brun rougeâtre, du mont Vautier, près Servoz en Savoie.

Compacte massif. Cassure terne et inégale, des environs de la Garde-Frainet, département du Var.

Arenacé. C'est le sable ou sablon dont le type se trouve dans les plaines du Désert et dans la forêt de Fontainebleau; chaque grain est un fragment de quarz hyalin.

Farineux. En sable excessivement fin, nouvellement découvert par M. André, dans les ocrières de Vierzon, département du Cher.

Pseudomorphique. Cette variété comprend tous les corps organisés qui se trouvent changés en quarz, tels que certaines coquilles, quelques oursins, certains bois, etc. Ils sont au reste beaucoup plus rares que les bois agatisés et changés en jaspes, avec lesquels il ne faut pas les confondre. Le quarz hyalin s'est quelquefois moulé sur des cristaux qui appartiennent à diverses autres substances, telles que la chaux carbonatée, la chaux sulfatée, etc., etc.

Variétés de couleurs et d'aspect.

Quarz incolore. (C'est le cristal de roche proprement dit de l'ancienne minéralogie et des gens du monde.) En cristaux isolés ou groupés en fragmens irréguliers, qui ne sont que des cristaux mutilés, en galets arrondis par le frottement.

Violet (vulgairement améthiste). Les beaux améthistes sont d'une belle teinte, également répandue dans toute la masse de la pierre. Les plus estimés viennent du Brésil; il s'en trouve aussi en Allemagne, dans les montagnes de Murcie en Espagne, et en Auvergne aux environs de Brioude.

Bleu. Bleu de lavande d'Espagne.

Bleu sombre. Du Brésil.

Bleu verdâtre. Idem.

Jaune. Jaune de paille, passant au jaune miellé, en grosses masses irrégulières qui présentent des espèces de stries contournées dans leurs cassures ; du Brésil.

Orangé brunâtre. Produit un bel effet quand il est poli ; du Brésil.

Jaune brunâtre.

Enfumé (vulgairement cristal brun, ou diamant d'Alençon). Des aiguilles qui entourent le Mont-Blanc, et de Tulle.

Gris obscur.

Hématoïde. En cristaux nets, opaques, d'un rouge sombre (vulgairement hyacinthe de Compostelle).

Rubigineux. Même aspect et même forme, avec la couleur de l'ocre jaune.

Vert obscur. Il doit sa couleur à une substance étrangère qui est interposée.

Laiteux.

Noir. En cristaux souvent bien réguliers, mais peu volumineux.

Parmi les accidens de lumière, on remarque particulièrement :

Le quarz girasol, dont le fond laiteux laisse échapper des
reflets bleuâtres et aurore ; de Sibérie, fort rare.

Chatoyant. M. Cordier s'est assuré que les reflets satinés
de cette variété sont dus à des filamens soyeux d'asbeste interposés dans son intérieur. Le quarz chatoyant qui porte
le surnom d'œil de chat dans le commerce, se trouve à Madagascar, à Ceylan et sur la côte du Malabar.

Gras. Sa surface semble frottée ou enduite d'un corps
gras.

Aventuriné (vulgairement aventurine). Couleur brune ou
grise, souvent rougeâtre à l'extérieur des masses, et blanchâtre au centre, composée de parties brillantes qui scintil-
lent en renvoyant à l'œil des reflets vifs, jaunes ou blancs,
qui sont dus à des fissures ou à des lames quarzeuses plus
pures et plus vitreuses que le reste de la substance. Cette
variété a beaucoup de rapports avec certains grès micacés,
mais elle ne doit cependant être confondue avec ces roches
arénacées. Se trouve à Nantes, dans la grave des environs
de Bordeaux, en Périgord, etc.

Irisé. Accident produit sur le quarz hyalin, soit par une
fissure naturelle, ou par un étonnement résultant d'un choc.

Aéro-hydre. On a donné ce nom à une espèce de quarz
hyalin percée d'un grand nombre de cavités dans lesquelles
on distingue des bulles formées par un liquide et un gaz. Le
plus souvent les liquides renfermés dans ces cavités sont
deux huiles vingt ou vingt-huit fois plus dilatables que l'eau.
Un de ces fluides est très-volatil, l'autre est fixe. En recueil-
lant un de ces liquides, on a remarqué que l'un est beaucoup
plus dense que l'autre, et donne un globule résineux qui s'é-
paissit à l'air, est insoluble dans l'eau, soluble dans l'alcool.
Ces liquides sont bien plus abondans dans les topazes.

Divers minéraux se trouvent engagés dans l'intérieur des

cristaux les plus limpides, et sont souvent recherchés par les amateurs de ces sortes d'accidens. C'est ainsi que l'on y trouve,

L'asbeste, en Dauphiné.

L'amianthoïde, à Chamouny.

Le titane rouge, au Brésil (cheveux de Vénus).

Le manganèse, à Madagascar.

Le fer oxydulé, en Sibérie. On le taille et on le polit à Moscou, et il y porte le surnom de flèches d'amour.

Le fer oligiste, en Oisan.

La pyrite de fer, idem.

L'or natif, à la gardette en Oisan.

Enfin, l'épidote, la chlorite, la tourmaline, la topaze, la baryte, etc., etc.

Gisemens, localités et usages du quarz hyalin.

Le quarz hyalin ne forme point de montagnes entières à lui seul ; mais il est tellement répandu dans la nature, et il entre dans la composition d'un si grand nombre de roches et d'alluvions, qu'il joue certainement l'un des principaux rôles dans la constitution du globe.

Le quarz hyalin forme do grands filons qui traversent les roches primordiales ; souvent il est seul, mais souvent aussi on le voit associé à une foule de minéraux ou de minerais rares et précieux. Quand il est pur, il arrive que ces grandes veines quarzeuses offrent des poches ou des fours dans leur intérieur, qui sont tapissés de cristaux réguliers plus ou moins volumineux et plus ou moins parfaits ; leur surface est ordinairement couverte d'une couche couleur de rouille qui cache leur limpidité, mais dont il est aisé de les dégager. Le Valais, la Suisse, la Savoie et le Dauphiné sont les contrées d'Europe où l'on rencontre les plus riches filons de quarz ; mais le Brésil, Madagascar et quelques cantons de la Sibérie, produisent des masses ou même des cristaux de quarz, qui surpassent de beaucoup en volume tout ce qui se trouve habituellement de plus remarquable en ce genre dans nos Alpes.

Le quarz hyalin en grains irréguliers fait partie essentielle des roches granitiques; il constitue toujours au moins le tiers de leur masse : que l'on juge d'après cela, en considérant la hauteur, l'étendue et le nombre des chaînes granitiques, quelle est l'importance de ce minéral dans ce genre de formation seulement; maintenant si l'on considère ce même quarz dans les terrains d'alluvion, et surtout dans le sable qui forme le sol mobile des grands déserts de l'Afrique et de l'Asie, on se convaincra de nouveau qu'il joue certainement encore là le rôle essentiel et principal.

Enfin, je ne connais aucune formation où le quarz hyalin soit absolument étranger, c'est certainement la gangue la plus générale que l'on connaisse, et il serait peut-être assez difficile de citer un minerai qui ne lui soit jamais associé.

Le quarz hyalin incolore, de belle qualité, s'emploie dans la bijouterie; on en fait des vases qui sont d'autant plus précieux, que leur volume dépasse la grosseur ordinaire des masses de quarz.

Quant aux variétés colorées, elles remplacent les gemmes dans la bijouterie commune, et atteignent elles-mêmes une assez grande valeur quand leur volume, leur pureté et leurs couleurs sont remarquables; parmi celles-ci, la variété violette est une des plus recherchées.

Nous possédons un grand nombre de gravures antiques qui ont été exécutées sur améthiste.

Le quarz, à l'état de sable, entre dans la composition du verre, et en forme réellement la base.

Le cristal du commerce, qui est si remarquable par sa pureté et la diversité des objets qui sont exécutés avec cette belle matière, n'est lui-même qu'un verre plus parfait, dont la base est encore le sable quarzeux le plus pur. Le sable et les graviers de nos rivières sont en grande partie composés

de fragmens de quarz; aussi sont-ils employés dans la fabrication du verre noir, et sont-ils recherchés pour la confection
du mortier et des cimens communs, dont la base est toujours
le sable et la chaux.

APPENDICE.

Quarz hyalin calcarifère (autrefois conit). Rayant le
verre, soluble en partie dans l'acide nitrique, couleur grisâtre, aspect et cassure ternes, excepté dans les points où il
existe des lamelles de chaux carbonatée, interposées dans
la masse.

§ II. QUARZ AGATE.

Le quarz agate est constamment le produit de concrétions,
et en porte toujours l'empreinte. Comme les substances concrétionnées doivent leur origine à l'évaporation d'une dissolution, ce sont des rognons formés de couches superposées
dans lesquels les couches inférieures sont généralement les
plus colorées. La cassure est esquilleuse comme celle d'un
morceau de cire, les agates sont rarement tout-à-fait opaques, elles sont presque toujours translucides.

ANALYSE DU QUARZ AGATE CORNALINE, PAR TROMSDORFF.

$$\left.\begin{array}{lr}\text{Silice.} . . & 99 \\ \text{Perte.} & 1\end{array}\right\} 100$$

On remarquera sans doute avec quelque raison que le
principe colorant n'entre ici pour rien dans les parties constituantes de cette analyse.

Variétés.

Quarz agate calcédoine. Transparence nébuleuse; couleur
plus ou moins laiteuse, avec une teinte de jaune ou de
bleuâtre.

La calcédoine se présente ordinairement en masses mame-

lonnées à leur surface, ou composées de petites stalactites
assez courtes; d'autres fois elle se forme en petites couches
peu épaisses; et enfin en gouttes analogues, pour la forme,
à celle du suif figé. Il en existe une variété cristallisée ; mais
elle est tellement rare, qu'elle forme une sorte d'exception, et
qu'on a même été, mais à tort, il est vrai, jusqu'à la considérer comme étant une simple pseudomorphose : ses cristaux ont l'aspect cubique, mais ce sont véritablement des
rhomboïdes ; leur couleur est le bleu tendre.

La calcédoine taillée et polie présente souvent dans son
intérieur des taches ou des veines rousses, et de plus des petits nuages arrondis qui sont dus à la forme mamelonnée
qu'elle affecte ordinairement. C'est particulièrement aux
calcédoines qui présentent cet accident que les amateurs
ont donné la qualification d'*agate orientale*. Nous distingue-
rons les sous-variétés suivantes :

Quarz agate, *calcédoine primitif*. En cristaux rhomboïdaux, semblables à ceux qui servent de noyau au quarz
hyalin.

Mamelonné. C'est la variété la plus commune. Ces mamelons, qui peuvent être considérés comme des stalactites nais-
santes, sont plus ou moins saillans, plus ou moins alongés,
et s'approchent ainsi des vraies stalactites.

Guttulaire. En forme de gouttes déposées à la surface
d'une roche volcanique, et accompagnées de bitume. Commune au Pont-du-Château près Clermont, département du
Puy-de-Dôme, et susceptible d'être travaillée par le lapidaire.

Géodique. En formes de coques creuses, dont l'intérieur
est tapissé de petites saillies mamelonnées, ou de cristaux
blancs ou violets, de quarz hyalin. Souvent le vide est tout-
à-fait obstrué, et le centre ne présente qu'un point de quarz
hyalin. Ces variétés sont communes à Oberstein en Palatinat.

Anhydre. Coques de calcédoine blanche et translucide, qui renferment une goutte d'eau plus ou moins mobile, et devenant très-visible par le poli extérieur de la coque, dont les parois sont ordinairement tapissées de petites pointes de quarz. On trouve cette jolie variété dans uh tuffa volcanique du Montechio Maggiore, et du mont Maïn en Vicentin.

Stratiforme. En couches droites, différemment colorées, dans l'Inde, à Féroé, à Champigny près de Paris, etc.

Les nuances de la calcédoine proprement dite se réduisent aux suivantes :

Blanchâtre (vulgairement cornaline blanche).

Bleu céleste. En Sibérie.

Verdâtre.

Vert foncé (plasma). Couleur d'herbe avec des nuances irrégulièrement répandues de blanchâtre, de jaunâtre, etc. Cette variété a été connue et travaillée par les anciens ; ce n'est même que parmi les déblais de l'ancienne Rome que l'on a trouvé les échantillons qui sont dans les collections. On en cite cependant au mont Olympe.

APPENDICE.

Quarz agate cacholong. D'un blanc mat, opaque, à cassure imparfaitement conchoïde, happant à la langue dans les parties qui ont l'aspect terreux et qui forment une espèce de croûte extérieure. Le cacholong alterne ou accompagne la calcédoine, dont il ne paraît différer que par l'addition d'une substance étrangère, que l'on présume être l'argile. A Féroé, au Mussinet près Turin, etc.

Quarz agate thermogène. Cette variété n'est qu'un tuf siliceux déposé par les eaux alkalines bouillantes, et les jets du Geyser et du Strok en Islande. Sa couleur est blanche ou rosée, avec des taches de rouille ; sa cassure est terne, et se présente sous la forme de masses concrétionnées qui se sont déposées à la surface des corps que l'eau baignait lors des éruptions.

Quarz agate cornaline. Couleur rouge de cerise, jointe à la demi-transparence de ce fruit dans la belle espèce ; teinte passant au jaune d'orange plus ou moins intense, distribuée dans toute la masse de la pierre, ou simplement par taches irrégulières, séparées les unes des autres par des espaces de calcédoine pure, cassure finement conchoïde.

Les cornalines se présentent le plus ordinairement en galets arrondis, plus ou moins gros, dont la surface est noire, et dont l'intérieur est d'un rouge plus ou moins vif. Cependant on cite cette même variété en masses mamelonnées, compactes ou fibreuses. Les plus belles cornalines viennent du Japon ; celles d'Europe sont généralement impures et peu volumineuses.

Quarz agate sardoine (sardoine ou sardonyx). Couleur orangée plus ou moins foncée, passant même au brun marron dans les morceaux d'une certaine épaisseur. Se trouve à la Chine, et à Yrkoutzk en Sibérie, sous la forme de galets, dont quelques uns sont mamelonnés à leur surface.

Quarz agate prase (chrysoprase). D'un vert-pomme agréable à l'œil, passant rarement au vert foncé ; cassure terne unie, plus ou moins translucide. Suivant Klaproth, sa couleur verte est due au nickel.

Se trouve en Silésie, aux environs de Kosemütz, Grochau et Glassendorf.

Quarz agate vert obscur. Vert dragon translucide sur les bords ou dans les morceaux très-minces ; cassure légèrement luisante. De Sicile? et de Bornéo.

Quarz agate pyromaque (vulgairement pierre à fusil). Cette variété d'agate est le silex proprement dit ; sa cassure est conchoïde, à fragmens convexes et à bords tranchans ; sa couleur varie du jaune blond au noir bleuâtre ; il est translucide sur les bords, et quelquefois dans toute son épaisseur, quand sa couleur n'est pas foncée. Deux fragmens frottés l'un contre l'autre sont phosphorescens dans l'obscurité, et répandent l'odeur connue sous le nom de pierre à fusil.

Les variétés de formes du silex sont infinies ; parmi celles qui ont quelque régularité, on remarque les suivantes :

Ovoïdes. En globes ronds, ou ovoïdes pleins ou creux, tapissés intérieurement de points de quarz, ou renfermant, suivant les localités, de l'eau, de l'argile ocreuse, dont un fragment résonne quelquefois quand on agite le silex près de l'oreille ; d'autres silex creux renferment de la craie ; enfin on en trouve aux environs de Polygny, département du Jura, qui contiennent du soufre pulvérulent : à cela près, le silex n'offre rien de remarquable dans ses associations, qui sont extrêmement rares ; mais, en revanche, il présente souvent dans son intérieur les traces de corps organisés de la famille des oursins, des madrépores, des alcions, etc.

APPENDICE.

Quarz agate calcarifère. Cassure lisse, blanc grisâtre ; aspect terne, rayant le verre, mais se dissolvant en partie dans l'acide nitrique, en raison de la petite quantité de chaux qu'il contient ; il accompagne et recouvre souvent le silex sous la forme d'une espèce de croûte qui participe ainsi des bancs crayeux dans lesquels on le trouve ordinairement.

Quarz nectique (schwimmstein de Werner). En masses noueuses d'un blanc sale opaque, à cassure terne et inégale, renfermant souvent dans leur centre un noyau de silex pyromaque, qui se fond dans la masse terreuse par des nuances insensibles. Le quarz nectique nage sur l'eau tant qu'il n'en est pas imbibé, puis il se précipite au fond.

Silice. . . . . . . 98 }
Chaux carbonatée.   2 } 100

On trouve cette singulière variété de silex léger à Saint-Ouen près de Paris, sur le bord même de la Seine, au pied du moulin Fidèle ; il renferme des coquilles d'eau douce.

Quarz agate molaire (vulgairement pierre meulière). Couleur, transparence et cassure du silex ordinaire, souvent très-caverneux, et renfermant dans ses cavités de l'argile ocreuse d'un jaune orangé, qui colore quelquefois toute la masse ; ces cavités sont très-irrégulières, et traversées par des cloisons siliceuses : ce silex renferme quelquefois des coquilles d'eau douce. S'exploite à la Ferté-sous-Jouarre, près de Château-Thierry, département de l'Aisne, à la Gorce près Domme, et aux environs de Bergerac, département de la Dordogne, etc., etc.

APPENDICE GÉNÉRAL.

Réunions plus ou moins irrégulières de plusieurs des variétés ci-dessus décrites, offrant des assemblages remarquables par la vivacité et la diversité de leurs couleurs:

Quarz agate onyx. Composé de couches droites d'une certaine épaisseur, et bien tranchées de cornaline et de calcédoine, de calcédoine et de sardoine, etc., répétées une ou deux fois au plus. On ignore d'où les anciens tiraient les beaux onyx qu'ils gravaient.

Quarz agate rubanné. Composé de couches droites, sinueuses, ou repliées sur elles-mêmes, très-fines et très-multipliées, variées de couleurs et répétées à l'infini, d'Écosse, d'Allemagne et surtout d'Oberstein.

Quarz agate œillé. Composé de couches concentriques différemment colorées, ou d'espèces d'anneaux bruns et blancs pour l'ordinaire, qui imitent quelquefois assez bien la couleur de la prunelle de l'œil.

Quarz agate perigone (vulgairement agate à fortifications). Cette variété se rapproche beaucoup de la précédente, dont elle ne diffère réellement que par la largeur de ses bandes colorées, qui sont, il est vrai, plus particulièrement repliées sur elles-mêmes, en formant des angles saillans et rentrans, que l'on a comparés à ceux du tracé des fortifications.

Quarz agate ponctué. Un fond de calcédoine avec des points rouges ou bruns; fond vert dragon, parsemé de points rouge de ang (vulgairement jaspe sanguin).

Quarz agate panaché. C'est un assemblage irrégulier de calcédoine, de cornaline et de sardoine, quelquefois associé à du quarz hyalin blanc ou violet; de Sicile.

Quarz agate dendritique (moos achat de Werner, vulgairement agate arborisée ou herborisée). Un fond de calcédoine, avec des dendrites ou imitations de rameaux d'arbres et de buissons, bruns, noirs ou rouges. Ces derniers sont loin d'être aussi purs et aussi délicats que les noirs; on les attribue à des infiltrations de manganèse oxydé, d'autres à du bitume, etc.

On a donné le nom d'agates mousseuses ou herborisées à des calcédoines blanches qui renferment dans leur intérieur des substances étrangères vertes ou brunes, imitant assez bien la forme et le port de certaines conferves et de quelques mousses. Plusieurs minéralogistes, au nombre desquels se trouvait le célèbre Daubenton, pensent que ce sont réellement des conferves et des mousses. Je ne partage point cette opinion.

Tels sont les principaux accidens qui se trouvent dans les variétés du quarz agate. Il en est sans doute beaucoup d'autres; mais il sont si fugitifs et si peu importans, qu'ils ne valent réellement point la peine d'être décrits, surtout dans un ouvrage abrégé.

Gisemens, localités et usages du quarz agate.

Le quarz agate, pris en général, appartient à presque
tous les terrains. Nous avons vu qu'il se dépose journellement tout à l'entour des jets bouillans d'eau alkaline de l'Islande, et nous ajouterons, en remontant depuis les terrains
les plus modernes jusqu'aux roches les plus antiques, qu'il
accompagne constamment le calcaire crayeux sous la forme
de masses irrégulières, déposées en cordons droits parfaitement parallèles entre eux ; qu'il fait partie essentielle de la
plupart des terrains d'alluvion d'antique origine ; qu'il n'est
point étranger aux terrains de transition ni aux terrains
houillers ; qu'il abonde dans les terrains trapéens, qui, pour
la plupart des minéralogistes, sont les produits du feu ; qu'il
se montre dans les produits volcaniques avérés et brûlant
encore ; et, enfin, qu'il se trouve dans le granite et dans le
porphyre, en veines ou en masses disséminées. Tels sont particulièrement les gisemens de Vienne en Dauphiné, d'Autun
en Bourgogne, le porphyre vert antique, etc.

On se rend assez facilement compte de la formation des
agates qui portent l'empreinte évidente de filtration ; mais
il n'en est pas de même de celles qui, sous la forme de géodes creuses ou pleines, se trouvent noyées et empâtées dans
la masse des roches trapéennes ; de ces silex qui abondent
dans le calcaire crayeux, dont la forme bizarre éloigne toute
idée de cailloux roulés ou transportés, qui semblent se fondre dans la craie elle-même par une dégradation insensible,
et qui doivent souvent leur origine à des corps marins mous,
dont ils conservent la trace organique.

Les arts et la bijouterie emploient les plus belles variétés
du quarz agate. Les calcédoines, les cornalines, les sardoi-
nes et les onyx d'un beau volume, sont réservées pour les
graveurs, qui exécutent des sujets plus ou moins compliqués,
soit en creux, soit en relief, soit en profitant de la diversité

des couleurs des onyx et des autres accidens que présentent les agates.

Les agates ordinaires sont souvent taillées en plaques ou en coupes, et ces dernières sont quelquefois d'une grande valeur, en raison de leur volume et de la difficulté du travail qu'elles ont exigé. C'est particulièrement de l'Inde que l'on nous apporte ces précieux ouvrages, pour lesquels on est forcé d'employer la poudre de diamant. Quant aux agates communes dites d'Allemagne, aux cornalines de basse qualité, l'on en fait une foule de petits objets d'ornement, tels que cachets, clefs de montre, mortiers, colliers, chapelets, etc.

Le silex sert particulièrement à la fabrication des pierres à fusil. En France, on n'emploie guère à cet usage que le silex blond; mais, en Belgique et en Angleterre, on se sert du silex noir, que nous réservons pour l'usage domestique de *battre le briquet*.

Le silex molaire est employé comme pierre à bâtir, mais surtout pour la fabrication des meules de moulin, qui sont plus estimées que toutes celles que l'on exécute avec les autres roches.

§ III. QUARZ RÉSINITE.

Cassure largement conchoïde, jointe au luisant de la résine nouvellement brisée, étincelant difficilement sous le choc de l'acier.

ANALYSE DU QUARZ RÉSINITE COMMUN, PAR KLAPROTH.

Silice.	85,5	
Alumine.	1,0	
Oxyde de fer.	0,5	
Chaux.	0,5	100,0
Eau et substances charbonneuses.	11,0	
Perte.	1,5	

Variétés.

Quarz résinite hydrophane (autrefois oculus mundi). Happant à la langue, blanc, jaunâtre ou rougeâtre, à peine translucide.

La propriété qui distingue cette variété, et qui en fait tout le mérite, tient à ce que cette pierre, naturellement opaque, devient plus ou moins transparente après un séjour momentané dans l'eau pure. On trouve les bons hydrophanes à Féroé, à Hubertusbourg en Saxe, et à Châtelaudren en France.

Au moment où l'on plonge un hydrophane dans l'eau, on voit s'élever de sa surface une foule de très-petites bulles d'air, qui se succèdent si rapidement, qu'elles forment des files non interrompues; ce phénomène dure jusqu'à ce que l'air contenu dans la pierre ait été remplacé par l'eau, qui la pénètre dans tous les sens. Or, c'est à cette substitution de l'air à l'eau qu'est dû le phénomène dont il s'agit; car Newton a démontré que les rayons lumineux qui pénètrent deux corps de densités très-différentes sont réfléchis en beaucoup plus grand nombre que quand ils rencontrent deux milieux moins opposés en densité; or, c'est ce qui arrive quand l'air, qui était bien plus éloigné de la densité de la pierre, se trouve remplacé par l'eau, qui en approche beaucoup plus.

Les hydrophanes sont aujourd'hui beaucoup moins rares et beaucoup moins prisés qu'autrefois, où ils étaient considérés comme l'un des produits les plus extraordinaires du règne minéral.

Quarz résinite opale (edle opal de Werner). Fond ordinairement laiteux, légèrement bleuâtre et demi-transparent, d'où sortent les reflets colorés de la plus brillante iris. Se trouve particulièrement à Tschérwenitzka en Hongrie, dans une roche porphyritique altérée. On en cite aussi à Féroé et en Islande.

L'opale, disait Haüy, doit sa beauté à ses imperfections. Ses reflets, si agréablement colorés, d'une vivacité qui ne peut être comparée qu'à ceux des colibris, des oiseaux-mouches et des papillons les plus brillans, proviennent d'une multitude de fissures qui interrompent la continuité de sa propre matière, et déterminent la réflexion des différentes espèces de rayons colorés ; aussi tous ces beaux reflets s'évanouissent quand on vient à briser l'opale. Ce phénomène tient à celui des anneaux colorés, auquel Newton attacha son nom par un nombre infini d'expériences délicates et ingénieuses, et dont il tira ce fait : qu'une lame d'air ou de toute autre substance transparente réfléchit une couleur déterminée, soit simple ou composée, qui dépend du degré de ténuité de cette lame, et qu'elle réfracte en même temps une autre couleur opposée aux rayons qui l'ont pénétrée en échappant à la réflexion, en sorte qu'il suffit de changer la ténuité de cette lame pour lui faire changer de couleur.

L'opale est très-estimée dans le commerce ; on la taille en cabochon ou goutte de suif, et la roche qui en est pénétrée se taille en plaques ou en tabatières. C'est ce qu'on nomme matrice d'opale.

Quarz résinite rose. D'un rouge vif de carmin, variété tout-à-fait nouvelle, qui est susceptible de recevoir le poli, mais qui perd sa fraîcheur à l'air. Découvert prr M. André fils, à Melzun-sur-Yèvre, département du Cher, dans un calcaire siliceux.

Quarz résinite miellé. Des filons de Zunapan.

Quarz résinite commun (gemeiner opal, Werner). Couleur peu brillante, sans reflets particuliers.

Quarz résinite subluisant (vulgairement menilite). Se trouve en plaquettes ou par petites masses noduleuses, engagées dans une argile marneuse et schisteuse, blanchâtre, de Ménil-Montant, ainsi qu'à Pantin et Saint-Ouen, près de Paris. On le cite également près du Mans.

Les rognons de ménilite présentent un phénomène remarquable, c'est que la direction des strates marneuses qui les
entourent se prolonge à leur intérieur. On peut en tirer cette
conclusion : l'origine de ces ménilites est postérieure à la formation de la marne, et la silice a remplacé la marne, molécule à molécule.

La surface de ces tubercules est quelquefois variée de bleu-
ciel et de lignes ; mais son intérieur est toujours brun et luisant. On distingue donc les sous-variétés bleuâtres et blanc-
grisâtre.

Quarz résinite pseudomorphique. Ayant pris la place du
bois commun ou du bois de palmiers ; les premiers présentent des couches concentriques dans leur cassure transversale,
et l'autre les indices de l'organisation particulière des mono-
cotylédones.

Gisemens, localités et usages du quarz résinite.

Les quarz résinites sont très-peu répandus dans la nature;
ils ne forment que de légères veines ou des masses peu considérables qui sont disséminées çà et là dans certains terrains
argileux. Les hydrophanes et les opales appartiennent aux
terrains primitifs altérés. Nous avons déjà dit, en parlant de
chacune de ces variétés, que la Hongrie fournissait les plus
belles opales, qu'elles étaient fort estimées dans la bijouterie,
et que les bons hydrophanes, sans être aussi vantés qu'anciennement, étaient cependant restés un objet intéressant
pour la minéralogie et la physique, et que la Saxe donnait
ceux qui jouissaient de la propriété hydrophane au plus haut
degré.

Quant aux bois changés en silex résinites, autrement nommés *peschteins*, pierre de poix, aucun ne jouit d'autant de
valeur que le palmier agatisé de Hongrie, dont les moindres
échantillons sont du plus grand prix.

§ IV. QUARZ JASPE.

L'opacité complète, même sur les bords, est le caractère essentiel des jaspes, et ce qui les distingue des quarz agates, c'est aussi leur cassure terne et compacte. On considère les jaspes comme des quarz agates surchargés d'argile ferrugineuse, à laquelle ils doivent leur couleur, leur opacité et leur aspect terne. Ils sont bons conducteurs de l'électricité, en raison de la grande quantité de fer qu'ils contiennent.

Variétés.

Il n'existe que des variétés de couleur parmi les jaspes, et tout au plus quelques mélanges irréguliers de plusieurs teintes dans les mêmes masses. Voici les principales :

Quarz jaspe, rouge foncé.

Vert.

Violet.

Bleu de lavande.

Jaune d'ocre.

Noir

Il existe un *jaspe blanc;* j'en ai vu plusieurs pièces travaillées, mais il est excessivement rare, et encore est-il veiné par de très-légers filets roses qui le traversent de loin en loin ; sa teinte est le blanc jaunâtre de l'ivoire.

Parmi les couleurs mélangées, on remarque *le quarz jaspe onyx;* il est d'un brun de chocolat, veiné ou rubanné de bandes d'un vert sombre ; de Sibérie.

Zonaire (ou jaspe égyptien). Un fond chamois ou jaune brunâtre, varié de veines et de zones à peu près circulaires, d'un brun bistré, avec des dendrites noires entremêlées. Ce jaspe, qui se trouve en Égypte, par masses arrondies, est recouvert d'une espèce de croûte tout aussi dure que le reste, mais qui se distingue par son aspect et sa couleur brune.

Panaché ou jaspe fleuri. C'est un assemblage des diverses

variétés qui sont décrites ci-dessus, mélangées irrégulièrement ensemble, et souvent accompagnées par de la calcédoine, qui, dans les plaques minces, se fait distinguer de
tout le reste par sa demi-transparence laiteuse.

Certaines masses contiennent même plus d'agate que de
jaspe ; dans d'autres, c'est le contraire, et de là cette distinction de *jaspe agaté* et d'*agates jaspées*.

Gisemens, localités et usages du quarz jaspe.

Les jaspes se trouvent en assez grandes masses dans la
nature ; ils forment même à eux seuls des couches puissantes
et quelques montagnes du dernier ordre ; mais, pour l'ordinaire, on ne les trouve qu'en filons puissans, il est vrai, et
surtout en masses isolées peu importantes, qui appartiennent
aux terrains d'attérissemens antiques. On a reconnu qu'ils ne
servent point de base aux porphyres, comme on l'a cru
long-temps, ce qui les éloigne des roches de première origine. La Sicile, la Sibérie et les montagnes des environs de
Gênes, renferment la plupart des belles variétés de jaspes
qui sont connues dans le commerce. On les emploie dans
les objets d'ameublement, tels que vases, socles, pendules, etc. ; et leur dureté, jointe à leur brillant poli, rehausse
infiniment la valeur de ces beaux ouvrages. La marqueterie
ou mosaïque de Florence fait un grand usage du jaspe. Il
existe quelques bois changés en jaspes, qui sont très-recher-
chés, et qui sont employés aux mêmes usages que les jaspes
co mmun.

N. B. Pour compléter tout ce qu'il y a à dire sur le quarz,
il faut ajouter à la division d'Haüy deux autres paragra-
phes.

§ V. QUARZ COMPACTE. QUARZ LYDIEN.

On donne le nom de quarz compacte à une sous espèce
de quarz qui est en général d'un gris clair, ni transparent,

ni translucide. La cassure est inégale, grossièrement con-choïde. Ce quarz offre plus de ténacité que les autres es-pèces.

Le quarz lydien, qui ne diffère du quarz compacte que par sa couleur plus foncée et sa faible ténacité, est d'une cou-leur noire qu'il doit à un mélange intime de carbone; car il blanchit au feu. Il est d'une très-grande dureté, et sans trans-parence; on l'emploie comme pierre de touche pour l'essai des bijoux en or.

Gisemens.

Le quarz compacte existe dans les terrains de transition; il constitue en grande partie les roches du mont Saint-Ber-nard. On le trouve dans les montagnes du Dauphiné, dans les exploitations d'anthracite; et même il constitue quelques collines en Bretagne. En observant ce quarz dans ses divers gisemens, on reconnaît une pâte de quarz opaque reliant des grains de quarz hyalin; on y rencontre des fossiles et quelques empreintes de plantes qui ne sont pas charbon-neuses mais talqueuses.

Ces roches de quarz compacte sont traversées d'une mul-titude de fissures parallèles entre elles, invisibles il est vrai, mais la percussion les développe; aussi est-il impossible d'a-voir un morceau à cassure fraîche; tous les échantillons ont une forme pseudo-régulière.

Le quarz lydien a été trouvé en galets; il appartient aussi aux terrains de transition, et se retrouve dans un certain schiste des Pyrénées.

§ VI. DES TRIPOLIS.

On donne le nom de *tripolis* à des substances d'un blanc jaunâtre déposées en couches schisteuses, qui sont employées dans les arts pour polir l'acier. La pesanteur spécifique de ces minéraux est de 2,2, et on peut bien les considérer comme de la silice à l'état terreux, car l'analyse montre qu'ils contiennent 95 pour 100 de silice.

Gisemens.

Généralement les tripolis sont le produit d'un dépôt thermal; cependant on a trouvé un de ces tripolis oolithé; on ne sait pas si cette silice oolithée a été produite par des corps organisés ou si elle a remplacé des corps organisés molécule à molécule; quoi qu'il en soit, on peut affirmer que les tripolis peuvent se produire autrement que par un dépôt thermal.

SILICATES.

PREMIÈRE SÉRIE.

SILICATES A UNE SEULE BASE OU A BASES ISOMORPHES.

PREMIÈRE ESPÈCE.

ZIRCON (autrefois hyacinthe ou jargon).

SIGNALEMENT.

Aspect gras, se décolorant au feu du chalumeau sans y fondre.

Forme primitive, l'octaèdre à base carrée.

Pesanteur spécifique, 4,38 à 4,31.

Rayant difficilement le quarz.

Réfraction double à un très-haut degré.

Toujours cristallisé.

ANALYSE DU ZIRCON D'EXPAILLY, PAR VAUQUELIN.

Zircone. 66
Silice. . . . . . 31 } 100
Oxyde de fer. . . 2
Perte. . . . 1

Variétés de formes et de couleurs.

Zircon primitif. A Expailly.

Dodécaèdre. Prisme à 4 pans, terminé par 2 pyramides à 4 faces, reposant sur les arêtes ; d'Expailly.

Symétrique. Un dodécaèdre à plans rhombes.

Prismé. Un prisme à 4 pans, terminé par 2 pyramides à 4 faces triangulaires surbaissées.

Toutes les autres variétés dérivent des variétés dodécaèdres et de la variété prismée.

Granuliforme. En grains roulés parmi le sable volcanique d'Expailly.

Blanchâtre. Son aspect gras lui donne l'apparence du diamant.

Jaune pâle (vulgairement jargon de Ceylan).

Jaune verdâtre.

Brun rougeâtre.

Orangé brunâtre (vulgairement hyacinthe).

Toutes ces variétés jouissent d'une assez belle transparence.

Gisemens, localités, usages.

Pendant long-temps l'on n'a connu que le zircon des sables ou celui qui se rencontrait dans le lit des rivières de Ceylan et dans le sable volcanique du ruisseau d'Expailly, près de la ville du Puy, département de la Haute-Loire, où il est associé au fer oxydulé, à des corindons saphyrs et à des grenats. Depuis quelques années l'on a trouvé la même pierre en place, à Expailly même, où M. Weiss l'a découverte dans une lave poreuse, et M. Leman dans le basalte noir compacte de Clary. Il a été trouvé de plus dans les roches granitoïdes de New-Jersey aux États-Unis ; dans une siénite de Frederichwern en Norwège, qui est non seulement remarquable par la nature de ses principes constituans (le feldspath opalin et le fettstein de Werner), mais aussi par sa situation géologique ; car, suivant MM. Hausmann et de Buch, cette siénite reposerait sur un calcaire coquiller de transition, et lui serait par conséquent postérieure.

Les zircons, plus connus sous le nom de jargons et d'hyacinthes, sont peu estimés dans le commerce à cause de leur faible éclat ; cependant on ne laisse pas d'en polir et d'en tailler pour la bijouterie, et pour servir de chapes ou de supports aux pivots de l'horlogerie soignée.

DEUXIÈME ESPÈCE.

SILLIMANITE.

SIGNALEMENT.

Infusible au chalumeau, rayant le quarz.
Forme primitive, un prisme rhomboïdal oblique.
Un clivage facile, suivant le plan diagonal du prisme.
Pesanteur spécifique, 3,41.
Couleur brune.

ANALYSE.

Silice.	42,65	
Alumine.	54,12	98,41
Oxyde de fer.	0,99	
Eau.	0,65	

Gisemens.

Ce minéral n'a été trouvé que dans une seule localité, dans une veine de quarz traversant le gneiss, près de Saybrook dans le Connecticut.

TROISIÈME ESPÈCE.

STAUROTIDE (vulgairement pierre de croix ; staurolith, Werner).

SIGNALEMENT NUL (1).

Forme primitive, prisme droit rhomboïdal.

Toujours trouvée cristallisée jusqu'à présent.

Cassure raboteuse dans les cristaux opaques, et luisante dans les cristaux translucides.

Pesanteur spécifique, 3,28.

Rayant faiblement le quarz.

Couleur générale, le brun rougeâtre ou le gris terne, formant une simple fritte par le feu du chalumeau, après avoir bruni.

ANALYSE DE LA STAUROTIDE DU SAINT-GOTHARD.

Silice.	27,00	
Alumine	52,25	
Peroxyde de fer. . .	18,50	100,00
Oxyde de manganèse.	0,25	
Perte.	2,00	

Variétés de formes, de tissus et de couleurs.

Staurotide primitive. Un prisme droit rhomboïdal.

Géminée. Deux cristaux quelconques, croisés à angle droit ; c'est à peu près la variété la plus commune.

Rectangulaire. Deux prismes hexaèdres, croisés à angle droit.

Obliquangle. Deux prismes hexaèdres, croisés de manière à former 2 angles obtus et 2 aigus.

---

(1) Il faut tout l'ensemble des caractères de cette espèce pour pouvoir la reconnaître. Il n'en est point qui pourrait la signaler, si jamais on la trouvait en masses non cristallisées ; et j'ai dit ailleurs que je ne composais les signalemens qu'avec des caractères qui survivent pour ainsi dire à toutes les variétés. C'est pour cette raison que cette substance s'en trouve dépourvue.

Ternée. Trois cristaux croisés et disposés comme les dia-
mètres d'un hexagone régulier.

Brune et opaque (pierre de croix).

Brune et translucide (granatite de Saint-Gothard).

Grisâtre (pierre de croix).

Gisemens et localités.

Les staurotides se sont fait remarquer depuis long-temps
par la singularité de la disposition de leurs cristaux, qui forment, en se mâclant deux à deux ou trois à trois, des croix
latines ou de Saint-André, ce qui de tout temps leur a valu
le nom de pierres de croix. Les plus anciennement connues
se sont trouvées aux environs de Quimper en Bretagne, et
près de Saint-Jacques de Compostelle en Espagne. Il s'en
est trouvé depuis à Saint-Tropez, département du Var, à
Cayenne, et enfin au Saint-Gothard; mais ces dernières diffèrent de toutes les autres par leur couleur d'un brun rougeâtre, et surtout par leur demi-transparence.

Toutes les staurotides opaques se sont trouvées dans le
mica-schiste, au milieu duquel elles sont comme noyées et empâtées; celles du Saint-Gothard, qui sont demi-transparentes,
ont pour gangue un talc argentin qui contient aussi de fort
beaux cristaux de disthène bleu, quelques grenats, etc. La
même roche talqueuse, contenant aussi du disthène et des
grenats, s'est présentée avec des staurotides pareilles à celles
des Alpes, aux environs de Philadelphie et de New-Jersey.
La disposition des cristaux de staurotides a dû nécessairement les mettre au rang des amulettes; aussi trouve-t-on
quelques vieux chapelets espagnols qui en sont décorés.

QUATRIÈME ESPÈCE.

ÉMERAUDE. (Cette espèce réunit l'émeraude proprement dite, le béril, l'aigue-
marine et toutes leurs variétés ; beryl et smaragd de Worner.)

SIGNALEMENT.

*Fusible au chalumeau en un verre blanc un peu écumeux,
rayant difficilement le quarz.*

Forme primitive, un prisme hexaèdre régulier.

Un clivage facile parallèlement à la base.

Pesanteur spécifique, 2,72 à 2,77.

Réfraction double à un degré médiocre.

ANALYSE DE L'ÉMERAUDE DU PÉROU, PAR VAUQUELIN.

Silice.	64,50	
Alumine.	16,00	
Glucine.	13,00	10,000
Oxyde de chrôme..	3,25	
Chaux.	1,60	
Matière volatile.	1,65	

ANALYSE DE L'ÉMERAUDE AIGUE-MARINE DE SIBÉRIE.

Silice.	68	
Alumine.	15	
Glucine.	14	100
Chaux.	2	
Oxyde de fer.	1	

Variétés de formes et de couleurs.

Émeraude primitive. C'est la variété la plus commune. Les
bords de ce prisme à 6 pans se surchargent d'un plus ou moins
grand nombre de facettes additionnelles qui, par leur disposition, imitent une espèce d'anneau assez parfait. Haüy en
a décrit 8 variétés.

Les cristaux des variétés de bérils, ou aigues-marines,
qui se trouvent en Sibérie, sont sujets à des accidens singuliers, qui n'avaient point échappé à Patrin, qui les avait

étudiés sur place : les uns présentent des fractures transversales et une sorte de flexion dans le sens de leur longueur,
de manière à former un coude ; d'autres sont articulés comme
certains basaltes, c'est-à-dire que la fracture transversale
présente une surface convexe qui s'emboîte dans la surface
creuse de l'autre tronçon, etc.

Cylindroïde. En prismes arrondis, chargés de cannelures
longitudinales qui ont masqué les pans et fait disparaître les
autres. Les cristaux imparfaits sont les plus volumineux
parmi ceux qui conservent encore un certain degré de transparence. Il en existe de 8 pouces de long sur 18 à 20 lignes
de diamètre ; on en cite même de 44 lignes. Voici les principales variétés de couleurs jointes à une transparence plus
ou moins parfaite.

Verte. Le vert pur, sans aucun mélange de jaune ou de
bleu ; c'est l'émeraude par excellence. Elle se trouve au Pérou, en Égypte, et à Saltzbourg en Tyrol ; celle d'Égypte est
un peu nacrée dans son intérieur.

Vert jaunâtre. Aigue-marine, de Sibérie.

Jaune verdâtre. De Sibérie.

Miellée.

Jaune.

Bleue. Béril de Sibérie.

Bleu verdâtre. Béril de Sibérie et du Brésil.

Parmi les émeraudes opaques, on remarque les teintes suivantes :

Blanche. De Chantelub, près de Limoges.

Blanc jaunâtre. De Marmagne, près d'Autun.

Gris brunâtre.

Violacée. De Chantelub, près de Limoges.

Gisemens, localités, usages.

L'émeraude appartient aux terrains granitiques les plus
anciens, mais elle n'en fait point partie essentielle ; elle n'y

remplit qu'un rôle purement accidentel. On la trouve dans les points où les trois élémens du granite, le quarz, le feldspath et le mica, se sont réunis en grandes masses et ont donné naissance à un granite gigantesque, si je puis m'exprimer de la sorte ; c'est ainsi que le quarz, qui ne se trouve ordinairement qu'en grains de quelques lignes, se voit ici en masse de la grosseur de la tête ; que les paillettes de mica sont changées en lames de plusieurs pouces de large, et que le feldspath suit à peu près la même règle. Là le béril, car nous savons peu de chose sur l'émeraude du Pérou, se trouve au milieu de ces trois substances, soit en grandes masses, comme à Chantelub, près de Limoges, ou en prismes longs et déliés, traversant les noyaux de quarz, comme à Nantes et à Marmagne, près d'Autun ; et, d'après les grands échantillons qui nous ont été apportés des monts Oural, on peut en conclure que ces aigues-marines et ces bérils sont dans les mêmes circonstances que les nôtres. Quant à l'émeraude du Pérou, à l'émeraude antique d'Égypte, et à celle de Saltzbourg en Bavière, elles se trouvent en cristaux implantés dans le granite proprement dit, et dans le mica schistoïde noir ; elles remplissent aussi quelquefois le vide de certains filons qui traversent ces montagnes en s'associant à diverses autres substances. Ceci a particulièrement rapport à l'émeraude du Pérou, dont nous avons des échantillons venant de Santa-Fé de Bogota, où cette pierre précieuse est associée au fer sulfuré, à la chaux carbonatée et à une substance noire qui tache les doigts. M. de Humboldt a visité d'ailleurs ce gisement intéressant, et a confirmé ce que ces échantillons avaient déjà fait présumer.

L'émeraude antique, dont les anciens auteurs ont parlé, s'exploitait en Égypte ; mais on n'avait aucune donnée sur le lieu précis de leur gisement, jusqu'à ce que M. Caillaud, voyageur français, qui a exploré cette contrée dans ses parties les plus reculées qui avoisinent l'Éthiopie, ait retrouvé ces vieilles exploitations et l'émeraude elle-même dans le granite et le mica schistoïde du mont Zabara, à sept lieues de la Mer-Rouge.

L'émeraude du commerce, connue sous le nom d'émeraude noble ou du Pérou, se trouve en effet dans la juridiction de Santa-Fé de Bogota, entre les montagnes de la Nouvelle-Grenade et celles du Popayan, qui borne le Pérou du côté du nord.

L'émeraude verte s'est encore trouvée dans les environs de Saltzbourg en Bavière, et ces trois gîtes sont les seuls jusqu'à ce jour qui aient fourni l'émeraude colorée par le chrôme; toutes celles dont nous allons citer maintenant la localité, appartiennent aux bérils et aux aigues-marines, qui sont colorées par le fer.

Les monts Oural, et Altaï en Sibérie, la montagne d'Odon-Tchelon, dans la même contrée, fournissent les plus beaux bérils et les plus belles aigues-marines connues; viennent ensuite ceux du Brésil, de Pœnig en Saxe, du comté de Wichlow en Irlande; ceux des États-Unis et ceux de France enfin, qui l'emportent sur tous les autres par leur volume et leur abondance, qui est telle que l'on en ferre une partie de la route de Limoges à Paris.

L'émeraude a toujours été fort estimée par les amateurs des belles pierres, des pierres fines ou des pierres précieuses; mais elle était si rare, et si prisée par les Romains et les Grecs, qui la recevaient de la montagne de la Haute-Égypte, qu'on ne permettait pas aux artistes de graver dessus; on la réservait pour soulager la vue et délasser l'œil. Néron considérait le spectacle sanglant de l'arène à travers une émeraude. De nos jours, cette pierre est encore au premier rang des gemmes, et si elle le cède en dureté et même en éclat aux corindons, et surtout aux diamans, sa couleur pure et veloutée l'en dédommage; et quand son intérieur est exempt de défauts, de glaces ou de tout autre accident, elle rivalise, à volume égal, avec les plus belles variétés de saphir, et surtout avec l'émeraude orientale, dont la nuance est loin d'avoir l'éclat et la richesse de celle qui caractérise l'émeraude du Pérou.

Quant aux bérils et aux aigues-marines, leur valeur n'approche point de celle de l'émeraude verte ; mais quand ils sont purs et volumineux, ils ont cependant encore un assez grand prix. L'une des plus grosses émeraudes vertes connues est celle qui appartient au pape, et qui orne le sommet de la tiare : elle a 2 pouces de haut sur 13 lignes d'épaisseur, et existait à Rome avant la conquête du Pérou ; par conséquent elle provient probablement de la Haute-Égypte. Le roi d'Angleterre possède une aigue-marine d'une beauté rare par son volume et sa pureté. Enfin, la collection des pierres gravées de la bibliothèque royale de Paris renferme une aigue-marine gravée en relief, qui est également précieuse par son volume, sa pureté, sa couleur et le mérite de la gravure, qui représente la tête de Julia, fille de Titus.

CINQUIÈME ESPÈCE.

EUCLASE.

SIGNALEMENT.

Très-fragile et très-facile à réduire en lames ; fusible en émail blanc, rayant le quarz.

Forme primitive, un prisme rectangulaire oblique.

Cassure transversale conchoïde.

Pesanteur spécifique, 3,06.

Réfraction double à un haut degré.

Électrique par pression, et conservant son action pendant 24 heures.

Quelques échantillons d'euclase pourraient être confondus avec l'émeraude, mais il n'y a point de clivage parallèle à la base : c'est une bonne distinction.

Silice.	43,22	
Alumine.	30,55	
Glucine.	21,78	98,47
Oxyde de fer.. . . .	2,22	
Oxyde d'étain.. . . .	0,70	

Variétés de formes et de couleurs.

Euclase tétraptaèdre.

Surcomposée.

Ces deux variétés de formes sont extrêmement compliquées, car l'une a 14 pans à son prisme, et l'autre 15, avec des sommets de plus en plus surchargés de facettes.

La couleur de l'euclase, la seule qui ait été observée jusqu'à ce jour, est le

Bleu verdâtre très-clair.

Gisemens, localités.

Dombey, le célèbre botaniste, rapporta quelques cristaux d'euclase de son voyage au Pérou, mais sans aucun renseignement sur le gisement de cette substance, ni même sur le lieu précis d'où elle provenait ; depuis, l'on a retrouvé l'euclase à Villarica au Brésil.

Si cette pierre, qui a tout-à-fait l'aspect des gemmes, n'était pas d'une extrême fragilité, elle serait susceptible de se ranger au nombre des pierres précieuses, car elle est d'une limpidité parfaite, et sa teinte, quoique peu intense, n'est pas sans mérite.

SIXIÈME ESPÈCE.

DISTHÈNE (cyanit de Werner, autrefois sappare).

SIGNALEMENT.

Absolument infusible, contexture lamelleuse.

Forme primitive, prisme oblique irrégulier.

Deux clivages faciles parallèlement à deux faces du prisme primitif.

Pesanteur spécifique, 3,51.

Les parties aiguës rayent le verre ; mais il est rayé par une pointe d'acier quand on agit sur le plat de ses lames.

Électrique par le frottement, tantôt résineusement, tantôt vitreusement.

ANALYSE.

<table>
<tr><td>Silice.</td><td>51,60</td><td rowspan="4">99,80</td></tr>
<tr><td>Alumine.</td><td>67,80</td></tr>
<tr><td>Chaux.</td><td>0,20</td></tr>
<tr><td>Potasse.</td><td>0,20</td></tr>
</table>

Variétés de formes, de tissus et de couleurs.

Disthène divergent. Un prisme hexaèdre, oblique et aplati.

Perioctaèdre. Un prisme hexaèdre aplati.

Laminaire. Des États-Unis.

Lamelliforme.

Subaciculaire. Du Tyrol.

Compacte.

Bleu. C'est la variété la plus commune et la plus anciennement connue.

Jaunâtre.

Verdâtre.

Rougeâtre.

Blanc.

Faciolé. Une bande bleue entre deux bords blancs.

Gisemens, localités, usages.

Le disthène n'entre dans aucune roche comme principe constituant essentiel, mais il se rencontre accidentellement dans plusieurs. On le trouve dans le talc et dans le mica schisteux, accompagné de staurotides et de grenats ; il est même si intimement lié avec la première de ces substances, qu'il a cristallisé de concert avec elle, que ces cristaux sont parfois juxtaposés l'un sur l'autre et dans le sens de toute leur longueur. Tel est surtout l'état et la situation du disthène du Saint-Gothard ; on le cite aussi dans le gneiss des environs de Lyon, dans le granite proprement dit, etc.

Le Disthène pur et d'une belle qualité a quelquefois été taillé et poli en cabochon, et s'est débité pour du soi-disant saphir ; mais aujourd'hui l'on est prévenu de cette supercherie. Saussure s'en servait sous la forme d'un léger filet pour supporter certaines substances qu'il soumettait à l'épreuve du chalumeau.

SILICE COMBINÉE AVEC L'ALUMINE ET L'EAU.

Tous les silicates alumineux hydratés sont des substances tendres, un peu savonneuses au toucher, facilement solubles dans les acides, perdant facilement leur eau de combinaison. Ces silicates sont au nombre de six : *triclasite*, *halloysite*, *collyrite*, *pholérite*, *lenzinite*, *cymolite*, *allophane*.

Les deux premiers sont ceux qui offrent le plus d'intérêt : ce sont en général des substances rares, à l'exception de la cymolite qui est une sorte d'argile à foulon.

PREMIÈRE ESPÈCE.

TRICLASITE (fahlunite d'Hisinger).

Forme primitive, prisme rhomboïdal oblique.
Pesanteur spécifique, 2,6.
Exposé au chalumeau, il blanchit et fond sur ses bords en verre blanc et bulleux.

ANALYSE PAR HISINGER.

Silice	46,79	
Alumine	26,73	
Eau.	13,50	95,43
Magnésie.	2,97	
Fer et manganèse oxydés.	5,44	

Variétés.

Triclasite perihexaèdre. Un prisme à 6 pans.

Compacte.

Triclasite brun rougeâtre.

Gisemens et localités.

M. Wallman a découvert cette substance dans la mine de cuivre d'Eric Math, à Falhun en Suède. Sa gangue est un talc schistoïde. Ce minéral est encore très-rare.

DEUXIÈME ESPÈCE.

HALLOYSITE.

Ce silicate alumineux hydraté ne présente pas une composition constante ; c'est à proprement parler le nom d'une famille de minéraux plutôt que celui d'une seule espèce.

Substance blanche un peu bleuâtre, pas d'indices de cristallisation.

Cassure conchoïde ; aspect cireux ; rayée par l'ongle, donne des copeaux comme un morceau de savon ; happe à la langue.

Lorsque cette substance a de la transparence, elle la perd par l'exposition à l'air.

L'halloysite a seulement de l'intérêt par sa position géologique ; elle accompagne presque toujours les minerais de plomb, fer, manganèze.

SECONDE SÉRIE.

SILICATES A PLUSIEURS BASES, NE CONTENANT POINT D'ALCALIS.

PREMIÈRE ESPÈCE.

HELVIN.

SIGNALEMENT.

Dissoluble étant pulvérisé dans l'acide sulfurique, en répandant une fumée épaisse.

Forme primitive, octaèdre régulier.

La forme habituelle est le tétraèdre régulier.

Pesanteur spécifique, 3,5.

Rayée par une pointe d'acier.

Fusible au chalumeau avec addition de borax, en verre transparent.

Couleur, le jaune citron.

ANALYSE.

Silice.	35,271	
Glucine.	8,026	
Alumine.	1,445	
Protoxyde de manganèse.	29,244	97,111
Oxyde de fer.	7,970	
Sulfate de manganèse.	14,000	
Perte au feu.	1,155	

Gisement et localité.

L'helvin de Werner ne s'est encore présenté qu'en petits cristaux de forme tétraèdre, dont les angles solides sont tronqués, et dont la couleur varie du jaune de soufre au jaune citron safrané.

Il a été découvert à Swarzenberg en Saxe, où il est disséminé dans un talc chlorite, qui renferme aussi du zinc sulfuré brun, et de la chaux fluatée blanche et violette.

DEUXIÈME·ESPÈCE.

CYMOPHANE (chrysoberyll de Werner).

SIGNALEMENT.

Rayant fortement le quarz, infusible, ordinairement ver-dâtre.

Forme primitive, prisme droit rectangulaire.

Facilement électrique par le frottement.

Cassure transversale conchoïde, tantôt inégale et presque sans éclat, tantôt légèrement vitreuse.

Pesanteur spécifique, 4,79.

ANALYSE DE LA CYMOPHANE DU BRÉSIL.

Silice.	5,99	
Alumine.	68,66	
Glucine.	16,00	98,03
Oxyde de titane.	2,66	
Oxyde de fer.	4,72	

Variétés de formes et de couleurs.

Cymophane anamorphique. Un prisme à 4 pans à sommets culminans.

Dioctaèdre, du Connecticut. Un prisme à 8 pans, terminé par 2 pyramides à 4 faces pentagones.

Autres variétés plus compliquées. Haüy en décrit trois :

Granuliforme. Commune dans le sable des rivières de Ceylan.

Verdâtre. Avec une teinte de vert d'asperge, un peu jau-nâtre et transparente.

Chatoyante. La même teinte avec un beau reflet bleuâtre laiteux, et mobile avec la pierre elle-même, dans laquelle il semble flotter mollement.

Gisemens, localités, usages.

Il en a été de la cymophane comme de la plupart des autres gemmes, que l'on ne connaissait que dans le sable des rivières de Ceylan et du Brésil; mais depuis peu d'années, on a acquis, à l'égard du gisement de cette pierre, une donnée très-intéressante. En effet, Haüy reçut de M. Brun, professeur de minéralogie à New-York, un échantillon d'une roche qui se trouve à Connecticut, qui est composée de quarz gris, de feldspath blanc, et de talc blanchâtre (protogine de Jurine), dans laquelle sont renfermés des cristaux de cymophane translucide et d'un vert d'asperge, de la variété dioctaèdre.

On taille ordinairement les cymophanes chatoyantes en cabochon, afin de faire valoir leur reflet satiné; et quant à celles qui sont privées de cet accident, on n'y attache de prix qu'autant qu'elles sont d'un certain volume, d'une belle teinte et d'une belle eau. Les cymophanes des États-Unis ne sont pas susceptibles d'entrer en concurrence avec celles du Brésil et de Ceylan, sous le rapport de leur valeur commerciale; mais aux yeux des minéralogistes elles en ont un bien grand, puisque leur gangue nous met à même de connaître la roche et la formation auxquelles cette gemme appartient.

TROISIÈME ESPÈCE.

GRENAT.

N. B. On désigne sous ce nom un groupe de minéraux ayant la même forme primitive, *dodécaèdre rhomboïdal*. Ces minéraux sont tous des silicates à deux bases; mais leur composition, et par suite leurs propriétés sont très-variables, ce qui les fait distinguer en quatre variétés :

1° Grossulaire.
2° Almandine.
3° Mélanite.
4° Spessantine.

1re *Variété*. — GROSSULAIRE.

SIGNALEMENT.

Raye le quarz, cristaux transparens ou du moins translucides, fusible en émail gris sale.

La forme habituelle est le dodécaèdre rhomboïdal.

Pesanteur spécifique, 3,35.

ANALYSE DU GROSSULAIRE DE SIBÉRIE.

Silice.	59,40	
Alumine.	23,20	98,40
Chaux.	55,80	

Variétés de couleurs.

Succinite. Couleur jaune, analogie avec la couleur du succin.

Topazolite. Se rapproche de la couleur de la topaze.

Essonite.

2me *Variété*. — ALMANDINE.

SIGNALEMENT.

Raye le quarz, couleur rouge, fusible en émail noir.

La forme habituelle est un dodécaèdre émarginé; quelquefois un trapézoèdre.

Pesanteur spécifique, 4,1.

C'est le seul grenat taillé et employé dans le commerce.

ANALYSE.

Silice.	59,66	
Alumine.	19,66	
Protoxyde de fer.	59,68	96,80
Oxyde de manganèse.	5,80	

Variétés de couleurs.

Rouge de feu. Grenat oriental, ou pyrope des lapidaires.
Rouge violet. Grenat syrien des lapidaires.
Rouge vineux. Grenat de Bohême ou de Ceylan, *idem.*

Brun rougeâtre. Hyacinthe, la belle, des Italiens.
Orangé brunâtre. Vermeille des lapidaires.

3me *Variété.* — MÉLANITE.

SIGNALEMENT.

Cristaux opaques, couleur rouge très-foncée, fusible en émail noir, raye le quarz.

Pesanteur spécifique, 3,8.

ANALYSE D'UN GRENAT MÉLANITE DE SUÈDE.

Silice.	37,00
Oxyde de fer.	31,35
Chaux.	26,74
Oxyde de manganèse.	4,78

99,87.

Dans cette variété sont compris les grenats noirs du Pic d'Eredlitz dans les Pyrénées, les grenats du Vésuve, et en général tous les grenats d'origine volcanique.

4me *Variété.* — SPESSANTINE.

SIGNALEMENT.

Couleur gris verdâtre, raye le quarz, fusible en un émail violet foncé.

Pesanteur spécifique, 3,40.
Ce grenat est très-manganésien.

ANALYSE.

Silice.	35,00
Alumine.	14,25
Peroxyde de fer. . .	7,90
Protoxyde de fer. . .	6,10
Oxyde de manganèse.	35,00

98,25.

Quelques variétés sont très-légèrement colorées en rouge.
Ce grenat a été trouvé pour la première fois dans un granite des environs d'Aschaffenbourg en Franconie.

11

APPENDICE.

Aplome. Présente des stries sur les faces du dodécaèdre.

Grenat résinite. (Colophonit de Karsten.) D'un brun jaunâtre et d'un aspect résineux ; d'Arandel en Norwège.

Grenat granuliforme. En grains arrondis, noyés et disséminés dans la serpentine de Zœblis en Bohême, ainsi qu'à New-York, où ils ont un feldspath blanc pour gangue.

On rencontre quelquefois du grenat en masses schisteuses provenant de cristaux brisés.

Il existe, dit-on, en Suède un grenat très-ferrifère qui exerce une action marquée sur l'aiguille aimantée.

Gisemens, localités, usages.

Le grenat se rencontre dans un grand nombre de roches primordiales, telles que les serpentines de la Bohême, les roches talqueuses et micacées des Alpes, les roches à base de diallage du Tyrol, le calcaire primitif d'Auerbach, près de Darmstadt, etc.

Il se trouve empâté dans le calcaire granulaire des Pyrénées, et particulièrement dans celui du Pic d'Eredlitz. Il n'est point étranger aux roches volcaniques d'ancienne et de nouvelle origines, puisqu'on le rencontre dans les laves de Lisbonne et dans celles du Vésuve ; enfin il s'associe quelquefois aussi avec les substances de filons, et présente des assemblages assez remarquables, mais assez rares.

On trouve quelquefois des amas de grenats détachés de la roche qui leur servait de gangue, qui ont été charriés et rassemblés par les eaux, et qui sont quelquefois exploités comme minerais de fer, ou comme un fondant qui a le double avantage d'aider et d'enrichir la fonte.

Les belles espèces de grenats et ceux qui réunissent à un certain volume une couleur agréable et une transparence convenable, sont assez estimés dans le commerce. Les anciens ont beaucoup gravé sur cette pierre, qu'ils nommaient quelquefois *escarboucle*; et de nos jours, les teintes les plus estimées sont celles qui appartiennent aux grenats *pyropes* et *syriens* des joailliers. En général, les nuances de cette pierre sont toujours sombres, ce qui oblige de diminuer l'épaisseur des gros grenats, en les creusant (les chevant) en dessous ; sans cette précaution, ils sembleraient noirs et ne feraient aucun effet. Quelques gros grenats ont permis d'en exécuter de petites coupes d'un grand prix. Les petits grenats de Bohême se taillent et se forent pour les fabricans de chapelets et de colliers communs.

On fait remarquer que la forme primitive des grenats est la même que celle des alvéoles des gâteaux d'abeilles, qui ont cela d'admirable, que cette figure est précisément celle qui renferme le plus grand espace avec le moins de matière.

QUATRIÈME ESPÈCE.

IDOCRASE (vesuvian et egeran de Werner)

SIGNALEMENT.

Fusible au chalumeau en verre jaunâtre ; aspect luisant et gras.

Forme primitive, le prisme droit symétrique.

Cassure raboteuse et huileuse.

Pesanteur spécifique, 3,08 à 3,40.

Rayant le verre.

Réfraction double assez forte.

ANALYSE DE L'IDOCRASE DU VÉSUVE, PAR KLAPROTH.

Silice.	35,50	
Chaux.	22,25	
Alumine.	33,00	
Oxyde de fer.	7,50	100,00.
Oxyde de manganèse.	0,25	
Perte.	1,50	

ANALYSE PAR BERZÉLIUS.

Silice.	56,00	
Alumine.	17,50	
Chaux.	57,65	99,58.
Magnésie.	2,52	
Oxyde de fer.	5,55	
Matières volatiles. .	0,56	

Variétés de formes et de couleurs.

Idocrase primitive. Un prisme droit à base carrée.

Perioctaèdre. Un prisme à 8 pans, assez court.

Toutes les variétés de forme de cette espèce sont assez compliquées, mais on y reconnaît cependant toujours facilement des prismes plus ou moins surchargés de pans et surmontés de sommets, dont le plus simple a 4 faces obliques et une horizontale qui appartient au noyau.

Cylindroïde.

Bacillaire.

Massive.

Idocrase brune. Du Vésuve (la Somma).

Vert obscur. De Sibérie.

Orangé brunâtre. D'Italie.

Vert jaunâtre. Variété la plus ordinaire.

Bleue. Cyprine de Berzélius.

Noire.

Aucune de ces teintes n'est exempte d'une nuance sombre et rembrunie, qui est répandue dans toute la masse et dans toute l'épaisseur des idocrases les plus pures.

Gisemens, localités, usages.

On trouve presque toujours les idocrases dans les roches talqueuses ou stéatiteuses, soit dans les terrains volcaniques, soit dans les pays qui n'ont point été ravagés par le feu.

Au Vésuve, où l'on trouva cette substance il y a déjà bien

des années, elle fait partie de la roche micacée de la Somma, qui renferme des cristaux de spinelle noir, de néphéline, de meïonite, etc. Celle des bords du Willoui en Sibérie, près du lac Achtaragda, a pour gangue une serpentine blanc-verdâtre; celle de la vallée de Saint-Nicolas, au pied du Mont-Rose, est dans une stéatite verdâtre parsemée de talc nacré et de chaux carbonatée; celle de la vallée de Mussa en Piémont forme de petites masses disséminées dans une serpentine. Quant aux idocrases du Tyrol, leur gangue diffère de toutes celles que nous avons citées ci-dessus : c'est un calcaire granulaire blanc et incarnat; celles des environs de Pisigliano sont disséminées dans un argile, gîte qui a été décrit par M. Santi; et enfin, l'idocrase d'Eger en Bohême, décrite par M. Werner sous le nom d'egeran, a pour gangue un quarz amphibolique.

Les bijoutiers napolitains font tailler et polir les plus belles idocrases de la Somma, et les vendent sous le nom de *gemmes du Vésuve*. Le peu d'éclat de leur couleur, qui tire sur le vert bouteille, ne leur a jamais donné une grande vogue.

CINQUIÈME ESPÉCE.

MACLE (hohlspath de Werner).

La forme constante est un prisme droit rectangulaire.
Pesanteur spécifique, 2,94.
Rayant le verre lorsqu'elle a un tissu vitreux.
Grain fin et serré, poussière douce au toucher.
Au chalumeau, la partie blanche donne une fritte de même couleur, et la partie noire un verre également noir.

Variétés de formes et d'assortiment.

Macle prismatique. Un prisme droit rhomboïdal.

Cylindroïde. La variété précédente, dont les arêtes sont arrondies.

Mâcle hyaline. D'un rose pâle, légèrement violâtre ; aspect vitreux et lamelleux.

Quaterné. Assemblage de quatre prismes blancs disposés en croix.

Mâcle tétragramme. La matière noire forme un rhombe encadré de blanc, et il part de chacun de ses angles une ligne noire qui correspond aux angles du cadre blanc.

Mâcle pentarhombique. La précédente, dont chaque ligne noire est terminée par un petit rhombe.

Mâcle polygramme. Le même dessin, avec cette différence que les lignes noires diagonales sont garnies de chaque côté par d'autres petites lignes noires qui sont parallèles aux bords de la base du prisme.

Mâcle circonscrite. Prisme entièrement noir, mais dont les pans sont simplement recouverts d'une pellicule nacrée.

Les mâcles sont mal connues sous le rapport de l'analyse chimique, et paraissent toujours composées de parties hétérogènes. Tous les cristaux offrent le caractère de présenter des parties blanches et des parties noires disposées symétriquement, et souvent la partie noire participe à la nature schisteuse de la roche qui enveloppe le cristal.

Gisemens, localités, usages.

Les mâcles se trouvent en Bretagne dans le département du Morbihan, et aux environs de Saint-Jacques de Compostelle en Espagne. Dans l'un et l'autre lieu, elles sont engagées dans un schiste noir. M. Champeaux a retrouvé la même substance dans la dolomie du Simplon, où elle est accompagnée d'aiguilles d'amphibole gris. Enfin, M. Charpentier a reconnu la mâcle dans une chaux carbonatée de Couledoux, vallée de Ger, département de la Haute-Garonne.

A l'égard de la mâcle rose hyaline, elle se trouve dans un

schiste noir, rue de Rennes, à Nantes ; et c'est à cette variété que l'on croit pouvoir joindre le prétendu feldspath
apyre ; mais tous les minéralogistes ne partagent point cette
opinion.

Le gisement constant des mâcles est dans les schistes de
transition, au contact des terrains anciens.

La grosseur des cristaux de mâcle varie depuis un pouce
de diamètre jusqu'à la ténuité d'une très-petite épingle. Les
premiers se sont fait remarquer depuis long-temps par la
singularité des dessins qui se distinguent sur leurs bases ;
aussi en avait-on fait des grains de chapelets en Espagne, des
amulettes, etc. Quelques plaques de schistes renfermant des
mâcles, ont été polies, et offrent à l'œil une suite de figures
anguleuses bizarres, qui varient avec l'inclinaison et la position sous lesquelles ces mâcles ont été coupées. Les mâcles
font, dit-on, partie de l'écusson de la maison de Rohan, ce
qui prouverait qu'elles ont été remarquées depuis long-temps
en Bretagne.

SIXIÈME ESPÈCE.

AXINITE (thumerstein, Werner).

SIGNALEMENT.

*Fusible au chalumeau, avec bouillonnement, en un verre
gris noirâtre sombre ; odeur de pierre à fusil par le choc.*

Forme primitive, prisme oblique très-aigu.

Cassure raboteuse et écailleuse.

Pesanteur spécifique, 3,21.

Rayant le verre.

Une partie des cristaux sont électriques par la chaleur, et
ce sont, comme à l'ordinaire, ceux qui dérogent à la symétrie cristalline.

ANALYSE DE L'AXINITE DE L'OISAN, PAR VAUQUELIN.

$$
\left.\begin{array}{lr}
\text{Silice.} & 44 \\
\text{Alumine.} & 18 \\
\text{Chaux.} & 19 \\
\text{Oxyde de fer.} & 14 \\
\text{Oxyde de manganèse.} & 4 \\
\text{Perte.} & 1
\end{array}\right\} 100
$$

Variétés de formes et de couleurs.

Axinite équivalente. C'est un prisme quadrangulaire très-oblique, émarginé entre les faces latérales les plus inclinées.

Tous les cristaux d'axinite dérivent de cette variété, et n'en sont que de légères modifications. Ils ont tous l'aspect d'un solide très-comprimé, tranchant sur les bords ; de là son nom, qui exprime *pierre de hache.*

Laminiforme allongée. De Thum en Saxe. C'est cette variété qui avait valu à cette espèce le nom allemand de *thumerstein.*

Axinite violette. D'un violet tirant sur le brun, et qui n'a aucun éclat.

Verte. Couleur due à un mélange de chlorite.

Tous les cristaux violets sont transparens, mais les verts sont simplement demi-transparens ou tout-à-fait opaques.

Gisemens, localités, usages.

La découverte de l'axinite date de 1781. On la trouva à Saint-Christophe en Oisan, près de la balme d'Auris, département de l'Isère. Elle repose sur la roche qui sert également de gangue au feldspath, à l'épidote, à la prehnite et à l'asbeste flexible. Ses cristaux sont groupés avec ces différentes substances.

L'axinite de Chamouny se trouve dans un filon d'asbeste à la fontaine du Caillet, à moitié chemin du Montenvers ; on l'a découverte aussi sur la montagne de la Côte, et ici elle est disséminée parmi des cristaux de prehnite koupholite. Quant à celle des Pyrénées, elle a pour gangue une chaux carbonatée ; mais l'association la plus remarquable de l'axinite se trouve à Konsberg, où elle est accompagnée de chaux carbonatée, d'anthracite et d'argent natif. On remarque dans cette substance, comme dans beaucoup d'autres, que les cristaux qui sont mélangés de chlorite, sont beaucoup plus nets que les autres ; et ceux qui dérogent à la symétrie sont électriques par la chaleur, et pourvus des deux électricités.

M. Bourdet a fait tailler quelques cristaux d'axinite qui ont pris un assez beau poli ; mais la nuance de cette pierre est si peu tranchée, que son effet n'a rien de bien agréable.

SEPTIÈME ESPÈCE.

ÉPIDOTE (1) (autrefois schorl vert).

SIGNALEMENT.

Fusible au chalumeau en une scorie brunâtre, avec bouillonnement ; rayant facilement le verre.

Forme primitive, prisme droit irrégulier.

L'épidote présente quatre clivages.

Pesanteur spécifique, 3,45.

Étincelant sous le choc du briquet.

Réfraction simple.

Difficile à électriser par le frottement.

Poussière jaune verdâtre dans les gros cristaux verts et opaques, blanc grisâtre dans les autres.

Cassure raboteuse, légèrement éclatante dans le sens transversal.

(1) Cette espèce réunit une foule de substances qui ont figuré dans la méthode allemande chacune sous un nom particulier, et comme étant des espèces distinctes, telles que la pistazit, le scorza, l'akanticone, l'arendalit, la zoisit, etc.

ANALYSE DE L'ÉPIDOTE DU DAUPHINÉ, PAR DESCOTILS.

Silice.	57,0	
Alumine.	27,0	
Chaux.	14,0	
Oxyde de fer.	17,0	100,0
Oxyde de manganèse.	1,5	
Perte.	3,5	

ANALYSE DE L'ÉPIDOTE ZOÏZIT DU VALAIS, PAR LAUGIER.

Silice.	57,0	
Alumine.	26,0	
Chaux.	20,0	
Oxyde de fer.	13,0	100,0
Manganèse.	0,6	
Eau	2,8	

Variétés de formes, de tissus et de couleurs.

Épidote bisunitaire. Un prisme à 6 pans, terminé à chaque extrémité par 2 faces culminantes.

Toutes les autres variétés ont à peu près le même aspect ; ce sont toujours des prismes à 6 ou 8 pans, terminés par des sommets où deux facettes dominent assez ordinairement, et qui sont entourés d'un plus ou moins grand nombre d'autres faces additionnelles.

Aciculaire. En prismes très-allongés, striés en longueur, et réunis en faisceaux.

Comprimé. En cristaux aplatis ; à Champonny.

Bacillaire. D'Arendal et des environs du petit Saint-Bernard.

Granulaire. En masses d'un jaune verdâtre, à cassure raboteuse, avec quelques reflets dus à des aiguilles de la même substance.

Arenacé. Sous la forme d'un sable fin olivâtre, qui dépolit le verre et s'oppose par là à ce qu'on puisse confondre avec lui le talc chlorite pulvérulent des bords de l'Arianos, près de Muska en Transylvanie.

Compacte, D'Égypte.

Terreux.

Épidote vert obscur. De l'Oisan.

Gris (*zoïsite*).

Brun.

Noir brunâtre.

Jaune verdâtre.

Jaune brunâtre.

Les épidotes en cristaux déliés et aciculaires sont généralement très-brillans à leur surface ; mais les gros cristaux d'Arendal sont quelquefois recouverts d'un enduit métalloïde vert ou grisâtre, qui ressemble à la patine du cuivre antique. Les cristaux de Chamouny sont à peu près les seuls qui jouissent d'une assez belle transparence.

Épidote manganésifère. D'un assez beau violet foncé, de Saint-Marcel, près d'Aoste en Piémont. Cette variété doit sa couleur particulière à 12 pour 100 d'oxyde de manganèse qu'elle renferme, suivant M. Cordier.

Gisement et localité.

L'épidote, qui faisait autrefois partie de la grande famille des schorls, ne se trouve qu'accidentellement dans les roches qui lui servent de gangue ; souvent même on ne la rencontre que dans les filons qui les traversent.

Le granite sert de gangue à la variété grise qui fut désignée un moment sous le nom de zoïsit, et à celle de la Caroline du sud, qui est d'un vert jaunâtre. La diorite la renferme dans les montagnes du Dauphiné et de la Savoie, près de Chamouny ; la chlorite schistoïde dans le département de l'Isère ; enfin l'épidote se trouve dans les mines de fer d'Arendal ; dans les filons d'argent de Konsberg, dans ceux de la montagne d'Allemont en Oisan, où elle est associée au quarz et à la chaux carbonatée. Quant aux cristaux d'Arendal, ils sont remarquables par leur volume et leur perfection ; l'on en cite un du poids de 5 livres.

HUITIÈME ESPÈCE.

PARANTHINE (skapolith de Werner).

SIGNALEMENT.

Fusible au chalumeau en un émail éclatant, et avec bour-soufflement.

Forme primitive, prisme droit symétrique.

Pesanteur spécifique, 2,60.

Les morceaux les plus purs rayent le verre ; les autres sont beaucoup moins durs.

ANALYSE.

Silice.	43,83	
Alumine. . .	35,43	
Chaux. . . .	18,96	99,25
Eau.	1,03	

Variétés de formes, de tissus et de couleurs.

Paranthine perioctaèdre. Un prisme à 8 pans.

Dioctaèdre. Le même prisme avec 2 pyramides à 4 faces.

Cylindroïde.

Aciculaire.

Laminaire.

Amorphe.

Paranthine vitreux.

Blanc métalloïde. Analogue, pour l'aspect, au mica argentin.

Gris métalloïde.

Blanc grisâtre. Subnacré, opaque.

Blanc jaunâtre. Subnacré.

Verdâtre nacré.

Rouge obscur. Cylindroïde ou bacillaire.

APPENDICE.

Wernerite. Ce minéral doit être réuni au paranthine, après en avoir été long-temps séparé. La forme primitive est la même; la pesanteur spécifique est 2,75. La seule différence minéralogique entre ces deux substances est la direction du clivage; la forme habituelle du wernerite est aussi le prisme à 8 faces surmonté du pointement à 4 faces; mais les cristaux de wernerite sont reconnaissables, parce que les faces du prisme primitif ont moins d'étendue que les faces additionnelles auxquelles correspondent les faces du pointement : c'est l'inverse pour le paranthine.

ANALYSE PAR JOHN.

Silice.	40	
Alumine.	34	
Chaux.	16	99
Oxyde de fer.	8	
Oxyde de manganèse.	1	

Gisemens et localités.

Le paranthine se trouve avec le wernerite dans les mines de fer de Norwège, où il est associé au quarz, au mica brun, à l'épidote, à la chaux carbonatée, à l'amphibole et au grenat.

NEUVIÈME ESPÉCE.

DICHROITE ou **CORDIÉRITE** (iolith de Werner; autrefois saphir d'eau).

SIGNALEMENT.

Difficilement fusible au chalumeau en un émail gris nuancé verdâtre.

Forme primitive, le prisme hexaèdre régulier.

Pesanteur spécifique, 2,56.

Rayant fortement le verre, et légèrement le quarz.

Cassure vitreuse, inégale, imparfaitement conchoïde.

Réfraction double à travers deux faces inclinées entre elles.

Dichroïte : surface réfléchissant une couleur bleue vio-lâtre, qui se change en une teinte de jaune brunâtre enfumé, quand on regarde le jour à travers l'épaisseur du prisme de cette substance ; dans les morceaux taillés ou irréguliers, il faut tourner la pierre jusqu'à ce que l'on ait rencontré ce sens. Cette propriété, au reste, souffre quelques exceptions.

Variétés de formes et de couleurs.

Cordierite primitive. Un prisme à 6 pans.

Peridodécaèdre. Un prisme à 12 pans.

Émarginée. La variété précédente, dont les bases sont en-tourées d'une rangée de facettes hexagonales.

Massive. En petites masses bleuâtres (c'est le péliom de Werner).

La seule substance de laquelle on pouvait croire que la cordierite ne fût qu'une simple variété est l'émeraude ; mais on s'est assuré depuis, et par les résultats de la cristallo-graphie, et par ceux de l'analyse, qu'elle était étrangère à cette espèce, de même qu'un quarz bleu, avec lequel on avait aussi confondu la cordierite.

Gisemens, localités, usages.

Launoy, marchand naturaliste, rapporta la cordierite du cap de Gates en Espagne, il y a déjà bien long-temps, puis-qu'il en remit des échantillons à Romé de l'Isle. Depuis cette époque, la cordierite a été retrouvée à la baie de San-Petro en Espagne, par M. Cordier, où elle est engagée dans un porphyre volcanique altéré, qui renferme aussi des grenats violets, et des lames de mica.

La cordierite de Baudemnais, en Bavière, était connue aussi depuis plusieurs années ; elle s'y présente rarement en cristaux, et plus ordinairement en petites masses vitreuses, qui sont engagées dans de la chaux carbonatée laminaire et lamellaire blanchâtre, mélangée d'amphibole vert, de fer oxydé brun, et de fer oligiste lamelliforme.

Enfin, cette substance a été reconnue au Saint-Gothard, au rocher Saint-Michel de la ville de Puy en Velay, à Arendal en Norwège, au Groenland et dans l'Inde. On dit que les *saphirs d'eau* du commerce viennent de cette dernière contrée, et surtout de Ceylan ; mais on ne sait rien sur leurs relations géologiques, ni sur la roche qui leur sert de gangue ; peut-être se trouvent-ils dans le même sable qui renferme toutes les autres gemmes. La cordierite du commerce reçoit un assez beau poli, se taille en facettes à peu près comme le corindon saphir ; mais elle est bien loin d'avoir la même dureté, le même éclat, et par conséquent la même valeur.

DIXIÈME ESPÈCE.

DIPYRE (schmelztein de Werner).

SIGNALEMENT.

Fusible avec bouillonnement ; poussière phosphorescente dans l'obscurité, sur les charbons ardens.

Forme primitive, encore inconnue.

Pesanteur spécifique, 2,63.

Rayant le verre.

Cassure conchoïde.

ANALYSE PAR VAUQUELIN.

Silice.	60	
Alumine. . . .	24	
Chaux.	10	100
Eau.	2	
Perte. . .	4	

Variétés de formes, de tissus et de couleurs.

Dipyre perioctogone. Sa coupe est un octogone régulier.

Aciculaire.

Fasciculé. En aiguilles réunies en faisceaux.

Libre. En aiguilles isolées.

Altéré.

Dipyre blanchâtre ou rougeâtre.

Gisemens et localités.

Le dipyre, dont on n'a point encore pu déterminer rigou-reusement la forme primitive, et qui par conséquent pour-rait bien ne point être définitivement placé, a été découvert en 1786 par MM. Gillet Laumont et Lelièvre, sur la rive droite du Gave de Mauléon, département des Basses-Pyré-nées, où ses cristaux sont engagés dans une stéatite argileuse blanchâtre. M. Charpentier l'a retrouvé depuis dans la vallée de Castillon, près de Saint-Girons, et près d'Angoumer, dé-partement de l'Arriége. Dans le premier lieu, les aiguilles du dipyre sont engagées dans un schiste qui forme des cou-ches au milieu d'un calcaire ferrugineux; mais à Angoumer, c'est ce calcaire lui-même qui lui sert de gangue, et M. Char-pentier considère cette roche comme étant de transition. La découverte de M. Charpentier ayant mis de plus beaux échantillons de dipyre à la disposition de M. Haüy, ce savant prévoyait que cette espèce viendrait se confondre avec le paranthine.

ONZIÈME ESPÈCE.

ANTHOPHYLLITE.

SIGNALEMENT.

Infusible au chalumeau, formant un verre coloré avec le borax, rayant légèrement le verre.

Forme primitive, un prisme droit rhomboïdal.

Pesanteur spécifique, 3,2.

L'anthophyllite présente jusqu'à cinq clivages dont deux

sont perpendiculaires entre eux. La multiplicité de ces clivages distingue parfaitement cette substance de la diallage,
qui se présente quelquefois avec le même aspect minéralogique, mais qui n'a qu'un seul clivage.

ANALYSE PAR JOHN.

Silice.	62,66	
Alumine.	15,33	
Magnésie.	4,00	
Chaux.	5 33	100,00
Oxyde de fer.	12,00	
Oxyde de manganèse.	5,25	
Eau.	1,43	

Variétés de formes, de tissus et de couleurs.

Anthophyllite quadrihexagonale.
Laminaire. Du Groenland et de Norwége.
Aciculaire. Mêmes lieux.
Couleur ordinaire, le brun métalloïde.

Gisemens et localités.

M. Schumacker découvrit l'anthophyllite à Konsberg, en
Norwége, et M. Giesecke l'a retrouvée au Groenland où elle
est accompagnée d'amphibole aciculaire.

Les minéralogistes allemands semblent avoir réuni mal à
propos cette nouvelle espèce avec une simple variété de
notre diallage. Elle est encore très-rare.

DOUZIÈME ESPÈCE.

AMPHIBOLE (réunion de la hornblende, de la trémolite et de l'actinote, trois
substances qui faisaient partie du schorl de l'ancienne minéralogie).

SIGNALEMENT.

*Fusible au chalumeau en verre noir, en émail grisâtre, ou
blanc bulleux* (suivant que la pièce d'essai a été prise sur
l'amphibole noir, vert ou blanc).

12

Forme primitive, prisme rhomboïdal oblique.

Molécule intégrante, prisme triangulaire oblique.

Pesanteur spécifique, 3,3.

Rayant le verre, et étincelant difficilement sous le choc du briquet.

Tissu ordinairement très-lamelleux, accompagné d'un éclat très-vif.

Toutes les variétés de couleurs foncées agissent sur l'aiguille aimantée.

ANALYSE DE L'AMPHIBOLE TRÉMOLITE.

Silice.	59,50	
Magnésie.	26,80	
Chaux.	12,50	99,90
Alumine.	1,50	
Peroxyde de fer.	traces.	

ANALYSE DE L'AMPHIBOLE ACTINOTE.

Silice.	53,10	
Magnésie,	10,40	
Chaux.	10,60	100,00
Alumine.	4,10	
Peroxyde de fer.	21,80	

ANALYSE DE L'HORNEBLENDE PAR BONSDORFF.

Silice.	45,69	
Chaux.	13,83	
Magnésie.	18,79	
Protoxyde de fer.	7,52	99,53
Protoxyde de manganèse.	0,22	
Alumine.	12,18	
Acide fluorique.	1,50	

Variétés de formes et de tissus.

Amphibole ditétraèdre. Un prisme à 4 pans, terminé par 2 pyramides formées par des faces triangulaires.

Bisunitaire. Un prisme hexaèdre terminé par 2 faces quadrangulaires.

Dodécaèdre. Un prisme hexaèdre terminé par 3 faces rhomboïdales. Haüy décrit encore 13 autres variétés qui sont prismatoïdes, et terminées par des sommets beaucoup plus compliqués. Plusieurs sont sujettes à l'hémitropie.

Rhomboïdal. Le primitif ou le prisme rhomboïdal, dont les sommets irréguliers ne permettent pas d'en déterminer la forme.

Comprimé. Le prisme s'est élargi dans le sens de la grande diagonale, et en même temps ses pans se sont arrondis de manière à augmenter encore l'ouverture de l'angle qu'ils forment entre eux.

Laminaire. En masses composées de lames très-brillantes, et qui forment entre elles un angle qui est constant et qui appartient à la forme primitive de ce minéral.

Lamellaire. Composant des masses dont la cassure offre une infinité de facettes peu étendues, très-brillantes, et qui semblent entrecroisées entre elles.

Granuliforme (pargasite).

Aciculaire. En aiguilles parallèles ou divergentes.

Fibreux. Formant de petites masses composées de filamens déliés qui se divisent facilement entre les doigts, mais qui sont élastiques et roides quand on essaie de les courber dans le sens de leur longueur.

Globuliforme radié. En globules noirs ou gris foncé, engagés dans un feldspath blanc ou rosé, et dont l'intérieur est composé de petites aiguilles divergentes.

Altéré. De noir foncé et brillant, l'amphibole passe quelquefois à la couleur de rouille et à la consistance terreuse ; c'est alors surtout qu'il a l'odeur argileuse lorsqu'on souffle dessus.

Variétés de couleurs et d'aspect.

Noir intense et très-brillant. C'est la variété à laquelle on

donnait particulièrement le nom de schorl noir et d'hornblende (basaltiche hornblende de Werner).

Noir verdâtre sombre. Variété de l'hornblende.

Gris de fer.

Gris clair. Variété de la trémolite ou grammatite.

Gris bleuâtre. Du Saint-Gothard.

Vert clair. Passant successivement au vert sombre ; c'est
l'ancien schorl vert ou l'actinote (strahlstein de Werner).

Gris verdâtre. Variétés de l'actinote du Zillerthal.

Blanc verdâtre. Variété de la grammatite.

Blanc. C'était le trémolite ou la grammatite proprement
dite (tremolit de Werner); du Saint-Gothard.

Violet. Cette couleur particulière pourrait bien être due
à l'oxyde de manganèse, comme nous le verrons pour l'épidote.

Gisemens et localités.

Non seulement l'amphibole fait partie constituante de différentes roches primordiales, mais il compose à lui seul des
masses homogènes et compactes, qui sont souvent très-étendues et qui constituent des montagnes entières.

C'est ainsi qu'il fait partie essentielle des siénites, qui sont
composées de quarz, de feldspath, et d'amphibole ; des dia-
bases, diorites d'Haüy, qui sont composés de feldspath et
d'amphibole ; qu'il semble former la masse des roches cor-
néennes et trapéennes, qui elles-mêmes servent de base aux
porphyres, aux variolites et aux amygdaloïdes, sans compter que les variétés d'amphibole laminaire et lamellaire se
trouvent aussi en très-grandes masses. Enfin, comme parties
accidentelles, on le cite dans une foule de roches diverses,
et dans les veines et les filons qui traversent les montagnes
primitives. Telles sont les variétés blanches, grises et vertes
qui constituèrent long-temps des espèces séparées sous les
noms de *grammatites* et d'*actinotes.* La première, abondante

au Saint-Gothard dans la chaux magnésifère ou dolomie, et l'autre accompagnant et entrant même comme partie constituante dans les roches particulières qui composent le massif de cette chaîne de montagnes de Carinthie, nommée, Sau-Alpe.

L'*amphibole* noir abonde dans les roches volcaniques non contestées, et il arrive souvent qu'on le rencontre en cristaux isolés qui semblent avoir abandonné quelque lave friable et peu adhérente. On voit donc, d'après cette simple énumération, combien ce minéral est répandu dans la nature, et combien il est susceptible de varier de forme, d'aspect et de contexture, depuis les filamens déliés et capillaires jusqu'à la consistance des roches les plus inaltérables, et depuis les lamelles disséminées dans les siénites jusqu'aux masses les plus homogènes et les plus compactes de la cornéenne.

TREIZIÈME ESPÈCE.

PYROXÈNE (cette espèce réunit les substances suivantes : l'augite, la diopside, la sahlite, le fassaite, et la kokkolit de Werner).

SIGNALEMENT.

Toutes les variétés sont fusibles, mais difficilement ; la couleur du verre qui en résulte varie de couleur avec celle de la variété essayée ; rayant à peine le verre.

Forme primitive, prisme rhomboïdal oblique.

Cassure transversale raboteuse.

Réfraction double à un très-haut degré.

Moins éclatant que l'amphibole, avec lequel on peut confondre les variétés de couleurs sombres.

Il faut diviser l'espèce pyroxène en deux variétés : 1° pyroxène à base de chaux et de magnésie ; 2° pyroxène à base de chaux et de peroxyde de fer.

La première variété comprend : la *malacolithe*, la *diopside*, le *fassaïte*.

ANALYSE DE LA MALACOLITHE DE TAMARA.

Silice.	54,83	
Chaux.	24,76	
Oxyde de fer.	0,99	100,00
Magnésie.	18,55	
Alumine.	0,28	
Perte.	0,52	

La pesanteur spécifique de cette variété est 3,1.

La couleur est le vert plus ou moins clair.

C'est le pyroxène des terrains primitifs.

La seconde variété comprend l'*augite*.

ANALYSE DE L'AUGITE.

Silice.	49,01	
Chaux.	20,87	
Oxyde de fer.	26,08	98,94
Magnésie.		
Oxyde de manganèse	2,98	

La pesanteur spécifique de cette seconde variété est 3,35.

Les cristaux sont d'un vert noir, la cassure est lamelleuse dans un sens, esquilleuse dans un autre. C'est le pyroxène des volcans.

On rencontre dans les diverses variétés de pyroxène un nombre variable de clivages ; quelques cristaux présentent quatre clivages verticaux dont un est très-facile, et un cinquième parallèle à la base du prisme primitif. On pourrait quelquefois confondre quelques cristaux d'amphibole avec ceux de pyroxène ; il faut se rappeler que jamais l'amphibole ne présente de clivage parallèle à la base.

Variétés de formes et de tissus.

Pyroxène primitif. Un prisme rhomboïdal oblique.

Perihexaèdre. Un prisme à 6 pans.

Bisunitaire. Un prisme à 6 pans, dont 2 faces ont ordinairement plus d'accroissement que les autres, et dont les sommets sont culminans.

Dihexaèdre. Le même ensemble, avec cette seule différence que l'arête des pyramides se trouve remplacée par une facette.

Périoctaèdre et *ambigu.* Un prisme à 8 pans.

Triunitaire. Un prisme à 6 pans, avec des sommets culminans composés de 2 grandes facettes hexaèdres. Haüy décrit 35 variétés de formes pour cette espèce dont il n'est pas rare de trouver des cristaux mâclés.

Cylindroïde. En cylindres allongés, quelquefois curvilignes. C'est une variété de la mussite de Bonvoisin ; elle est grise et translucide.

Bacillaire. Du mont Rose.

Laminaire. Gris verdâtre ; variété de la sahlite et de la malacolithé.

Lamellaire. Vert foncé de Norwége ; sahlite proprement dite.

Résinite. De Sicile.

Granuliforme. En grains assez gros, pressés les uns à côté des autres. C'est la coccolithe ou pierre à noyaux des minéralogistes allemands.

Comprimé. En prismes allongés, légèrement curvilignes, et appliqués les uns contre les autres. C'est une variété du mussite de Bonvoisin.

Fibro-granulaire. En masses dont le tissu ressemble à celui de certains grès.

Pyroxène asbestiforme. Tissus fibreux, nommé aussi amiantoïde.

Variétés de couleurs et d'aspect.

Pyroxène gris verdâtre. Transparent (alalite).

Gris verdâtre, *vert clair*, *grisâtre* (mussite).

Vert obscur. La coccolithe, etc.

Vert noirâtre et *noir brunâtre*. La plupart des pyroxènes volcaniques.

Vert olivâtre.

Vert jaunâtre (fassaïte).

Blanc. Translucide.

Pyroxène altéré. Quelques cristaux exposés aux vapeurs acides et gazeuses des fumerolles, ont été visiblement attaqués et sont devenus ternes, jaunes ou blanchâtres ; souvent leur centre est noir et intact. De l'Etna et de la Somma.

Gisemens et localités.

Pendant assez long-temps, le pyroxène n'a été reconnu que dans les produits volcaniques avérés. Ses cristaux noirs et opaques avaient tous un certain air de famille, et l'on ne supposait véritablement pas que certaines substances que l'on connaissait déjà, mais qui se faisaient remarquer par la fraîcheur de leurs teintes et leur demi-transparence, vinssent jamais se ranger à côté de ces pyroxènes volcaniques et rembrunis ; mais tel est aujourd'hui l'état de la science, que les substances les plus opposées en apparence, dont l'extérieur n'offre aucun trait d'analogie, sont amenées à faire partie de la même espèce, sous le titre de simples variétés. C'est ainsi que nous avons vu l'alalite, la mussite, la sahlite des Danois, le fassaïte du Tyrol, la coccolithe de Norwége, venir se grouper autour des pyroxènes de l'Etna, de l'Auvergne, du Vésuve et du Latium.

Le pyroxène noir (augite), appartient aux terrains volcaniques anciens ; le pyroxène vert (diopside) appartient aux produits volcaniques modernes. Cette distinction est bien tranchée dans les roches qui constituent le Vésuve, et, pour en rendre compte, il faut entrer ici dans quelques détails géologiques qui ne seront pas déplacés dans cet ouvrage.

Le groupe du Vésuve se compose de deux massifs distincts, la Somma et le Vésuve. Long-temps on a cru que les roches de la Somma avaient été rejetées par le Vésuve dans des éruptions semblables à celles qui ont lieu fréquemment encore, mais M. Dufrénoy, ingénieur en chef des mines, a complètement démontré que ces deux parties ont été produites par des causes d'un ordre différent. Voici quelques conclusions extraites du mémoire inséré par M. Dufrénoy dans les *Annales des Mines*.

La Somma forme, autour du Vésuve, une ceinture d'escarpemens abruptes, dont les nappes se relèvent de tous côtés vers le centre ; elle est le résultat d'un soulèvement général qui a élevé circulairement ses nappes d'abord horizontales. Le Vésuve est le produit d'éruptions et de soulèvemens particlels.

La position du cône du Vésuve, au centre du cratère de soulèvement de la Somma, pourrait faire présumer qu'il existe une connexion intime entre ces deux montagnes ; mais elles appartiennent à des périodes séparées l'une de l'autre par plusieurs grands phénomènes qui se sont succédé dans l'ordre suivant :

1° Épanchement des laves de la Somma en nappes horizontales ;

2° Dépôt sous-marin de couches de tuf ponceux également en couches horizontales ;

3° Soulèvement de la Somma ;

4° Formation du cône du Vésuve dans l'année 79.

La différence qui existe entre la nature et l'état cristallin des roches du Vésuve et de la Somma, confirme les conclusions qui résultent de l'étude de leur position relative. Les nappes de la Somma sont composées principalement d'amphigène et de pyroxène noir (augite), tandis que celles du Vésuve le sont presque exclusivement d'une substance hyaline blanche contenant beaucoup de soude, et de pyroxène vert (diopside).

Les laves du Vésuve forment toujours des coulées étroites et peu épaisses, dont la texture est en rapport avec la pente du sol sur lequel elles se solidifient. Elles sont bulleuses et scoriacées lorsqu'elles se refroidissent sur une surface présentant un angle supérieur à deux degrés, et elles conservent alors constamment les traces du mouvement ; elles sont au contraire cristallines et compactes lorsque, s'étant accumulées avec une certaine épaisseur sur un terrain presque horizontal, elles se sont refroidies lentement.

Le pyroxène se rencontre aussi dans des terrains dont l'origine n'est point volcanique ; ainsi, le pyroxène diopside forme quelquefois de petites couches peu épaisses subordonnées au mica-schiste (Alla, en Piémont). En Suède et en Norwége, le pyroxène fait partie des filons de fer oxydulé. Enfin, semblable en cela à l'amphibole, le pyroxène forme des roches proprement dites ; il constitue en grande partie les basaltes, et M. Charpentier, directeur des salines de Bex, en Suisse, a prouvé que certaines masses considérables de roches vertes intercallées dans un calcaire primitif, que l'on trouve depuis la vallée de Vildessos, département de l'Arriége, jusqu'à celle de la Garonne, ne sont composées que de pyroxène en roche.

QUATORZIÈME ESPÈCE.

HYPERSTHÈNE (labradorische hornblende et paulith de Werner).

SIGNALEMENT.

Facilement fusible en verre opaque gris verdâtre, s'électrisant résineusement par le frottement.

Forme primitive, prisme droit rhomboïdal.

Pesanteur spécifique, 3,38.

Rayant le verre, et donnant des étincelles par le choc du briquet.

L'hypersthène présente trois clivages, dont deux dans le sens vertical, très-faciles. ;

ANALYSE PAR KLAPROTH.

Silice.	54,25	
Magnésie. . . .	14,00	
Alumine. . .	2,55	
Chaux.	1,50	100,00
Oxyde de fer.	24,50	
Eau.	1,00	
Perte. .	2,40	

Variétés de formes, de tissus et de couleurs.

Hypersthène primitif.

Triunitaire de Cornouailles. Un prisme à 8 pans à sommets culminans très-surbaissés.

Laminaire.

Lamelliforme.

Aciculaire conjoint.

Noirâtres à reflets. Métalloïdes, d'un rouge cuivreux ; du Labrador.

Noir. A reflets gris métalloïdes ; d'Angleterre.

Brun noirâtre. A reflets opalins bleus ; du Groenland.

Toutes ces variétés sont opaques.

Gisemens, localités, usages.

Les premiers échantillons d'hypersthène ont été trouvés sur la côte du Labrador, dans l'Amérique du nord, où il était engagé dans une roche dont le feldspath est opalin. Depuis on l'a découvert dans la Cornouailles ; là il est accompagné de feldspath compacte blanc qui forme avec lui une roche qui, examinée sous différentes inclinaisons, réfléchit parfois un éclat demi-métallique qui caractérise cette substance.

Enfin, on l'a encore reconnu au Groenland où il est associé au feldspath et au grenat.

Il est aisé de confondre au premier aspect l'hypersthène avec l'amphibole laminaire, et surtout avec le diallage métalloïde; mais il se distingue du premier par ses reflets métalloïdes et par un plus haut degré de dureté, et de la seconde par une fusion infiniment plus aisée et une dureté beaucoup plus considérable.

L'hypersthène se taille en cabochon, et lance des reflets métalloïdes qui, quoiqu'un peu sombres, ne sont pas sans agrément. On en fait des bijoux de fantaisie.

QUINZIÈME ESPÈCE.

DIALLAGE.

SIGNALEMENT.

Fondant lentement, et sur les bords seulement, en une scorie grisâtre; rayant à peine le verre, mais toujours la chaux carbonatée spathique.

Forme primitive, le prisme oblique quadrangulaire.

Pesanteur spécifique, 3,00.

On peut distinguer deux variétés de diallage; la première, diallage proprement dit, est verte, et présente deux clivages perpendiculaires assez faciles; la seconde, nommée *bronzite*, est d'un vert très-foncé, à reflets métalliques, et ne présente qu'un clivage très-facile.

ANALYSE DU DIALLAGE VERT PAR BERTHIER.

Silice.	47,20	
Magnésie.	24,40	
Alumine.	3,70	99,20
Chaux.	15,10	
Protoxyde de fer.	7,40	
Eau.	5,20	

ANALYSE DU BRONZITE.

Silice.	56,00	
Magnésie.	25,00	
Oxyde de fer.	13,00	100,00
Oxyde de manganèse.	4,00	
Chaux.	2,00	
Alumine.	2,00	

Variétés de formes et d'aspect.

Diallage perioctaèdre. Un prisme oblique à 8 pans, très-court.

Laminaire. D'un beau vert (smaragdit de Karst), avec des reflets satinés ou nacrés.

Laminaire. Métalloïde (schillestern de Werner), avec des reflets métalliques gris, jaunes, quelquefois nuancés de vert, quelquefois noirâtres.

Fibro-laminaire. Vert et nacré dans le sens des lames ; ou métalloïde, avec des reflets bronzés.

Lamellaire. Vert (omphasit de Werner), du pays de Bayreuth ; d'un brun foncé, avec une teinte violette.

Lamelliforme. Noir, dans un talc schistoïde.

Aciculaire. Vert ; de Corse.

Compacte. Vert. Il faut le faire mouvoir dans tous les sens et à la lumière, pour distinguer les reflets nacrés.

Gisemens, localités, usages.

Le diallage entre comme partie constituante de deux roches, savoir : celle que nous avons déjà citée comme renfermant le grenat et le disthène, et formant une roche distincte qui se trouve particulièrement dans le Sau-Alpe, en Styrie. Cette roche, nommée *éclogite* par Haüy, est composée de diallage et de grenat, et ne contient les autres substances qu'accidentellement.

L'autre roche diallagique est l'euphotide, dont la base est le jade tenace, pénétré en tous sens par des lames satinées de diallage vert ou métalloïde. Elle abonde aux environs de Turin et en Corse, et c'est elle que les marbriers italiens nomment *verde di Corsica.*

Le diallage métalloïde se trouve assez communément dans les serpentines et les pierres ollaires ; mais ici il est évident qu'il ne joue qu'un rôle tout-à-fait secondaire et accidentel.

Ces roches abondent en Allemagne et en France, et leurs analogues ont été retrouvés jusque sur les plages de l'île de Timor, par M. Bailly, l'un des naturalistes du voyage du capitaine Baudin à la Nouvelle-Hollande.

On travaille toutes ces roches comme objets d'ameublement et de décoration.

SEIZIÈME ESPÈCE.

PERIDOT (krisolit et olivin de Werner).

SIGNALEMENT.

Infusible au chalumeau, cassure conchoïde éclatante.

Forme primitive, prisme droit rectangulaire.

Deux clivages verticaux dont l'un est assez facile.

Pesanteur spécifique, 3,4.

Rayant le verre.

Réfraction double à haut degré.

Tout péridot non décomposé est d'un vert clair ; c'est une couleur caractéristique. L'infusibilité distingue le péridot du pyroxène, avec lequel on pourrait quelquefois le confondre.

ANALYSE DU PÉRIDOT DE BOHÈME.

Silice.	21,54	
Magnésie.	19,20	50,00
Protoxyde de fer.	9,14	
Protoxyde de manganèse.	0,15	

Variétés de formes et de couleurs.

Péridot triunitaire. Un prisme octogone, avec des sommets composés de 6 faces obliques et d'une septième horizontale.

Continu. Prisme à 10 pans, sommets à 6 faces obliques, et une septième horizontale.

Monastique. Prisme octogone, avec des sommets composés de 8 faces obliques et d'une horizontale.

Granuliforme (autrefois chrysolithe des volcans, olivin des Allemands). En grains libres ou agrégés, et formant alors des masses de la grosseur du poing et au delà.

Jaune verdâtre.

Vert jaunâtre.

Péridot décomposé.

Rouge brun. A la Bastide d'Entraigue, département de l'Ardèche.

Rouge de brique. Idem.

Jaune d'or.

Jaune d'ocre. A Montferrier, près de Montpellier.

Jaune pâle (limbilithe de Saussure), près de Vieux-Brissac. Il passe à l'état tout-à-fait terreux, se détache de la lave basaltique qui le renferme, et laisse une cavité à sa place.

Gisemens, localités, usages.

On ne connaît point encore le gisement des péridots cristallisés, qui sont généralement transparens et assez volumineux. On dit que ceux du commerce viennent du Brésil?

Quant aux variétés granuliformes pures, altérées ou tout-à-fait décomposées, elles abondent dans des laves, et surtout dans les basaltes des volcans éteints. Le Vivarais est surtout riche en masses énormes de péridot granulaire, agrégé, souvent d'un assez beau vert; on l'y trouve aussi près du château d'Entraigue, à la Bastide, en petites masses d'un rouge de brique, qui renferment quelques grains encore verts, et d'autres irisés. M. Bert a trouvé de petits péridots cristallisés dans le basalte de l'île Bourbon.

Une des manières d'être les plus remarquables du péridot est son gisement dans les cavités du fer météorique de Sibérie, désigné sous le nom de fer de Pallas; il paraît que quelques grains vitreux des diverses pierres météoriques appartiennent aussi à la même espèce.

Le péridot se forme quelquefois dans les hauts-fourneaux où l'on fabrique la fonte.

On taille et on polit les plus beaux péridots, et dans cet état ils se présentent sous une belle nuance, une transparence assez parfaite et un brillant éclat ; malheureusement leur peu de dureté ne leur permet pas de conserver très-long-temps leur poli.

DIX-SEPTIÈME ESPÈCE.

CONDRODITE.

SIGNALEMENT.

Fusible avec peine en un émail bleu-jaunâtre, rayant légèrement le verre.

Forme primitive, prisme rectangulaire oblique.

Pesanteur spécifique, 3,14.

Les morceaux lisses et translucides s'électrisent résineusement par le frottement et quand ils sont isolés.

Les morceaux bruns agissent sur l'aiguille aimantée par double magnétisme.

ANALYSE PAR BERZÉLIUS.

Silice. . . . . . 35,03 ⎫
Magnésie. . . . 59,10 ⎬ 99,99
Acide fluorique. 7,86 ⎭

Variétés de formes, de tissus et de couleurs.

Condrodite quadrihexagonale. États-Unis. Un prisme hexaèdre terminé *par deux faces* culminantes, dont l'arête repose sur l'une de celles du prisme.

Laminaire. New-Jersey.

Granuliforme. Suède.

Jaune.

Jaunâtre.

Brun noirâtre.

Translucide.

Opaque.

Gisemens et localités.

On a déjà trouvé la condrodite dans différens lieux fort éloignés les uns des autres, savoir : en Finlande, dans de la chaux carbonatée renfermant de l'amphibole (pargasite) et du mica brun ; à Aker, en Sudermanie, dans une chaux carbonatée laminaire; et enfin aux États-Unis, près de New-Jersey, où elle a toujours la chaux carbonatée lamellaire pour gangue, mais où on la voit associée au graphite.

Dans tous ces différens gîtes, ce minéral ne s'est encore présenté qu'en grains, en lamelles ou en petites masses d'un jaune vif, d'où l'on a eu peine à obtenir les premières données cristallographiques qui lui assurent cependant une place distincte dans la méthode. Quelques essais d'analyse ont fait penser à M. Berzélius que ce minéral était un silicate à base de magnésie.

DIX-HUITIÈME ESPÈCE.

ASBESTE (vulgairement amianto).

SIGNALEMENT.

Tissu toujours filamenteux, consistance coriace, se déchirant plutôt que de se rompre ; souplesse variable, depuis celle de la soie jusqu'à la ténacité du bois.

Pesanteur spécifique variant de 0,90 à 2,57, et même à 2,99, suivant que l'on éprouve l'asbeste flexible et soyeux, l'asbeste tressé ou l'asbeste dur.

Dureté, variable depuis la faculté de rayer le verre jusqu'à la mollesse du coton.

Poussière, douce au toucher.

Fusible au chalumeau en une perle de verre noir.

ANALYSE.

Silice.	48,70	
Magnésie.	9.90	
Chaux.	14,60	
Protoxyde de fer.	20,50	97,50
Alumine.	1,60	
Eau.	2,20	

On n'a point encore trouvé d'asbeste cristallisé ; mais le toucher doux et savonneux de cette substance, ainsi que sa flexibilité, la distinguent toujours des autres substances filamenteuses.

Variétés de tissus et de coùleurs.

Asbeste flexible (c'est l'amiante proprement dit).

Filamenteux. En filamens doux, droits, flexibles et élastiques, ayant l'aspect de la belle soie blanche.

Cotonneux. En filamens plus courts et aussi déliés que ceux du coton en laine.

Membraneux. En fils courts et grossiers qui se laissent éfiler comme le vieux linge à charpie.

Asbeste dur (gemeiner asbest de Werner). Filamens durs et cassans, mais toujours susceptibles de donner une poussière douce au toucher. Elle passe à l'asbeste flexible par une infinité de nuances.

Fibreux, conjoint, rodié, contourné, bacillaire, ou composé de prismes ebauchés, qui sont réunis dans le sens de leur longueur, et qui forment des faisceaux.

Asbeste tressé. Composé de fibres tellement tressées les unes parmi les autres, qu'il en résulte un tissu solide et continu ; c'est le papier ou le liége fossile des anciens minéralogistes. Cette variété subit quelques modifications, et passe à l'aspect complètement ligneux ; aussi l'avait-ou nommé bois de montagne, cuir, liége fossile, etc.

Les couleurs de l'asbeste ne sont ni variées, ni brillantes ; . on remarque seulement les suivantes :

Blanc soyeux.

Gris.

Jaunâtre.

Verdâtre.

Et brun de bois.

Gisemens, localités, usages.

L'asbeste n'entre point dans la composition des roches primitives, mais il remplit souvent leurs fissures, et s'associe aux minéraux cristallisés des filons. C'est cependant plus particulièrement dans les roches serpentineuses ou talqueuses que l'on rencontre l'asbeste, que partout ailleurs ; il tapisse leurs fissures, où forme à lui seul des filets minces qui nuisent à la solidité des serpentines que l'on veut employer dans les arts, en formant des solutions de continuité, et en occasionant presque toujours les ruptures des grandes pièces, précisément au milieu des filets d'asbeste.

Le plus bel asbeste se trouve en Tarentaise, aux environs du petit Saint-Bernard ; il a quelquefois un pied de long. Vient ensuite celui de Corse, qui est très-abondant ; celui du Dauphiné, de Sibérie, etc.

Il est certain que les anciens, qui attachaient beaucoup de merveilleux à ce produit naturel qu'ils nommaient lin incombustible, étaient parvenus à le filer, à le tisser, et à en former des toiles dans lesquelles on recueillait sans mélange la cendre des grands personnages dont on brûlait les restes. On conserve un de ces suaires dans la bibliothèque du Vatican, qui fut trouvé encore intact dans un tombeau antique. De nos jours, l'emploi de l'asbeste se réduit à quelques ouvrages de pure curiosité, parmi lesquels on remarque la dentelle, dont la délicatesse approche de celle que l'on exécute avec le fil ordinaire. On en a composé aussi un papier incombustible qui recevait passablement l'impression typographique et la gravure en taille-douce. On nous apporte de Russie et de Corse des bourses et des bonnets de bergers exécutés avec ce minéral, qui entre d'une manière avantageuse dans la composition des poteries communes. Dolomieu enfin, et ceci rentre parfaitement dans le cadre de ce manuel, s'était servi d'asbeste de Corse pour emballer une collection de roches du pays.

DIX-NEUVIÈME ESPÈCE.

GADOLINITE.

SIGNALEMENT.

Se décolorant dans l'acide nitrique, et se réduisant ensuite en une gelée épaisse et jaunâtre.

Forme primitive, un prisme oblique rhomboïdal.

Pesanteur spécifique, 4,2.

Rayant légèrement le quarz.

Cassure vitreuse et esquilleuse.

Quelquefois magnétique.

Au chalumeau elle se boursouffle sans se fondre, et il arrive que certains échantillons ont présenté le phénomène d'une sorte de décrépitation lumineuse.

ANALYSE.

Silice.	25,80	
Yttria.	45,00	
Oxyde de fer.	10,26	100,00
Protoxyde de cerium.	16,69	
Perte.	1,65	

Gadolinite sexdécimale noire brunâtre. C'est un prisme à 10 pans, terminé par des sommets à 3 faces.

Amorphe. Ressemblant beaucoup, à la pesanteur près, à de l'obsidienne noire (verre de volcan noir).

Gisemens et localités.

La gadolinite a été trouvée par M. Gadolin, à Itterby, en Suède, dans des filons de feldspath, coupés par des veines de mica. On la cite aussi à Broddbo, à Finbo et en Korarf, dans la même contrée.

VINGTIÈME ESPÈCE.

WOLLASTONITE (tafeldspath ou spath en table).

SIGNALEMENT.

Phosphorescent quand on gratte sa surface avec une pointe d'acier dans l'obscurité; dissoluble en partie seulement dans l'acide nitrique, avec effervescence momentanée.

Forme primitive, l'octaèdre rectangulaire.

Molécule intégrante, tétraèdre hémi-symétrique.

Pesanteur spécifique, 2,86.

Tendre et même friable.

Couleur ordinaire, le blanc grisâtre.

Se fondant très-difficilement sur les bords au feu du chalumeau et avec le support de charbon.

ANALYSE.

Silice.	51,44	
Chaux.	47,41	
Oxyde de manganèse.	0,25	99,57
Oxyde de fer. . . .	0,40	
Eau.	0,07	

M. Stromeyer a trouvé quelques millièmes de magnésie dans celle de Parga.

Gisemens et localités.

La wollastonite est encore très-rare dans les collections; on en cite quelques cristaux en prismes hexaèdres. Jusqu'ici on ne l'a trouvée qu'à Parga, à Dognatska et à Tshiklowa ; dans le Bannat, où elle est accompagnée d'une chaux carbonatée lamellaire, qui contient aussi des grenats ; au Vésuve, également dans une chaux carbonatée amphibolique, et dans une lave de Capo-di-Bovo.

VINGT-UNIÈME ESPÈCE.

TOPAZE (topas , Werner).

SIGNALEMENT.

Électrique par la chaleur, infusible ; rayant le quarz.

Forme primitive, un prisme rhomboïdal droit.

Trois clivages, dont un perpendiculaire à la base, très-faciles.

Pesanteur spécifique, 3,53 à 3,56.

Rayée par le diamant.

Réfraction double.

Cette substance s'électrise par pression, par frottement et par chaleur, par ce dernier moyen, elle acquiert la double électricité, c'est-à-dire vitrée au sommet le plus compliqué, et résineuse à l'autre ; enfin, les lames incolores conservent l'électricité pendant plusieurs heures.

ANALYSE DE LA TOPAZE DU BRÉSIL.

Silice. . . . . 58,01 ⎫
Alumine. . . . . . 58,38 ⎬ 104,18
Acide fluorique. . 7,79 ⎭

Variétés de formes, de tissus et de couleurs.

Topaze dihexaèdre. Un prisme à 6 pans terminé par des pyramides culminantes composées de 2 faces principales et de 2 facettes additionnelles à une extrémité, et de l'autre par deux faces seulement. Toutes les autres variétés sont composées de prismes à 8 pans terminés par des sommets très-compliqués, mais dont l'un est toujours plus surchargé de facettes que l'autre.

Cylindroïde. En longs prismes chargés de stries profondes et longitudinales, se cassant facilement en travers et offrant un aspect terne à cette fracture; c'est l'ancienne pycnite d'Altemberg, en Saxe.

Prismatoïde. Prismes cannelés.

Laminaire. Ordinairement incolore.

Les topazes sont assez variées en couleur; on remarque les teintes suivantes :

Tricolore, de Mina-Nova, au Brésil, de Sibérie, de la Nouvelle-Zélande et d'Écosse.

Jaune roussâtre plus ou moins vif du Brésil. C'est cette variété qui change sa couleur en un assez beau rose quand on l'expose à la chaleur d'un bain de sable ou à la combustion d'une enveloppe d'amadou; elle prend alors dans le commerce le nom de rubis du Brésil, et augmente beaucoup de valeur.

Jaune de miel, en Saxe, devient incolore au feu.

Verdâtre, de Sibérie.

Bleu verdâtre, de Silésie.

Bleu pâle, de Jocays, au Brésil.

Blanchâtre, de Saxe.

Quelques topazes ont présenté des accidens de transparence assez remarquables ; on a vu des cristaux transparens et bleu verdâtre dans l'une de leurs extrémités, et opaque ou blanchâtre à l'autre.

APPENDICE.

Pyrophytolithe. Topaze laminaire en masses facilement clivables par des pans parallèles.

ANALYSE.

Silice. . . . .   34,36 ⎫
Alumine. . . . . .   57,74 ⎬ 99,87
Acide fluorique. .   7,77 ⎭

Gisemens, localités, usages.

La topaze appartient aux roches les plus anciennes, elle se trouve accidentellement dans quelques granites particuliers; mais elle caractérise à elle seule la roche de Schneckenstein, en Saxe, qui a son analogue en Cornouailles, en Angleterre, et elle accompagne le minerai d'étain. Telles sont les topazes d'Ehrenfriedersdorf, en Saxe, de Schalckenwald, en Bohême. A Nertschink, dans les monts Odontchelon, en Sibérie, on trouve les topazes associées au quarz hyalin, à l'émeraude beryl, à la chaux fluatée, à la tourmaline et à la lithomarge. Quant à celles du Brésil, elles se trouvent à Capao, au dessus de Villarica, dans la Minas-Geraès; elles ont pour gangue une chlorite schistoïde. On en trouve aussi des cristaux qui traversent des blocs de quarz incolore.

Les belles topazes orangées sont fort estimées dans le commerce de la joaillerie; celles qui sont incolores et d'une belle eau le sont aussi, parce que, après le diamant et le saphir, ce sont elles qui ont le plus d'éclat. Quant aux topazes de Saxe, elles ont beaucoup moins de valeur, et ne se montrent guère à jour; on les place presque toujours sur un paillon, qui relève leur éclat, et donne de la vigueur à leur teinte naturellement très-pâle. L'une des plus belles topazes connues est dans le cabinet particulier du roi de France; son gros volume, sa pureté et la richesse de sa couleur ne laissent rien à désirer.

VINGT-DEUXIÈME ESPÈCE.

SPINELLE (vulgairement rubis).

SIGNALEMENT.

Infusible au chalumeau, rayant fortement le quarz, rayé par le corindon.

Forme primitive, octaèdre régulier.

Pesanteur spécifique, 4,5.

Cassure vitreuse pour la variété rouge, qui est translucide; conchoïde pour la variété noire, qui est opaque.

ANALYSE DU SPINELLE ROUGE.

Silice.	15,48	
Alumine. . . .	72,25	
Magnésie. . .	14,63	106,62
Fer oxydé. . .	4,26	

Variétés de formes, de tissus et de couleurs.

Spinelle primitif. L'octaèdre régulier, quelquefois cunéiforme, segminiforme, trapézien ; toutes modifications de l'octaèdre dont la figure prédomine toujours.

Octaèdre transposé. C'est une hémitropie qui présente trois angles transparens. On se représentera facilement cette forme en supposant que l'octaèdre a été coupé en deux portions égales par un plan parallèle à deux de ses faces, et que l'une des portions a tourné sur l'autre d'une demi-révolution.

Granuliforme. Ce sont des cristaux plus ou moins altérés par le frottement.

Toutes les teintes de l'ancien spinelle se rapprochent plus ou moins du rouge rose; mais les couleurs de la variété qui a été nommée *pléonaste* sont tout-à-fait opposées, car il y en a

De vert ,

De bleu,

De noir. Ce dernier est tout-à-fait opaque ou légèrement verdâtre sur les bords des fragmens les plus minces.

APPENDICE.

Spinelle zincifère. C'est une variété dans laquelle l'oxyde de zinc remplace la magnésie. Ce minéral s'est toujours présenté cristallisé, soit en octaèdre régulier, soit en octaèdre transposé, engagé dans une roche talqueuse de Fahlun, en Suède. Sa pesanteur spécifique est 4,7. Sa couleur est le gris verdâtre.

ANALYSE.

Alumine. . . .	60,00	
Oxyde de zinc.	25,24	
Oxyde de fer. .	9,25	99,24
Silice.	4,75	

Gisemens, localités, usages.

Les spinelles du commerce viennent de Ceylan ; on les trouve dans le sable d'une rivière qui descend des hautes montagnes situées vers le centre de l'île, et ils y sont mêlés avec des corindons saphirs, des tourmalines, des zircons, des grenats, des topazes.

Jusqu'ici l'on n'a trouvé ce minéral en place que dans une roche que le Vésuve a rejetée, et qui ne paraît point avoir été altérée par l'action du feu. Là les spinelles se présentent en cristaux noirs, verts ou purpurins, tapissant l'intérieur de petites cavités, ou implantés dans les diverses substances qui composent cette roche ; telles que le mica vert foncé, le calcaire grenu.

M. Suedenstiern a également trouvé à Åker, en Sudermanie, des cristaux bleuâtres octaèdres de spinelle engagés dans une roche calcaire.

Le spinelle, considéré sous le rapport de sa valeur dans le

commerce des pierres fines, suit de fort près le corindon rouge, dit rubis oriental ; quand il est même d'un certain volume et d'une teinte vive, on ne balance point à le faire passer pour tel.

On distingue cette pierre fine en deux variétés qui, chez les lapidaires, portent le nom de *rubis spinelle* et de *rubis balais.* Le premier est celui dont la teinte est la plus riche et la plus vive ; quant à l'autre, sa nuance rosée se rapproche de celle que l'on procure à la topaze du Brésil en la brûlant. Cette ressemblance fait que l'on vend souvent pour des rubis balais de simples topazes brûlées ; il est cependant facile de reconnaître la fraude.

Quant à sa comparaison avec le corindon rouge, on remarque que le spinelle, approché très-près de l'œil, paraît au jour d'une simple couleur rosée, tandis que le corindon, quelles que soient la vivacité et la pureté de sa nuance, prend toujours, quand on l'observe très-près de l'œil, une teinte de violet pourpré très-sensible.

VINGT-TROISIÈME ESPÈCE.

GEHLÉNITE.

SIGNALEMENT.

Sa poussière, jetée dans l'acide muriatique chauffé, se convertit en gelée.

Forme primitive présumée, un parallélipipède rectangle.
Pesanteur spécifique, 2,98.
Les parties aiguës rayent la chaux fluatée et ont peine à attaquer le verre.
Exposée seule au feu du chalumeau, elle a été trouvée infusible par M. Berzélius.

ANALYSE PAR FUCHS.

$$\left.\begin{array}{lr}\text{Silice.} & 29,64 \\ \text{Chaux.} & 35,50 \\ \text{Alumine.} & 24,80 \\ \text{Oxyde de fer.} & 6,56 \\ \text{Perte.} & 3,30\end{array}\right\}\ 99,80$$

Variétés.

Cette substance, encore nouvelle, n'a été trouvée jusqu'à présent que sous la forme de cristaux cubiques noirs, mais dont la surface est recouverte d'un enduit jaunâtre, qui paraît être l'effet d'un commencement d'altération; d'autres semblent corrodés.

Gisemens et localités.

La gehlénite a été découverte dans la montagne de Mazzoni, près de Fassa en Tyrol, par M. Fuchs qui la dédia à son ami Gehlen. Elle a pour gangue une chaux carbonatée laminaire.

TROISIÈME SÉRIE.

SILICATES A PLUSIEURS BASES, CONTENANT DES ALCALIS.

PREMIÈRE ESPÈCE.

NÉPHÉLINE.

SIGNALEMENT.

Un fragment plongé dans l'acide nitrique froid y perd sa transparence; sa poussière forme une gelée dans le même acide chauffé.

Forme primitive, le prisme hexaèdre régulier.

Cassure conchoïde éclatante.

Pesanteur spécifique, 2,7.

Ses parties aiguës rayent le verre.

Difficilement fusible au chalumeau en un verre blanc.

ANALYSE.

Silice. . . . . 44,11)
Alumine. . . . 33,73 } 98,30
Soude. . . . . 20,46)

Variétés.

Néphéline primitive. Le prisme hexaèdre régulier.

Annulaire. Une rangée de facettes autour des bases.

Grano-lamellaire.

Aciculaire.

Ces différentes variétés ne se sont encore présentées qu'avec la couleur blanche unie à une transparence imparfaite.

Gisemens et localités.

La néphéline se trouve dans cette roche que nous avons déjà citée plusieurs fois, qui est rejetée par le Vésuve, que l'on rencontre particulièrement à la Somma, et qui est riche en substances rares et bien cristallisées. La néphéline s'y montre en cristaux nets et brillans, tapissant les petites cavités du mica vert qui forme la base de cette roche, où l'on remarque aussi toutes les plus belles variétés d'idocrase, de spinelle, pléonaste, etc. M. Fleuriau de Bellevue a trouvé la variété aciculaire dans le basalte de *Capo-di-Bovo;* et on l'a trouvée tout nouvellement encore aux environs du Puy en Velay.

DEUXIÈME ESPÈCE.

HAUYNE.

SIGNALEMENT.

Faisant gelée dans les acides.

Forme primitive, octaèdre régulier.

La forme habituelle est le dodécaèdre rhomboïdal.

Cassure inégale, légèrement luisante.

Pesanteur spécifique, 3,33.

Rayant sensiblement le verre; fragile.

Éclat vitreux, couleur ordinairement bleue.

Isolée et frottée, elle s'électrise résineusement.

Fusible au chalumeau en un verre bulleux, après avoir perdu sa couleur.

ANALYSE.

Silice.	35,48	
Alumine.	18,87	
Chaux.	12,00	
Potasse.	15,45	96,55
Oxyde de fer.	1,16	
Acide sulfurique.	12,39	
Eau.	1,20	

Variétés.

Haüyne primitive. Du Latium, où cette substance avait été découverte, et d'Andernach, près de l'abbaye de Laach, sur les bords du Rhin.

Granuliforme. Dans les roches rejetées par le Vésuve, et dans les pierres-ponces d'Andernach.

Gisemens et localités.

L'haüyne fut découverte dans les montagnes du Latium, par le minéralogiste Gismondi, aux environs de Nemi, d'Albano et de Frascati, associée à du mica et à du pyroxène vert. Depuis, elle a été retrouvée à la Somma, dans les roches qui sont si remarquables par la variété et par la belle cristallisation des substances qu'elles renferment, telles que les idocrases, les pyroxènes, les méionites, les néphélines, le mica, etc. Depuis très-long-temps l'on connaissait les petites pierres bleues de l'abbaye de Laach, près d'Andernach; une vieille chronique du pays en faisait mention comme étant des saphirs, et, d'après un examen attentif, on a reconnu que c'était la même substance que celle découverte en Italie, et dès lors on l'a retrouvée dans plusieurs localités, mais toujours dans les terrains volcanisés, tels qu'en Auvergne, dans un feldspath compacte et sonore.

Nous devons à M. Neergaard la première bonne description de cette nouvelle espèce, dont il a fait hommage au respectable et savant Haüy.

TROISIÈME ESPÈCE.

SPINELLANE.

SIGNALEMENT.

Blanchit au chalumeau et s'y fond en émail blanc; lentement soluble dans les acides, avec gelée.

Forme primitive, un rhomboèdre obtus.

La forme habituelle est un prisme hexaèdre ayant pour pointement le rhomboèdre primitif et le rhomboèdre tangent.

Pesanteur spécifique, 2,2.

Rayant le verre.

ANALYSE.

Silice.	58,50	
Alumine.	29,25	
Chaux.	1,14	
Soude.	16,56	98,71
Oxyde de fer.	1,50	
Magnésie.	1,10	
Acide sulfurique.	8,16	
Eau.	2,50	

Il est remarquable de trouver dans cette analyse la silice et l'acide sulfurique réunis.

Gisèmens.

La spinellane a été trouvée en petits cristaux roussâtres dans des roches anciennes des bords du Rhin.

QUATRIÈME ESPÈCE.

PINITE.

SIGNALEMENT.

Fusible au chalumeau en un verre blanc et bulleux (1); *odeur fortement argileuse.*

Forme primitive, le prisme hexaèdre régulier.

Pesanteur spécifique, 2,92.

Rayant à peine la chaux carbonatée; facile à râcler avec le couteau.

Les diverses analyses qui ont été faites de la pinite diffèrent beaucoup, ce qui fait penser que cette substance est la réunion de plusieurs autres.

Variétés.

Pinite primitive. Un prisme hexaèdre régulier.

Peridodécaèdre. Un prisme à 12 pans.

Stratiforme. Gros cristaux qui semblent composés de couches parallèles aux bases, et dont l'extérieur est recouvert d'une sorte d'enduit brun métalloïde.

Cruciforme. Deux cristaux croisés, mais sans régularité, et diffèrent par là des staurotides. Jusqu'ici cette substance ne s'est point encore rencontrée avec un certain degré de transparence; elle s'offre toujours sous l'aspect de cristaux ternes et opaques de couleur grise.

---

(1) Suivant **M. Berzélius**, il faut que la pièce d'épreuve soit portée sur le charbon.

Gisemens et localités.

La pinite paraît appartenir essentiellement aux terrains anciens, car nous ne l'avons encore rencontrée que dans les granites proprement dits, tels qu'en Saxe, dans les environs du Mans, et surtout à Sainte-Honorine, près de Falaise, département du Calvados ; celle d'Auvergne est disséminée dans un porphyre altéré argiliforme, et il en est à peu près de même de celle de Saltzbourg.

CINQUIÈME ESPÈCE.

GABRONITE.

SIGNALEMENT.

Fusible au chalumeau en verre opaque ; soluble dans les acides.

Ce minéral est le plus souvent jaunâtre, à texture compacte, éclat gras.

Rayant le verre.

La gabronite, qui présente assez d'analogie avec la paranthine, a été trouvée dans les roches granitoïdes de Kenlig, près d'Arendal, en Norwége.

SIXIÈME ESPÈCE.

LAZULITE (lasurstein de Werner, vulgairement lapis).

SIGNALEMENT.

Soluble en gelée dans les acides, après avoir été calcinée ; fusible en un émail blanc par un feu prolongé.

Forme primitive, le dodécaèdre régulier.

Pesanteur spécifique, 2,76 à 2,94.

Rayant le verre.

Cassure mate et à grain serré.

S'électrisant résineusement par le frottement quand il est isolé.

ANALYSE PAR M. CLÉMENT DÉSORME.

Silice.	35,8	
Alumine.	34,8	
Soude..	25,2	100,0
Soufre.	5,1	
Carbonate de chaux.	3,1	

Variétés de formes et de couleurs.

Lazulite primitive. De Sibérie.

Émarginée dont les arêtes du noyau sont remplacées par des facettes.

Amorphe. Renfermant des veines de fer sulfuré.

Lazulite bleu pourpré. C'est la plus belle qualité; il est rare d'en voir de grandes pièces.

Bleu céleste.

Bleu varié de taches blanches. Qui sont dues à des sub-stances étrangères.

Gisemens, localités; usages.

La lazulite de Sibérie, la seule dont on connaisse le gisement, se trouve dans les granites du lac Baïkal, où il forme un filon qui contient aussi des grenats, du fer sulfuré, du feldspath, et du talc stéatite et nacré. Cette lazulite n'est pas de la plus belle qualité, mais on cite la Perse, la Natolie et la Chine, comme fournissant celle qui est d'un bleu pur parsemé de pyrites brillantes, sans mélange des matières blanches qui nuisent infiniment à sa valeur. La belle lazulite est employée par les graveurs, par les artistes qui s'occupent de l'exécution des objets d'ornement, tels que vases, socles, plaques, pendules, etc.

On est parvenu à faire de la lazulite artificielle (bleu d'outre-mer) aussi belle que la plus belle lazulite naturelle; il ne pas, pour la produire, de faire réagir chimiquement et en proportions convenables les substances qui constituent la lazulite naturelle ; il faut en outre un tour de main, dont un seul préparateur connaît le secret.

SEPTIÈME ESPÈCE.

SODALITHE.

SIGNALEMENT.

Formant une gelée épaisse dans l'acide nitrique.
Forme primitive, le dodécaèdre régulier.
Pesanteur spécifique, 2,37.
Rayant le verre.
Les échantillons du Vésuve résistent au feu du chalumeau, et d'autres s'y fondent avec boursoufflement, en un verre incolore, ce sont ceux du Groenland (Berzélius).

ANALYSE.

Silice. 35,99
Alumine. 32,59
Soude. 24,55
Acide muriatique. . 5,30

98,43

Variétés.

Sodalithe primitif.
Massif.
Vert obscur plus ou moins intense.

Gisemens et localités.

On a découvert le sodalithe au Groenland, dans une roche composée de feldspath blanc, d'amphibole noir et de grenats, puis à Kangerdluarsuk sur le continent ; et enfin, on l'a retrouvé au Vésuve, où il est associé à l'amphibole aciculaire noir, au mica et à l'idocrase brune.

HUITIÈME ESPÈCE.

AMPHIGÈNE.

SIGNALEMENT.

Infusible au chalumeau, rayant difficilement le verre.
Forme primitive, le cube.

La seule forme qu'affecte cette substance est le trapézoèdre.

Cassure raboteuse, quelquefois légèrement ondulée, avec
un certain luisant.

Pesanteur spécifique, 2,46.

Réfraction simple.

ANALYSE PAR KLAPROTH.

Silice. . . . 53,75
Alumine. . 24,62
Potasse. . . 21,35   }   100,00
Perte.   0,28

Variétés de formes et de couleurs.

Amphigène trapézoïdal. Solide composé de 24 faces semblables. On ne connaît encore que cette seule variété de
cristallisation.

Arrondi. La variété précédente, qui a perdu ses angles et
ses arêtes par l'effet d'une cristallisation précipitée.

Altéré. Accident qui est probablement dû à l'action du
feu ou des vapeurs acides.

Amphigène. Incolore.

Blanchâtre ou *grisâtre.*

Jaunâtre.

Les amphigènes transparens sont rares; le plus ordinairement, ils ne sont que translucides, et souvent tout-à-fait
opaques.

Gisemens, localités, usages.

L'amphigène, connu pendant assez long-temps sous la fausse dénomination de *grenat blanc*, se trouve particulièrement dans les roches de la *Somma*, au Vésuve. Une circonstance très-remarquable, c'est que presque toujours, au centre des cristaux d'amphigène, on trouve un noyau d'une matière étrangère, le pyroxène.

L'amphigène n'appartient point exclusivement aux terrains volcanisés; M. Lelièvre l'a reconnu dans une roche granitique des Pyrénées.

M. Leman a fait tailler des amphigènes incolores de Frascati, près de Rome, qui font un assez bel effet, et qui ont même un certain éclat adamantin.

NEUVIÈME ESPÉCE.

MÉIONITE (autrefois hyacinthe blanche de la Somma).

SIGNALEMENT.

Aisément fusible au chalumeau avec un grand bouillonnement et bruissement, en un verre spongieux.

Forme primitive, prisme droit symétrique.

Cassure transversale, ondulée et brillante.

Pesanteur spécifique, 2,61.

Rayant aisément le verre.

ANALYSE.

Silice.	40,53	
Alumine.	32,73	
Chaux.	24,24	99,49
Oxyde de fer.	0,18	
Potasse et soude.	1,81	

Variétés de formes et de couleurs.

La méionite est toujours cristallisée. Les prismes sont ordinairement très-surbaissés. Généralement on rencontre cette substance en prismes à 8 faces terminés par un pointement à 4 faces ; c'est une forme analogue à celles que présentent le wernérite, l'idocrase, le zircon.

On pourrait quelquefois être porté à confondre la méionite et la néphéline ; il faut se rappeler que les cristaux de néphéline sont toujours basés.

Granuliforme.

Méionite incolore.

Blanchâtre.

Gisemens et localités.

La méionite est une de ces substances qui font partie des roches rejetées par le Vésuve, sans qu'elles paraissent avoir subi d'altération sensible ; sa gangue est souvent une chaux carbonatée lamellaire, et c'est particulièrement à la Somma que l'on trouve les plus beaux échantillons de cette substance.

DIXIÈME ESPÈCE.

FELDSPATH.

SIGNALEMENT.

Fusible au chalumeau en émail blanc, rayant le verre et étincelant sous le choc du briquet.

On a long-temps confondu plusieurs substances sous le nom de feldspath, mais maintenant la division est mieux marquée. L'analyse chimique donnait à elle seule une différence ; ainsi, certaines espèces renferment de la potasse, d'autres de la soude, mais en quantités atomiques égales.

Les cinq variétés principales qui constituent l'espèce feldspath sont :

1° Le feldspath orthose ;

2° L'albite ;

3° La rhyacolite ;

4° La labradorite ;

5° L'anorthite.

1re *Variété.* — FELDSPATH ORTHOSE.

Forme primitive, le prisme rhomboïdal oblique.
Pesanteur spécifique, 2,58 :
Le feldspath présente trois clivages.

ANALYSE DU FELDSPATH DU SAINT-GOTHARD.

Silice.	64,20	
Alumine. . .	18,40	99,55
Potasse. . . .	16,95	

Variétés de formes, tissus et couleurs.

Orthose cristallisé. La forme primitive se trouve dans la nature ; Haüy nommait cette forme *binaire*, et il admettait pour forme primitive un autre prisme rhomboïdal qui dérive de celui-ci d'une manière très-simple, et qui est la forme dominante de la nature. Il y a une troisième forme prismatique presque rectangulaire, qui se rencontre aussi assez fréquemment ; c'est cette forme qui domine dans les granites et les trachytes.

Orthose modifié. Les angles et les arêtes du prisme primitif sont souvent remplacés par des faces ; souvent plusieurs biseaux se réunissent, il y en a fréquemment trois. Quatre arêtes parallèles de la forme primitive sont souvent remplacées par des faces qui n'ont jamais le poli des autres faces, et se distinguent de suite par leur aspect terne.

Hémitropies. Il y a dans les cristaux de feldspath une hémitropie assez commune, elle consiste en une demi-révolution d'une moitié du cristal primitif coupé par le plan diagonal qui contient la grande diagonale de chacune des deux bases ; il est facile de voir qu'il ne doit point en résulter d'angle rentrant, et qu'on ne peut s'apercevoir de cette hémitropie que parce que tous les clivages s'arrêtent à un même plan, qui est ce plan diagonal; c'est une différence capitale avec l'albite, pour laquelle l'hémitropie a lieu suivant le plan diagonal correspondant à la petite diagonale de la base, d'où il résulte un angle rentrant bien marqué.

Il y a dans le feldspath orthose deux autres hémitropies, qui, cette fois, donnent lieu à des angles rentrans, mais sont moins importantes que celle que j'ai signalée en premier lieu.

Laminaire.

Lamellaire.

Globulaire. Globules plus ou moins gros engagés dans les variolites et dans le porphyre orbiculaire de la Corse.

Schisteux. Composé de feuillets plus ou moins épais, séparés par des enduits micassés.

Compacte. Nommé aussi *pétrosilex*, à cassure esquilleuse, éclat gras; de couleur grise ou verdâtre, quelquefois rouge. Cette variété, d'un vert foncé, se trouve dans les Vosges; la variété rouge se trouve en Suède. On pourrait confondre le pétrosilex avec certains quarz, mais sa fusibilité au chalumeau l'en distingue.

Rhésinite. Éclat résineux, cassure inégale, fortement translucide, très-peu tenace, ce qui le distingue du pétrosilex, qui jouit d'une grande ténacité, puis sa densité est moindre; sa couleur est aussi assez souvent verte ou rouge. Il contient toujours beaucoup d'eau.

Feldspath décomposé, kaolin. Se présente à l'état terreux, disséminé dans le granite. Lorsqu'on en fait l'analyse, on y trouve toujours un peu de potasse; mais elle provient de feldspath non décomposé mélangé; et il résulte des expériences de M. Becquerel que le kaolin est du feldspath qui a perdu sa potasse et une partie de sa silice à l'état de silicate de potasse : aussi le kaolin n'est-il plus fusible au chalumeau.

Orthose incolore (adulaire) du Saint-Gothard, en grands cristaux.

Blanc et opaque, pétunzé des Chinois.

Blanc et translucide, de Guanacuato, au Mexique.

Blanc verdâtre (adulaire) du Saint-Gothard.

Rouge obscur, commun dans les pays granitiques.

Rose, de Barens.

Gris, de Norwége et du Mont-Blanc.

Noir, de Vauze, en Savoie.

Vert céladon, en Sibérie (vulgairement pierre des amazones).

Chatoyant nacré (vulgairement pierre de lune), trouvé d'abord au Saint-Gothard, puis à Ceylan.

Aventurine jaune à pluie d'or (vulgairement pierre du soleil), paraît parseméc d'une infinité de points brillans sur un fond jaune d'or ; de l'île de Ccdlovatoï, près d'Archangel, en Russie. Variété rare.

Aventuriné vert à pluie d'argent. Fond d'un vert tendre parsemé de points argentins ; de Catherimbourg, en Sibérie.

2e *Variété.* — ALBITE.

Forme primitive, prisme rhomboïdal oblique.

Pesanteur spécifique, 2,64.

L'albite n'offre que deux clivages, tandis que le feldspath orthose en a trois.

ANALYSE DE L'ALBITE DE FINLANDE.

Silice.	67,91	
Alumine.	19,61	
Soude.	11,12	100,00
Chaux.	0,66	
Oxyde de manganèse.	0,47	
Oxyde de fer.	0,23	

Les cristaux d'albite sont beaucoup moins éclatans que ceux de feldspath orthose ; mais la meilleure distinction est sans contredit l'hémitropie dont nous avons parlé, quand elle existe.

L'albite présente des variétés de couleur analogues à celles du feldspath orthose ; nous n'insisterons pas sur ces variétés.

Jade (nephrit de Werner, pierre de *iu* des Chinois, pierre néphrétique), paraît devoir être rangé parmi les variétés de l'albite.

Aspect gras, transparence analogue à celle de la cire blanche, grande ténacité ; très-sonore.

La couleur de cette substance est terne, elle passe du gris sale au gris verdâtre et olivâtre.

3ᵉ *Variété.* — RHYACOLITE.

Cette substance est facile à distinguer du feldspath orthose et de l'albite, parce que ses cristaux sont fendillés comme s'ils avaient été étonnés. On trouve cette variété dans les porphyres du Mont-Dor et dans ceux des bords du Rhin.

La rhyacolite contient de la potasse comme le feldspath orthose, mais la silice est en moins grande quantité comparativement aux bases ; la fusibilité est plus grande.

4ᵉ *Variété.* — LABRADORITE.

Forme primitive, prisme oblique rhomboïdal.

Pesanteur spécifique, 2,70.

La labradorite a deux clivages comme l'albite, mais ils sont plus faciles, et l'un d'eux offre un éclat chatoyant.

Une différence capitale entre la labradorite et le feldspath ou l'albite consiste en ce que ces deux dernières substances sont inattaquables par les acides, tandis que la labradorite est très-altérée après quelques jours de digestion dans l'acide nitrique.

ANALYSE DE LA LABRADORITE DU LABRADOR.

Silice.	55,75	
Alumine. . .	26,50	
Soude. . . .	4,00	99,00
Chaux. . . .	11,00	
Oxyde de fer.	1,25	
Eau.	0,50	

La labradorite se rencontre presque toujours avec la forme primitive ou une forme hémitrope. Les cristaux sont fort peu variés, et en général très-peu colorés.

5e *Variété.* — ANORTHITE.

Forme primitive, prisme oblique rhomboïdal.

Ses cristaux n'ont été indiqués jusqu'à présent que dans les laves du Vésuve.

ANALYSE DE L'ANORTHITE.

Silice.	44,49	
Alumine.	34,46	
Chaux.	15,08	100
Magnésie.	3,26	
Peroxyde de fer.	0,71	

APPENDICE.

Verres volcaniques.

Il y a une grande incertitude sur la classification des verres volcaniques, mais on s'accorde généralement maintenant à les placer dans l'espèce feldspath.

Perlite globulaire. Cette substance se présente en grains soudés ensemble, à éclat et cassure vitreuse. Les plus beaux échantillons proviennent de l'Islande, de l'Irlande, de la Bohême. La perlite contient de l'eau, et présente beaucoup d'analogie avec le feldspath résinite.

Obsidienne. L'obsidienne est un verre parfait semblable à

un laitier. La cassure est complètement conchoïde ; la couleur est le noir foncé, mais elle est due à des matières charbonneuses, car l'obsidienne est fusible en émail blanc. La composition de l'obsidienne n'est point constante : dans plusieurs analyses on a trouvé 5 pour 100 de potasse, dans d'autres, 10 pour 100 de potasse et soude, dans d'autres enfin, 5 pour 100 de soude.

Pierre-ponce. La pierre-ponce est un verre volcanique qui doit à sa structure une grande légèreté qui lui permet de surnager lorsqu'on le plonge dans l'eau ; son tissu est très-fibreux, ce sont des tubes juxta-posés. Il est hors de doute que la pierre-ponce ne soit de l'obsidienne boursoufflée par le dégagement d'un gaz, et dans beaucoup d'échantillons on voit parfaitement le passage de l'obsidienne à la pierre-ponce.

Les analyses de diverses pierres-ponces ont mentionné plutôt de la soude que de la potasse.

Gisemens, localités, usages.

Le feldspath orthose lamellaire ou cristallisé forme souvent des filons, mais son véritable gisement est dans diverses roches ; les granites, gneiss, siénites, en sont en grande partie composés. Les cristaux sont bien marqués dans le granite graphite et certains porphyres ; on dit qu'il en tire aussi dans certains trachytes et certaines laves ; mais il y a lieu à discussion sur ce point.

L'albite cristallisée forme des veines et de petits filons dans les granites des Alpes, mais ne constitue pas de granites ; il y a cependant des granites qui renferment beaucoup d'albite disséminée, tel est le granite des monts Ourals. La diorite est une roche opposée à la siénite ; elle contient l'albite alliée à l'amphibole, comme l'autre contient le feldspath allié à ce même amphibole. Les seules laves contenant de l'albite sont celles des volcans des Andes.

La rhyacolite existe peut-être dans les trachytes du Mont-Dor et les laves de Ténériffe et d'Auvergne.

La labradorite forme aussi des veines et des filons, mais n'entre dans aucun granite ; elle forme des roches particulières, par exemple l'hypersthène-roche ; on en trouve beaucoup en Écosse, en Norwége. L'euphotide est formée de labradorite alliée au diallage ; de même la roche pyroxénique est formée de labradorite alliée au pyroxène. Le principal gisement de la labradorite est dans les roches volcaniques.

L'anorthite n'a été trouvée jusqu'ici que dans les laves du Vésuve.

Il existe un feldspath terreux qu'il ne faut pas confondre avec le feldspath altéré, il n'est pas très-répandu.

Le pétrosilex forme des masses intercalées dans un terrain qui correspond au grès rouge, puis il entre dans un porphyre rouge dont il forme la pâte.

Le feldspath résinite forme des filons de l'âge du grès rouge ; il y en a un au pied du Cantal.

On exploite à Saint-Gaudens un kaolin à base de lithine au lieu de potasse.

L'obsidienne forme des filons dans les terrains volcaniques, c'est comme pour le feldspath résinite ; de même les pierres-ponces appartiennent seulement aux terrains volcaniques.

Les plus jolies variétés de cette espèce sont employées dans la bijouterie et dans la décoration ; les feldspaths aventurinés et chatoyans se taillent en cabochon, parce que cette forme convient au jeu de leurs reflets ; mais les variétés opalines se prêtent, par le volume des masses que l'on peut se procurer, au travail du lithoglypte, qui sait en exécuter des vases, des tables, des socles plaqués, solides ou d'une seule pièce.

Quant au feldspath décomposé (kaolin), qui forme des espèces de filons à travers le gneiss altéré, et où il se montre associé au quarz et au mica, tout le monde sait que c'est lui qui forme la base de la pâte de la porcelaine, en même temps que le feldspath blanc laminaire (petunzé) forme la couverte et le fondant de cette même porcelaine.

Il existe de vastes dépôts de ce feldspath décomposé en Russie, en Saxe, à la Chine, en Angleterre et en France (1). Pour l'ordinaire, ces dépôts font partie des terrains primitifs; mais on en a découvert un grand amas à Dignac, département de la Charente, qui recouvre un calcaire marin, analogue, d'après M. de Morogue, à notre calcaire à gryphite; et ce kaolin, suivant toute apparence, a été transporté au lieu qu'il occupe, depuis qu'il est à l'état pulvérulent.

Trois clivages, dont un parallèle à la base, très-faciles.

Le jade est ordinairement réuni au diallage vert. Les Chinois, qui en font le plus grand cas, le trouvent dans le lit de certaines rivières qui traversent les monts Himalaya; ils le nomment *iu*, et en réservent les plus grandes pièces pour le trésor de l'empereur, qui en fait des présens. Parmi ceux qu'il adressa, il y a quelques années, au roi d'Angleterre, on remarquait deux sceptres de *iu*; ils en exécutent aussi des plaques et des instrumens de musique nommés *kings*. Le jade, qui se trouve aussi sur les bords de la rivière des Amazones et dans une île voisine de la Nouvelle-Zélande, a été pendant long-temps considéré comme une des substances les plus propres à prévenir et même à guérir plusieurs maladies; de là son nom de pierre néphrétique.

----

(1) Voyez la Minéralogie appliquée aux arts, t. III.

ONZIÈME ESPÈCE.

TRIPHANE (spodumène de Dendrade).

SIGNALEMENT.

Fusible avec boursoufflement en un verre transparent ; se divisant, quand on le chauffe au creuset, en parcelles jaunes, qui passent insensiblement au gris cendré.

Forme primitive, prisme droit rhomboïdal.

Trois clivages dont un, parallèle au plan diagonal du prisme primitif, est le plus facile.

Pesanteur spécifique, 3,2.

Rayant le verre, étincelant sous le choc du briquet.

Éclat tirant sur le nacré.

ANALYSE DU TRIPHANE D'UTO, PAR ARFWDSON.

Silice.	66,40	
Alumine.	25,30	102,00
Lithine.	8,85	
Oxydule de fer. .	1,45	

Variétés de tissus et de couleurs.

Triphane laminaire. D'Uto et de Bavière.
Fibro-laminaire. Du Groenland.

Haüy n'a point eu occasion d'étudier des cristaux entiers, mais seulement un prisme hexaèdre fracturé.

Triphane gris et nacré.

Gisemens et localités.

Le triphane a été découvert pour la première fois dans la mine d'Uto en Suède, par M. Dendrada, et depuis en Tyrol, par M. Léonhard.

La gangue du triphane de Suède est un granite à gros grains, dont le feldspath est d'un rouge vif ; celle du triphane du Tyrol est un feldspath blanc mêlé de mica en lames. Ce minéral est rare.

DOUZIÈME ESPÈCE.

PETALITHE.

Forme primitive, prisme rhomboïdal droit, divisible par un plan qui passe par la petite diagonale de ses bases ; les pans du prisme sont nacrés, les bases n'ont qu'un léger degré de luisant.

Pesanteur spécifique, 2,43.

Rayant fortement le verre, et étincelant sous le choc du briquet.

Surface éclatante et parfois nacrée.

Fusible au chalumeau en un émail blanc ou en un verre transparent bulleux.

Insoluble dans les acides.

ANALYSE PAR ARFWDSON.

Silice. . . . . 79,212)
Alumine. . . 17,225 } 102,198
Lithine. . . . 5,761)

Variétés de tissus et de couleurs.

Petalithe laminaire.

Lamellaire. Mêlé de quarz gris et de paillettes de mica blanc.

Petalithe blanc.

Rose.

Verdâtre.

Gisemens, et localités.

Le petalithe fut découvert aux mines de fer d'Uto, en Suède, par M. Dendrada. On cessa de trouver ce minéral pendant

assez long-temps, et il s'offrit de nouveau aux recherches de
M. Suédenstierna qui en adressa des échantillons au célèbre
Haüy , dans lesquels il reconnut les indices d'une division mécanique particulière , qui suffit pour lui faire considérer ce minéral comme devant constituer une espèce
distincte de toutes les autres connues jusqu'à ce jour, et ce
jugement fut confirmé d'une manière saillante par la découverte du lithion que fit M. Arfwdson, en analysant le petalithe , qui est encore un minéral assez rare dans les collections.

TREIZIÈME ESPÈCE.

FELDSPATH APYRE (andalusit de Werner).

SIGNALEMENT.

Infusible au chalumeau, rayant très-facilement le quarz.
Forme primitive, prisme rhomboïdal droit.
Pesanteur spécifique, 3,00.
Cassure lamellaire ; couleur généralement rose ou blan-
châtre. Les cristaux sont souvent recouverts d'une couche
de mica.

ANALYSE PAR VAUQUELIN.

Silice.	52	
Alumine. . .	52	94
Potasse. . . .	8	
Oxyde de fer.	2	

Le nom de cette substance lui vient de ce que les angles
de ses cristaux se rapprochent de ceux des cristaux de
Feldspath. Quoique son type cristallin soit le prisme droit
rhomboïdal, il n'y a jamais qu'un seul angle solide de modifié, ce qui est une anomalie à la loi de symétrie.

M. de Bournon a découvert ce minéral depuis long-temps
dans les granites du ci-devant Forez ; mais ensuite on l'a

15

trouvé en Espagne, en Tyrol et en Bavière, toujours dans des roches anciennes.

QUATORZIÈME ESPÈCE.

EUDIALITE.

SIGNALEMENT.

Fusible au chalumeau, soluble dans les acides en gelée.

Forme primitive, rhomboèdre aigu.

Pesanteur spécifique, 2,89.

Rayant difficilement le verre.

Ce minéral est lamelleux et d'un violet rougeâtre.

ANALYSE PAR STROMEYER.

Silice.	53,52	
Zircone.	11,10	
Chaux.	9,78	
Soude.	15,82	99,66
Oxyde de fer.	6,75	
Oxyde de manganèse.	2,06	
Acide muriatique.	1,03	
Eau.	1,80	

Cette substance ne contenant pas d'alumine ne peut pas être regardée comme un mélange de sodalithe et de zircon puisque le sodalithe contient 32 p. 0/0 d'alumine.

Ce métal a été trouvé au Groenland associé au sodalithe et à l'amphibole.

QUINZIÈME ESPÈCE.

ACHMITE.

SIGNALEMENT.

Fusible au chalumeau en émail noir, inattaquable par les acides.

Forme primitive, un prisme rhomboïdal oblique.

Pesanteur spécifique, 3,24.

Rayant le verre.

ANALYSE PAR BERZÉLIUS.

Silice.	55,25	
Peroxyde de fer.	31,25	
Soude.	10,40	98,70
Chaux.	0,72	
Oxyde de manganèse.	1,08	

Gisemens.

Ce minéral, long-temps confondu avec la tourmaline, se trouve engagé dans du quarz près de Kongsberg, en Norwège.

SEIZIÈME ESPÈCE.

TALC.

SIGNALEMENT.

Toujours susceptible d'être gratté avec le couteau, poussière douce et savonneuse.

Forme primitive, prisme droit rhomboïdal.

S'électrisant résineusement par le frottement.

Souvent infusible, blanchissant ou offrant à peine quelques indices de fusion à ses extrémités les plus minces.

Le talc est une substance très-compliquée; on distingue plusieurs variétés dont voici la composition.

ANALYSE DU TALC LAMELLEUX DU SAINT-GOTHARD.

Silice.	62,00	
Magnésie.	30,00	
Oxyde de fer.	2,50	98,75
Alumine.	1,50	
Potasse.	2,75	

ANALYSE DE LA STÉATITE DE BARRUCII.

Silice.	59,50
Magnésie. . .	30,50
Oxyde de fer.	2,50
Eau.	5,50

$\left.\right\}$ 98,00

ANALYSE DE LA PIERRE-OLLAIRE.

Silice.	38,12
Magnésie. . . .	38,54
Alumine.	6,60
Oxyde de fer. .	15,62
Chaux.	0,41
Acide fluorique.	0,21

$\left.\right\}$ 99,50

ANALYSE DU TALC-CHLORITE.

Silice.	41,50
Magnésie. . .	39,47
Alumine. . .	6,13
Oxyde de fer.	10,15

$\left.\right\}$ 97,25

ANALYSE DE LA SERPENTINE DE CORSE.

Silice.	36,00
Magnésie.	46,00
Chaux.	2,00
Oxyde de chrôme.	0,50
Eau.	15,00

$\left.\right\}$ 99,50

Variétés de formes, de tissus et de couleurs.

Talc hexagonal. Un prisme à 6 pans très-courts, souvent lamelliformes.

Laminaire. Vulgairement talc de Venise, d'un blanc verdâtre, nacré et argentin.

Lamellaire. Violâtre ; de Guanaxuato au Mexique.

Écailleux. Vulgairement craie de Briançon, d'un blanc verdâtre nacré, se divisant par écailles partielles et non continues.

Radié.

Talc stéatite. Contexture serrée ; cassure écailleuse, susceptible d'être travaillée sur le tour et polie ; aspect de la cire ou du savon fin. Ses variétés de couleurs sont assez remarquables ; on distingue les suivantes :

Gris verdâtre. Faux jade.

Vert obscur. Idem.

Vert d'émeraude. Très-rare.

Vert olivâtre Faux jade.

Incarnat. Pagodite, pierre à magot.

Talc ollaire (vulgairement pierre ollaire). Cassure terreuse, tendre, susceptible d'être travaillé au tour , mais non capable de prendre le poli, renfermant souvent des lamelles de talc et de diallage.

Talc chlorite. Assemblage d'une infinité de petites lamelles vertes, formant de petites masses, recouvrant simplement certaines espèces minérales cristallisées, ou entrant dans leur composition par voie de mélange. On prétend avoir observé dans cette variété des indices de prismes hexaèdres microscopiques ; le plus souvent elle est finement granuleuse, mais quelquefois on la trouve sous l'aspect schistoïde ou tout-à-fait compacte, alors elle passe à la variété suivante :

Serpentine. La couleur est le vert foncé, mais il y a toujours deux teintes de vert qui forment des bigarrures, c'est de là que vient le nom de cette roche. On a distingué deux variétés, la serpentine *commune* qui est opaque, et la serpentine *noble* qui est translucide.

La serpentine a la cassure très-esquilleuse, elle est fort tendre, se coupe facilement ; elle est infusible au chalumeau. Des filets d'asbeste et des filons de calcaire traversent souvent les masses de serpentine. Cette substance est souvent intimement mélangée de fer oxydulé et de fer chrômé.

Talc zographique (vulgairement terre de Vérone). D'un

vert foncé qui tire sur le bleu dans les plàces nouvellement grattées ; cassure terreuse, grain très-fin.

Pulvérulent. Il contient une forte dose de silice.

APPENDICE.

Talc pseudomorphique. Le talc est une des substances qui paraît être la plus prédisposée à prendre la forme et la place des substances qui lui sont tout-à-fait étrangères. C'est ainsi que l'on en trouve qui a remplacé,

Le quarz hyalin prismé.

Lé quarz hyalin émarginé.

La chaux carbonatée primitive, si rare dans la nature.

Les variétés équiaxe et métastatique.

Le feldspath quadrihexagonal.

Le pyroxène triunitaire, etc.

Gisemens, localités, usages.

Le talc, sans former des roches importantes dans la nature par leur étendue, compose cependant des amas assez remarquables, et se trouve, non seulement par places et par cantons, mais aussi disséminé, à la manière du mica, dans des contrées et des chaînes de montagnes entières, telles que le groupe du Mont-Blanc, par exemple, où il joue absolument le même rôle que le mica dans les granites, et participe ainsi à la composition de la roche que l'on nomme *Protogine.* Parmi les variétés de talc qui se trouvent en masses notables, nous citerons :

Le talc stéatite et ollaire, qui se trouve en bancs ou en masses assez étendues pour que plusieurs d'entre eux soient exploités de temps immémorial pour les usages domestiques.

Le talc schistoïde, qui abonde au Saint-Gothard, et qui sert de gangue au disthène et à la staurotide.

Le talc laminaire, qui accompagne souvent les roches serpentineuses.

Le talc chlorite, qui prend quelquefois une texture schisteuse, et qui sert de gangue à certains grenats volumineux et au fer oxydulé octaèdre de Suède, de Corse et de Piémont.

Le talc zographique, qui se trouve en nœuds dans les amygdaloïdes, etc.

Enfin, suivant Haüy et plusieurs autres minéralogistes qui partagent son avis, lorsque le talc stéatite perd sa pureté, qu'il reçoit dans sa masse quelques substances étrangères, comme le grenat, le diallage, l'asbeste, qu'il se trouve tellement pénétré de fer, qu'il se décèle par son action sur l'aiguille aimantée; il passe à la serpentine ou plutôt il se change en serpentine, et l'on sait que cette roche est assez importante dans la nature, puisqu'elle forme en Bohême et ailleurs des masses fort étendues. Le gisement de la serpentine est très-différent de celui des autres espèces de talc; cette roche forme toujours des masses anomales; elle est accompagnée de dolomies, de sources salées, etc.

L'on emploie depuis des siècles la pierre ollaire à la fabrication des marmites et des pots de ménage. Il en existe une exploitation près de Côme, qui remonte, dit-on, au temps de Pline; les montagnes du Valais en possèdent aussi plusieurs où l'on exécute des poêles pour le chauffage des appartemens.

Les stéatites sont employées pour l'exécution de quelques objets d'ornement et de caprices, tels que des urnes et des caricatures chinoises, connues sous le nom de magots.

La craie de Briançon sert à tracer sur le drap; le talc blanc laminaire formait la base du fard des dames; la terre de Vérone, ou talc zographique, est employé dans la peinture à fresque, dans les décorations et dans la fabrication des stucs colorés. Enfin, les serpentines se travaillent sur le tour, en boîtes à thé, lampes, écritoires, etc.

DIX-SEPTIÈME ESPÈCE.

MICA (glimmer de Werner, vulgairement or et argent des chats, poudre d'or, pain de corbeau, etc.).

SIGNALEMENT.

Éclat métalloïde doré, argentin ou bronzé, divisible en lames ou en paillettes excessivement minces, élastiques, et qui se déchirent plutôt qu'elles ne se brisent.

Forme primitive, prisme droit rhomboïdal.

Pesanteur spécifique, 2,65 à 2,93.

Très-faciles à rayer, même avec l'ongle.

Poussière blanche, quelle que soit la couleur de la variété; toucher onctueux.

S'électrisant vitreusement par le frottement.

Fusible au chalumeau en émail blanc, gris ou verdâtre. Cet émail fait mouvoir l'aiguille aimantée quand il provient d'un mica noir.

Le mica est une substance dont la composition est variable, et cette diversité d'élémens correspond à une différence dans les propriétés de double réfraction; ainsi, d'après Berzélius, le mica dans lequel la magnésie domine sur les autres bases, présente la double réfraction à un axe, et celui dans lequel la potasse ou la potasse et la lithine dominent, jouit de la double réfraction à deux axes. Voici quelques analyses.

ANALYSE D'UN MICA A UN AXE RÉPULSIF, DE SIBÉRIE.

Silice.	42,01	
Alumine.	16,05	
Peroxyde de fer.	4,95	
Magnésie.	25,97	97,19
Potasse.	7,55	
Acide fluorique. .	0,68	

ANALYSE D'UN MICA A DEUX AXES.

Silice.	46,40	
Alumine.	18,50	
Peroxide de fer. . . .	20,00	98,50
Potasse.	11,20	
Oxyde de manganèse.	2,40	

ANALYSE D'UN MICA A DEUX AXES DE BOHÊME.

Silice.	44,28	
Alumine.	24,53	
Peroxyde de fer.	11,33	
Potasse.	9,47	98,84
Lithine.	4,09	
Acide fluorique.	5,14	

Variétés de formes, de tissus et de couleurs.

Mica primitif. En prismes rhomboïdaux, ordinairement très-courts.

Prismatique. En prismes hexaèdres réguliers très-courts; quelquefois trois des côtés de l'hexagone ont pris un accroissement considérable aux dépens des trois autres, ce qui donne à ces prismes ou à ces lames l'aspect triangulaire; de Bienne, en Valais.

Foliacé. En grandes feuilles de plusieurs pieds de large (vulgairement verre de Moscovie).

Lamelliforme. En lames ou paillettes de peu d'étendue.

Écailleux. En masses composées d'une infinité de parcelles qui s'attachent aux doigts.

Testacé. En petites masses composées de petites lames curvilignes.

Filamenteux. En filamens, ou plutôt en très-petites lames, longues et étroites.

Distique. En masses composées de lames disposées dans leur fracture comme la barbe des plumes (vulgairement mica en épi); des Pyrénées.

Pulvérulent. Vulgairement poudre d'or; de la Lorraine allemande.

En masse. Constitué la *lépidolithe;* on distingue deux es-pèces de lépidolithes, l'une est rosée.

Mica métalloïde jaune d'or (vulgairement or des chats).

Argentin (vulgairement argent des chats).

Verdâtre.

Jaunâtre.

Rougeâtre.

Brun.

Violet ou *lilas* (ancienne lépidolithe).

Violet foncé. Manganésifère; de Saint-Marcel, en Piémont.

Noir. Cette couleur n'est souvent que le résultat de la ré-flexion. Le même mica, observé par réfraction, est ordinai-rement vert foncé : tel est celui de Sibérie.

Le mica est transparent, translucide ou opaque, suivant que ses lames sont plus ou moins épaisses. Celui qui réfléchit les couleurs de l'iris est arrivé à un point extrême de té-nuité. Haüy a calculé que les points qui réfléchissent les rayons bleus, n'avaient qu'environ 43 millionièmes de mil-limètre, ou un 6 millionième de pouce; cela tient au même phénomène des anneaux colorés, qui est la cause des reflets de l'opale, de l'iris des verts antiques, de l'iris interne du quarz, etc., etc.

Gisemens, localités, usages.

Le mica appartient d'origine aux terrains les plus anciens. C'est parmi les roches primordiales qu'il a pris naissance; mais ayant été soumis aux accidens et aux remaniemens qui ont dispersé les élémens de ces roches, il s'est trouvé incor-poré dans les montagnes secondaires, dans les terrains mo-dernes, et même parmi les dépôts de nos dernières alluvions. C'est ainsi qu'on le voit entrer comme principe constituant dans les granites;

Qu'il forme la plus grande portion de la masse des gneiss et des micas schistes;

Qu'il fait partie des grès psammites qui accompagnent la houille, et qu'il brille dans la plupart des sables de nos rivières, qui, en raison de la légèreté de ses paillettes, le transportent au loin, et vont le déposer au sein des mers. Outre cela, ce minéral se trouve accidentellement dans une infinité de roches calcaires, quarzeuses ou feldspathiques.

Le mica n'est point étranger aux pays volcaniques antiques, non plus qu'à ceux qui brûlent encore de nos jours. On le trouve disséminé dans les trachites, et les roches de la Somma en renferment des lamelles serrées et aggrégées, d'une couleur vert foncé, ou tout-à-fait noire; il s'y présente même en cristaux d'une netteté remarquable.

Les plus grandes feuilles de mica ont été trouvées en Sibérie; on en cite de deux aunes et demie en carré, ce qui répond à 9 pieds dans chaque dimension (3 mètres). Il s'exploite avec succès pour le service de la marine impériale et pour l'usage des particuliers qui en vitrent leurs maisons, les lanternes, etc. Sa principale qualité est de résister au choc par son élasticité, ainsi qu'aux commotions de l'artillerie; du reste, sa surface arrête la poussière, ce qui à la longue nuit à sa transparence.

Dernièrement on a utilisé le mica du Limousin, dont on a trouvé des feuilles de la longueur de la main, pour en tailler de petites lames carrées entre lesquelles on conserve le vaccin. Ces *jenners*, ainsi qu'on les nomme, sont plus commodes que les plateaux de verre que l'on ne peut introduire dans une lettre, et qui sont sujets à se briser. Le mica sert aussi dans les habitacles des boussoles marines.

DIX-HUITIÈME ESPÈCE.

TOURMALINE (autrefois schorl électrique).

SIGNALEMENT.

Électrique par le frottement et par la chaleur (1).

Forme primitive, un rhomboïde obtus.

Cassure transversale, conchoïde, à petites évasures, et quelquefois articulée.

Pesanteur spécifique, 3,0 à 3,4.

Rayant le verre.

Réfraction double, à un degré médiocre.

La plupart des cristaux prismatiques sont transparens dans le sens de leur épaisseur, et opaques dans le sens de leur longueur.

Fusible au chalumeau en émail·blanc ou gris (la variété rouge exceptée).

ANALYSE DE LA TOURMALINE NOIRE PAR BOWEY.

Silice.	33,05	
Alumine.	38,25	
Soude et potasse.	3,45	
Chaux.	0,96	100,00
Protoxyde de fer.	21,56	
Acide borique.	1,89	
Matières volatiles.	0,45	

ANALYSE DE LA TOURMALINE VERTE DU BRÉSIL.

Silice.	55,20	
Alumine.	35,50	
Soude.	2,09	
Magnésie.	0,70	100,00
Chaux.	0,55	
Oxyde de fer.	17,86	
Acide borique.	4,10	

---

(1) Voyez ci-après les détails sur cette propriété.

ANALYSE DE LA TOURMALINE ROUGE.

Silice.	42,12	
Alumine.	36,43	
Potasse.	2,45	
Lithine.	2,04	
Chaux.	1,20	97,31
Oxyde de manganèse.	6,52	
Acide borique.	5,44	
Matières volatiles.	1,31	

Variétés de formes.

Tourmaline trédécimale. Un prisme à 9 pans, terminé par deux sommets dissemblables, dont l'un à 3 facettes hexagonales, et l'autre à deux.

Sexdécimale. Un prisme à 6 pans; un sommet à 6 faces, dont 3 carrées et 3 hexagonales; l'autre sommet composé de 4 faces triangulaires.

Nonoseptimale. Un prisme à 9 pans; un sommet à 4 faces triangulaires, et l'autre à 3 faces hexagonales.

Les dix-neuf variétés de tourmalines décrites par Haüy sont toutes composées de prismes, généralement assez allongés, à un grand nombre de pans, et terminés par deux sommets très-dissemblables, en raison de la propriété électrique.

La plupart des cristaux de tourmaline ont la forme de prismes très-allongés, très-surchargés de pans, et dont les deux sommets, quand ils en sont pourvus, diffèrent toujours par le nombre de leurs facettes, ainsi que cela arrive constamment à toutes les substances électriques par la chaleur. Haüy en a décrit dix-huit variétés dans sa nouvelle édition.

Cylindroïde. En prismes arrondis par les nombreuses cannelures dont ils sont surchargés, accident qui est commun à toutes les variétés de couleur de cette espèce, quelle que soit leur localité.

Sublamellaire. De Carinthie.

Aciculaire. En aiguilles divergentes, plus ou moins fines et plus ou moins longues, formant des masses ou de simples globules.

Capillaire. En filets excessivement déliés, qui les font comparer à des cheveux; se trouvent quelquefois dans l'intérieur du quarz hyalin, comme le titane.

Variétés de formes et de couleurs.

Tourmaline incolore. De Sibérie.

Blanche. Du Saint-Gothard.

Violette. De Sibérie.

Rouge cramoisi. Quelquefois chatoyante quand elle est polie; (sibérite) de Sibérie et d'Uton, en Suède.

Violâtre. De Rosena, en Moravie.

Rouge pourpré. On a fait long-temps passer cette jolie variété pour du corindon rouge dans le commerce des pierres fines; elle en a effectivement la couleur et l'éclat, mais sa dureté est infiniment au dessous. Ces tourmaline arrivent toutes taillées, les uns disent du Brésil, les autres de Sibérie.

Violette bleuâtre. D'Uton, en Suède.

Rose. Du Massachuset, aux États-Unis, de Rosena, en Moravie.

Indigo. D'Uton, en Suède (autrefois indicolithe).

Bleue. Du Brésil et du Massachuset (c'est le saphir du Brésil des lapidaires).

Bleuâtre. D'Uton.

Noir bleuâtre.

Vert obscur. De Ceylan, du Brésil et du Massachuset (c'est l'émeraude du Brésil des lapidaires).

Vert d'herbe. Du Saint-Gothard et du Massachuset.

Bleu verdâtre clair. Du Brésil.

Vert jaunâtre. De Ceylan (péridot de Ceylan du lapidaire).

Orangé brunâtre. De Ceylan.

Brune. De New-York.

Noire. Ou d'un noir brunâtre par transparence. Cette variété, la plus commune et la plus anciennement connue, se trouve dans une infinité de lieux fort éloignés les uns des autres, tels que Madagascar, Ceylan, la Sibérie, les Alpes, l'Angleterre, etc.

Malgré le grand nombre de variétés énoncées ci-dessus, il en est beaucoup d'autres encore qui participent de deux ou trois de ces teintes, et dont la dénomination serait difficile à exprimer ; il en est une entre autres qui tient du brun de girofle et du rouge vineux ; enfin, la même pierre est souvent composée de deux parties différemment colorées, telles que verte et brune, rouge et blanche, violette et blanche, etc. Dans les tourmalines cristallisées, ces nuances forment des espèces d'étuis qui semblent emboités l'un dans l'autre, et marquent aussi les différentes périodes de leur accroissement. C'est ainsi que la collection d'Haüy présentait plusieurs de ces prismes dicolores, dont le centre était brun et l'extérieur vert, et un autre dont l'axe était rouge et l'extérieur vert, etc.

De l'électricité des tourmalines (1).

Cent ans se sont écoulés depuis que Lemery vint annoncer à l'Académie des sciences que les tourmalines avaient la propriété d'attirer et de repousser les corps légers quand on les avait exposés à la chaleur. Depuis lors, tous les physi-

---

(1) Je suppose que l'on connaît les lois fondamentales qui régissent le fluide électrique et les phénomènes principaux qui en résultent. Je n'insisterai donc pas sur les raisons qui font que les fluides de même nom se repoussent, et que ceux de noms différens s'attirent ; qu'un corps à l'état naturel est attiré, si son poids le permet, par les corps électrisés ; que les corps idio-électriques sont ceux qui s'opposent au passage du fluide électrique, et qui, en l'isolant, ne lui permettent pas de se rendre dans le réservoir commun, qui est la terre, etc., etc. (*Voyez* la Minéralogie d'Haüy, tom. I et III.)

ciens ce sont occupés de ce phénomène, et sont parvenus non seulement à l'expliquer de la manière la plus satisfaisante, mais encore l'ont reconnu dans plusieurs autres minéraux, dans lesquels on ne soupçonnait pas même cette singulière propriété. Haüy, plus que tout autre, se distingua dans ces recherches, tout à la fois comme physicien et comme minéralogiste, et c'est particulièrement à lui que l'on est redevable de la connaissance des principaux phénomènes de l'électricité des tourmalines, dont nous allons essayer de présenter un aperçu rapide.

Une tourmaline frottée s'électrise vitreusement comme la plupart des minéraux qui ont le tissu et la fracture du verre; son effet sur les corps légers, ou librement suspendus dans l'espace, se manifeste par de simples attractions, semblables à celles que leur fait éprouver un bâton de cire à cacheter frotté; mais, si l'on présente cette même tourmaline à un électromètre quelconque, que l'on aura mis à l'état vitreux, par exemple, cette tourmaline agira sur lui par répulsion, en raison de la parité du fluide qui anime la pierre et l'électromètre.

L'expérience que je viens de citer prouve seulement que la tourmaline électrisée par le frottement jouit de la propriété de conserver son électricité, mais on peut aussi communiquer les propriétés électriques à cette substance en élevant la température, et c'est surtout sous ce point de vue qu'il convient de l'étudier.

La tourmaline, cristallisée en prismes hexagonaux ou triangulaires allongés, est très-commode pour étudier cette propriété; il paraît que les phénomènes sont plus prononcés pour une certaine longueur du cristal éprouvé. Lorsqu'on chauffe une tourmaline en la plongeant dans l'eau bouillante, on remarque que les deux moitiés sont chargées d'électricité contraires; la présence des deux électricités est principalement sensible vers les deux pointemens du cristal prismatique.

Lorsque deux cristaux de tourmaline chauffés sont présentés l'un à l'autre, ils s'attirent ou se repoussent suivant que les extrémités rapprochées sont chargées d'électricité contraire, ou électrisées de la même manière. Pour faire commodément cette expérience, on pratique une chappe au milieu de chaque cristal, et on le place sur la pointe d'une aiguille métallique isolée, après l'avoir plongé dans l'eau bouillante. Les deux cristaux de tourmaline peuvent ainsi se mouvoir facilement et céder à une attraction ou à une répulsion électrique très-faible. Il paraît que l'électricité développée dans ces circonstances est due à une inégale distribution de la chaleur.

Lorsqu'on brise transversalement une tourmaline chauffée, chacun de ses fragmens offre deux pôles comme le cristal primitif. Ce fait semble indiquer que les électricités développées par la chaleur dans chaque couche n'en sortent pas, mais qu'elles se transportent seulement après leur séparation vers ses deux faces opposées.

Il y a pour chaque cristal de tourmaline deux limites de température entre lesquelles les phénomèness électriques sont sensibles; ces limites sont en général 10° et 150° centigrades; elles sont peu différentes pour deux tourmalines de même longueur, mais elles varient avec cette dimension. Quand on chauffe régulièrement une tourmaline, ses pôles ou centres d'action électrique restent de même nature, tant que la température s'élève; mais si on la laisse se refroidir ensuite, ses pôles disparaissent un instant, pour reparaître ensuite en changeant de position.

M. Becquerel, qui a beaucoup étudié le développement de l'électricité par la chaleur dans les substances cristallisées, et à qui l'on doit la découverte du renversement des pôles, lors du refroidissement de la tourmaline, a remarqué qu'une

tourmaline chauffée ou refroidie par une de ses moitiés seulement, l'autre étant entretenue à une température constante,
donne des signes d'une seule électricité libre sur la première moitié, tandis que la seconde restait à l'état naturel.
Ce fait semble contraire à tous les autres phénomènes électriques connus, dans lesquels les deux électricités se développent en même temps; il pourrait se faire cependant que
les deux électricités existassent réellement séparées, mais
qu'inégalement distribuées dans l'épaisseur et même la longueur du cristal, elles fussent inégalement perceptibles.

Gisemens, localités, usages.

Les tourmalines appartiennent essentiellement aux terrains de la plus ancienne formation, et jusqu'ici même cette
situation géologique est exclusive, car nous ne connaissons
cette substance ni dans les terrains secondaires ni même dans
les roches de transition; dire qu'elle accompagne l'étain et
la topaze, c'est confirmer ce que nous venons d'avancer sur
l'antiquité des roches dont elle fait partie, non essentielle,
mais seulement comme principe accidentel. En nommant
les différentes variétés de tourmalines colorées, on a déjà
cité plusieurs des localités principales de cette espèce; mais
nous y revenons encore ici, et nous ajouterons que les lieux
qui nous fournissent les plus belles variétés de tourmalines
sont les granites de Suède, ceux de la Bretagne, du Devonshire en Angleterre, les gneiss de la Castille et du Zillerthal,
le talc du Saint-Gothard, la dolomie du même lieu, la lépidolithe de Rosena en Moravie, et les quarz de Madagascar,
des monts Oural et du Massachusetts, qui forment des filons
au travers du granite et qui présentent la plupart des belles
variétés de la tourmaline colorée, roses, rouges, bleues et
vertes, etc.

La tourmaline se trouvant dans les filons, est nécessairement associée à différentes substances métalliques; aussi en

avons-nous plusieurs exemples, soit pour l'étain, soit pour le fer. A l'égard des belles tourmalines de l'île de Ceylan et du Brésil, on les trouve dans les terrains d'alluvion, dans les fameux sables où l'on rencontre toutes les gemmes, et ce sont principalement celles-là qui passent dans le commerce après avoir été taillées et polies par les lapidaires de l'Inde. La tourmaline ne le cède presque à aucune gemme sous le rapport de la variété de ses teintes ; la plupart, il est vrai, sont altérées par une nuance rembrunie ; mais cependant il en existe quelques unes qui sont pures et même assez vives. Telles sont entre autres celles qui se vendaient pour des rubis d'Orient, celle qui est d'un rouge cramoisi, qui se taille en cabochon, et dont les reflets nacrés et chatoyans ajoutent encore au mérite de sa couleur ; telles sont aussi les variétés vert d'herbe et jaune de jonquille, celles qui réunissent plusieurs couleurs tranchées sur la même pierre, etc. Outre cet emploi de la tourmaline dans le commerce de la joaillerie, on peut ajouter que cette pierre fait partie des appareils de physique, au moyen desquels on démontre quelques propriétés du fluide électrique.

La tourmaline est encore employée, comme nous l'avons dit au commencement de cet ouvrage, à reconnaître la propriété de double réfraction dans les autres substances minérales. Enfin, dans les lunettes astronomiques, on emploie des plaques de tourmaline verte pour observer les corps célestes trop lumineux, parce que la lumière se trouve ainsi affaiblie, sans que la couleur des objets soit changée.

QUATRIÈME SÉRIE.

ZÉOLITHES, SILICATES CONTENANT DES ALCALIS, ET DE L'EAU
EN ASSEZ FORTE PROPORTION.

PREMIÈRE ESPÈCE.

MÉSOTYPE (faterzeolith de Werner ; zéolithe par excellence de l'ancienne
minéralogie).

SIGNALEMENT.

*Soluble en gelée dans l'acide nitrique ; fusible avec bouil-
lonnement en émail spongieux.*

Forme primitive, prisme droit rhomboïdal.

Cassure un peu vitreuse.

Pesanteur spécifique, 2,08.

Rayant fortement la chaux carbonatée.

Réfraction double.

Une partie des cristaux sont électriques par la chaleur.

ANALYSE PAR KLAPROTH.

Silice. . . .	48,00	
Alumine . .	24,25	
Soude. . . .	16,50	99,50
Eau.	9,00	
Oxyde de fer.	1,75	

Variétés de formes, de tissus et de couleurs.

Mésotype pyramidée. Un prisme à 4 pans, terminé par
des pyramides à 4 faces surbaissées. Ces cristaux sont communs et généralement bien formés.

**Dans les cristaux analogues de stilbite, le pointement est
aigu ; on distinguera donc facilement ces deux substances.**

Bacillaire.

Aciculaire libre.

Aciculaire radiée.

Globuliforme radiée (natrolithe).

Fibreuse (natrolithe).

Mamelonnée compacte (natrolithe).

Capillaire.

Filamenteuse.

Floconneuse. Ressemble à du coton pressé; en Norwége.

Compacte. Toujours plus ou moins altérée.

Mésotype incolore.

Blanc de lait.

Jaune d'œuf (natrolithe).

Mésotype transparente, translucide et opaque.

Mésotype altérée.

Gisemens, localités, usages.

La mésotype appartient exclusivement aux terrains volcaniques.

La mésotype se trouve, 1° dans le basalte d'Auvergne;
2° dans le phonolithe de Hohentweil, en Souabe; 3° et dans
les wackes de Feroé et de Fassa.

C'est surtout de Feroé et d'Auvergne que nous viennent
les plus beaux cristaux de cette substance; et, quant à la variété jaune et mamelonnée, on la trouve au pic de Hohentweil,
en petites veines dirigées dans tous les sens, et formant quelquefois de petites poches dont les parois sont tapissées d'aiguilles blanches et capillaires, qui ne sont que la même
natrolithe, plus pures que les parties jaunes qui leur servent
de support. Je vis, il y a quelques années, un échantillon de
cette natrolithe qui se terminait par des cristaux de la variété
pyramidée; il appartenait à M. Selb, et se trouvait dans sa
collection de Wolfach. Depuis cette époque, on en a trouvé
beaucoup d'autres; mais c'est en partie ce premier échantillon et la découverte de la soude dans la mésotype ordi-
re, qui a engagé M. Haüy à réunir ces deux substances.

La natrolithe reçoit un assez beau poli et peut fournir quelques plaques d'ornement, parce que la roche dans laquelle on la trouve est assez dure et assez compacte pour le recevoir aussi.

DEUXIÈME ESPÈCE.

STILBITE (blatterzeolith de Werner).

SIGNALEMENT.

Fusible avec bouillonnement et phosphorescence ; aspect constamment nacré.

Forme primitive, le prisme droit rectangulaire.

On remarque dans la forme habituelle un pointement aigu.

Il y a un clivage très-facile parallèlement à une des faces du prisme.

Cassure transversale, raboteuse, presque terne.

Pesanteur spécifique, 2,5.

Rayant seulement la chaux carbonatée.

Éclat nacré dans le sens où les cristaux se divisent le plus facilement, et vitreux dans les autres directions.

Formant difficilement gelée dans les acides, et seulement après qu'on l'a chauffée à plusieurs reprises.

ANALYSE DE LA STILBITE DE FEROÉ, PAR VAUQUELIN.

Silice. . .	52,0	
Alumine .	17,5	
Chaux . .	9,0	} 100,0
Eau. . . .	18,5	
Perte. .	3,0	

Variétés de formes, de tissus et de couleurs.

Stilbite primitive. On ne la trouve pas.

Dodécaèdre. Passant quelquefois, par un aplatissement extrême, à la figure d'une simple lame hexagonale biseautée.

Épointée. La variété dodécaèdre, dont les sommets so remplacés par une facette.

Arrondie. Dérivant de la stilbite épointée, dont les sommets sont devenus curvilignes.

Laminaire.

Lamelliforme.

Lamellaire.

Grano-lamellaire.

Aciculaire radiée. Les aiguilles sont toujours sensiblement aplaties dans un sens.

Mamelonnée radiée. Composée de petites lames posées sur leur tranchant, et divergeant en partant d'un centre commun.

Stilbite blanche et nacrée. C'est la plus commune, celle de Féroé entre autres.

Rouge. De brique vif, de Fassa, en Tyrol, et de la vallée des Zuccanti.

Rouge incarnat. D'Œdelfors, en Suède.

Brune. De l'Oisan.

Bronzée. De Norwége.

Grise. D'Arendal.

Toutes ces variétés sont plus ou moins nacrées dans le sens des grandes faces de leurs lames; leur transparence n'est jamais parfaite, et leurs cristaux sont assez souvent épanouis à leur sommet en forme d'éventail entr'ouvert.

Gisemens et localités.

La stilbite appartient à plusieurs gisemens très-opposés ; les plus belles variétés, les plus beaux cristaux, se trouvent en Islande, à la surface de la chaux carbonatée la plus pure que l'on connaisse, et cette chaux repose elle-même sur une roche qui est généralement considérée comme volcanique. La stilbite du Tyrol est ordinairement rouge et composée de petites masses rayonnées qui sont engagées dans une roche qui n'est point encore bien déterminée sous le rapport géologique. Quant à la stilbite des Alpes, elle tapisse les fissures de certaines roches asbestoïdes qui ont déjà été citées en parlant de l'axinite, de la prehnite, etc. Là, notre stilbite est associée à l'amianthoïde, particulièrement à Saint-Christophe, en Oisan, et au glacier du Miage, près de Cormayeur, en Savoie, sur le revers méridional du Mont-Blanc.

La stilbite se trouve aussi dans les filons métallifères ; on la cite dans ceux d'Arendal en Norwége, d'Andreasberg, au Hartz, de Strontian en Écosse, etc.

TROISIÈME ESPÈCE.

CHABASIE.

SIGNALEMENT.

Très-aisément fusible au chalumeau en une masse blanchâtre et spongieuse ; rayant le verre.

Forme primitive, un rhomboïde obtus très-voisin du cube. Pesanteur spécifique, 2,71.

ANALYSE.

Silice	48,58	
Alumine.	49,22	
Chaux.	8,70	} 99,00
Potasse	2,50	
Eau.	20,20	

Variétés de formes.

Chabasie primitive. En cristaux d'une moyenne grosseur, ordinairement très-nets, blancs ou rosés ; quelquefois transparens, mais souvent translucides. Haüy décrit deux autres variétés de cristallisation, dont l'une résulte de l'assemblage de trois rhomboïdes, ce qui lui a valu le nom de trirhomboïdale.

Gisemens et localités.

La chabasie se trouve à peu près dans les mêmes roches

que la stilbite et la mésotype, c'est-à-dire dans les laves et dans les roches trappéennes amygdalaires, qui sont d'origine volcanique aussi. C'est ainsi qu'on la trouve à Oberstein, à Fassa en Tyrol, à Féroé et dans le basalte du Vogelsgebirge.

QUATRIÈME ESPÈCE.

HEULANDITE.

SIGNALEMENT.

Fusible au chalumeau avec effervescence, soluble sans gelée dans les acides.

Forme primitive, prisme rectangulaire oblique.

Pesanteur spécifique, 2,25.

Cristaux ordinairement d'un blanc nacré, il y a cependant une variété rouge. Ces cristaux sont beaucoup plus éclatans que ceux de stilbite.

ANALYSE.

Silice	59,90	
Alumine. . .	16,83	97,35
Chaux. . . .	7,19	
Eau.	13,43	

Cette analyse diffère très-peu de celle de la stilbite, mais la forme cristalline est toute différente.

Variétés de formes et de couleurs.

Le prisme primitif porte ordinairement l'indice d'un biseau sur 2 angles opposés.

On remarque souvent des cristaux d'heulandite qui sont striés; ils sont formés de plaques successives superposées, car en observant bien on remarque les indices des faces de biseau.

Variété blanche nacrée.

Variété rouge.

CINQUIÈME ESPÈCE.

BROUSSERITE.

Substance séparée aussi de la stilbite, quoique sa composition l'en rapproche.

Se présente en petits prismes rectangulaires obliques d'un gris jaunâtre ; quelquefois se présente en prismes à 8 faces basés.

Rayant le verre.

Au chalumeau devient opaque ; fond difficilement en se boursoufflant.

SIXIÈME ESPÈCE.

THOMPSONITE.

SIGNALEMENT.

Difficilement fusible au chalumeau en se boursoufflant ; soluble en gelée dans les acides.

Forme primitive, prisme droit à base carrée.

Pesanteur spécifique, 2,39.

Les cristaux offrent peu de dureté et sont d'un blanc laiteux.

Cette substance a été trouvée dans des roches amygdaloïdes.

SEPTIÈME ESPÈCE.

PREHNITE (autrefois chrysolite du Cap).

SIGNALEMENT.

Électrique par la chaleur ; fusible au chalumeau en une écume blanche remplie de bulles, qui se réduit en émail brun.

Forme primitive, un prisme droit rhomboïdal.

Pesanteur spécifique, 2,60 à 2,70.

Rayant légèrement le verre.

La prehnite se dissout dans les acides sans faire gelée, mais laisse un résidu de silice.

ANALYSE.

Silice	44,10
Alumine. . .	25,56
Chaux. . . .	25,42
Oxyde de fer.	0,74
Eau.	4,18

100,00

Variétés de formes, de tissus et de couleurs.

Prehnite primitive. Un prisme droit rhomboïdal ; de l'Oisan, département de l'Isère.

Périhexaèdre. Un prisme hexaèdre très-court, passant à la forme d'une table.

Lamelliforme. Cristaux très-minces (koupholite), de la montagne de la côte près de Chamouny.

Perioctaèdre. Un prisme très-court, à 8 pans.

Conchoïde. En petites masses composées de lames divergentes, dont l'ensemble présente assez bien la figure d'une coquille bivalve fermée ; de l'Oisan.

Bacillaire. De Fassa, en Tyrol.

Entrelacée. Du Cap de Bonne-Espérance.

Fibreuse conjointe. D'Écosse.

Globuliforme radiée. En globes composés d'aiguilles divergentes.

Mamelonnées..

Subcompacte. De la Chine.

Prehnite blanche ou blanchâtre.

Vert d'eau.

Olivâtre.

Jaune verdâtre.

Gisemens, localités, usages.

Les différentes variétés de prehnite se trouvent, d'une part, dans les roches granitoïdes associées avec l'asbeste, l'amianthoïde, l'axinite et le feldspath, comme à Saint-Christophe, en Oisan, au glacier des Bossons, dans la vallée de Chamouny, en Styrie, etc. Il en est probablement de même de celle qui nous fut apportée du Cap par l'abbé Rochon, où elle avait été découverte par le capitaine Prehn, dont elle a emprunté le nom. D'autre part, les prehnites d'Écosse et de Reichembach en Palatinat, semblent participer du gisement des mésotypes et des stilbites ; aussi les trouve-t-on dans les roches amygdaloïdes trappéennes. Celle d'Allemagne est associée au cuivre natif et à la laumonite ; elle forme de petites masses de quelques pouces de diamètre dans des roches particulières, qui ont une origine ignée.

La prehnite du Cap est celle dont la couleur est la plus agréable à l'œil ; aussi est-on tenté de la travailler et d'en exécuter quelques petits objets d'ornement, qui, en raison de la rareté de cette matière, se sont trouvés fort estimés dans les ventes où ils ont été exposés. La prehnite de la Chine paraît avoir été employée dans le pays pour imiter la fameuse pierre de *Iu*, qui est notre jade.

HUITIÈME ESPÈCE.

HARMOTOME (kreuzstein.de Werner ; autrefois hyacinthe cruciforme).

SIGNALEMENT.

Fusible au chalumeau en un verre diaphane non bulleux ; phosphorescente en jaune verdâtre sur les charbons et dans l'obscurité.

Forme primitive, un octaèdre symétrique.

Un clivage très-facile.

Pesanteur spécifique, 2,33.

Rayant légèrement le verre.

Cassure transversale, raboteuse et presque terne.

ANALYSE DE L'HARMOTOME D'ANDREASBERG.

Silice. . .	56,30	
Alumine .	14,50	
Barite . .	17,50	100,00.
Chaux . .	1,00	
Soude . .	0,11	
Eau . . .	10,59	

Variétés de formes et de couleurs.

Harmotome dodécaèdre. Solide, composé de 4 faces hexagones et de 8 faces rhomboïdales.

Cruciforme. Composé de deux cristaux dodécaèdres aplatis, et croisés dans ce sens et dans celui de leur longueur, de manière que les angles rentrans sont produits par la jonction des pans les plus larges. Cette variété est assez commune.

Harmotome blanc mat.

Blanc jaunâtre.

Blanc rosé.

Ces cristaux ne sont jamais transparens : ils sont opaques, ou tout au plus translucides.

N. B. On a réuni à l'harmotome une seconde espèce qui ne contient point de barite, et qui présente quelques propriétés différentes : c'est la *gismondine.* Voici quels sont ses principaux caractères :

Fond au chalumeau, avec boursoufflement, en verre bulleux; raye l'harmotome.

Forme primitive, octaèdre symétrique plus aigu que celui de l'harmotome.

ANALYSE DE LA GISMONDINE.

Silice	48,54	
Alumine. . .	21,71	
Potasse . . .	6,33	99,90.
Chaux. . . .	6,26	
Oxyde de fer.	0,09	
Eau	17,00	

La gismondine présente du reste des cristaux croisés analogues à ceux de l'harmotome, et se rencontre avec les mêmes nuances et dans les mêmes gisemens.

Gisemens et localités.

L'harmotome se trouve, d'une part, dans les filons de plomb sulfuré d'Andreasberg, au Hartz, où elle est accompagnée de chaux carbonatée ; et, de l'autre, dans les roches amygdaloïdes d'Oberstein, rive gauche de la Nahe, où elle tapisse les cavités de concert avec la chabasie et la chaux carbonatée. On connaît aussi cette substance venant des environs de Konsberg, où elle fait probablement partie des filons de cette contrée ; tandis que celle d'Écosse appartient très-probablement aussi aux roches analogues à celles des environs d'Oberstein.

NEUVIÈME ESPÈCE.

LAUMONITE (zéolithe efflorescente).

SIGNALEMENT.

Fusible en un émail gris, qui se convertit, par un feu prolongé, en un verre demi-transparent, formant gelée dans les acides.

Forme primitive, prisme rhomboïdal oblique.

Trois clivages très-faciles ; le plus facile est parallèle à un plan diagonal.

Pesanteur spécifique, 2,3.

Friable, assez dure.

Aspect légèrement nacré joint à un blanc mat.

ANALYSE PAR VOGEL.

Silice. . . 49,0
Alumine . 22,0
Chaux . . 9,0 } 100,0
Eau . . . 17,5
Perte. . 2,5

Variétés de formes.

Laumonite unitaire. Un prisme à 6 pans irréguliers, terminés par 2 sommets culminans.

Bacillaire. En grandes baguettes droites, prismatoïdes et cannelées. C'est la variété la plus commune.

Aciculaire. En aiguilles fines; du Saint-Gothard.

Laumonite blanche et nacrée. Dans son état de fraîcheur, on remarque toujours ce reflet nacré sur la laumonite; mais quelques jours après qu'elle est sortie de la mine, elle commence à se ternir, à se couvrir d'un enduit farineux, et enfin elle tombe en efflorescence. Pour garantir les échantillons des collections de cette destruction, on les conserve dans l'eau mêlée d'un peu d'esprit de vin, ou, ce qui est plus commode, on les couvre d'un vernis ou d'une couche de gomme arabique bien blanche, ce qui suffit pour les préserver du contact de l'air.

Gisemens et localités.

M. Gillet Laumont découvrit la substance qui lui est dédiée, dans les travaux de la mine de plomb du Huelgoët, département des Côtes-du-Nord, vers l'année 1785; elle tapissait la roche schisteuse noire qui sert de salbande au filon, et les cristaux bacillaires étaient accompagnés par de la chaux carbonatée blanche, cristallisée ou lamellaire. On a retrouvé depuis la laumonite, non seulement dans la même exploitation, mais aussi à Féroé parmi la stilbite, au Saint-Gothard avec la chaux phosphatée incolore, dans les laves du comté d'Autrim, en Irlande, parmi la prehnite de Reichembach en Palatinat, à la Chine, et tout nouvellement à Cormayeur en Savoie. Ces nouvelles laumonites se conservent mieux que celle du Huelgoët.

DIXIÈME ESPÈCE.

ANALCIME (kubizit de Werner).

SIGNALEMENT.

Fusible au chalumeau en un verre transparent; rayant légèrement le verre.

Forme primitive, le cube.

La forme habituelle est le trapézoèdre.

Pesanteur spécifique, 2,3.

Difficile à électriser par le frottement même avec les cristaux diaphanes.

Cassure un peu ondulée dans les morceaux transparens.

Compactes et à grain fin quand ils sont opaques.

ANALYSE DE L'ANALCIME DE FASSA.

Silice . .	55,00	
Alumine.	22,29	99,09
Soude. .	15,53	
Eau. . .	8,27	

Variétés de formes, de tissus et de couleurs.

Analcime trapézoïdal. Cristaux composés de 24 trapézoides égaux et semblables.

Tréipointé. Un cube, dont tous les angles solides remplacés chacun par trois petites facettes triangulaires.

Cubo-octaèdre.

Radié.

Globuliforme.

Amorphe.

Analcime limpide.

Blanc mat.

Rose (sarcolithe de Thomson).

Translucide ou opaque.

Gisemens et localités.

L'analcime se trouve encore dans les mêmes roches que la stilbite et la mésotype, soit à Montecchio-Maggiore, où elle accompagne ces substances, la strontiane sulfatée bleue et le talc chlorite ; soit au Vésuve, aux îles Cyclopes ; soit enfin dans la fameuse vallée de Fassa en Tyrol, où elle est enveloppée par des lames d'apophyllite rose, recouvertes de cristaux de chaux carbonatée cuboïde. L'analcime se trouve aussi dans les filons d'argent de Neskiel, près d'Arendal, en Norwége.

Viennent ensuite des roches qui n'ont rien de commun avec celles où l'on trouve habituellement la réunion des anciennes zéolithes, tels que les grès psammites de Waldeshut, dans le pays de Bade, où l'analcime recouvre de petits groupes de quarz, etc.

L'analcime se trouve dans les roches de la *Somma*, au Vésuve, et on pourrait l'y confondre avec l'amphigène, qui se trouve dans le même gisement et avec la même forme. Jusqu'à présent l'amphigène ne s'est trouvée que dans les roches de la *Somma;* l'analcime au contraire appartient à toutes les roches de trapp et tapisse souvent leurs cavités.

ONZIÈME ESPECE.

EPISTILBITE.

SIGNALEMENT.

Fusible au chalumeau avec boursoufflement.

Forme primitive, un prisme droit rectangulaire.

Pesanteur spécifique, 2,25.

Ne rayant pas le verre.

ANALYSE.

$$\left.\begin{array}{ll}\text{Silice . .} & 58,59 \\ \text{Alumine.} & 17,52 \\ \text{Chaux. .} & 7,56 \\ \text{Soude. .} & 1,78 \\ \text{Eau. . .} & 14,00\end{array}\right\} 99,45$$

Gisemens.

L'épistylbite se présente en petits cristaux formant des houppes soyeuses dans les gisemens habituels des zéolithes, c'est-à-dire les roches volcaniques anciennes de la Somma, et dans les porphyres du grès rouge.

DOUZIÈME ESPÈCE.

'APOPHYLLITE (ichthyophthalme de Dendrada).

SIGNALEMENT.

Se divisant dans l'acide nitrique au bout d'un certain temps, par lamelles qui se convertissent en flocons; fond au chalumeau en émail blanc et bulleux.

Forme primitive, prisme droit à base carrée.

Un clivage parallèle à la base.

Pesanteur spécifique, 2,37.

Rayant légèrement la chaux fluatée, se dilatant par feuillets quand on le passe avec frottement sur un corps dur, et que l'on agit sur le tranchant des lames.

Éclat tirant sur le nacré.

S'électrisant vitreusement par le frottement, sans avoir besoin d'être isolé au préalable.

Exposé à la flamme d'une bougie, il se dilate en feuillets ; mais il se fond difficilement en émail blanc au chalumeau.

Sa poussière fait gelée dans l'acide nitrique.

On voit que cette substance a une grande tendance à s'ex-
folier, puisque le frottement, le feu et l'action de l'acide
écartent ses feuillets ou ses lamelles ; c'est ce qui a suggéré
le nom d'*apophyllite*, qui signifie corps qui s'exfolie.

ANALYSE PAR FOURCROY.

Silice. .	51	
Chaux .	28	100
Potasse.	4	
Eau . .	17	

Variétés de formes, de tissus et de couleurs.

Apophyllite primitif. D'Uto en Suède.

Dodécaèdre. Huit faces rhomboïdales et 4 faces hexagonales ; de Féroé.

Épointé. Le même solide, dont les sommets sont fortement
tronqués ; d'Uto, de Féroé et de Marienberg en Bohême
(c'est l'albin de Werner).

Laminaire. D'Uto en Suède et du Groenland.

Apophyllite incolore.

Blanchâtre et nacré.

Blanc grisâtre,

Gris verdâtre.

Rouge de chair.

Gisemens et localités.

On trouve l'apophyllite dans les mines d'Uto en Suède,
où il a pour gangue une chaux carbonatée lamellaire d'un
rouge violet, qui renferme aussi de l'amphibole vert noirâtre, ou tout simplement de l'amphibole vert foncé ; quelquefois aussi on le voit adhérer au fer oxydulé. On le trouve
aussi au Groenland et à Fassa en Tyrol, où il enveloppe de
gros cristaux d'analcime sous la forme de lames roses ; il s'y
présente lui-même en cristaux, et se voit encore accompa-

gné de chaux carbonatée lamellaire, le tout renfermé dans la fameuse wacke verdâtre, que nous avons déjà citée tant de fois. Quant à l'apophyllite blanc, nommé albin par Werner, il a été découvert près de Marienberg en Bohême.

Observation générale sur les zéolithes.

Tous les zéolithes contiennent de l'eau dans une assez forte proportion, comme on l'a vu par les analyses de chacun de ces minéraux ; d'après la présence de cette eau, on suppose assez généralement que ces minéraux sont des produits postérieurs à la consolidation des roches volcaniques dans lesquelles on les observe. M. Dufrénoy fait observer que cette hypothèse est peu en rapport avec la position des zéolithes qui forment constamment des amandes ou des nodules plus ou moins gros, au milieu des roches ignées, souvent compactes; et il prouve d'une manière incontestable que , dans certaines circonstances, l'eau peut entrer en combinaison à une forte chaleur. M. Dufrénoy a en effet analysé de petits cristaux trouvés dans le résidu argileux de la distillation des terres de la solfature près de Naples, exploitées pour soufre, et il a reconnu que ces cristaux appartenaient à un sulfate triple de fer, d'alumine et de potasse, qui contient 16 p. 0/0 d'eau, bien que la température de distillation du soufre à laquelle il a été soumis soit supérieure à 400 degrés. Du reste cet exemple n'est pas unique, et les fumarolles nous en fournissent un second sur une échelle plus grande.

TROISIÈME CLASSE.

SUBSTANCES MÉTALLIQUES AUTOPSIDES (1).

GÉNÉRALITÉS.

Les métaux proprement dits jouissent de plusieurs propriétés qui leur sont tout-à-fait particulières ; en parlant de la ductilité, de l'éclat des couleurs, de la malléabilité et du son, nous avons déjà indiqué, dans les notions préliminaires qui sont à la tête de cet ouvrage, celles de ces facultés qui n'appartiennent qu'aux métaux, ou qui s'y montrent d'une manière plus développée que dans les autres corps. Nous allons revenir un instant sur ces différentes propriétés, et classer les métaux les plus usuels suivant leur degré d'éclat, de dureté, de malléabilité, etc., etc. On n'entend parler ici que des métaux réduits à l'état de régule et non pas des simples minerais.

1. *Le brillant métallique* est l'apanage des métaux ; il résiste à l'action du frottement et de la trituration, tandis que le faux éclat métallique disparaît par l'un et l'autre moyen. Voici l'ordre suivant lequel on peut ranger ces corps, en commençant toujours par celui qui jouit de cette propriété à un plus haut degré.

Platine,	Or,
Fer ou acier,	Cuivre,
Argent,	Étain,
Mercure,	Plomb.

2. *La densité* est portée à un point extrême dans la classe

---

(1) Elles existent naturellement dans un ou plusieurs états, douées de l'éclat métallique.

des métaux qui contrastent par là, d'une manière frappante, avec les corps de la 2⁰ᵉ classe, puisque la baryte sulfatée, qui est le minéral le plus pesant, atteint tout au plus à 4,5, et que l'étain , qui se trouve le métal le plus léger, ne descend point au dessous 7,3 ; en d'autres termes , la baryte sulfatée pèse 315 livres le pied cube, et l'étain 511. Enfin le platine écroui pèse 1,580 livres.

Voici l'ordre des densités ou des pesanteurs spécifiques :

Platine,	Argent fondu,
Or,	Bismuth,
Iridium,	Cuivre,
Mercure,	Cobalt,
Palladium,	Fer,
Plomb,	Zinc,
Rhodium,	Étain.

3. *La dureté* des métaux le cède souvent aux minéraux des autres classes. Voici leur ordre d'arrangement en ayant égard à cette faculté.

Acier,	Or,
Platine,	Étain,
Cuivre,	Plomb.
Argent,	

4. *L'élasticité* suit le même ordre que la dureté ; on peut aussi l'augmenter par des alliages particuliers, ou la manière de ménager le refroidissement, en le hâtant ou le précipitant ; de là dépend l'art de convertir le fer en acier, l'art de le tremper, la fabrication des cimballes, des tamtams, et des instrumens sonores en général.

5. *La ductilité*, ou la faculté de s'étendre par le choc du marteau ou la pression du laminoir, ne se retrouve dans aucun minéral de la classe précédente ; elle n'appartient pas même à tous les métaux, ce qui avait fait regarder ceux qui en sont privés comme étant imparfaits ; de là cette dénomination singulière de métaux nobles et de demi-métaux , qui

était usité dans le langage de l'ancienne minéralogie. Ordre de ductilité :

Or,	Cuivre,
Argent,	Zinc,
Platine,	Étain,
Fer,	Plomb.

6. *La ténacité*, ainsi que nous l'avons déjà dit, est la propriété dont jouissent certains métaux réduits en fils déliés de soutenir un plus ou moins grand poids sans se rompre. Voici cet ordre de ténacité :

Fer,	Or,
Cuivre,	Etain,
Platine,	Zinc.
Argent,	

7. *La dilatabilité* est une propriété commune à tous les corps de la nature, puisque le calorique, en s'interposant entre leurs molécules, en augmente le volume; mais dans les métaux cette dilatation devient d'autant plus sensible que les molécules de ces corps sont plus homogènes, et le calorique a une telle action sur leurs parties composantes, qu'après les avoir éloignées, écartées de plus en plus, elle finit par en rompre l'adhérence, et c'est le moment où les métaux entrent en fusion. Cette faculté d'augmenter le volume est si sensible dans la plupart des métaux, que l'on en calcule l'effet dans les machines qui sont exécutées avec une grande précision, et que l'on rémédie quelquefois à son effet en combinant deux métaux différens ensemble. C'est le but que l'on se propose en composant le balancier d'une pendule avec des tiges de fer et des tiges de cuivre ou de laiton. Les métaux sont d'autant plus dilatables, qu'ils sont faciles à faire entrer en fusion; aussi la série s'ouvre nécessairement par le mercure qui est encore fluide à 30° au dessous de zéro, et se ferme par le platine pur, qui résiste au plus fort coup de feu de nos usines.

Ordre de dilatabilité et de fusibilité.

Mercure,	Cuivre,
Zinc,	Or,
Plomb,	Fer,
Etain,	Platine.
Argent,	

8. *Le son* est très-développé dans plusieurs métaux purs et dans plusieurs alliages : les cloches, le tamtam, les cimballes, les cordes métalliques des pianos, les lames d'acier qui sont l'ame des musiques mécaniques, en sont d'excellens exemples. Enfin, le petit craquement que fait entendre un barreau d'étain que l'on vient à ployer, est encore une modification de cette faculté qui, pour être peu apparente, n'en est pas moins bonne à constater. Les métaux les plus sonores sont l'argent, le cuivre, le fer, l'or et le platine; mais l'alliage du cuivre et de l'étain, qui est cependant un métal muet, tient la première ligne dans cette série.

Viennent ensuite quelques propriétés qui sont moins exclusivement réservées à la classe des métaux : c'est ainsi qu'ils sont tous bons conducteurs du fluide électrique, qu'aucun ne peut servir à isoler; que quelques uns ont un goût ou une odeur remarquables, qui se développent par le frottement ou la chaleur, etc.

A l'égard des substances métallifères, c'est-à-dire de celles qui contiennent les métaux combinés, soit avec l'oxygène, les acides, le soufre, le carbone, ou tout autre minéralisateur, elles n'ont point de traits caractéristiques généraux, et leurs propriétés seront énoncées en parlant de chacun de ces minerais en particulier; car on a consacré ce nom de *minerai* pour désigner un minéral qui contient une substance métallique en quantité notable. Cette expression remplace le mot *mine*, qui était employé autrefois pour désigner les minerais, et qui est réservé aujourd'hui pour indiquer les

travaux souterrains d'où on les extrait. On se sert maintenant du mot *natif* pour désigner le métal qui se trouve
dans la nature, et qui est pourvu des propriétés du même
métal obtenu par les procédés métallurgiques. C'est ce que
l'on désignait jadis par l'expression vierge : on disait argent,
or, cuivre vierges ; nous disons argent, or, cuivre natifs.

La troisième classe qui nous occupe est divisée, suivant
la méthode de Bergmann, en trois ordres, savoir :

1° Les substances métalliques qui ne sont pas oxydables
immédiatement, c'est-à-dire par la simple action de la chaleur, à moins qu'elle ne soit poussée à l'extrême, mais qui
sont réductibles immédiatement, ou qu'il suffit de chauffer
pour les dépouiller de leur oxygène : tels sont le platine et
l'or.

2° Les substances métalliques oxydables et réductibles
immédiatement, c'est-à-dire oxydables et revivifiables par
la chaleur et sans aucun intermède : tel est le mercure seul.

3° Les substances métalliques qui peuvent bien s'oxyder
immédiatement, mais qui exigent un corps auxiliaire qui les
aide à se débarrasser de leur oxygène en brûlant à ses dépens :
tels sont le plomb, l'étain, l'antimoine. Ce troisième ordre
se subdivise en trois sections : la première qui contient les
métaux sensiblement ductiles, et la seconde qui renferme les
métaux aigres et cassans.

Dans chacun de ces ordres on a suivi celui de la densité,
en commençant par le métal qui jouit de cette faculté au
plus haut degré.

PREMIER ORDRE.

Non oxydables immédiatement, si ce n'est à un feu très-violent ; réductibles immédiatement.

PREMIER GENRE.

PLATINE.

ESPÈCE UNIQUE.

PLATINE NATIF FERRIFÈRE.

SIGNALEMENT.

Blanc livide (1), *soluble dans l'eau régale.*
Pesanteur spécifique, 15,60 (2).
Moins dur que le fer.
Moins ductile que l'or.
Infusible sans addition, si ce n'est à un feu d'une extrême activité. C'est le moins fusible de tous les métaux.

ANALYSE DU PLATINE DE SIBÉRIE.

Platine.	65	
Oxyde de fer. . . .	33	98,00
Cuivre.	traces	
Osmiure d'iridium .	id.	

Ce platine natif ne présente pas de palladium.

Variétés.

Platine natif granuliforme.
En pépites.

---

(1) Le platine fondu est d'un blanc d'argent tirant sur le gris.
(2) Le platine fondu pèse 20,98.
Le platine passé sous le balancier de la monnaie pèse 23,00.

gros grains.

A grains fins.

Les pépites de platine sont excessivement rares ; la plus grosse connue existe dans le cabinet de minéralogie de Berlin ; elle pèse près de deux onces, est du volume d'un œuf de pigeon, et a été donnée par M. de Humboldt.

Gisemens, localités, usages.

Le platine fut rapporté, pour la première fois, en Europe, vers l'an 1735, par don Ulloa, savant espagnol, qui accompagnait les académiciens au Pérou, pour vérifier si, comme l'avait avancé Newton, la terre était renflée à l'équateur et aplatie vers les pôles. Ulloa annonça sa découverte dans la relation de son voyage ; mais il paraît qu'avant cette époque, les Espagnols du Pérou connaissaient le platine, qu'ils en avaient même des gardes d'épées, des chaînes de montres, etc., mais qu'ils le désignaient tout simplement comme étant un argent dur et particulier.

Le platine natif se trouve dans les mines d'or de l'Amérique méridionale, et particulièrement dans les lavages du Choco et de Barbacoas, à l'ouest des montagnes qui s'élèvent sur la côte occidentale du Cauka. Il s'y trouve, ainsi que l'or, sous la forme de petits grains irréguliers, en paillettes d'une certaine épaisseur, et très-rarement en pépites.

Le platine tel qu'il nous est apporté du Pérou , est loin d'avoir été dégagé de tous les principes auxquels il est associé. Fourcroy y avait déjà reconnu :

1. Du sable quarzeux.

2. Du fer.

3. Du soufre.

4. Du cuivre.

5. Du titane.

6. Du chrôme.

7. De l'or.

8. Et un métal nouveau qui est notre palladium.

Mais, depuis les travaux de ce savant chimiste, le nombre des substances étrangères au platine s'est augmenté :

9. Du zircon, qui s'y trouve en petits cristaux.

10. De l'iridium osmié, dont nous parlerons bientôt.

11. Et du rhodium, autre métal.

Pendant assez long-temps l'on n'a connu le platine que dans les terrains de transport ; mais M. Vauquelin l'a trouvé en analysant un minerai de cuivre qui provenait d'Espagne.

Le platine pur, avons-nous dit, est presque infusible ; quelques grains exposés au feu de verrerie pendant plusieurs jours, s'y sont simplement ramollis ; la chaleur produite par le miroir ardent l'a fondu, il est vrai ; mais, comme on ne peut obtenir qu'une très-petite quantité de métal par ce procédé, on a dû songer à d'autres moyens, et c'est à quoi les chimistes sont parvenus, à l'aide d'un alliage d'arsenic qui facilite infiniment la fusion, et que l'on chasse ensuite au moyen d'un grillage soutenu.

Pendant les premières années, l'on n'a exécuté que des objets de pure fantaisie avec ce métal précieux ; mais bientôt les arts et les sciences s'en sont emparés. On s'en est servi pour exécuter l'étalon du mètre, comme étant le métal le moins dilatable connu.

On en a construit des miroirs de télescope à réflexion, comme étant moins oxydable que tous les autres métaux ou alliages ; puis des creusets, des capsules, des cornues, des cuillers à l'usage des chimistes, qui recherchent ces instrumens comme étant inattaquables par la plupart des agens chimiques.

Depuis quelques années on se sert d'oxyde de platine pour recouvrir les vases de porcelaine, qui ressemblent alors à des vases d'argent, quoiqu'avec une teinte un peu plus sombre. Le platine purifié vaut 24 francs l'once.

SECOND GENRE.

IRIDIUM.

ESPÈCE UNIQUE.

IRIDIUM-OSMIÉ.

Cette substance est une de celles qui accompagnent toujours le platine natif ; elle se présente en grains, où l'on distingue quelques indices de cristallisation tendant au prisme hexaèdre régulier. L'iridium osmié ressemble beaucoup à l'extérieur au platiné ; mais il est encore plus dur et plus pesant. Comme l'iridium osmié résiste à tous les acides, et que le platine se dissout dans l'eau régale, on l'obtient par ce procédé. Le docteur Wollaston est l'auteur de la découverte de ce métal, qui est encore excessivement rare dans les collections.

La pesanteur spécifique de l'iridium osmié est de 19,60.

ANALYSE.

Iridium . . 72,90   }
Osmium . . 24,50   } 97.40

TROISIÈME GENRE.

PALLADIUM.

La couleur du palladium approche de celle de l'argent ; mais, lorsqu'il est bruni, son éclat est comparable à celui du plus bel acier poli. Sa pesanteur spécifique est de 12 ?

Il est ductile comme l'argent, mais cette faculté s'altère facilement et disparaît même en entier, comme cela arrive à l'or. Il est aussi difficile à fondre que le fer, mais on y parvient cependant en se servant des mêmes creusets que pour le fer.

L'air et l'eau ne peuvent point altérer le palladium ; mais lorsqu'on le chauffe au rouge sous la moufle d'un fourneau, il prend une teinte rouge violacée, analogue à celle du bismuth ou de l'acier trempé que l'on a fait revenir. Poussé à une plus forte chaleur, il reprend sa couleur blanche ordinaire.

Ce nouveau métal est très-peu soluble dans les acides purs ; mais il se dissout à froid dans l'acide nitrique mêlé d'acide hydrochlorique (eau régale). Il a la singulière propriété de décolorer complètement l'or. Il se combine avec le mercure, le soufre, et probablement aussi avec le carbone, puisqu'il devient aigre après qu'il a été fondu avec du noir de fumée.

La belle couleur que le palladium, convenablement divisé, prend à un certain degré de chaleur, le fera probablement employer pour la préparation des émaux ; et si ce métal inoxydable devenait assez commun, on pourrait en faire des galons blancs qui ne se terniraient jamais.

M. Breant, vérificateur-général des essais de la Monnaie de Paris, qui a trouvé un nouveau moyen de purifier le platine, ayant été chargé de traiter tout celui que la couronne d'Espagne avait ramassé depuis la découverte de ce métal, en 1735, et dont le poids s'élevait à plusieurs milliers de kilogrammes, est parvenu à en retirer une quantité très-notable de palladium, dont il a été frappé plusieurs médailles, et dont on a exécuté de belles lames et de petits vases. Je tiens ces détails de M. Breant lui-même, qui a bien voulu me les communiquer.

QUATRIÈME GENRE.

OR (gold des Anglais et des Allemands).

ESPÈCE UNIQUE.

OR NATIF.

SIGNALEMENT.

Couleur et éclat plus ou moins voisins de l'or pur; dissoluble seulement dans l'acide nitro-muriatique (eau régale).

Pesanteur spécifique, 19,2572; plus pesant que tous les métaux, excepté le platine.

Plus mou que tous les autres métaux, excepté le plomb.

Plus ductile et plus tenace que tout autre métal, sans exception.

Moins fusible que le plomb, l'étain et l'argent, mais le cédant en cela au cuivre, au fer, et à plus forte raison au platine.

Les cristaux naturels sont susceptibles d'être ramenés par le calcul à la forme cubique; je dis par le calcul, car l'or, comme tous les autres métaux ductiles, n'est pas susceptible d'être clivé.

La facilité avec laquelle l'or natif peut s'étendre sous le marteau, ou se couper par une lame tranchante, suffit pour le faire reconnaître d'avec cette foule de minéraux dorés que l'on a confondus si souvent avec lui, et qui ont donné lieu à tant de méprises.

Variétés de formes.

Or natif cubique. Du Pérou.

Octaèdre. Pointu ou cunéiforme.

Dodécaèdre. A plans rhombes.

Triforme. Le cube dont les arêtes sont abattues et les angles remplacés par 8 facettes hexaèdres.

Trapézoïdal. Vingt-quatre facettes trapézoïdales.

Cubo-octaèdre. Du Brésil.

Lamelliforme. En lames plánes ou contournées, dont la surface est souvent réticulée ; de Hongrie et du Pérou.

Ramuleux. Ramifications ou dentrites, dont les mieux prononcées paraissent composées de petits octaèdres implantés les uns au dessus des autres.

Capillaire. En filamens déliés et contournés comme de la laine.

Granuliforme. En grains ou paillettes libres.

Massif, ou en pépites plus ou moins volumineuses, dépourvues de gangue.

Gisemens et localités.

L'or natif se trouve dans des filons de quarz gris taché de rouille, qui traversent les terrains primitifs ; il y est seul ou associé avec certains minerais de cuivre, et tel est son gisement le plus ordinaire. C'est ainsi qu'il se présente en Hongrie, au Pérou, au Chili, et jusque dans les Alpes dauphinoises, où il a existé pendant quelque temps un filon de quarz aurifère, exploité à la Gardette. La baryte sulfatée et la chaux carbonatée lui servent rarement de gangue, mais cela arrive cependant quelquefois.

Vient ensuite l'or natif des pays secondaires, qui se trouve dans les filons des grès psammites de Mattogrosso au Brésil et de Vorospatack en Transylvanie.

Enfin, viennent les sables et les terrains d'alluvion, où l'or est disséminé en paillettes, et sur lesquels on a établi les lavages du Choco du Brésil, du Chili, et de plusieurs parties centrales de l'Afrique. Ces sables aurifères appartiennent soit à d'anciennes alluvions, soit au sable que les rivières charrient journellement ; et à cet égard l'Europe possède plusieurs cours d'eau dont le sable est mêlé de paillettes d'or. Pour ne citer que la France, nous dirons que le Rhône, la partie supérieure du Rhin, l'Arriège, la Cèze, et plusieurs autres rivières, transportent ce métal, et qu'il a même été l'objet des travaux et des lavages de ces hommes qui en font métier, et que l'on nomme *orpailleurs* ou *pailloteurs*.

L'or natif se trouve encore dans un quatrième gisement; mais dans celui-ci il n'est plus apparent : il est caché dans certains sulfures de fer qui forment des filons au travers des montagnes primitives ; et les pyrites sont tantôt brillantes, comme dans les environs du Mont-Rose où il existe un grand nombre de petites exploitations, et tantôt décomposées et friables, comme à Berezoff en Sibérie.

Enfin, l'or natif apparent se trouve quelquefois associé à d'autres métaux ; ce sont de simples accidens qu'il faut noter, mais qui ne peuvent être considérés comme faisant partie des gisemens proprement dits de ce métal.

Usages et traitement.

L'or réduit en monnaie doit être considéré comme le signe représentatif du temps et du travail que l'homme emploie à cultiver et à récolter une quantité donnée de denrées; aussi plus l'or sera commun, et plus il en faudra pour payer un temps donné de travail; c'est pourquoi la main-d'œuvre a augmenté, lorsque les mines du Nouveau-Monde, plus riches et plus faciles à exploiter, ont fait abandonner celles que l'on travaillait en Europe, et sont venues augmenter la masse d'or qui était en circulation avant cette mémorable époque; car il faut absolument qu'il existe une balance entre la peine que l'on prend pour récolter un sac de blé, et la peine qu'il faut prendre aussi pour recueillir la quantité d'or qui en représente la valeur.

L'or monnayé n'est pas pur; celui des bijoux ne l'est pas non plus, et cela tient à la quantité de cuivre ou d'argent qu'il faut allier avec lui pour parer à son peu de dureté, et lui permettre de circuler sans perdre son empreinte, ou les ornemens des bijoux que l'on exécute avec. De là ce que l'on appelle *le titre*, c'est-à-dire la valeur réelle de l'or pur contenu dans un objet quelconque. Ce titre est constant pour la monnaie d'une même monarchie: il est garanti par l'empreinte elle-même; mais, pour les bijoux, l'on a dû recourir à une marque qui assurât à l'acquéreur que l'objet dont il fait l'achat est au titre légal, ou qu'il ne contient pas plus d'alliage que ne le permettent les ordonnances. L'essai du titre de l'or se fait le plus ordinairement à l'aide de la pierre de touche et de l'eau forte qui enlève l'alliage et laisse l'or intact; on juge de son titre par l'intensité de la trace qui résiste à l'acide. Il n'entre pas dans mon sujet de m'étendre davantage sur ce point.

L'or étant excessivement ductile et malléable, s'étend pour ainsi dire en raison directe de sa valeur et de sa rareté, et l'art de couvrir les objets avec une très-petite quantité de ce métal précieux est fondé, d'une part, sur cet excès de malléabilité, et, de l'autre, sur la propriété dont jouit le mercure de dissoudre l'or, et de l'abandonner ensuite quand on vient à chauffer les pièces que l'on veut dorer. La divisibilité de l'or est telle, qu'un grain peut s'étendre sous le marteau du batteur en une feuille de 50 pouces carrés; qu'une statue équestre de grandeur naturelle peut se dorer en plein avec une pièce de 20 francs. Mais cette propriété devient bien autrement surprenante, quand on la considère dans le travail des fils dorés dont on fait usage pour les tissus. Voici l'exemple cité par Haüy.

Si l'on dore un cylindre d'argent du poids de 45 marcs (22 livres $\frac{1}{2}$) avec une once d'or, et que l'on tire cet argent à des filières de plus en plus fines, on parvient à convertir ce lingot d'argent en un fil, toujours doré en plein, de la finesse d'un cheveu et de 97 lieues de poste de longueur. Ce fil, passé sous le laminoir, s'alongera en s'aplatissant d'environ un septième : ce qui le portera à 111 lieues de longueur.

Arrêtons-nou ici , parce que tout cela est possible ; mais cependant le petit ruban d'un huitième de ligne de large, étant doré sur l'une et l'autre face , peut être supposé dédoublé et placé bout à bout, on aurait donc alors une ligne dorée de 222 lieues de long sur un huitième de ligne de large. Si, à l'aide d'un microscope, on divise ce ruban en 8 parties dans le sens de sa largeur , l'once d'or sera sensible sur une longueur de 1776 lieues, et sur une largeur d'un soixante-quatrième de ligne, ce qui n'est pas impossible , puisque l'on parvient à diviser le millimètre en 100 parties visibles à la loupe.

Enfin, l'or est si tenace qu'un fil d'un dixième de pouce de diamètre peut supporter un poids de 500 livres sans se rompre.

La monnaie emploie la plus grande partie de l'or qui provient de l'exploitation des mines et des lavages de l'ancien et du nouveau monde; mais l'orfèvrerie, et la bijouterie surtout, en emploient aussi une très-grande quantité. Quant aux différens genres de dorure, nous avons vu combien il faut peu de ce métal pour couvrir de grandes surfaces , et malgré cela on parvient encore à en retrouver une partie lors de la destruction des objets dorés. La cendre des bois dorés, par exemple , qui ne contient que des atomes imperceptibles d'or, est soumise à l'action du mercure qui s'empare de ces particules precieuses pour les abandonner ensuite par l'action du feu. Cet art de traiter les cendres aurifères me conduit tout naturellement à dire que c'est aussi par l'intermède du mercure que l'on parvient à traiter les minerais et les sables où l'or est disséminé en particules si tenues, qu'il serait absolument impossible de l'obtenir par tout autre procédé mécanique.

Ce traitement consiste à faire agiter dans des tonneaux tournant sur leur axe le sable ou le minerai pulvérisé, avec une certaine proportion de mercure, de manière qu'après

un certain laps de temps, le métal coulant s'est emparé de
tout l'or qui était disséminé dans la matière stérile, et qu'il
suffit, pour obtenir l'or, de chasser le mercure qui le tient
en dissolution. On y parvient d'abord en pressant l'amalgame dans une peau de chamois qui laisse échapper à travers ses pores tout le mercure non combiné, et en exposant
la partie solide à une chaleur capable de volatiliser le mercure. L'or reste sous la forme spongieuse, et il ne s'agit
plus que de le fondre et de le lingoter. Tel est, fort en rac-
courci, le traitement des minerais d'or par l'amalgamation,
méthode qui est suivie au Nouveau-Monde et dans tous les
lieux où l'on exploite des minerais qui ne peuvent être puri-
fiés par de simples lavages. Quand l'opération se fait en
grand, on recueille une partie du mercure employé; mais
en petit il s'évapore et on le perd en entier.

CINQUIÈME GENRE.

ARGENT (silber, Werner).

PREMIÈRE ESPÈCE.

ARGENT NATIF (gediegen silber, Werner).

SIGNALEMENT.

*Blanc d'argent naturel ou se découvrant par la lime, s'é-
tendant sous le marteau.*

Pesanteur spécifique, 10,47.

Dureté inférieure à celle du fer, du platine et du cuivre,
supérieure à celle de l'or, de l'étain et du plomb.

Élasticité, *idem*.

Ductilité, inférieure à celle de l'or, supérieure à celle du
cuivre, du fer, de l'étain et du plomb, et même du platine.

Ténacité inférieure à celle du fer, du cuivre et du platine; supérieure à celle de l'étain, du plomb, de l'or.

Éclat inférieur à celui du platine et de l'acier; supérieur à celui de l'or, du cuivre, de l'étain et du plomb.

L'argent nouvellement décapé est d'un blanc pur.

Le son de l'argent est très-éclatant; il est même cité comme exemple (son argentin).

L'acide nitrique dissout l'argent à froid, mais l'acide sulfurique a besoin d'être chauffé.

La ductilité de l'argent natif le distingue de tous les autres minerais blancs et argentins.

Variétés de formes.

Argent natif cubique. **Primitif.**

Octaèdre. Avec ses modifications.

Cubo-octaèdre.

Ramuleux. En petites dentrites qui, examinées à la loupe, paraissent composées d'octaèdres ou de cubes implantés les uns au dessus des autres.

Filiciforme. En rameaux aplatis, disposés à la manière des feuilles de fougère.

Réticulé. En petites plaques composées de rameaux droits qui se croisent comme les fils d'un tissu grossier.

Filiforme. En filets plus ou moins fins, mais qui atteignent quelquefois la grosseur du pouce, contournés, repliés plusieurs fois sur eux-mêmes, formant des anneaux, etc., etc.

Capillaire. Filamens très-déliés, frisés comme la laine.

Lamelliforme. En lames qui occupent les fissures de leur gangue.

Granuliforme. On remarque que l'argent se présente bien plus rarement sous la forme de grains que l'or, et surtout le platine; il en est de même des pépites ou de l'argent natif, massif et isolé.

Rarement l'argent natif est exempt de mélange, presque toujours il est mêlé d'or, de fer, de cuivre ou d'arsenic.

Le premier de ces mélanges a plus particulièrement fixé l'attention des minéralogistes et des chimistes, qui l'ont désigné sous le nom d'*électrum*, à l'imitation de Pline qui donne ce nom à un alliage artificiel d'or et d'argent.

L'argent aurifère se trouve particulièrement à Schlangenberg en Sibérie ; il s'y montre en lamelles ou petites masses d'un jaune d'or, qui passe, en se dégradant, au jaune blanchâtre, et enfin au blanc d'argent, tant la dose des deux métaux est variable. Sa gangue est un quarz grossier qui contient aussi du zinc et du plomb sulfurés, et de la baryte sulfatée.

Gisemens, localités, usages..

On ne connaît point encore bien le gisement des minerais d'argent natif du Nouveau-Monde. M. de Humboldt rapporte que celui du Pérou est disséminé en parcelles presque imperceptibles dans un fer oxydé brun ; et les échantillons qui existent dans les collections nous apprennent que l'argent natif de cette contrée se trouve aussi dans un quarz gras, analogue à celui qui sert le plus ordinairement de gangue à l'or natif.

Quant aux exploitations européennes qui fournissent également de l'argent natif, elles sont situées dans les terrains primitifs et même dans le granite proprement dit. Telles sont les mines de Saxe, de Bohême, de Norwége, celle de Wittichen en Souabe, etc. L'argent natif s'est quelquefois trouvé en masses assez considérables ; on en cite de 50 à 60 livres, qui furent trouvées à Sainte-Marie dans les Vosges ; mais elles sont bien peu de chose en comparaison du célèbre bloc trouvé à Schneeberg, et qui, suivant la chronique de 1478, pesait 100 quintaux.

Tout le monde connaît les usages variés de l'argent ; mais

son principal emploi est de servir à la confection de la monnaie courante, et de partager avec l'or le privilége de re-
présenter le temps, le travail et ses produits.

L'argent est peu altérable à l'air; mais les exhalaisons fé-
tides noircissent sa surface presque subitement, et clea est
surtout très-sensible pour le gaz hydrogène sulfuré dont
l'effet est instantané. Ce métal, sans être aussi ductile que
l'or, peut néanmoins se convertir en feuilles excessivement
minces; recouvrir la surface des autres métaux, et surtout
celle du cuivre et du laiton; de là cette foule d'objets d'utilité ou d'agrément, plaqués ou simplement argentés, qui ri-
valisent avec l'orfèvrerie d'argent pur, et qui sont loin d'en
avoir la valeur. L'argent est sujet au contrôle comme l'or;
il vaut 52 francs le marc ou la demi-livre.

DEUXIÈME ESPÈCE.

ARGENT ANTIMONIAL (speisglanz silber de Werner).

SIGNALEMENT.

*Blanc argentin, réductible au chalumeau en un grain d'argent
qui s'étend sous le marteau, donne des vapeurs antimoniales.*

Cassant sous le choc du marteau, mais légèrement malléable lorsqu'on le frappe avec précaution.

Tissu lamelleux.

Pesanteur spécifique, 9,44.

Dissoluble dans l'acide nitrique, en se couvrant d'un enduit blanc qui est de l'oxyde d'antimoine.

ANALYSE.

Antimoine . 23 ⎱
Argent. . . 77 ⎰ 100

Variétés.

Argent antimonial prismatique. Prisme hexaèdre.

Cylindroïde. Prismes déformés par des stries profondes longitudinales ; de l'atelier de Venceslas, à Wolfach.

Granuliforme.

Massif.

Presque toujours les échantillons d'argent antimonial noircissent dans les collections ; ils commencent par se couvrir d'une teinte jaune, puis ils s'irisent, et enfin ils noircissent ; mais cet enduit n'est que superficiel, et il suffit de le gratter avec une lame de couteau pour faire reparaître son éclat argentin.

APPENDICE.

Argent antimonial *ferro-arsenifère.* Ce minerai ressemble beaucoup au précédent quant à l'extérieur, mais il en diffère par l'odeur d'ail qu'il répand au chalumeau. On le trouve à Andreasberg au Hartz, où il est associé à l'arsenic testacé et au plomb sulfuré ; sa gangue est une chaux carbonatée blanchâtre.

ANALYSE DE L'ARGENT ANTIMONIAL FERRO-ARSENIFÈRE D'ANDRÉAS-BERG, PAR KLAPROTH.

Argent...	12,75	
Antimoine.	4,00	
Fer ...	44,25	100,00
Arsenic ..	35,00	
Perte ..	4,00	

Gisemens et localités.

L'argent antimonial se trouve dans les filons qui traversent le granite du Furstenberg, et surtout à l'atelier de Venceslas près de Wolfach, où M. Selb l'a découvert. Il a été reconnu aussi dans les mines d'Andréasberg au Hartz : mais ici ce n'est plus dans le granite, mais dans le grès psammite. On ignore la gangue et le terrain dans lequel on trouve ce minerai à Casalla, près de Guadalaxara en Espagne.

TROISIÈME ESPÈCE.

ARGENT SULFURÉ (glazserz de Werner ; autrefois argent vitreux).

SIGNALEMENT.

Gris de plomb, réductible à la flamme d'une bougie en un bouton d'argent, se laissant couper au couteau.

Forme primitive, le cube.

Pesanteur spécifique, 6,9.

Surface ordinairement terne, mais devenant brillante sur les places qui ont été coupées.

Sensiblement malléable.

Isolé et frotté, il acquiert l'électricité résineuse.

L'argent sulfuré, exposé à une chaleur douce et constante, laisse échapper de son intérieur des filamens contournés d'argent métallique, et ce fait a donné l'idée que l'argent natif naturel qui recouvre l'argent sulfuré pourrait bien être dû à la chaleur produite par la décomposition des pyrites. Il en est peut-être de même aussi par rapport à celui qui se trouve presque à la surface du sol de l'Amérique méridionale.

ANALYSE PAR KLAPROTH.

Argent. 85 ⎫
Soufre. 15 ⎬ 100 .

Variétés.

Argent sulfuré cubique.
Octaèdre.
Cubo-octaèdre.
Dodécaèdre, etc., etc.
Lamelliforme.
Ramuleux.
Filiforme.
Massif.

Toutes ces variétés sont d'un gris plus ou moins obscur, rarement éclatant.

Gisemens, localités, usages.

M. Jameson fait remarquer que l'argent sulfuré, qui est un des minerais de ce genre le plus répandu dans la nature, se trouve plutôt dans les gneiss, le mica schistoïde et le schiste, que dans le granite proprement dit, et diffère en cela du gisement de l'argent natif et antimonial.

Les célèbres mines de Guanaxuato et de Zacatecas au Mexique, fournissent l'argent sulfuré en abondance; c'est particulièrement ce minerai qui est l'objet de ces grandes exploitations. En Europe, les mines de New-Morgensten près de Freyberg en Saxe, de Joachimsthal en Bohême, de Schemnitz en Hongrie, présentent également l'argent sulfuré avec assez d'abondance pour qu'il soit aussi l'objet principal de ces exploitations. Enfin, l'ancienne mine de Sainte-Marie, dans les Vosges, renfermait encore ce minerai, dont les gangues sont assez variables. Il existe, suivant M. Klaproth, des médailles d'argent sulfuré naturel, qui ont été frappées avec ce minerai, et qui sont à l'effigie du roi Auguste Ier. Sa grande malléabilité a pu permettre en effet de le soumettre à l'action du balancier ou à la pression de toute autre machine, sans qu'il se soit déchiré. Néanmoins ce fait est assez curieux.

QUATRIÈME ESPÈCE.

ARGENT ANTIMONIÉ SULFURÉ (rothgultigerz de Werner; autrefois argent rouge).

SIGNALEMENT.

Poussière d'un beau rouge cramoisi, passant au brun; réductible en un bouton d'argent.

Forme primitive, un rhomboïde obtus.

Pesanteur spécifique, 5,56 à 5,59.

Cassant et facile à racler.

Sa couleur est le beau rouge cramoisi, mais sa surface se couvre souvent d'une pellicule métalloïde grise, à travers laquelle on voit souvent percer la couleur rouge ; il est translucide tant qu'il jouit de sa couleur naturelle, mais il devient opaque à mesure que sa surface change d'aspect.

Cassure conchoïde.

Électricité résineuse, fortement prononcée quand on frotte un échantillon pur et isolé.

Répandant une odeur arsenicale et décrépitant au chalumeau avant de s'y réduire en un grain d'argent malléable.

Exposé à une chaleur douce et soutenue, ce minerai se couvre de filamens d'argent métallique, comme nous l'avons vu pour l'argent sulfuré.

ANALYSE DE L'ARGENT ANTIMONIÉ SULFURÉ DE FREYBERG, PAR THÉNARD.

Argent. . .	58,0	
Antimoine.	23,5	
Soufre. . .	16,0	100,0
Perte . .	2,5	

Variétés de formes.

Argent antimonié sulfuré. Prismé, un dodécaèdre rhomboïdal, dont 6 faces se sont alongées.

Prismatique. Un prisme hexaèdre régulier.

Bisunitaire. La variété prismée augmentée de six facettes additionnelles qui séparent les plans rhomboïdaux qui font l'office de sommets. Cette variété prismée domine dans la plupart des autres, qui sont plus ou moins surchargées de facettes produites sur ses arêtes ou sur ses angles solides.

Haüy décrit 15 variétés cristallines de ce minerai qui, dérivant d'un rhomboïde voisin de celui de la chaux carbonatée, ont aussi quelque analogie avec ses variétés.

Botryoïde.
Massif.
Granuliforme.

APPENDICE.

Argent-noir. Dans cette variété l'antimoine est remplacé par de l'arsenic, aussi la couleur est-elle changée. La forme primitive est encore un rhomboïde, mais il est un peu moins obtus. Les cristaux sont gris de fer, très-fusibles en donnant une forte odeur arsenicale et un bouton d'argent.

ANALYSE DE L'ARGENT NOIR.

Argent. . .	64,67	
Arsenic . .	15,09	99,96
Soufre. . .	19,54	
Antimoine.	0,69	

Stembergite. Substance semblable à l'argent noir, mais cristallisée en prisme rhomboïdal droit. La forme habituelle est un prisme à six faces presque régulier, mais dont le pointement est toujours à quatre faces. Cette substance est composée d'argent, antimoine, fer et soufre.

Gisemens et localités.

Le gisement de l'argent antimonié sulfuré est absolument le même que celui de l'espèce précédente. Les filons qui le contiennent traversent aussi les gneiss, les feldspaths porphyroïdes, et enfin les grès psammites, qui appartiennent à une tout autre époque ; ses gangues sont très-variées, ainsi que ses nombreuses associations : c'est ainsi qu'on le trouve dans les mines de Saxe, du Hartz, de Hongrie, de Bohême et de Guadalcanal en Espagne ; dans le quarz, la chaux carbonatée, la chaux fluatée, la baryte sulfatée, associé à l'arsenic natif dont il a même emprunté l'odeur aillacée, au cobalt, au cuivre gris, au fer spathique, au fer sulfuré blanc, etc.

L'argent noir, qui n'est qu'une modification de cette

espèce, partage son gisement, ses gangues, ses associations, se trouve dans les mêmes mines que l'argent rouge, et est confondu avec lui par les mineurs et les métallurgistes qui considèrent ces minerais comme très-riches en métal.

CINQUIÈME ESPÈCE.

ARGENT CARBONATÉ (lufssaueres silber de Widenmann).

SIGNALEMENT.

Faisant effervescence dans l'acide nitrique, réductible en un bouton d'argent au feu du chalumeau.

D'un gris cendré passant au gris de fer.

Facile à entamer avec le couteau, et offrant dans la place un éclat assez vif.

Légèrement ductile.

Cassure finement grenue.

Électricité résineuse par le frottement et quand le morceau est isolé.

Cette espèce ne s'est encore trouvée qu'en petites masses informes dénuées de tout indice de cristallisation.

ANALYSE PAR M. SELB.

Argent.	72,5	
Acide carbonique.	12,0	100,0
Carbonate d'antimoine mêlé		
de cuivre oxydé.	15,5	

Gisement et localité.

M. Selb, directeur des mines du duché de Bade, a découvert l'argent carbonaté dans l'atelier de Venceslas, aux mines de Wolfach ; il a pour gangue la baryte sulfatée, et pour associés l'argent natif, l'argent sulfuré, le plomb sulfuré et le cuivre gris. Ce minerai, n'ayant point été trouvé ailleurs, se voit dans fort peu de collections.

SIXIÈME ESPÈCE.

ARGENT MURIATÉ (hornerz de Werner ; autrefois argent corné).

SIGNALEMENT.

Donnant des marques d'argent métallique quand il est frotté par du fer ou du zinc humectés ; fusible à la flamme d'une bougie en répandant des vapeurs âcres.

Forme primitive, le cube.

Pesanteur spécifique 4,75.

Recevant l'empreinte des corps durs à la manière de la cire.

Couleur gris perlé, passant au gris jaunâtre, au verdâtre, à la couleur de la corne, et enfin, par une sorte d'altération, au violet brunâtre. Dans l'état de pureté, il est légèrement translucide.

Réductible au chalumeau en un grain d'argent.

ANALYSE.

Argent.   75,32 |
Chlore.   24,67 | 99,99

Variétés.

Argent muriaté cubique. Qui passe au parallélipipède en s'alongeant.

Lamellaire. De Sibérie.

Mamelonné.

Massif. Du Pérou.

Gisemens et localités.

L'argent muriaté accompagne les autres minerais argentifères , et partage par conséquent leurs gisemens, leurs associations et leurs gangues. On a seulement remarqué qu'il se rencontrait plus particulièrement vers le chapeau ou l'ex-

trémité supérieure des filons, d'où l'on a conclu naturellement qu'il s'était formé le dernier. Il abonde aux mines du
Mexique et du Pérou, et on le rencontre en Sibérie, en Saxe,
en Angleterre et ailleurs; celui d'Amérique recouvre l'argent natif, mais son peu d'éclat le soustrait souvent au premier coup d'œil, et il faut penser à lui pour le trouver;
alors il suffit de toucher les parties où on le soupçonne avec
l'ongle ou la pointe d'une épingle, pour s'assurer de sa présence, puisqu'il reçoit l'empreinte et se laisse pénétrer par
les corps durs.

Traitement métallurgique.

On traite les minerais d'argent par deux modes différens:
le plus ancien consistait à emp'oyer le plomb, qui a la propriété de s'emparer de l'argent par l'acte de la fusion, et
qui le cède ensuite en s'oxydant et se réduisant en litharge
par l'opération de la coupelle.

Le second mode, qui a été adopté dans les exploitations
du Nouveau-Monde, et dans celles de la Saxe et du Hartz,
consiste à convertir les minerais argentifères en muriates, au
moyen du muriate de soude, à les revivifier à l'aide du fer, et
à dissoudre cet argent métallique disséminé, au moyen du
mercure. Cette dernière partie du traitement, qui est une
amalgamation tout-à-fait analogue à celle que l'on fait subir
aux minerais d'or, se termine aussi par une distillation pendant laquelle le mercure se volatilise et abandonne l'argent
sous la forme de masses spongieuses qui ne demandent plus
qu'à être refondues et lingotées pour entrer dans le commerce
ou être livrées aux hôtels des monnaies.

SECOND ORDRE.

Oxydables et réductibles immédiatement.

GENRE UNIQUE.

MERCURE (quecksilber de Werner).

PREMIÈRE ESPÈCE.

MERCURE NATIF (vulgairement vif-argent).

SIGNALEMENT.

Toujours liquide à la température ordinaire.

Pesanteur spécifique, 13,58.

Couleur d'un blanc éclatant, qui est intermédiaire entre celui de l'argent et de l'étain.

Volatil par l'action du chalumeau.

Il se solidifie par un froid artificiel de 32° au dessous de zéro du thermomètre de Réaumur ; dans ce nouvel état, il s'étend sous le marteau en rendant un son sourd analogue à celui du plomb ; il blanchit la peau quand on vient à le toucher, et fait éprouver une douleur vive semblable à la brûlure. La solidification du mercure avait été observée par Delisle et Gmelin, dans le thermomètre qu'ils portaient en Sibérie ; mais on taxa leur rapport d'exagération, et ce ne fut que long-temps après que l'on en reconnut l'exactitude.

Au reste, la fluidité du mercure n'est qu'une suite de son extrême fusibilité, analogue en cela avec l'état ordinaire de l'eau ; mais le parallèle ne se soutient pas dans l'acte de la congélation, car l'eau, en passant à l'état solide, diminue de densité et augmente de volume, tandis que le mercure se contracte et devient beaucoup plus dense que dans son état fluide.

Variétés.

On ne connaît aucune variété dans le mercure natif; il se présente toujours dans le même état, c'est-à-dire fluide, mobile, et pourvu du brillant métallique.

Gisemens, localités, usages.

Le gisement principal des minerais de mercure, dans toutes les parties du monde, est dans les dépôts qui commencent la série des terrains secondaires. Tantôt il se trouve dans le grès rouge (Almaden en Espagne) ou dans les porphyres subordonnés (au Mexique); tantôt dans les schistes bitumineux subordonnés au calcaire pénéen (Idria en Carniole); enfin il forme des filons ou amas dans le calcaire pénéen même (montagne de Silla-Casa au Pérou): on voit par conséquent que ces gîtes métallifères se trouvent dans des limites extrêmement rapprochées entre le calcaire pénéen et le grès rouge. On rencontre fréquemment dans ces dépôts des rognons ou de petits amas charbonneux; quelquefois même tout le dépôt mercuriel est recouvert par des couches charbonneuses (Durasno au Mexique). Les schistes bitumineux qui se trouvent toujours dans le voisinage renferment des empreintes de poissons qui ont quelquefois conservé toutes leurs écailles, et qui, dans toutes les localités, même les plus éloignées, appartiennent aux mêmes espèces.

Les principales mines de mercure connues sont celles d'Idria en Frioul, du pays de Deux-Ponts en Palatinat, d'Almaden en Espagne, du Mexique et du Japon; il s'y trouve disséminé en gouttelettes, ou rassemblé dans les cavités intérieures des roches, où on le puise avec des vases jusqu'à ce que l'on ait tari ces dépôts qui ne sont jamais bien considérables. La masse de mercure qui se répand habituellement dans le commerce provient de la distillation du sulfure de mercure dont nous allons parler à l'instant.

Le principal usage du mercure est de servir à l'extraction ou au traitement des minerais d'or et d'argent, qu'il a la propriété de dissoudre; c'est cet emploi qui absorbe la presque totalité du mercure extrait en Europe, soit pour l'Amérique où on l'expédie, soit pour l'Allemagne où l'on pratique aussi l'amalgamation.

Le mercure sert à l'étamage des glaces et des miroirs, à l'art de dorer et d'argenter les métaux, et il rend des services journaliers aux sciences et à l'économie domestique, en nous fournissant le moyen de mesurer la température de l'air et des corps qui nous entourent, en nous annonçant à l'avance les changemens et les phénomènes météorologiques, et en nous permettant de mesurer la hauteur des points les plus élevés du globe que nous habitons. Mais, outre le thermomètre et le baromètre, qui sont animés par le mercure, qui s'élève ou s'abaisse dans l'un par l'effet de la chaleur et du froid, et, dans l'autre, par la plus ou moins grande pression de l'air, ce métal rend encore à la chimie de notables services en lui fournissant des cuves pneumatiques, pour lesquelles il ne pourrait être remplacé par aucun autre corps liquide.

Le mercure, à l'état d'oxyde ou combiné avec différens acides, fournit plusieurs sels très-efficaces dans l'art de guérir; ses principales préparations sont le précipité rouge, le mercure doux et le sublimé corrosif; à l'état métallique, on ne lui reconnaît pas de grandes propriétés médicamenteuses.

DEUXIÈME ESPÈCE.

MERCURE ARGENTAL (naturlicher amalgam de Werner).

SIGNALEMENT.

Blanc d'argent, laissant des traces argentées sur le cuivre décapé quand on l'y passe avec frottement.

Cristaux susceptibles d'être ramenés à un noyau, dodécaèdre rhomboïdal.

Pesanteur spécifique, 14,12 (1).

Fragile, et cassure conchoïde.

Soumis à l'action du feu, le mercure se volatilise, et l'argent reste seul.

ANALYSE.

Mercure . . . 64 ⎫
Argent. . . . 36 ⎬ 100

Variétés de formes.

Mercure argental primitif. Dodécaèdre rhomboïdal.

Unitaire. Un octaèdre, dont toutes les arêtes sont remplacées par des facettes.

Biforme. La variété dodécaèdre, dont 6 angles solides
sont remplacés par des facettes carrées, ce qui change les
plans rhombes en faces hexagonales.

La variété *sextiforme* est une des cristallisations les plus
compliquées connues.

Lamelliforme. En feuilles très-minces appliquées hermétiquement à la surface d'une lithomarge blanche tachée de
violet.

Granuliforme. Provenant de cristaux déformés, libres ou
adhérant à la gangue.

Filamenteux. En filamens courts contournés et appliqués
à la surface d'une gangue ferrugineuse; du Posberg.

Gisemens et localités.

C'est à Moschel-Landsberg que l'on trouve les plus beaux
cristaux et les plus belles lames de mercure argental. Les

____

(1) Cette grande pesanteur spécifique paraît provenir de ce que le
mercure augmente de densité en se solidifiant, et de ce qu'il y a pénétration entre les deux métaux qui forment cet alliage.

19.

premiers sont ordinairement implantés sur le grès psammite, et les feuilles se trouvent appliquées à la surface des lithomarges colorées et endurcies. On cite aussi cet amalgame naturel à Rosenau en Hongrie; il paraît inconnu à Idria et à Almaden.

TROISIÈME ESPÈCE.

MERCURE SULFURÉ (*Zinnober* de Werner; vulgairement *cinabre*).

SIGNALEMENT.

Poussière plus ou moins rouge; volatil au chalumeau avec fumée.

Forme primitive, un rhomboïde aigu.

Pesanteur spécifique : 6,9 dans les variétés pulvérulentes, et 10,21 dans les variétés massives ou cristallisées.

Facile à gratter avec le couteau lorsqu'il est pur.

Électricité résineuse par le frottement, et quand la pièce d'épreuve est isolée.

Sa poussière, passée avec frottement sur le cuivre rouge, y laisse une trace d'un blanc métallique.

Un fragment de cinabre, placé sur un charbon ardent, se volatilise; et si l'on expose au dessus une lame de cuivre décapé, on la trouve recouverte d'un enduit argentin qui est dû au mercure qui s'est dégagé.

La couleur propre du mercure sulfuré est le rouge; mais il varie du rouge carmin au rouge brun, par suite des mélanges qui en altèrent la pureté.

ANALYSE DU MERCURE SULFURÉ DU JAPON.

Mercure . . . 84,50 ⎫
Soufre . . . . 14,75 ⎬ 100,00
Perte . . . . 0,75 ⎭

Variétés de formes et de tissus.

Mercure sulfuré prismatique. Un prisme hexaèdre régulier très-aplati.

Les autres variétés de formes sont assez difficiles à décrire et assez irrégulières : elles ont l'aspect de prismes à bases triangulaires dont les contours seraient chargés de facettes obliques, trapézoïdales, pentagones, etc.

Curvilignes. Cristaux imparfaits dont les faces sont bombées.

Laminaire.

Mamelonnée.

Granulaire.

Compacte.

Pulvérulent (vulgairement vermillon natif).

Toutes ces variétés de formes présentent toutes les nuances du rouge le plus vif au brun rouge métalloïde ; mais la poussière est plus constamment d'un rouge vif, excepté cependant pour la variété bituminifère.

APPENDICE.

Mercure sulfuré bituminifère (quecksilber lebererz de Werner).

D'un brun rougeâtre p'us ou moins sombre, avec une sorte d'éclat métalloïde lustré, donnant une forte odeur bitumineuse quand on en jette des fragmens sur les charbons ardens.

ANALYSE PAR KLAPROTH.

Mercure.	81,80
Soufre	13,75
Carbone.	2,50
Silice.	0,65
Alumine	0,55
Fer oxydé. . . .	0,20
Cuivre	0,02
Eau et perte. . .	0,75

100,00

Variétés de tissu.

Mercure sulfuré bituminifère feuilleté,
Spéculaire.

Testacé. Je crois que c'est à tort que l'on a cru voir des débris de coquilles dans cette simple variété de tissu.

Compacte.

Mercure sulfuré ferrifère.

Cette variété, qui a été consignée par M. Lucas, est d'un gris de fer assez éclatant ; elle devient attirable à l'aimant lorsqu'on la chauffe simplement à la flamme d'une bougie.

Gisemens, localités, traitement.

Les mines du Palatinat sont exploitées dans le grès arkos bitumineux ; celles d'Almaden en Espagne le sont aussi dans des roches analogues, et celles d'Idria en Frioul, dans un schiste très-bitumineux qui est lui-même pénétré de sulfure de mercure, en sorte que le métal et le combustible jouent tour à tour le rôle principal : car il y a des parties de ce minerai qui brûlent avec la plus grande facilité, et d'autres qui sont très-riches en cinabre. Parmi ces schistes bitumineux mercuriels, celui de Munster-Apel, dans le Palatinat, est très-remarquable, en ce qu'il contient des empreintes de poissons mouchetés de mercure sulfuré rouge.

Le mercure sulfuré est associé non seulement au mercure natif, argental et muriaté, mais aussi à plusieurs autres minéraux, tels que la baryte sulfatée, qui lui sert quelquefois de gangue immédiate, au fer sulfuré, au zinc sulfuré, au cuivre pyriteux, et au fer oxydé hydraté, qui fait aussi l'office de gangue.

Le mercure sulfuré, avons-nous dit, est le principal minerai de mercure ; les autres ne sont qu'accidentels et se confondent avec lui dans le traitement métallurgique qu'on lui fait subir ; il consiste dans une distillation très en grand.

Cette opération se fait dans des cornues de fonte qui sont rangées sur deux lignes dans un four alongé nommé *galère*, et chacune d'elles est lutée à un récipient à moitié rempli d'eau ; le minerai mêlé à de la chaux vive se place dans ces cornues. On donne le feu au moyen de deux chauffes, et le soufre, abandonnant le mercure pour se porter sur la chaux, pour laquelle il a beaucoup d'affinité, laisse le métal libre de se volatiliser et de se condenser dans les récipiens qui sont en dehors du fourneau.

En Espagne, l'opération se fait encore plus en grand, mais rentre toujours à peu près dans le même principe. Ce traitement, bien simple en apparence, est funeste aux malheureux qui sont chargés de l'exécuter : On ne peut empêcher qu'une grande quantité de mercure ne s'échappe au dehors et ne porte d'une manière effrayante sur le système nerveux des ouvriers : aussi la plupart sont atteints de tremblemens continuels et convulsifs, que l'on a peine à calmer au moyen des bains, et dont ils meurent presque toujours avant d'avoir atteint aux deux tiers de la vie ordinaire.

Les anciens, qui ont connu le mercure et le cinabre, paraissent avoir suivi à peu près le même système métallurgique, et les Chinois en ont adopté un tout-à-fait semblable.

Le cinabre naturel est rarement assez pur pour pouvoir servir de principe colorant : aussi est-on forcé de le composer de toutes pièces pour les besoins de la peinture. C'est aussi lui qui sert à colorer la cire à cacheter.

QUATRIÈME ESPÈCE.

MERCURE MURIATÉ (quecksilber hornerz de Werner ; hydrochlorate de mercure des chimistes).

SIGNALEMENT.

Volatil au chalumeau, couleur grise perlée.
Fragile et facile à gratter avec le couteau.

ANALYSE.

Mercure. . . . 85   ⎫
             ⎬ 100
Chlore 15   ⎭

Variétés.

Mercure muriaté primitif. Prisme droit à base carrée.

Habituellement le prisme est surmonté d'un pointement à quatre faces.

Gisemens et localités.

Ce minerai de mercure, fort rare dans la nature, se trouve associé au mercure sulfuré de Moschel-Landsberg et d'Almaden. Il est peu apparent, et échappe facilement au premier aperçu.

TROISIÈME ORDRE.

*Oxydables, mais non réductibles immédiatement; sensible-
ment ductiles.*

PREMIER GENRE.

PLOMB (bley de Werner).

PREMIÈRE ESPÈCE.

PLOMB NATIF VOLCANIQUE.

SIGNALEMENT.

Se laissant couper par l'ongle, gris livide.

Pesanteur spécifique du plomb pur, 11,35.

Ductilité inférieure à celle de tous les autres métaux de cette section, excepté le nickel et le zinc.

Dureté inférieure à celle de tous les métaux solides.

Éclat, *idem.*

Ténacité, *idem.*

Odeur désagréable et particulière quand on l'a frotté.

Fusible à une faible chaleur et bien avant d'avoir rougi.

Dissoluble dans tous les acides, et même dans le vinaigre.

Variétés.

Plomb natif volcanique massif. En petites masses contournées.

Gisemens, localités, usages.

Le plomb natif est excessivement rare; le seul qui soit avéré est celui que M. Rathké a découvert dans les laves tendres de l'île de Madère, où il est engagé sous la forme de petites masses contournées, qui jouissent de tous les caractères et de toutes les propriétés du plomb métallique du commerce. Tous les autres plombs prétendus natifs ont été controuvés, et ne sont que des restes de vieilles fonderies, caractérisés par les laitiers et les scories qui sont les traces durables et caractéristiques des travaux métallurgiques. Celui de Madère est probablement dû à quelque minerai que le feu naturel aura réduit à l'état métallique, et en cela il a droit à une place dans la méthode.

Les usages du plomb métallique obtenu par l'art sont très-nombreux. Sans être fort ductile, ce métal peut cependant se réduire en lames et même en feuilles très-minces; et dans cet état il sert à couvrir les terrasses, à construire des réservoirs, des chaudières, à envelopper plusieurs marchandises, telles que le tabac, le thé, la poudre de chasse, le chocolat, etc.; on en coule des tuyaux pour la conduite des eaux, pour celle du gaz hydrogène des thermolampes, pour le service de quelques fabriques, etc.; enfin, on le moule en balles de différens calibres, et on le convertit en grains plus ou moins fins pour l'usage de la chasse, et il prend dans ce dernier état le nom de *grenaille* et de *cendrée*, suivant le volume des grains qui se rangent par ordre de numéros; enfin, le plomb sert à sceller les tenons de fer dans la pierre, et paraît être bien supérieur au soufre, que l'on emploie aussi au même usage.

Le plomb, susceptible de plusieurs degrés d'oxydation, se prête dans ce nouvel état à une foule d'usages des plus importans; et, pour ne citer que les principaux, nous dirons qu'à l'état de *minium*, il entre dans la composition du cristal, dont on admire l'éclat et la limpidité; qu'il fait partie du *flingtlass* qui rend les lunettes achromatiques; qu'à l'état de *massicot* et de *céruse*, il est très-employé en peinture de concert avec la *litharge*, qui est encore un oxyde de plomb, et qui rend les huiles siccatives; qu'enfin il entre dans la composition des émaux et de quelques préparations pharmaceutiques.

Les oxydes de plomb donnent aux ouvriers qui les manipulent des coliques excessivement douloureuses, qui sont connues en médecine sous les noms de *coliques de plomb*, de *coliques des peintres*. Que l'on juge alors de l'effet que peut produire sur l'économie animale l'usage des vins acides que la fraude rend plus supportables en y mêlant la litharge en plus ou moins grandes doses!

DEUXIÈME ESPÈCE.

PLOMB SULFURÉ (bleyglanz de Werner; vulgairement galène).

SIGNALEMENT.

Couleur et brillant du plomb nouvellement coupé; fragile et réductible au chalumeau en un grain de plomb doux.

Forme primitive, le cube, que l'on obtient avec la plus grande facilité par le choc du marteau.

Pesanteur spécifique, 7,58.

Quelques galènes répandent une odeur de pétrole très-marquée quand on les brise, entre autres, celle de Chabrignac, département de la Corrèze.

ANALYSE.

$$\left.\begin{array}{ll}\text{Plomb} \dots \dots & 84 \\ \text{Soufre} \dots \dots & 16\end{array}\right\} 100$$

Variétés de formes et de tissus.

Plomb sulfuré primitif. En cubes naturels ou obtenus par percussion.

Octaèdre. Régulier, ou modifié par des facettes sur ses arêtes.

Cubo-octaèdre. Participant de l'une et de l'autre variété précédente, dont il est facile de reconnaître les faces respectives : toutes les autres dérivent aussi de ces deux variétés. Haüy en a décrit dix, dont les dernières sont assez compliquées.

Laminaire. Galène à larges facettes, donnant facilement des cubes par le choc.

Lamellaire. En petites lames qui se croisent en tous sens.

Granulaire. Galène à grain d'acier.

Compacte. La variété précédente, dont le grain est excessivement serré, et qui n'est bien sensible qu'à la loupe; bleyschweif des Allemands. Se trouve à l'atelier du Lac, près de Servoz, en Savoie.

Strié ou *palmé.* Suivant que les stries sont droites, larges ou divergentes.

Spéculaire détonnant. Surface polie, formant les salbandes d'un filon du Derbyshire, et faisant quelquefois explosion quand on vient à mettre ces surfaces à l'air.

Concrétionné. En petites masses ressemblant parfaitement à du plomb fondu qui se serait coagulé en dégouttant à travers une fissure, mais dont l'intérieur est laminaire. Des mines de Chabrignac, département de la Corrèze.

Plomb sulfuré irisé. C'est un premier pas vers la décomposition, et il n'est point rare de le remarquer sur les tas de minerai qui ont séjourné quelques années en plein air.

APPENDICE.

Plomb sulfuré antimonifère (spiessglandbley). En petits cristaux cubiques alongés, qui sont modifiés par quelques facettes additionnelles, et qui se groupent de différentes manières, ou bien en masses striées ou palmées. De la Cornouailles, en Angleterre, et du Hartz.

Plomb sulfuré antimonifère et argentifère (weissgutsigerz, vulgairement argent blanc).

Cette variété passe du gris de plomb luisant au gris mat et au noirâtre. Son grain est fin et serré ; mais on distingue quelquefois dans sa cassure de petites aiguilles d'antimoine sulfuré. Un fragment, exposé à la simple flamme d'une bougie, décrépite et ne se réduit qu'après avoir été échauffé graduellement, et en colorant en blanc mat la pince avec laquelle on le fixe, ce qui est dû à l'oxyde d'antimoine. Se trouve à Himmelsfürst, près de Freyberg en Saxe.

Plomb sulfuré pseudomorphique. Par une métamorphose dont on cherche encore l'explication, il est arrivé que des cristaux de plomb phosphaté en prismes hexaèdres se sont convertis en plomb sulfuré lamellaire, mais en conservant leur forme prismatique. Cette épigénie se trouve dans la mine de Huelgoet. Haüy avait placé cette variété au plomb phosphaté ; je la crois ici plus naturellement à sa place.

Gisemens et localités.

Le plomb sulfuré est très-commun dans la nature ; c'est lui qui fait la base de toutes les exploitations où l'on extrait ce métal, et il est répandu dans des terrains excessivement variés par leur nature et l'époque relative de leur formation. En effet, nous le rencontrons dans les filons qui traversent les granites, en couches métallifères dans les pays schisteux ; en filons ou en amas dans les terrains de transition, dans les terrains houillers, enfin jusque dans les terrains calcaires stratiformes. Les mines de la Silésie, de la Carinthie, celles de Zimapan en Amérique, celles de France enfin, offrent des exemples de ces divers gisemens.

Le plomb sulfuré, se trouvant dans des terrains si variés, doit nécessairement se présenter dans une foule de gangues différentes, et avec des associations très-nombreuses : aussi le trouve-t-on engagé dans la chaux carbonatée, dans la baryte sulfatée, dans la chaux fluatée, dans le quarz, dans l'agate, qui forment la masse des filons ou des couches où il se montre associé au zinc sulfuré, au fer sulfuré, au cuivre pyriteux, au cuivre gris et à la plupart des nombreuses espèces du genre plomb.

Usages et traitement.

Le plomb sulfuré laminaire, bien purgé de sa gangue et des substances métalliques avec lesquelles il est si souvent associé, sert à vernir la poterie commune. Il porte le nom de *vernis* dans le commerce, ou celui d'*alquifoux*.

Considérée sous son principal but d'utilité, c'est-à-dire comme minerai de plomb, cette substance est véritablement très-importante, puisque c'est elle qui fournit tout le plomb métallique qui circule dans le commerce, et tous les oxydes qui résultent d'une foule de préparations subséquentes que l'on fait subir à ce métal.

Le traitement métallurgique de ce minerai consiste à chasser le soufre qu'il contient et à isoler le plomb. Or, on parvient à ce but par deux procédés : le premier, le plus ancien, celui qui paraît même le plus simple, consiste à faire subir un grillage long et modéré au minerai, pendant lequel

la plus grande partie du soufre se brûle et laisse le plomb
passer à l'état métallique et partie à l'état d'oxyde; cette
dernière portion se convertit à l'état de métal par une re-
fonte faite au travers des charbons ardens, dans un fourneau
où le combustible et le minerai sont jetés pêle-mêle.

Le second procédé consiste à mettre du fer en contact avec
le plomb sulfuré en fusion, et voici ce qui se passe dans cette
opération. Le soufre de la galène se porte sur le fer avec
lequel il a plus d'affinité; il le convertit en sulfure, et le
plomb, dégagé de son minéralisateur, se rend dans la partie
inférieure du bassin, tandis que le sulfure de fer surnage et
s'en sépare très-facilement.

Par l'un et l'autre procédé, l'on obtient ce que l'on appelle le *plomb d'œuvre;* mais, comme tous les sulfures de
plomb contiennent une dose plus ou moins forte d'argent,
et qu'il devient souvent important de l'obtenir, on fait subir
au plomb d'œuvre une nouvelle opération que l'on appelle
affinage ou *coupellation*, dans laquelle on a pour but d'obtenir tout l'argent contenu dans le plomb. On y parvient en
convertissant le plomb en litharge, dans un fourneau particulier, et l'on trouve, sous la dernière pellicule d'oxyde
qui s'enlève à mesure qu'il se forme, un gâteau d'argent qui
a résisté à l'oxydation produite par le grand courant d'air
que l'on introduit dans le four de coupelle; qui est recouvert
d'un chapeau mobile de brique ou de terre argileuse contenu entre des traverses de fer. Il existe des plombs sulfurés
tellement argentifères, que l'on peut les considérer métal-
lurgiquement comme de vrais minerais d'argent.

TROISIÈME ESPÈCE.

PLOMB SÉLÉNIÉ.

SIGNALEMENT.

*Fusible au chalumeau en dégageant une odeur de rave
très-prononcée.*

Forme primitive, cube.

Clivage cubique comme le plomb sulfuré.

Pesanteur spécifique, 6,8.

Ce minéral est d'un bleu rougeâtre, il est souvent lamelleux, mais les lamelles sont plus difficiles à séparer que celles de la galène.

ANALYSE PAR BERTHIER.

Plomb. . . . 72,30 }
Sélénium . . 27,70 } 100,00

Ce minéral a été découvert par M. Zinckon en 1823; il est très-rare. On ne l'a trouvé jusqu'à présent qu'en deux localités, à Zorge et à Tilkerode. Le sulfure de plomb sélénifère n'est point rare.

QUATRIÈME ESPÈCE.

BOURNONITE.

SIGNALEMENT.

Fusible au chalumeau en donnant des vapeurs antimoniales.

Forme primitive, prisme droit à base rectangle.

Pesanteur spécifique, 5,80.

La bournonite est un sulfure triple de plomb, cuivre et antimoine. Sa couleur est le gris d'acier; elle jouit d'un éclat métallique. L'intérêt qu'offre cette substance est purement scientifique.

ANALYSE DE LA BOURNONITE DU MEXIQUE PAR DUFRÉNOY.

Plomb . . . . . . 40,20 }
Cuivre . . . . . . 13,50 }
Antimoine. . . . 28,30 } 99,60
Soufre . . . . . 17,80 }

Variétés de formes.

Bournonite cristallisée. La bournonite se présente constamment en cristaux ; ces cristaux sont le plus souvent très-chargés de facettes, et ils peuvent se grouper en deux formes dominantes, qui sont : des octaèdres rhomboïdaux et des tables rectangulaires.

Radalerz (en forme de roue). On donne ce nom à des macles résultant de la réunion de cristaux alongés suivant leur axe, et groupés à angle droit deux à deux. Ce mode d'assemblage donne à ces cristaux une forme cylindroïde remarquable.

Gisemens et localités.

La bournonite a été trouvée dans le grès houiller de la mine de Cendras, près d'Alais, et dans celui de Cublac; on la trouve aussi dans la Cornouailles, au Mexique, à la mine de Pont-Gibaud, etc. M. Dufrénoy cite comme une circonstance remarquable, que les cristaux les plus nets de bournonite de la Cornouailles, d'Oberlahr en Prusse, et d'Alais, ne présentent pas une seule face commune, bien qu'ayant toujours la même composition chimique.

CINQUIÈME ESPÈCE.

PLOMB OXYDÉ ROUGE (autrefois minium natif).

SIGNALEMENT.

Rouge foncé, et facilement réductible au feu du chalumeau.

Jusqu'ici le plomb oxydé rouge ne s'est présenté qu'en masses informes d'un rouge peu éclatant; et son existence n'a même été constatée qu'à Langenheck, au pays de Hesse-Cassel, par M. Schmithson; on présume aussi qu'il se trouve à Schlangenberg, en Sibérie, où il serait accompagné de plomb sulfuré; c'est au moins ce que semble prouver un échantillon cité par Haüy.

SIXIÈME ESPÈCE.

PLOMB ARSENIATÉ (ci-devant plomb arsenié ; flokkenerz de Karstein).

SIGNALEMENT.

Couleur ordinaire, jaune de cire ; réductible au chalumeau en répandant une odeur d'ail.

Pesanteur spécifique, 5,04.

Facile à pulvériser.

Cassure de cire dans les variétés compactes.

Variétés de tissus et de couleurs.

Plomb arseniaté aciculaire. Formant de très-petites masses, composées d'aiguilles courtes et divergentes.

Filamenteux. En filamens soyeux, ordinairement contournés, légèrement flexibles, et faciles à réduire en poussière.

Compacte. En masses qui ont l'aspect céroïde.

Concrétionné et mamelonné.

La variété aciculaire est ordinairement d'un jaune de paille.

Mais les autres sont d'un jaune assez vif ou d'un jaune verdâtre.

Gisemens et localités.

Le premier plomb arseniaté fut trouvé et décrit par M. Champeaux ; il en fit la découverte aux environs de Saint-Prix, département de Saône-et-Loire, où il accompagne le plomb sulfuré dans une gangue de chaux fluatée. Depuis lors il a été reconnu dans la mine de Badenweiler, près de Bâle, par M. Paul, directeur de cette exploitation ; il y existe sous la forme de petites masses concrétionnées ou mamelonnées, d'un beau jaune de cire, ayant la baryte sulfatée, la chaux fluatée violette, ou le quarz pour gangue, et accompagnant le plomb sulfuré laminaire ; cette même mine fournit aussi le plomb phosphaté vert.

20

SEPTIÈME ESPÈCE.

PLOMB CHROMATÉ (roth-bleyerz de Werner, ci-devant plomb rouge).

SIGNALEMENT.

Colorant l'acide muriatique en vert au bout de quelques heures ; réductible en un grain de plomb.

Forme primitive, un prisme rhomboïdal oblique.

Pesanteur spécifique , 6,02.

Facile à gratter avec le couteau.

Couleur de la masse, le rouge aurore, qui se change en jaune orangé par la trituration.

Cassure transversale raboteuse, translucide sur les bords.

ANALYSE PAR VAUQUELIN.

Oxyde de plomb.	.	63,96
Acide chromique.	.	36,40

100,36

Notre savant chimiste a obtenu du chromate de plomb par synthèse, avec 65,12 de plomb et 34,88 d'acide chromique.

Variétés de formes.

Plomb chromaté quadrioctonal. Un prisme octogone oblique, terminé par deux sommets dièdres.

Dioctaèdre. Un prisme octogone, terminé par deux pyramides quadrangulaires.

M. Sorey, de Genève, a fait un travail particulier sur la cristallisation de cette espèce, et les échantillons qui viennent à l'appui de ses observations sont déposés dans le musée de la ville.

Bacillaire. Longs prismes déformés par des stries longitudinales.

Lamelliforme.

Pour peu que l'on ait le sentiment des couleurs, on ne peut réellement confondre le plomb rouge qu'avec l'arsenic sulfuré ; mais celui-ci se trahit, aussitôt qu'on l'expose au feu, par l'odeur d'ail qu'il répand et par la fumée blanche qui s'en échappe.

Gisemens, localités, usages.

Le plomb chromaté fut découvert en 1766, dans la mine d'or de Bérézoff, en Sibérie, à trois lieues de Catherinbourg, sur la lisière orientale des monts Ourals ; sa gangue ordinaire est un grès fin, parsemé d'une infinité de paillettes de talc blanc et de points pyriteux décomposés. Pallas reconnut ensuite le même minéral à 15 lieues du premier gîte, mais toujours adhérent à un grès dans les fissures duquel il paraît s'être cristallisé. Lehmann, Patrin, Pallas et Macquart, nous ont laissé des détails fort étendus sur le gisement de cette substance rare et précieuse, et sur les résultats de leurs travaux analytiques ; mais c'est à Vauquelin qu'appartient toute la gloire de la découverte de l'acide chromique qui colore ce minéral.

Le plomb chromaté est fort recherché, non seulement pour les collections, mais aussi pour la peinture, à laquelle il fournit une teinte chaude, d'un ton qui ne peut être imité par aucune autre substance, pas même par le chromate de plomb artificiel, dont les peintres font cependant usage depuis quelques années avec le plus grand succès.

APPENDICE.

Le plomb chromaté que nous venons de décrire est souvent accompagné d'une substance verte aciculaire, qui ressemble au plomb phosphaté vert, mais qui, suivant Vauquelin, serait composé d'oxyde de plomb et d'oxyde de chrôme ; d'après M. Berzélius, ce minéral serait un chromate double de plomb et de cuivre.

Voici le résultat de son analyse :

Oxyde de plomb. .   60.87 ⎫
Oxyde de cuivre. .   10,80 ⎬ 100,00
Acide chromique. .   28,35 ⎭

Ce plomb chromé se trouve à Bérézoff, en Sibérie.

HUITIÈME ESPÈCE.

PLOMB VANADIATÉ.

SIGNALEMENT.

Forme primitive, prisme hexaèdre régulier.

Ce minéral est fort rare, il n'a encore été trouvé qu'à Zimapan, au Mexique.

ANALYSE PAR WOEHLER.

Oxyde de plomb. . . .   67,41 ⎫
Acide vanadique. . . .   21,98 ⎬ 100,00
Chlorure de plomb . .   10,61 ⎭

NEUVIÈME ESPÈCE.

PLOMB CARBONATE (weiss-bleyerz de Werner, autrefois plomb blanc).

SIGNALEMENT.

Dissoluble avec effervescence dans l'acide nitrique étendu, et réductible en plomb au feu du chalumeau.

Forme primitive, prisme rhomboïdal droit.

Les cristaux sont remarquables par leur éclat adamantin : ce caractère seul peut faire reconnaître cette substance.

Noircissant et prenant même un aspect métalloïde par le contact d'un hydrosulfate alkalin.

Pesanteur spécifique, de 5,07 à 6,55.

Tendre et fragile à la fois.

Réfraction double très-prononcée.

ANALYSE DU PLOMB CARBONATÉ CRISTALLISÉ.

Protoxyde de plomb. . 15,50)
Acide carbonique. . . 84,50 } 100,00

Variétés de formes, de tissus et de couleurs.

Plomb carbonaté primitif d'Haüy. Un octaèdre rectangulaire, souvent cunéiforme.

Dodécaèdre. Deux pyramides hexaèdres opposées base à base.

Trihexaèdre. Un prisme hexaèdre avec deux pyramides à six faces triangulaires.

Ambi-annulaire. Le même prisme basé est entouré de six facettes à chaque extrémité.

Bacillaire. En longs cristaux prismatiques déformés par des stries, et qui se croisent en tous sens. Cette forme est commune au plomb carbonaté et à la baryte sulfatée ; mais l'action de l'acide et du chalumeau est là pour lever le doute ; au Hartz.

Aciculaire. En fines aiguilles blanches ou grises, disposées par aigrettes ; au Hartz.

Concrétionné.

Amorphe. A Vienne, en Dauphiné, dans l'atelier de Vieille-Voûte.

Terreux.

Plomb carbonaté incolore.

Blanc nacré.

Blanchâtre.

Jaunâtre.

Quelquefois les cristaux de plomb carbonaté se couvrent d'un enduit gris métalloïde, que l'on attribue à une petite dose de plomb sulfuré. Ils perdent alors la demi-transparence qui leur est propre, et deviennent tout-à-fait opaques.

APPENDICE.

Plomb carbonaté noir (schwarz-bleyerz de Werner). Cette variété n'est due qu'à une altération analogue à celle que nous avons indiquée ci-dessus comme caractère distinctif.

Plomb sulfato-tricarbonaté. Cristallisé en rhomboèdre, qui est la forme primitive de presque tous les carbonates.

ANALYSE.

Carbonate de plomb. .   72,50 ⎱
Sulfate de plomb. . .   27,50 ⎰   100,00

Plomb sulfato-carbonaté. Voici quelle est sa composition.

ANALYSE.

Carbonate de plomb. .   47,79 ⎱
Sulfate de plomb.. . .   52,01 ⎰   99,80

Plomb sulfato-carbonaté cuprifère. La couleur de ce plomb carbonaté est verte, mais il conserve toujours son éclat adamantin.

ANALYSE.

Carbonate de plomb. .   52,80 ⎫
Sulfate de plomb. . .   55,80 ⎬   99,60
Carbonate de cuivre. .   11,00 ⎭

La forme primitive de cette variété est un prisme rhomboïdal droit.

Gisemens et localités.

Après le plomb sulfuré, le plomb carbonaté est le plus communément répandu dans la nature; ils sont souvent associés ensemble, et partagent par conséquent les mêmes gîtes et les mêmes gangues. Les contrées qui ont fourni les plus gros cristaux ou les plus beaux groupes d'aiguilles, sont celles de Gasimour, en Daourie, celles du Hartz, de Léadhills en Écosse, du Huelgoët, de Poulaouen, de Saint-Sauveur et de la Crqix en France.

DIXIÈME ESPÈCE.

PLOMB PHOSPHATÉ (braun-bleyerz et grün-bleyerz de Werner).

SIGNALEMENT.

Donnant au chalumeau d'abord un bouton à facettes, que l'on ne peut réduire en un grain de plomb doux.

Forme primitive, un rhomboïde obtus.

Pesanteur spécifique, 7,1.

Rayant le plomb carbonaté.

Poussière toujours grise, quelle que soit la couleur de la masse.

Cassure légèrement ondulée et peu éclatante.

ANALYSE DU PLOMB PHOSPHATÉ DE SOUABE.

Protoxyde de plomb. . 74,21 ⎫
Acide phosphorique. . 15,72 ⎬ 99,98
Chlorure de plomb . . . 10,05 ⎭

Variétés de formes, de tissus et de couleurs.

Plomb phosphaté prismatique. Un prisme hexaèdre régulier, les cristaux verts ; du Brisgaw.

Péridodécaèdre. Un prisme à 12 pans.

Basé. Un dodécaèdre à pans triangulaires, dont les sommets sont tronqués.

Aciculaire. En aiguil'es courtes divergentes, et formant de petites houppes ou aigrettes.

Mamelonné.

Plomb phosphaté vert-pré. Velouté ; du Brisgaw.

Vert foncé. Le Beissière, près de Villefranche, d'Aveyron.

Jaunâtre.

Rougeâtre.

Gris brunâtre.

Gris cendré.

Violâtre.

Translucide ou opaque.

APPENDICE.

Plomb phosphaté arsenifère.

Exposée au c~~h~~alumeau, cette variété donne d'abord des vapeurs arsenicale, et ensuite un bouton polyédrique, qui est irréductible en plomb doux ; il affecte du reste à peu près les mêmes variétés de forme et de tissu que nous avons consignées ci-dessus en parlant du plomb phosphaté pur..

Le plomb phosphaté arsenifère a été découvert d'abord dans les anciennes mines de plomb de Pont-Gibaud, département du Puy-de-Dôme, sous la forme de masses verdâtres mamelonnées ; mais depuis il a été reconnu à Johanngeorgenstadt en Saxe.

Gisemens et localités.

Le plomb phosphaté vert se trouve près de Fribourg en Brisgaw, et à Badenweiler près de Bâle ; il a pour gangue un quarz hyalin carié, et il se fait remarquer par la fraîcheur et la vivacité de sa couleur, la délicatesse de ses cristaux ou de ses aiguilles veloutées.

Celui du Huelgoët n'est pas moins remarquable par le volume de ses cristaux prismatiques, ou l'élégance de ses brillantes aigrettes composées d'aiguilles courtes, brunes et divergentes. Enfin, les anciennes mines de La Croix en Lorraine ont également fourni de fort beaux échantillons de cette espèce. Quant aux masses mamelonnées et verdâtres qui proviennent de Rosière, près de Pont-Gibaud en Auvergne, elles ont aussi le quarz carié et ferrugineux pour gangue. On doit au célèbre chimiste Gann la première découverte du phosphore dans le règne minéral ; mais nous devons à

Gillet-Laumont la première idée de réunion entre les plombs phosphatés verts du Brisgaw et les plombs gris et bruns du Huelgoët.

ONZIÈME ESPÈCE.

PLOMB MOLYBDATÉ (gelb-bleyerz de Werner).

SIGNALEMENT.

Réductible au chalumeau avec décrépitation, ordinairement jaune de paille et cassant.

Forme primitive, l'octaèdre symétrique.

Cassure transversale ondulée et assez éclatante.

Pesanteur spécifique, 6,6.

Tendre et fragile.

Noircissant avec l'hydrosulfate alkalin.

Si l'on pouvait confondre à l'œil le plomb molybdaté avec le plomb carbonaté jaunâtre, son insolubilité dans l'acide nitrique suffirait pour l'en faire distinguer à l'instant; seulement il faudrait avoir le soin de le dégager complètement de sa gangue, qui est calcaire.

ANALYSE.

Oxyde de plomb. . .   58,10)
Acide molybdique. .   41,80) 99,90

Variétés.

Plomb molybdaté primitif. Un octaèdre obtus.

Doublant. Un prisme à 12 pans inégaux, terminés par des bases hexaèdres et planes, entourées de facettes.

Basé et biforme. C'est l'octaèdre primitif qui a été tronqué, soit à ses sommets, soit sur ses arêtes.

Plusieurs variétés sont tellement comprimées, qu'il est assez difficile de les ramener à des formes régulières.

Laminaire.

Lamelliforme.

Ces lames ou lamelles ne forment point des masses ; elles sont implantées sur la gangue et laissent des intervalles entre elles ; leurs couleurs varient seulement entre le jaune de paille et le jaune miellé ; elles ne sont que translucides, non plus que les cristaux, qui sont très-souvent laminiformes.

Gisemens et localités.

On trouve le plomb molybdaté à Bleyberg en Carinthie, dans une chaux carbonatée compacte. M. de Humboldt l'a trouvé au Mexique dans une gangue analogue, et enfin on l'a rencontré aussi en Saxe, en Autriche et en Hongrie. En général, les cristaux de ce minerai sont petits et mal formés; il est assez rare.

DOUZIÈME ESPÈCE.

PLOMB SULFATÉ (naturlicher-bleyvitriol de Werner).

SIGNALEMENT.

Réductible à la simple flamme d'une bougie.

Forme primitive, un octaèdre rectangulaire.

Pesanteur spécifique, 6,3.

Tendre et facile à écraser par la pression de l'ongle.

Noircissant par l'hydrosulfate alkalin.

Insoluble dans l'acide nitrique. Ce dernier caractère suffit pour empêcher qu'on ne le confonde avec le plomb carbonaté blanc, auquel il ressemble assez.

ANALYSE DU PLOMB SULFATÉ D'ANGLESÉA, PAR KLAPROTH.

Oxyde de plomb. . .	71,0	
Acide sulfurique. . .	24,8	
Eau.	2,0	100,0
Oxyde de fer.	1,0	
Perte.	1,2	

Variétés de formes et de couleurs.

Plomb sulfaté primitif. Octaèdre souvent cunéiforme.

Semi-prismé. L'octaèdre cunéiforme émarginé, c'est-à-dire dont les deux bords sont remplacés par deux faces qui font l'office de pans. Cette dernière forme est assez dominante dans toutes les autres variétés.

Haüy décrit 8 variétés de formes régulières.

Granuliforme.

. Concrétionné terreux. Du Derbyshire et de Sibérie.

Plomb sulfaté incolore. De Villefranche, d'Aveyron, où M. Millet l'a découvert.

Blanchâtre.

Jaunâtre.

APPENDICE.

Plomb sulfaté cuprifère. Cristallise en prisme rhomboïdal droit, d'un bleu foncé.

Gisemens et localités.

Le premier sulfate de plomb fut découvert à l'île d'Angleséa, vis-à-vis de Dublin, par le docteur Wethering, dans un fer oxydé jaunâtre et brun, entremêlé de quarz et situé au dessu d'une mine de cuivre pyriteux. Depuis cette première découverte, on l'a retrouvé à Leadhills en Écosse, dans le Derbyshire, en Andalousie, au Hartz, à Wolfach, dans le Furstemberg, en Sibérie, à Southampton, dans le Massachusetts ; le quarz hyalin lui sert souvent de gangue.

TREIZIÈME ESPÈCE.

PLOMB HYDRO-ALUMINEUX (plomb gomme).

SIGNALEMENT.

Se réduisant en une matière pâteuse dans l'acide nitrique chauffé.

Aspect analogue à celui d'une gomme.

Cassure conchoïde.

Ne rayant que la chaux carbonatée, s'émoussant sur le verre.

Acquérant l'électricité résineuse par le frottement.

Se boursoufflant au chalumeau sans se fondre.

ANALYSE DU PLOMB GOMME DU HUELGOËT, PAR BERZÉLIUS.

Oxyde de plomb.	40,14	
Alumine.	57,00	
Eau.	18,80	98,54
Acide sulfureux	00,20	
Chaux, oxyde de manganèse et fer.	01,80	
Silice.	00,60	

Cette espèce, assez rare dans les collections, ne s'est encore trouvée qu'en petites masses dans la mine du Huelgoët en Bretagne.

SECOND GENRE.

NICKEL.

Le nickel pur est blanc, avec une nuance de gris.

Il est susceptible d'acquérir le magnétisme polaire comme le fer, et d'agir sur l'aiguille aimantée dans son état naturel.

Sa pesanteur spécifique est d'environ 9,00.

Isolé et frotté, il s'électrise résineusement, mais d'une manière faible.

Il s'oxyde en vert-pomme par la chaleur ou par le simple contact de l'air.

Le nickel n'existe point à l'état natif : on a long-temps donné ce nom à une espèce minérale qui, d'après des analyses postérieures, est du nickel sulfuré.

Les usages du nickel pur sont encore nuls ; mais sa propriété magnétique et la nuance agréable de son oxyde le feront peut-être rechercher un jour.

Son magnétisme lui est tellement inhérent, que Laugier, ayant obtenu ce métal dans un état de pureté inconnue jusqu'à lui, le trouva naturellement pourvu de la propriété polaire, c'est-à-dire qu'une lame de ce nickel, présentée à une aiguille de boussole ordinaire, repoussait ou attirait cette aiguille, suivant qu'elle était sollicitée par le pôle nord ou par le pôle sud de l'aiguille de nickel, et suivant que les pôles de même nom ou de noms différens s'approchaient.

PREMIÈRE ESPÈCE.

NICKEL SULFURÉ.

SIGNALEMENT.

Soluble dans l'acide sulfurique.

Le nickel sulfuré est plus connu sous le nom de nickel capillaire ; il se présente en filamens très-déliés, d'un jaune verdâtre, tapissant des cavités.

ANALYSE.

Nickel. . . . . 65 ⎫
Soufre. . . . . 35 ⎬ 100

Ce minéral est fort rare ; on le trouve accidentellement réuni aux autres mines de nickel.

DEUXIÈME ESPÈCE.

NICKEL ARSENICAL (kupfernickel de Werner).

SIGNALEMENT.

Couleur jaune bronzée, donnant une odeur d'ail au chalumeau, et formant subitement un dépôt vert dans l'acide nitrique.

Pesanteur spécifique, 6,60 à 6,61.

Très-cassant et répandant une odeur d'ail par le choc.
Cassure raboteuse et brillante.

ANALYSE DU NICKEL ARSENICAL DE SAXE.

Nickel.	42,20
Arsenic	54,72
Fer	0,33
Plomb.	0,32
Soufre.	0,40

97,97

Variété.

Nickel arsenical massif.

Gisemens et localités.

Le nickel partage le gisement des variétés d'argent, de plomb, de cobalt et de cuivre, avec lesquelles on le voit toujours associé ; il se trouve extrait naturellement avec ces divers minerais, et n'est recherché que pour les collections minéralogiques, puisque le métal qu'il contient n'est encore d'aucun usage ; on le trouve particulièrement à Schneeberg en Saxe, où il est accompagné de cobalt arsenical ; à Bieberg dans le Hanau, où il est associé au cuivre natif, et a pour gangue une baryte sulfatée. Enfin, on trouve aussi ce minerai de nickel en Cornouailles, et à la mine d'argent d'Allemont en Dauphiné.

TROISIÈME ESPÈCE.

NICKEL ARSENIATÉ (ci-devant nickel oxydé ; nickelocher de Werner).

SIGNALEMENT.

Réductible au chalumeau par une addition de borax en un grain de nickel magnétique, insoluble dans l'acide nitrique.

Couleur d'un vert tendre, passant au blanc de farine.

Consistance pulvérulente, et ne formant presque jamais de petites masses, mais seulement une sorte d'enduit à la surface du nickel arsenical, dont la couleur et l'éclat métallique aident à reconnaître la poudre verte dont il est couvert, et qui, sans cette association, pourrait se confondre avec le cuivre carbonaté vert disséminé. Quand l'arseniate est blanc, il suffit de le jeter dans l'acide nitrique pour lui voir reprendre la couleur verte qui lui est naturelle.

Haüy fait remarquer, en terminant l'histoire du nickel, que le fer semble être son satellite, puisqu'il se trouve associé à toutes les variétés, et qu'ils sont encore unis dans les masses pierreuses aériennes qui traversent les espaces célestes, ainsi que nous le verrons bientôt en parlant des météorites.

QUATRIÈME ESPÈCE.

ANTIMONICKEL (nickel arsenical antimonifère).

SIGNALEMENT.

Fusible au chalumeau avec dégagement de vapeurs antimoniales, soluble dans l'acide nitrique, en y formant un dépôt jaune.

Forme primitive, le cube.

Pesanteur spécifique, 6,45.

Couleur d'un gris d'acier, aspect métalloïde.

ANALYSE PAR H. ROSE.

Nickel.	28,0	
Antimoine. . .	54,5	98,0
Soufre.	15,5	

Cette substance est rarement cristallisée; on la trouve en petites masses compactes ou à texture lamellaire dans quelques filons cobaltifères du pays de Siegen.

APPENDICE.

Il faut probablement rapporter à cette espèce un minéral

de couleur rosée, découvert par MM. Abel et Gourgeon dans les Pyrénées. Ce minéral est disséminé en petites masses dans un quarz blanc calcarifère, où il est mêlé de sulfure de zinc et de plomb sulfuré.

TROISIÈME GENRE.

CUIVRE.

PREMIÈRE ESPÈCE.

CUIVRE NATIF (gediegen kupfer de Werner).

SIGNALEMENT.

Couleur approchant plus ou moins de celle du cuivre travaillé; malléable sous le marteau.

Forme primitive, le cube.

Pesanteur spécifique de celui de Sibérie, 8,58.

Le cuivre du commerce est moins dur que l'acier et le platine ; plus que l'argent, l'or, l'étain et le plomb ; moins ductile que l'or, le platine et l'argent, mais plus que l'étain et le plomb.

Moins tenace que le fer ; plus que le platine, l'argent, l'or et l'étain.

Éclat inférieur à celui du platine, de l'acier, de l'argent et de l'or ; supérieur à celui de l'étain et du plomb.

Couleur rouge jaunâtre qui lui est particulière.

Odeur désagréable et nauséabonde qui se développe par le frottement.

Plus sonore que tout autre métal.

Se dissolvant dans l'ammoniaque (alkali volatil), et la colorant en beau bleu.

Variétés de formes.

Cuivre natif. Cubique.

Octaèdre.

Cubo-octaèdre.

Cubo-dodécaèdre.

Trihexaèdre. Un prisme à 6 pans, surmonté de 2 pyramides à 6 faces.

Ramuleux. En rameaux plus ou moins longs, disposés en tous sens, ou formant des espèces de réseaux contenus entre les feuillets de la gangue.

Filamenteux. Cette variété, qui est rare, a été trouvée près de Temeswar.

Laminaire. En feuilles plus ou moins étendues; de Froloski en Sibérie.

Lamelliforme.

Granuliforme.

Concrétionné, mamelonné ou *botryoïde.*

Massif.

Gisemens et localités.

Il paraît, d'après les observations de plusieurs géologues distingués, que le cuivre natif n'appartient point aux terrains primitifs les plus anciens; qu'il se trouve plutôt dans les mica-schistes et les gneiss que dans le granite proprement dit; telle paraît être au moins l'opinion de M. Playfer. Quant aux cuivres natifs de cémentation, leur formation pouvant être journalière, puisqu'elle tient au travail actuel des pyrites cuivreuses, à leur décomposition naturelle, on conçoit que ceux-là peuvent se trouver à la fois dans les terrains anciens et dans ceux que nous regardons comme de formation récente, sans qu'ils soient pour cela originaires de ces mêmes terrains. Le cuivre natif se trouve aussi accidentellement dans les terrains trappéens, dont l'origine est ignée; tels sont ceux de Feroé, qui sont alliés à la mésotype, et ceux de Reichenback près d'Oberstein, qui se trouvent disséminés dans les masses de prehnite qui sont contenues à leur tour dans les roches dont nous venons de parler.

La Sibérie, la Suède, plusieurs contrées de l'Angleterre et le Japon, sont les lieux où le cuivre natif paraît exister en plus grande abondance; la Sibérie surtout le présente dans plusieurs de ses grandes exploitations, en masses ou en feuilles, que l'on serait tenté de regarder comme des produits de l'art, si elles ne tenaient point encore à la roche qui leur sert de gangue.

Usages et traitement.

On connaît les nombreux usages du cuivre métallique, le nombre infini de vases et d'ustensiles de ménage qui se fabriquent avec ce métal, les alambics et les chaudières qu'il fournit aux arts, la doublure qui défend les vaisseaux de l'attaque des vers, et qui les sauve d'un péril d'autant p'us grand qu'il est souvent caché. Nous nous servons journellement de la petite monnaie fabriquée avec le cuivre; mais sa malléabilité et sa ductilité lui permettent aussi de se réduire en feuilles minces et en fils déliés ; de là une autre série d'emplois, sinon très-importans, du moins assez variés. Nous ne parlons ici que du cuivre pur employé sans alliage : que dirons-nous du laiton dont il est la base, et dont l'emploi est encore plus fréquent que celui du cuivre rouge? que dirons-nous du bronze de l'artillerie, du potin, du métal de cloche, dont le cuivre est la partie dominante et dont on connaît l'énorme consommation? Enfin ce métal, combiné avec l'acide sulfurique ou avec l'acide du vinaigre, produit deux sels, dont l'un est employé dans la teinture et la préparation des cuirs, et dont l'autre produit cette couleur verte qui s'emploie si communément pour peindre les boiseries extérieures des maisons, les grillages, les treillages des jardins, etc.

On a reproché au cuivre de s'oxyder facilement et de se changer en une matière vénéneuse dont les effets ne sont que trop connus : ce motif fit proscrire ce métal des usages do-

mestiques, en Suède, sous la reine Christine, et la reconnaissance publique vota une statue, non pas à la souveraine, mais
au philanthrope Schëffer, qui sollicita cette réforme. Le sa-
crifice dut paraître d'autant plus grand, que ce métal abonde
dans les vastes exploitations de Falun.

Le traitement métallurgique des minerais de cuivre est
long et dispendieux, car le cuivre natif n'est point assez
abondant pour qu'il puisse fournir le base d'aucune exploitation ; ce sont presque toujours des sulfures que l'on doit
convertir en métal, et le soufre qu'ils contiennent est si intimement lié, si fortement combiné avec le cuivre, qu'on ne
peut l'en séparer que par des grillages multipliés, qui ne
sont interrompus que par des fontes également fréque nte.
Enfin, arrivé au point où la masse est déjà ductile, sonore et
brillante à l'extérieur, il faut encore lui faire subir une dernière opération pour l'amener à l'état de cuivre rosette, et
ce dernier feu est l'affinage du cuivre noir et sa conversion
en métal marchand (1).

Le cuivre blanc des Chinois paraît être un métal particulier dont ces peuples font le plus grand cas, et qui est pro-
hibé à la sortie de l'empire. Il ne faut point le confondre
avec le toutenague, qui est au contraire une matière très-
répandue dans le commerce : c'est au moins l'avis du docteur Pyfe.

DEUXIÈME ESPÈCE.

CUIVRE PYRITEUX (kupferkies de Werner).

SIGNALEMENT.

Fusible en un bouton qui colore l'acide nitrique en vert.

On a cru long-temps que le cuivre pyriteux était un sim-

---

(1) Voyez, pour tout ce qui tient aux détails de ce paragraphe, le
tome Ier de notre Minéralogie appliquée aux arts.

ple mélange de sulfure de cuivre et de sulfure de fer, mais M. Guéniveau a montré que c'était un sulfure double à proportions bien définies, et maintenant on le divise en deux variétés : 1° *cuivre pyriteux* proprement dit; 2° *cuivre panaché.*

1re *Variété*, cuivre pyriteux.

Forme primitive, octaèdre à base carrée.

Couleur, jaune de laiton ou jaune doré.

Pesanteur spécifique, 4,2.

Au chalumeau il donne une odeur sulfureuse et un globule noir cassant. C'est le minerai de cuivre le plus abondant.

ANALYSE DU CUIVRE PYRITEUX DE SAINTBEL, PAR M. GUÉNIVEAU.

Cuivre métallique. .	50,2	
Fer métallique . . .	52,3	100,0
Soufre.	57,0	
Perte.	0,5	

Variétés de formes.

Cuivre pyriteux cristallisé. Les formes habituelles du cuivre pyriteux se rapprochent du tétraèdre régulier, mais il faut les faire dériver d'un octaèdre à base carrée.

Épointé, cubo-tétraèdre.

Triépointé, mixte, encadré, etc. Toutes variétés où le tétraèdre est toujours très-sensible au travers des faces additionnelles dont il est couvert.

Concrétionné. En masses mamelonnées, dont la surface est souvent recouverte d'un enduit gris bronzé très-foncé.

Massif. Se présente quelquefois en très-grandes masses, peu dures et cassantes.

Cuivre pyriteux, jaune pâle.

Jaune bronze.

Jaune doré.

Irisé (autrefois mine gorge de pigeon). Le plus souvent cette variété est un commencement d'altération, et elle appartient plus particulièrement au cuivre panaché.

2ᵐᵉ *Variété,* cuivre panaché.

Le cuivre panaché diffère du cuivre pyriteux proprement dit, tant par la cristallisation que par la composition.

Forme primitive, le cube.

Le cuivre pyriteux ne présentait point de clivages, le cuivre panaché en offre qui mènent à l'octaèdre régulier.

Pesanteur spécifique, 5,0.

Couleur jaune rougeâtre, présente généralement des irisations à sa surface.

Le cuivre panaché n'est pas aigre comme le cuivre pyriteux.

ANALYSE.

Cuivre	61,07	
Fer.	14,00	
Soufre	23,75	100,00
Silice.	0,50	
Perte.	0,68	

Variétes de formes.

Cuivre panaché cristallisé. Ce minéral se présente ordinairement en cubes et cubo-octaèdres ; quelquefois en octaèdres.

Massif.

Gisemens, localités, usages.

Le cuivre pyriteux forme des filons et des couches puissantes dans les terrains qui se rangent immédiatement après les granites ou les roches de la plus ancienne formation, c'est-à-dire dans les gneiss, les schistes talqueux et micacés, et même dans les calcaires stratiformes anciens. La baryte

sulfatée, le quarz, le fer spathique, lui servent de gangue,
et une foule de minéraux s'associent à lui.

Ce minerai forme la base de la plupart des exploitations
qui ont le cuivre pour objet ; c'est lui que l'on exploite dans
la province de Smolande en Suède, dans plusieurs mines de
la Cornouailles, d ns celles de la Silésie et de la Norwége,
dans celles de Chessy et de Saint-Bel en France , dans celles
de la Savoie, du Piémont, etc. Nous avons dit deux mots ,
en parlant des usages multipliés du cuivre métallique, du
traitement long et coûteux des minerais qui le recèlent ; et
c'est particulièrement au cuivre pyriteux que cela s'applique
de point en point, car c'est lui qui exige ces grillages et ces
refontes alternatives et multipliées dont nous avons fait
mention ; nous ajouterons seulement ici qu'il arrive quelquefois que, pour désoxyder un minerai trop grillé, l'on a recours à une certaine dose de minerai cru, qui donne naissance à de l'acide sulfureux, qui achève en s'évaporant de
revivifier le cuivre.

TROISIÈME ESPÈCE.

CUIVRE GRIS (fahlerz de Werner, autrefois argent gris).

SIGNALEMENT.

*Fusible au chalumeau en donnant une odeur d'ail plus ou
moins prononcée ; couleur ordinaire, le gris de l'acier poli.*

Toutes les variétés de cuivre gris ont pour forme primitive l'octaèdre régulier, et pour toutes la forme habituelle
est le tétraèdre régulier.

Cassure grenue, peu éclatante.

Facile à briser ; nullement malléable.

La fusibilité au chalumeau, en donnant des vapeurs arse-
nicales, la propriété de colorer le borax soit en vert émeraude, soit en rouge à volonté, suffisent pour faire distin-

guer le cuivre gris des autres substances grises, qui sont en très-grand nombre.

M. Henri Rose a distingué deux variétés de cuivre gris souvent mélangées ensemble; ce sont : 1° le *fahlerz*, dont la pesanteur spécifique est 4,80; 2° la *tennantite*, dont la pesanteur spécifique est 4,5.

ANALYSE DU FAHLERZ DE GERDARST.

Cuivre. . . .	52,68	
Soufre. . . .	26,33	
Arsenic . . .	7,21	
Antimoine. .	16,52	92,77
Fer	4,89	
Zinc.	2,77	
Argent. . . .	2,37	

ANALYSE DE LA TENNANTITE DE LA CORNOUAILLES.

Cuivre. . . .	45,32	
Soufre. . . .	28,74	95,16
Arsenic	11,84	
Fer	9,26	

La tennantite doit à l'arsenic qu'elle contient une couleur plus foncée et une plus grande fragilité.

Variétés.

Les cristaux de cuivre gris, non seulement dérivent du tétraèdre régulier, qui leur sert de noyau ; mais ce solide, le plus simple de tous ceux que l'on peut imaginer, puisqu'il n'a que quatre pans, prédomine dans la plupart de leurs variétés. C'est ainsi qu'on trouve les suivantes :

Cuivre gris primitif. Le tétraèdre régulier simple.

Dodécaèdre. Chaque face porte une pyramide à 3 faces tellement surbaissée, que le cristal entier paraît encore pyramidal.

Épointé. Les 4 angles solides sont remplacés par une facette. Haüy en décrit 13 variétés.

Massif.

APPENDICE.

Cuivre gris platinifère. Cette variété, dans laquelle Vauquelin a découvert une certaine dose de platine, se trouve à Gadalcanal, en Espagne, et est accompagnée d'argent antimonié arsenifère.

Cuivre gris arsenifère. Se distingue des autres par l'odeur d'ail qu'il répand quand on en expose un fragment à la simple flamme d'une bougie.

Gisemens, localités, usages.

Le cuivre gris partage les gisemens et les localités du cuivre pyriteux, mais il ne se trouve point en aussi grandes masses que lui. Il l'accompagne presque toujours, il est vrai; mais c'est plutôt en veines ou en cristaux que de toute autre manière. Le cuivre gris se confond dans le traitement métallurgique avec le cuivre pyriteux; mais, s'il est généralement plus riche et moins chargé de fer sulfuré que les pyrites cuivreuses massives, il introduit dans la fonte un si grand nombre de métaux étrangers, qu'il nuit souvent à la qualité du cuivre que l'on obtient, qu'il le rend aigre ou cassant, qu'il retarde son affinage, et que c'est à lui qu'il faut attribuer le reste d'antimoine et d'arsenic qui se trouve souvent dans les rosettes du commerce, qui ne sont propres qu'à la fabrication du bronze ou du métal de cloche, et nullement à celle des casses et des planches de doublage.

QUATRIÈME ESPÈCE.

CUIVRE SULFURÉ (kupferglas de Werner, autrefois cuivre vitreux).

SIGNALEMENT.

Fusible à la simple flamme d'une bougie quand il est pur; se coupe au couteau.

Forme primitive, prisme hexaèdre régulier.

Pesanteur spécifique, 4,81 à 5,30.

Ce sulfure est d'un gris bleuâtre, sa couleur se ternit quand il est impur.

Cassure tantôt lamellaire, tantôt compacte.

Il y a une grande analogie entre le cuivre sulfuré et l'argent sulfuré : quand ces substances ne sont pas en cristaux, il faut, pour les distinguer, faire un essai au chalumeau ; en ajoutant de la soude, on a d'une part du cuivre métallique, de l'autre de l'argent.

Cuivre. . . . 74,50 ⎞
Soufre. . . . 25,50 ⎟ 100,00

Variétés.

Cuivre sulfuré primitif. Un prisme hexaèdre régulier.

Dodécaèdre. Deux pyramides à 6 faces triangulaires opposées base à base.

Trapézien. Le même, dont les 2 sommets sont remplacés par une facette hexagonale, etc.

Laminiforme. De Norwége.

Compacte.

Spiciforme (autrefois argent en épis). En petites masses plates, dont la surface présente des saillies ou des écailles à recouvrement, qui ont fait penser aux uns que ces corps sont dus à des cônes, et, aux autres, à des épis d'une espèce particulière de graminées.

Hépatique. C'est le produit d'une altération particulière analogue à celle du cuivre pyriteux.

APPENDICE.

Cuivre sulfuré argentifère. Aigre, s'égrenant sous le couteau. Éclat métallique assez grand qui ne se ternit point à l'air ; fragile.

$$
\left.
\begin{array}{lr}
\text{Cuivre.} \ . \ . \ . & 30,48 \\
\text{Soufre.} \ . \ . \ . & 15,78 \\
\text{Argent.} \ . \ . \ . & 52,27 \\
\text{Perte} \ . \ . \ . \ . & 0,67
\end{array}
\right\} \ 100,00
$$

Cuivre sulfuré bismuthifère. Ce sulfure double est d'un gris d'acier, tendre, ductile, très-fusible.

Gisemens et localités.

Le cuivre sulfuré se trouve quelquefois dans les mêmes terrains et dans les mêmes gîtes que les cuivres gris et pyriteux ; c'est au moins de cette manière qu'il se présente en Angleterre, tandis qu'en Sibérie, c'est avec le cuivre carbonaté vert ou bleu qu'il se montre le plus ordinairement associé. Ailleurs, il forme à lui seul des filons assez puissans, qui traversent les roches primordiales, telles qu'en Suède, en Saxe et en Hongrie.

Enfin, la variété spiciforme se trouve dans un filon puissant qui est contenu dans une argile, et ce gîte extraordinaire, joint aux débris de corps organisés qu'il renferme, font assez présumer que sa formation est d'une époque infiniment plus récente que celle des autres gîtes du même minerai. Ce filon particulier se trouve à Frankenberg en Hesse.

CINQUIÈME ESPÈCE.

CUIVRE OXYDULÉ (rothkupfererz de Werner, autrefois cuivre vitreux).

SIGNALEMENT.

Poussière rouge, colorant l'acide nitrique en vert.
Forme primitive, l'octaèdre régulier.
Pesanteur spécifique, 5,6.
Facile à pulvériser.

Réductible en un bouton de cuivre.

Quand on le dissout dans l'acide nitrique, il y a un vif dégagement de vapeurs rutilantes. Soluble dans l'ammoniaque en la colorant en bleu.

Sa couleur ordinaire est le rouge plus ou moins intense ; mais sa surface est souvent déguisée par un enduit vert, ou par une couverte grise métalloïde.

ANALYSE DU CUIVRE OXYDULÉ D'ANGLETERRE, PAR CHENEVIX.

$$\left.\begin{array}{l} \text{Cuivre métallique.} \quad 88,5 \\ \text{Oxygène . . . . .} \quad 11,5 \end{array}\right\} \ 100,0$$

Variétés.

Cuivre oxydulé primitif. L'octaèdre régulier ou cunéiforme ; de Chessy.

Cubique.

Dodécaèdre. De Chessy.

Cubo-octaèdre, etc. De Chessy.

Cubo-dodécaèdre. De Chessy.

Capillaire. En petites houppes ou aigrettes d'un rouge vif, composées d'aiguilles excessivement fines.

Filiforme. En filamens tortueux.

Laminaire.

Lamellaire.

Subréticulé.

Massif.

Terreux. Vulgairement cuivre tuilé. Il ressemble à certains minerais de fer oxydé rouge, et contient en effet une certaine dose de cette substance, puisqu'il devient attirable à l'aimant lorsqu'il a été chauffé au chalumeau.

APPENDICE.

Cuivre oxydulé arsenifère.

Fusible au chalumeau, ou même à la flamme d'une bougie,

sans odeur ni fumée ; mais, traité sur le charbon, il y répand des vapeurs et une odeur arsenicale très-sensible. Enfin, traité dans l'acide nitrique, il s'y dissout en y laissant un dépôt jaunâtre qui a tous les caractères de l'acide arsenié.

Ce minerai, reconnu par M. Lelièvre, accompagne des cristaux de cuivre arseniaté, dont il semble avoir partagé l'acide.

Gisemens, localités, usages.

Le cuivre oxydulé, un des minerais les plus riches que l'on puisse exploiter, accompagne le cuivre natif dans les terrains primitifs de la Cornouailles. Il a souvent pour gangue immédiate le fer oxydé, dont il est susceptible de se pénétrer, ainsi que nous l'avons vu en parlant du cuivre oxydulé terreux.

Ce minerai s'associe très-souvent aussi avec les cuivres carbonatés bleus ou verts ; et, par l'effet d'un commencement d'altération extérieure, il se couvre souvent d'une couche de carbonate vert, qui ressemble à la *patine* des statues et des médailles de bronze antique. Tels sont les cristaux isolés de Nikolewski en Sibérie, et ceux de Chessy, près de Lyon. Le cuivre oxydulé est d'autant plus précieux pour l'exploitant, qu'il suffit de le fondre en contact avec le charbon pour en retirer du premier feu tout le cuivre métallique qu'il contient.

SIXIÈME ESPÈCE.

CUIVRE SÉLÉNIÉ.

SIGNALEMENT.

Dégageant par la chaleur une forte odeur de rave.
Couleur voisine de celle de l'argent natif.
Consistance molle, qui permet d'aplatir et de polir ce minerai par le choc du marteau.
S'électrisant résineusement par le frottement.

On doit la connaissance de ce minerai à M. Berzélius, qui reconnut en l'analysant la présence d'un nouveau principe, auquel il a donné le nom de *selenium*.

Cuivre. . . . 61,47   100,00
Selenium . . 38,53

Gisemens et localités.

Le cuivre selenié ne s'est point encore trouvé sous la forme de cristaux réguliers ; il se présente simplement engagé dans les fissures d'une chaux carbonatée laminaire, à Skrickerum, dans la province de Smolande en Suède ; des taches noires annoncent sa présence, et, lorsqu'on vient à briser la gangue dans ces places noires, on met à découvert des espèces de dendrites métalliques et blanches. La partie noire est susceptible d'acquérir le même éclat par le frottement d'un corps dur.

SEPTIÈME ESPÈCE.

CUIVRE SELENIÉ ARGENTAL. (eukairile de Berzélius).

SIGNALEMENT.

Odeur de rave quand on le chauffe au chalumeau ; dissoluble dans l'acide nitrique étendu et chauffé, avec précipité blanc.

Couleur d'un gris métallique plombé.

Cassure grenue ; consistance molle qui permet de l'entamer avec le couteau ; la coupure a le brillant de l'argent.

Isolé et frotté, il s'électrise résineusement.

Au chalumeau, il donne un grain métallique gris, cassant, et répand pendant l'opération l'odeur caractéristique de raifort pourri.

Argent	58,95	
Cuivre	23,05	
Selenium.	26,00	100,00
Substances terreuses étrangères.	8,90	
Perte.	3,12	

Gisement et localité.

Ce minéral, encore très-rare, se trouve, comme le précédent, à Skrickerum en Smolande, province de Suède, où il est entremêlé de chaux carbonatée et de parties noires qui, suivant M. Berzélius, ne seraient que de la serpentine pénétrée de seleniure de cuivre.

HUITIÈME ESPÈCE.

CUIVRE HYDRO-SILICEUX ou CUIVRE HYDRATÉ SILICEUX
(eisenschussiggs kupfergrun de Werner).

SIGNALEMENT.

Perdant sa couleur verte dans l'acide nitrique froid, y devenant blanc et translucide.

Ce silicate de cuivre présente pour caractère principal sa couleur verte tirant sur le bleu et son éclat résineux. C'est un minéral assez dur, à cassure conchoïde.

Pesanteur spécifique, 2,7 à 3,2.

Ne colorant point l'alkali volatil en bleu, ainsi que cela arrive au cuivre carbonaté vert, quelquefois susceptible de se laisser couper comme le savon.

Perdant à l'air sa demi-transparence, et tombant quelquefois en miettes.

ANALYSE DU SILICATE DE CUIVRE DE NEW-JERSEY.

Oxyde de cuivre. . .	41,17	
Silice.	57,25	100,00
Eau.	17,58	
Mélanges.	4,00	

Variétés de formes, de tissus et de couleurs.

Ce silicate de cuivre n'est pas aussi bien caractérisé que le cuivre dioptase ; on ne peut pas donner sa forme primitive ; on a quelques cristaux, mais ce sont des cristaux de quarz imprégnés de silicate de cuivre, et généralement dans tous les échantillons non cristallisés il y a un mélange variable de quarz qui fait varier la densité.

Radié. Globules d'un vert clair, composés de lamelles satinées divergentes.

Résinite.

Compacte.

Savonneux. En masses amorphes peu étendues, ou en globules mamelonnés qui se laissent couper à la manière du savon ou de la cire, et dont la couleur varie du vert bleuâtre au bleu céleste.

Gisemens et localités.

On trouve le cuivre hydraté siliceux parmi les autres minerais de cuivre, et particulièrement dans le cuivre carbonaté vert qui lui sert quelquefois de gangue immédiate, et avec lequel il avait été confondu.

Le cuivre hydraté siliceux cristallisé se trouve en Sibérie, près de Cathermbourg, où il a pour gangue un fer oxydé brun.

Celui qui se présente en petites masses mamelonnées a découvert à Ehl, près de Reihnbreisenbach sur le Rhin ; ici il a pour gangue un quarz hyalin massif.

Le cuivre hydraté a été rapporté du Chili et du cap de Gate en Espagne. Enfin, je viens d'en trouver plusieurs jolies variétés dans les travaux de recherches que je fais exécuter sur des indices de cuivre situés aux Farges, près de Villac, département de la Dordogne ; elles ont pour gangue le cuivre sulfuré, le cuivre carbonaté vert, et sont situées dans des veines qui traversent des bancs de grès rouge et bigarré.

Ce silicate de cuivre constitue en grande partie la kieselmalachite exploitée à la mine de Canaveilles (Pyrénées orientales.)

NEUVIÈME ESPÈCE.

CUIVRE DIOPTASE (kupfersmaragd de Werner).

SIGNALEMENT.

*Insoluble, et conservant sa belle couleur verte dans l'acide
nitrique même chauffé; prenant une couleur marron au chalumeau, et donnant un grain de cuivre par l'addition du
borax.*

Forme primitive, un rhomboïde obtus.

Pesanteur spécifique, 5,26.

Rayant difficilement le verre.

Isolé et frotté, il s'électrise résineusement, et il est bon
conducteur.

ANALYSE.

Cuivre oxydé. . .	45,10	
Silice	56,85	
Eau	11,52	99,54
Alumine.	2,25	
Chaux.	5,59	
Magnésie. . . .	0,25	

On ne peut confondre ce minéral, tel que nous le connaissons, qu'avec l'émeraude ; la phrase du signalement l'en distingue nettement.

Variété.

Cuivre dioptase, dodécaèdre, translucide et d'un beau
vert d'émeraude. Jusqu'ici c'est la seule variété connue de
ce minéral, encore très-rare dans les collections.

Localité.

Le cuivre dioptase n'a encore été rapporté qu'une seule

fois de la Bucharie chinoise, par un négociant nommé Achir Malmed. On ignore les circonstances qui caractérisent son gisement.

DIXIÈME ESPÈCE.

CUIVRE MURIATÉ (salzkupfer de Werner, autrefois sable du Pérou).

SIGNALEMENT.

Soluble sans effervescence dans l'acide nitrique; colorant presque subitement l'alkali volatil en bleu.

Colorant la flamme du papier ou du bois en bleu et en vert, quand on en jette la poussière dessus.

Forme primitive, prisme droit rhomboïdal.

Pesanteur spécifique, 4,48.

Couleur d'un beau vert foncé, éclat adamantin.

ANALYSE PAR PROUST ET KLAPROTH.

Deutoxyde de cuivre. . .	53,59	
Deutochlorure de cuivre.	30,21	100,00
Eau	16,20	

On voit d'après cette analyse que ce minéral est chimiquement un oxy-chlorure.

Variétés de formes et de tissus.

Cuivre muriaté octaèdre. En très-petits octaèdres cunéiformes.

Quadri-hexagonal. La précédente, dont l'arête terminale est remplacée par une facette rectangulaire.

Aciculaire.

Lamelliforme.

Concrétionné. Du Vésuve, dans une lave grise.

Muscoïde. Semblable à de la mousse naissante.

Compacte. Du Pérou.

Pulvérulent. Vulgairement sable du Pérou. Suivant

M. Rivero, tout le sable cuivreux rapporté du Pérou, provient de masses compactes ou aciculaires, qui ont été broyées par les naturels du pays. L'observation de M. Lucas, qui a trouvé de petits cristaux octaèdres cunéiformes, isolés dans ce sable, paraît contraire à cette opinion.

Gisemens et localités.

Dombey, célèbre botaniste, rapporta le premier le cuivre muriaté pulvérulent du Perou, dont il avait acheté une certaine quantité d'un naturel du pays, qui lui avait assuré qu'on le trouvait dans une petite rivière de la province de Lipès, qui se perdait dans les sables du désert d'Atagama, entre le Pérou et le Chili. Depuis cette époque, le cuivre muriaté a été découvert à Rimolinos, au Chili, sous la forme de cristaux octaèdres ou d'aiguilles plus ou moins déliées, do it la gangue est un quarz mélangé d'argile ferrugineuse d'un jaune vif. Il s'associe au cuivre oxydulé terreux, et repose alors sur la chaux carbonatée granulaire, mélangée d'argile. M. Robinson, et plusieurs autres minéralogistes depuis lui, ont trouvé le cuivre muriaté dans les laves du Vésuve, sur lesquelles il paraît s'être sublimé.

ONZIÈME ESPÉCE.

CUIVRE CARBONATÉ. (Cette espèce réunit actuellement le cuivre azuré et la malachite ; le kupferlasur et le malachit de Werner.)

SIGNALEMENT.

Vert d'émeraude ou bleu d'indigo ; dissoluble dans l'acide nitrique avec effervescence, et le colorant toujours en vert.

1re *Variété,* cuivre carbonaté bleu.

Forme primitive, prisme rhomboïdal oblique.
Clivages suivant les trois faces du prisme, ce qui avait fait croire que la forme primitive était un rhomboïde.

Couleur d'un très-beau bleu, mais peu persistant; passant facilement au carbonate vert, et altérable surtout par l'action de la chaleur.

Pesanteur spécifique, 3,75.

Se trouve généralement à l'état cristallin.

ANALYSE DU CUIVRE CARBONATÉ BLEU.

Oxyde de cuivre. . 69 08 ⎫
Acide carbonique. 25,72 ⎬ 100,00
Eau. . . . . 5,20 ⎭

2me *Variété*, cuivre carbonaté vert.

Forme primitive, prisme rhomboïdal oblique, différent de celui du cuivre carbonaté bleu.

Couleur d'un vert mat.

Pesanteur spécifique, 3,5.

Dureté beaucoup moins grande que celle du carbonate bleu.

ANALYSE DU CARBONATE VERT DE SIBÉRIE.

Oxyde de cuivre. . 71,84 ⎫
Acide carbonique. 19,95 ⎬ 100,00
Eau. . . . . 8,21 ⎭

Variétés de formes, de tissus et de couleurs.

Cuivre carbonaté unibinaire. Un prisme à 4 pans, dont les bases sont entourées de deux côtés seulement par 2 facettes additionnelles.

Dodécaèdre. Un dodécaèdre à pans rhombes, dont 6 se sont alongés comme dans les variétés cristallines.

Toutes les formes décrites par Haüy se trouvent à Chessy, et appartiennent à la variété bleue. Il est souvent difficile de placer ces cristaux, d'ailleurs très-nets, dans leur véritable position.

Lamelliforme. En petites lames bleues, biselées sur les bords, striées et diversement inclinées.

Aciculaire radié. En aiguilles d'un beau vert, dont l'extrémité est souvent terminée par des facettes si petites, qu'on ne peut déterminer à quelle variété on doit les rapporter.

Globulaire. En boules bleues, dont la surface est hérissée de rudimens de cristaux qui se prolongent à l'intérieur en aiguilles qui convergent vers un centre commun, et qui ressemblent en cela aux pyrites ferrugineuses radiées.

Fibreux radié. En masses mamelonnées d'un beau vert velouté, dont l'intérieur est composé d'aiguilles soyeuses divergentes, excessivement serrées les unes contre les autres, et qui reçoivent un beau poli; souvent aussi les aiguilles sont libres à leur extrémité, et forment de petites houppes ou aigrettes d'une délicatesse extrême. Ceci est la malachite proprement dite.

Fibreux testacé. En masses mamelonnées, dont les tubercules sont composés de couches concentriques d'un vert plus ou moins foncé, qui se fondent de l'une à l'autre par des nuances douces et veloutées, qu'un beau poli met à découvert. C'est la malachite des bijoutiers.

Compacte. En espèces de stalactites dont l'intérieur, compacte en apparence, est cependant composé d'aiguilles excessivement fines et excessivement serrées. Elle reçoit un beau poli.

Terreux. Bleu ou vert de montagne; fleurs de cuivre des mineurs. Cette variété, fort commune dans les pays de mine, se trouve souvent à la surface des roches qui recèlent d'autres minerais.

Épigène. Ce sont ordinairement de gros cristaux de la variété bleue, dont la surface est recouverte d'une couche verte provenant d'un commencement d'altération.

Les deux seules couleurs propres à cette espèce sont le beau vert d'émeraude velouté et le beau bleu d'indigo; mais les nuances de ces deux couleurs se trouvent presque toutes réunies dans ces minerais, excepté les verts tirant sur le jaune, et le bleu tirant sur le lilas ou le violet rougeâtre. Qua.t aux degrés de transparence, ils sont à peu près nuls dans la variété verte, et se réduisent au translucide et au demi-transparent dans les cristaux bleus les plus purs.

Les deux variétés du cuivre carbonaté bleu et du cuivre carbonaté vert ont fourni deux espèces séparées jusqu'à présent ; mais la belle découverte des cristaux de carbonate bleu faite à Chessy, près de Lyon, et les accidens qui ont démontré que les deux prétendues espèces passaient de l'une à l'autre dans la même masse et dans le même cristal ont déterminé le savant Haüy à opérer la réunion de ces deux minerais.

APPENDICE.

On rencontre une troisième variété de cuivre carbonaté à laquelle on a donné le nom de *mysorine*. Sa couleur est d'un brun noirâtre passant quelquefois au vert par suite d'une altération qui la tranforme en malachite.

Pesanteur spécifique, 2,60.

Soluble avec effervescence dans les acides, cassure conchoïde.

ANALYSE.

Oxyde de cuivre. . .	60,75	
Acide carbonique . .	16,70	
Peroxyde de fer. . .	19,50	100,00
Silice.	2,10	
Perte.	0,95	

La mysorine participe aux gisemens des deux autres espèces de cuivre carbonaté.

Gisemens, localités, usages.

Le cuivre carbonaté se trouve ordinairement associé aux autres minerais de cuivre ; mais il est souvent accompagné de plusieurs autres substances métalliques, telles que le plomb sulfuré, le zinc sulfuré, le fer oxydé brun et le fer sulfuré. Les mines de la Sibérie et du bannat de Hongrie nous fournissent les plus belles variétés du cuivre vert malachite, les masses compactes les plus susceptibles d'être travaillées en objets d'ornement; mais les mines de Chessy, près de Lyon, fournissent, depuis dix ans, ce que l'on peut souhaiter de plus parfait et de plus brillant en cristaux isolés ou groupés de la variété bleue. Le Hartz, la Pensylvanie et le Chili, renferment aussi du cuivre carbonaté bleu et vert, mais nous ignorons quels sont les terrains qui les renferment; quant à celui qui a été découvert à Chessy, vers 1812, il est disséminé dans l'*arkose*, grès situé à l'étage inférieur du *lias* au contact des terrains anciens. C'est surtout dans l'argile qui sépare les bancs de ce grès que l'on trouve les plus beaux cristaux bleus dont nous avons parlé.

On fait, dans ce moment même, des recherches sur un terrain parfaitement analogue à celui de Chessy, et qui se montre aussi pénétré de veines et de rognons de cuivre oxydulé, sulfuré et carbonaté. Ces travaux se font sur les limites des départemens de la Corrèze et de la Dordogne, et nous les avons déjà cités comme ayant offert quelques variétés du cuivre hydraté-siliceux.

Le principal usage du cuivre carbonaté vert et bleu est de servir à la fabrication du cuivre, dont il contient une forte dose; mais, outre ce premier emploi qui est sans contredit le plus important, les variétés vertes et compactes sont très-recherchées dans la bijouterie comme objet d'ornement, et même dans la décoration, comme la matière la plus riche et la plus magnifique que l'on puisse choisir pour la confection des socles, des vases, des chambranles de cheminées, pour les tables des meubles les plus précieux, etc. Quant au cuivre carbonaté pulvérulent, il était connu sous le nom de pierre d'Arménie dans l'ancienne minéralogie; on lui attribuait beaucoup de propriétés médicinales, et les peintres s'en servaient à défaut d'une meilleure couleur. Je crois même que l'on en prépare encore dans les montagnes du Tyrol pour la peinture des jouets d'enfans.

DOUZIÈME ESPÈCE.

CUIVRE ARSENIATÉ.

SIGNALEMENT.

Décrépitant et réductible au chalumeau en un bouton métallique blanc et cassant; forte odeur arsenicale pendant l'essai, dissoluble dans l'acide nitrique sans effervescence, et en le colorant légèrement en vert.

On distingue quatre variétes de cuivre arseniaté qui affectent trois formes primitives différentes.

Les deux premières variétés cristallisent, l'une en octaèdre aigu, l'autre en octaèdre obtus, ce qui rentre dans la même forme primitive.

La variété en octaèdre aigu est d'un vert très-foncé, et ne présente pas de clivage; sa pesanteur spécifique est 4,2.

La variété en octaèdre obtus est d'un beau bleu à cassure lamelleuse; sa pesanteur spécifique est 2,80.

La troisième variété a pour forme primitive un rhomboïde; elle se présente constamment en petites lames hexagonales d'un vert d'émeraude.

La quatrième variété cristallise en prisme oblique, elle est d'un vert olive et ressemble assez au pyroxène; mais, d'après les caractères que nous avons donnés de ce minéral, il est facile de l'en distinguer.

ANALYSE DU CUIVRE ARSENIATÉ OCTAÈDRE AIGU.

Oxyde de cuivre. . . 60,00) 99,70
Acide arsenique. . . 39,70)

ANALYSE DU CUIVRE ARSENIATÉ OCTAÈDRE OBTUS, PAR CHENEVIX.

Oxyde de cuivre. . .   49
Acide arsenique. , .   14 } 100
Eau.   55
Perte.   2

DE LA VARIÉTÉ ANNULAIRE, PAR LE MÊME.

Oxyde de cuivre. . .   51
Acide arsenique. . .   29 } 100
Eau.   18
Perte.   2

On ne peut confondre cette espèce qu'avec l'urane oxydé vert et le cuivre carbonaté vert : les deux caractères du signalement suffisent pour le distinguer de l'un et de l'autre.

Variétés de formes, de tissus et de couleurs.

Cuivre arseniaté,. octaèdre obtus, souvent *cunéiforme.* Bleu céleste, vert sombre ou vert pâle.

Hexagonal lamelliforme. En lames hexagonales irrégulières, d'un beau vert, et dont les faces étroites sont inclinées alternativement en sens contraire.

Octaèdre aigu. D'un vert brunâtre plus ou moins foncé, et dont les sommets sont souvent cunéiformes.

Prismatique triangulaire. Vert bleuâtre, qui se couvre quelquefois à l'air d'un enduit noirâtre que l'on peut enlever en le grattant.

Aciculaire. Vert sombre.

Mamelonné fibreux. En petites masses composées d'aiguilles fines et divergentes satinées, et qui imitent la disposition des aiguilles de l'hématite. Vert bleuâtre, quelquefois couleur de bois ou tout-à-fait blanc.

Terreux. Jaune verdâtre.

Altéré. Produit par une sorte de relâchement ou peut-être par la perte d'une partie de son eau de cristallisation. Les

différens degrés de cette altération produisent le vert olivâtre, le jaunâtre, et enfin le gris blanchâtre satiné.

APPENDICE.

Cuivre arseniaté ferrifère. En très-petits cristaux dodécaèdres, composés d'un prisme rhomboïdal, terminés à chaque
sommet par une pyramide à 4 faces triangulaires scalènes.

En petites masses mamelonnées d'un bleu très-pâle.

ANALYSE PAR CHENEVIX.

Oxyde de cuivre. . .	22,5	
Acide arsenique. . .	33,5	
Oxyde de fer	27,5	100,0
Eau.	12,0	
Perte.	4,5	

M. Chenevix considère cette variété comme un simple
mélange de cuivre arseniaté et de fer , M. de Bournon la
considère comme une combinaison triple de cuivre, de fer et
d'acide arsenique.

Découvert par MM. Cressac et Alluau à Saint-Léonard,
près de Limoges , département de la Haute-Vienne, où sa
gangue est un quarz.

Gisemens et localités.

Suivant M. de Bournon, les cuivres arseniatés, dont les
plus belles variétés viennent de la Cornouailles, se trouvent
dans un granite altéré dont le feldspath est passé en grande
partie à l'état de kaolin , et leurs gangues immédiates sont
tantôt le quarz, tantôt un fer oxydé brunâtre, avec association de cuivre pyriteux. On trouve aussi ce minerai, mais en
beaucoup moindre abondance, à Altenkirken, dans la prin-
cipauté de Nassau-Hissengen ; sa gangue est le quarz ferrugineux, et il s'y montre associé avec le cuivre oxydulé et
phosphaté.

TREIZIÈME ESPÈCE.

CUIVRE PHOSPHATÉ (phosphor-kupfer de Werner).

SIGNALEMENT.

Fusible à la simple flamme d'une bougie en un bouton gris métallique ; dissoluble dans l'acide nitrique sans effervescence.

Il existe deux variétés de cuivre phosphaté qui diffèrent par la composition et la forme primitive.

La forme primitive est le prisme rhomboïdal droit pour une des variétés, le prisme rhomboïdal oblique pour l'autre variété.

Pesanteur spécique, 4,07.

Les cristaux sont toujours assez brillans, sans clivages. La couleur est d'un vert foncé à la surface, plus clair à l'intérieur.

ANALYSE DE LA 1ᵉ VARIÉTÉ.

Oxyde de cuivre. . .	29,00	
Acide phosphorique.	64,00	100,00
Eau	7,00	

ANALYSE DE LA 2ᵐᵉ VARIÉTÉ.

Oxyde de cuivre. . .	62,48	
Acide phosphorique.	21,68	99,61
Eau	15,45	

Variétés de formes, de tissus et de couleurs.

Cuivre phosphaté primitif. Octaèdre ordinaire ou cunéiforme, d'un vert foncé.

Prismatique rhomboïdal curviligne. En cristaux prismatiques dont les pans sont courbes, et qui, vus à la loupe, semblent être composés par la réunion d'une foule d'autres petits prismes qui se distinguent par leurs saillies. Ces cristaux sont quelquefois très-courts et ressemblent alors à de simples rhomboïdes obtus, vert dragon.

Mamelonné fibreux. En petites masses compactes, noires à la surface, mais dont l'intérieur est vert.

Si les cuivres carbonatés verts et les arseniates également verts n'étaient pas suffisamment caractérisés par leurs signalemens respectifs, on pourrait peut-être confondre cette espèce avec l'une ou l'autre; mais il suffit du plus léger essai pour sortir du doute que la couleur aurait pu faire naître au premier abord.

Gisemens et localités.

Le cuivre phosphaté a été découvert près de Rheinbreitenbach, dans le duché de Berg; sa gangue est un quarz hyalin blanc ou grisâtre, ordinairement coloré en jaune roussâtre par de l'oxyde de fer, et pénétré de petites concrétions calcédonieuses; il s'y trouve disséminé en petites masses mamelonnées soyeuses. Quant aux cristaux, ils viennent de Schemnitz en Hongrie, où le quarz leur sert également de gangue.

QUATORZIEME ESPÈCE.

CUIVRE SULFATÉ (kupfer-vitriol de Werner, vulgairement vitriol bleu ou couperose bleue).

SIGNALEMENT.

Donnant par le frottement des traces de cuivre rouge sur le fer poli humide.

Saveur fortement stiptique.

Bleu céleste dans les cristaux, bleu pâle dans les efflorescences.

Translucide lorsqu'il est pur, se couvrant d'un enduit terne et farineux.

Cassure conchoïde brillante.

Forme primitive, un parallélipipède obliquangle irrégulier.

Se fondant facilement sur les charbons ardens, et y devenant d'un blanc bleuâtre.

ANALYSE DU CUIVRE SULFATÉ PAR PROUST.

Oxyde noir de cuivre. .	32	
Acide sulfurique. . . .	33	101
Eau.	36	

Variétés de formes.

Les onze variétés de formes cristallines décrites par Haüy sont des produits de l'art ; jusqu'à présent, ce sel ne s'est point rencontré en cristaux déterminables dans le sein de la terre ; ce n'est pour l'ordinaire qu'en efflorescences ou en croûtes cristallines d'un blanc tendre. C'est ainsi qu'il se présente dans l'intérieur des mines où l'on extrait le cuivre pyriteux, qui se décompose facilement.

Gisemens, localités, usages.

Le cuivre sulfaté est souvent dissous dans les eaux qui traversent les couches, les filons ou les mines de cuivre en exploitation ; elles les déposent dans les réservoirs naturels où elles s'amassent, et il se forme ainsi quelques efflorescences, quelques faibles croûtes cristallines où ce sel est souvent mêlé au sulfate de fer. Le plus ordinairement, et en raison du peu de pureté de ce sel naturel, on conduit les eaux qui le tiennent en dissolution dans des cases où l'on jette du vieux fer afin qu'il se décompose, et qu'il abandonne le cuivre métallique qu'il contient ; et c'est là l'origine du cuivre dit de cémentation, qui remplace le fer sans dénaturer entièrement la forme des objets qui étaient exécutés avec ce métal, ce qui pourrait expliquer jusqu'a un certain point comment s'opèrent les pseudomorphoses, par rapport aux corps organisés ou aux cristaux qui changent de nature sans changer de forme (1).

Le sulfate de cuivre est employé comme mordant dans différentes sortes de teintures, et il entre aussi dans le travail des cuirs et des maroquins noirs; il remplace avantageusement le sulfate de fer.

QUATRIÈME GENRE.

FER.

PREMIÈRE ESPÉCE.

FER NATIF (gediegen eisen de Werner).

SIGNALEMENT.

Magnétique ou attirant l'aiguille aimantée; susceptible d'être limé.

Pesanteur spécifique, 7,79.

Éclat inférieur à celui du platine seulement.

Dureté supérieure à celle de tous les autres métaux, mais seulement quand il est converti en acier.

Élasticité *idem;* assez ductile.

C'est le métal le plus tenace. Un fil de dixième de pouce de diamètre peut supporter un poids de 450 livres.

Couleur, le gris légèrement bleuâtre.

Variétés.

Fer natif cubique. De Galam au Sénégal.

Massif. De Karmsdorf en Saxe; d'un gris métallique un peu plus clair que celui du fer de fabrique; cassure hérissée

---

(1) Ici, comme dans toutes les descriptions des métaux natifs, les caractères du métal obtenu par les opérations métallurgiques, sont confondus avec ceux du métal naturel.

de petites aspérités droites ou crochues ; engagé par petites masses dans une gangue composée de fer oxydé, de chaux carbonatée brunissante, et de baryte sulfatée.

Concrétionné. Trouvé par M. Schreiber, inspecteur des mines de France, en stalactites rameuses, enveloppé de fer oxydé brun, dans un filou situé aux environs de Grenoble. Ce fer était très-ductile.

APPENDICE.

Fer natif volcanique. Jouissant naturellement du magnétisme polaire, présentant dans sa cassure une infinité de petites cellules, un tissu raboteux, une couleur blanche et grise, analogue à ce que l'on observe dans la fonte tritée ; de Gravenaire en Auvergne.

Fer aciéreux natif. Pseudovolcanique ; plus dur, que l'acier trempé ; cassure semblable à l'acier de fabrique, susceptible d'acquérir le magnétisme polaire et de le conserver long-temps ; malléable malgré sa grande dureté, et susceptible de recevoir le poli à la manière de l'acier fondu ; de la Bouiche près de Néris, département de l'Allier.

Fer natif pseudovolcanique. Outre ce fer de la Bouiche près de Néris, on a trouvé, aux environs de Decazeville, des masses de fer natif malléable qui sont évidemment dues à l'embrasement de certaines couches de houille, et à la présence du fer carbonaté lithoïde qui abonde dans cette localité. J'ai fait faire des clous avec ce fer naturel qui est très-doux.

Fer météorique (meteoreisen).

La belle masse de fer météorique que le hasard m'a fait rencontrer à la porte de l'église du village de la Caille, près de Grasse, département du Var, est aujourd'hui déposée dans la galerie du Muséum d'histoire naturelle de Paris. Elle pèse 15 quintaux, présente une infinité de crystaux octaédriques ébauchés, contient du chrôme et du nikel , et a tous les caractères extérieurs du damas naturel. Ce beau météorite, qui maintenant est le plus volumineux connu en Europe, fut trouvé, il y a environ 200 ans, sur une montagne de calcaire jurassique nommée Audibert, à la suite d'un grand orage : c'est au moins ce que j'ai recueilli des plus anciens du pays. Elle était connue dans le pays sous le nom de *la pierre de fer*, le ministre de Martignac l'échangea avec la commune de la Caille contre une horloge pour l'église du pays.

Scoriforme. En masses contournées , criblées de trous et renfermant une substance vitreuse qui ressemble à du péridot ; couleur de rouille à l'extérieur, mais prenant l'éclat et la couleur du fer par l'action de la lime; de Sibérie, découvert par Pallas, sous la forme d'une masse isolée, sur le mont Kemir, et pesant alors 1,680 livres.

Granuliforme. En grains généralement peu volumineux, disséminés dans les masses pierreuses que l'on nomme *aérolithes, météorites* ou *bolides*, qui tombent de l'atmosphère sur tous les points de la terre, et sur la chute desquelles nous reviendrons bientôt.

La plupart des physiciens et des minéralogistes rapportent à cette même origine météorique les masses de fer natif isolées, que l'on rencontre sous toutes les latitudes , et qui présentent dans leur composition un point d'analogie infiniment remarquable, savoir, la présence du nickel, métal rare à la surface du globe terrestre , et qui partage avec le fer la faculté d'acquérir le magnétisme polaire.

Gisemens et localités.

Nous avons déjà vu que le fer natif terrestre s'était trouvé d'une part dans les produits volcaniques de l'Auvergne , de l'autre, dans des filons qui n'ont rien de commun avec ce genre de terrain. A l'égard de l'acier natif de la Bouiche, il fut découvert dans un terrain naturellement embrasé par

une couche de houille en feu , et il paraît que le fer contenu
peut-être dans le minerai qui accompagne ordinairement la
houille (le fer carbonaté lithoïde), aura donné par la fusion, en contact avec le coak que l'on trouve tout fait dans
ce gîte singulier , un acier naturel analogue à celui que l'on
obtient en traitant certains minerais de fer par la méthode
catalane. Voilà tout ce que nous savons sur le gisement du
fer natif terrestre; quant au fer atmosphérique, son histoire se rattache à celle des météorites , que nous allons ré-
sumer en peu de mots.

<h3 style="text-align:center">DES MÉTÉORITES.</h3>

Il n'est plus permis de douter de la chute des pierres atmosphériques ; ce fait , long-temps contesté, est aujourd'hui
prouvé d'une manière irrévocable. Il est donc certain, disons-
nous , que des masses pierreuses se précipitent de l'atmosphère à la surface de la terre.

Que leur chute est toujours accompagnée d'un globe lumineux qui traverse l'air avec une grande rapidité.

Qu'une détonation très-forte se fait toujours entendre,
et qu'elle est immédiatement suivie de sifflemens analogues
à ceux des balles ou des pierres qui sont lancées avec une
fronde.

Que ces chutes n'ont rien de commun avec les orages ,
puisqu'elles ont presque toujours lieu par un temps clair et
serein.

Que l'on n'a point pu se méprendre sur leur origine étrangère et ramasser des pierres du sol en croyant qu'elles étaient
tombées , puisque ces pierres atmosphériques n'ont aucun
rapport avec aucune des roches terrestres , ni pour l'aspect
ni pour la composition , tandis qu'elles se ressemblent toutes, à une seule exception près, malgré les points éloignés où
elles se sont précipitées.

Que, sans compter le témoignage non équivoque d'une infinité de gens qui ont vu tomber ces pierres , qui se, sont
brûlés en les ramassant, et dont les narrations ont une con-
formité frappante, il est d'autres témoins encore : ce sont
les arbres meurtris, les branches cassées , les trous faits dans
le sol , et dans lesquels M. Biot lui-même a trouvé une de
ces pierres.

Enfin, les témoignages historiques viennent en foule à l'appui de ce fait qui, tout extraordinaire et tout inexplicable
qu'il est, n'en est pas moins avéré. Des catalogues chronolo-
giques des chutes ont été dressés par plusieurs savans distingués, et entre autres par MM. Chladni et Morogue. Reste à
savoir d'où partent ces corps pierreux et quelle est leur origine. Mais ici la science, qui affirme la chute, propose de
simples explications avec la réserve et la modestie qui caractérise précisément la brillante époque où nous vivons.

On a proposé de supposer qu'il existait dans l'espace de
petits corps composés de matières denses, indépendans des
grands corps planétaires qui, mis en mouvement par une
force de projection quelconque, ou même par l'attraction
de la terre, les détermineraient à se précipiter à sa surface
avec une telle rapidité, que le frottement qu'elles éprouve-
raient en traversant l'atmosphère suffirait pour les porter
au point d'incandescence qu'elles subissent, toujours avant
de terminer leur course rapide. Telle est l'opinion de Chladni.

D'autres physiciens ont pensé que les élémens qui composent les météorites auraient été d'abord dans un état gazeux
et dissous dans l'atmosphère , et que leur coagulation aurait
été le résultat d'une cause quelconque, qui aurait nécessairement donné naissance au dégagement de chaleur et de lumière qui accompagne toujours ces chutes. Mais, en supposant que le fer, le nickel et les autres élémens puissent être
tenus en dissolution dans l'atmosphère , comment supposer
qu'ils puissent former des masses de plusieurs quintaux avant

qu'elles obéissent à la loi naturelle de la gravitation ? et comment toutes ces masses, formées à des distances énormes les unes des autres, offriraient-elles cette ressemblance parfaite d'aspect et de composition ?

Enfin, l'explication proposée par le célèbre Laplace consiste à supposer qu'il existe des volcans dans la lune, et que leurs explosions sont capables de lancer des masses pierreuses à une distance telle, que l'attraction de la lune cesserait d'agir sur elles, en même temps qu'elles entreraient dans le domaine de l'attraction terrestre, qui s'étend bien au-delà de l'attraction lunaire. Or, le calcul prouve que la vitesse initiale que nécessiterait ce passage d'une attraction dans l'autre, n'exigerait qu'une force environ quatre fois et demie plus grande que celle qu'une pièce de 24 chargée de 12 livres de poudre imprime à un boulet de calibre, ce qui n'a certainement rien d'extraordinaire quand on compare les effets des volcans terrestres avec ceux de notre plus grosse artillerie.

Nous répétons que ces explications ne sont que proposées, et que l'on est loin de leur attacher un degré de certitude qui, dans l'état actuel de nos connaissances, ne pourrait être considéré que comme très-prématuré (1).

Nous connaissons trois espèces de météorites, savoir : les *météorites ductiles*, les *météorites granulaires* et les *météorites charbonneux*.

Les *météorites ductiles* sont ceux dont la masse presque entière est composée de fer métallique susceptible d'être limé et forgé. Ce sont ces masses de fer isolées, d'un grand volume, d'un poids considérable, qui se sont trouvées en Sibérie, au Sénégal, au cap de Bonne-Espérance, au Brésil et ail-

---

(1) On pourra consulter, pour de plus amples explications, les ouvrages de MM. Chladni, Bigot de Morogue, Marcel de Serre, les dictionnaires d'histoire naturelle, celui des sciences naturelles, le Traité de minéralogie d'Hauy, etc.

leurs, et qui se distinguent du fer travaillé par la présence
du nickel, dont elles contiennent toujours une certaine dose.
De nos jours, nous avons peu d'exemples de la chute de cette
première espèce de météorite ; mais les historiens parlent
souvent de la chute de masses de fer, et l'on doit les ranger
dans cette première série.

Les *météorites granulaires* sont les plus communs ; ce sont
eux qui tombent de nos jours et qui forment quelquefois,
par leur grand nombre, ce que l'on appelle pluie ou grêle
de pierres. Les météorites granulaires se présentent sous la
forme de masses polièdriques irrégulières , dont les angles
et les arètes sont arrondis, dont toute la surface est couverte
d'une sorte de vernis noir et luisant d'une très-faible épaisseur, rude au toucher, et qui porte avec lui tous les caractères d'une matière fondue. L'intérieur est ordinairement d'un
gris cendré plus ou moins foncé, taché parfois par de la
rouille ; son tissu est grossièrement granulaire, et présente,
d'une manière plus ou moins apparente, des grains de fer à
l'état métallique, qui sont malléables et attirables à l'aimant;
du fer sulfuré disséminé, rougeâtre, et des globules bruns
ou noirâtres assez fragiles. Parmi les chutes les plus célèbres de cette sorte d'aérolithe, nous citerons la pierre
d'Einsisheim, tombée au 15ᵉ siècle, et qui fut suspendue
dans la chapelle jusqu'au moment de la révolution, d'où
elle passa dans le cabinet de l'école centrale des Vosges;
celle de Laigle en Normandie , qui fixa définitivement l'opinion des savans français au sujet de ce phénomène ; celle de
Bénarès, dans les Indes-Orientales, qui contribua à convain-
cre les Anglais, etc. Depuis la chute de Laigle , le 26 avril
1803, il ne s'est guère passé d'années sans que l'on ait été
informé de chutes, sinon aussi considérables, du moins aussi
incontestables ; celle de Juvenas, département de l'Ardèche,
arrivée en 1822, est à peu près la plus récente, elle est très-
remarquable en ce qu'elle renfermait beaucoup de cristaux

23.

dans ses cavités. On y a trouvé du pyroxène, du péridot, une substance analogue à la labradorite, des grains de fer sulfuré magnétique, etc. Le pyroxène et l'albite y dominaient, en sorte qu'on pouvait la prendre pour un fragment de dolérite.

ANALYSE DU MÉTÉORITE TOMBÉ A LAIGLE, PAR FOURCROY ET VAUQUELIN.

Silice. . . . 55 ⎫
Fer oxydé. . - 36 ⎪
Magnésie . . 9 ⎬ 104
Nickel . . . 5 ⎪
Soufre . . . 2 ⎪
Chaux . . . 1 ⎭

Depuis lors, M. Laugier a découvert le chrôme dans un autre aérolithe, M. John du cobalt.

Les aérolithes granulaires présentent le nickel tout aussi constamment que les aérolithes ductiles ; mais quant aux proportions des principes, elles sont assez variables.

Les *météorites charbonneux* sont encore très-rares ; on n'en cite même qu'un seul exemple, c'est celui tombé aux environs d'Alais, département du Gard, et qui ressemblait tellement à du charbon impur, que les personnes qui le ramassèrent essayèrent d'en brûler. M. Thénard, qui a analysé ce météorite particulier, y a trouvé en effet un peu de charbon et les autres métaux communs à toutes ces pierres atmosphériques, avec cette observation qu'ils y étaient à l'état d'oxyde.

Traitement métallurgique et usage du fer.

Tous les minerais de fer exploités contiennent ce métal dans un état plus ou moins avancé d'oxydation ; et, quand il en est autrement, on le ramène à cet état par des grillages ou de longues expositions aux intempéries de l'air. Le traitement des minerais de fer, si compliqué, si difficile à

opérer en grand, ne consiste pourtant au fond qu'à désoxyder le fer qu'ils contiennent, et à le purger des matières
terreuses qui lui sont intimement liées, telles que la silice,
la chaux ou l'argi'e. On parvient à un premier degré d'épu-
ration en fondant ces minerais dans de grands fourneaux,
où ils sont en contact avec le charbon. Le combustible et
le minerai sont chargés alternativement par le sommet du
four : une forte soufflerie agit à la base, embrase toute la
colonne. Le minerai se désoxyde aux dépens du charbon,
dont il absorbe une partie ; les matières terreuses qui l'accompagnent se vitrifient, et le creuset, qui est au dessous du
point qui laisse pénétrer le vent, reçoit une matière déjà
métallique qui, par sa pesanteur, se réunit au fond, et qui
laisse surnager les scories formées par les matières terreuses
contenues dans le minerai lui-même, ou par celles que l'on
avait ajoutées pour en accélérer la fusion. Cette matière
métallique est la *fonte*, le *fer fondu* ou la *gueuse*, qui, suivant la quantité de carbone dont elle est surchargée, présente dans sa cassure une couleur grise plus ou moins foncée, ou un blanc argentin plus ou moins éclatant ; de là cette
distinction de fonte blanche et de fonte grise, qui sont connues dans le commerce et qui jouissent de quelques propriétés particulières. Le fer fondu ou la fonte est donc le produit
immédiat du minerai, dépouillé d'une plus ou moins grande
partie de son oxygène, des matières terreuses avec lesquelles
il était combiné et surchargé d'une portion de carbone qui
varie avec le mode de fonte adopté dans les usines, et surtout avec la quantité de charbon employé pour le fondre,
avec la quantité, la qualité, la direction du vent, etc.

Maintenant, pour convertir cette fonte cassante en fer
doux et malléable, il faut lui faire subir une nouvelle opération, qui a pour but de brûler son carbone, et de la purger
des matières vitrifiées qui sont encore engagées dans ses pores. On parvient à ce but par une seconde opération à la

quelle on donne le nom d'*affinage*. On refond la fonte dans un bassin large et peu profond, en faisant arriver sur la surface du bain un courant d'air qui, par son oxygène brûle le carbone et le silicium que contenait la fonte, aux dépens il est vrai d'une partie de son fer qui s'oxyde aussi. L'ouvrier réunit toutes les parties métalliques en une seule masse qui prend le nom de *loupe*; mais cette masse retient dans ses pores une grande proportion de scories vitreuses; pour les chasser, l ouvrier traîne la loupe incandescente sous un *martinet*, et sous ses coups répétés, on voit jaillir comme d'une éponge les scories liquides et enflammées. Après quelques coups de martinet, l'ouvrier réchauffe de nouveau la loupe et parvient à la façonner d'abord en un prisme carré très-court, puis en barres ou en lames de fer marchand.

Ainsi la fabrication du fer se distingue donc en deux opérations bien distinctes : 1° la formation de la fonte ; 2° la conversion de la fonte en fer. Ne pouvant point entrer ici dans de grands détails métallurgiques, je me contenterai de dire qu'il existe une méthode particulière de traiter certains minerais de fer, dans laquelle on obtient le fer en un seul feu ; cette méthode se nomme catalane, parce qu'elle est en usage sur l'un et l'autre revers des Pyrénées orientales.

Quant à l'acier, il se fabrique dans certains cas en fabriquant le fer lui-même, et c'est l'acier dit naturel ; mais le plus ordinairement il est le produit d'une opération particulière que l'on fait subir au fer, et que l'on nomme cémentation, et qui consiste à tenir du fer en contact avec du charbon pulvérisé, dans des caisses de briques hermétiquement fermées, et à lui faire subir ainsi une chaleur énorme dans un four particulier, et pendant plusieurs jours consécutifs ; c'est l'acier de cémentation. On doit à M. Bréant un nouveau procédé de fabriquer les aciers damassés, et un nouveau genre de cémentation. Quant à l'acier fondu, il se fabrique avec de l'acier déjà fait par l'une ou l'autre de ces méthodes.

On sait que la trempe procure à l'acier un degré de dureté qui lui permet de lutter avec tous les autres métaux qu'il parvient à entamer.

La fonte, le fer et l'acier sont susceptibles d'une foule d'applications dont l'énumération seule nous forcerait à dépasser les limites qui sont imposées à un simple abrégé. Tout le monde connaît cette quantité énorme d'objets coulés en fonte, ces projectiles, cette grosse artillerie de rempart, ces lestes, ces énormes chaudières destinées aux colonies, ces cylindres, ces tuyaux pour la conduite des eaux, ces figures, ces vases, ces statues destinées à l'ornement des villes, ces ponts, ces charpentes enfin nouvellement introduites dans l'art de bâtir, et cette suite d'engrenages et de pièces mécaniques, dont la précision et la solidité sont en rapport avec cette vapeur qui sera bientôt le moteur universel des manufactures et des arts.

Le fer, ramolli par le feu, se prête à tous nos besoins, à tous nos caprices; il reçoit toutes les formes que nous exigeons de lui, depuis l'ancre de la marine jusqu'à l'aiguille de cette boussole, qui nous permit la découverte de tout un nouveau monde.

L'acier enfin, qui n'est qu'une modification du fer, pouvant acquérir un degré de dureté énorme, et s'adapter au fer par une parfaite union, complète en quelque sorte la série des services qu'il nous rend journellement, en nous mettant à même de triompher des corps les plus durs et les plus tenaces. C'est ainsi qu'il se montre sous la forme de tous les instrumens tranchans dont nous faisons habituellement usage; qu'il fournit tout à la fois le soc du laboureur, le burin, l'épée, la lancette et l'aiguille, et qu'il peut reprendre et quitter, au gré de l'artiste, ce degré de dureté et d'élasticité qui le rend propre à tous ces usages.

Le fer enfin, dans ses combinaisons avec l'oxygène ou

avec les acides, fournit plusieurs substances utiles aux arts, et plusieurs principes colorans fort employés.

DEUXIÉME ESPÈCE.

FER OXYDULÉ (magnet-eisenstein de Werner).

SIGNALEMENT.

Attirant naturellement l'aiguille aimantée ; poussière noire, s'attachant au barreau aimanté.

Forme primitive, l'octaèdre régulier.

Pesanteur spécifique, 2,24 à 4,94.

Assez fragile sous le choc du marteau.

Gris sombre, souvent relevé par l'éclat métallique.

Cassure conchoïde.

Insoluble dans les acides.

Très-riche en fer, dont il contient parfois jusqu'à 70 pour 100.

Variétés.

Fer oxydulé primitif. L'octaèdre régulier avec toutes ses modifications.

Émarginé. Le même dont toutes les arêtes sont abattues.

Dodécaèdre. Douze faces rhomboïdales striées dans le sens de la diagonale.

Quadriépointé. Tous les angles solides de l'octaèdre, remplacés par 4 facettes.

Lamellaire.

Spéculaire.

Granulaire, } vulgairement pierre d'aimant, parce que
Compacte, } ces trois variétés jouissent du magnétisme
Terreux, } polaire.

Fuligineux. Couleur noire, consistance analogue à celle de la suie coagulée ; des mines de Nassau-Siegen.

Fer oxydulé titanifère. Plus dur que la variété précédente, noir de jais et éclat vitreux; se présente sous les mêmes formes cristallines que le fer oxydulé ordinaire, et forme souvent un sable composé de grains irréguliers.

ANALYSE DU FER OXYDULÉ TITANIFÈRE DU PUY EN VELAY, PAR CORDIER.

Oxyde de fer.	82,0	
Oxyde de titane.	12,6	
Oxyde de manganèse..	4,5	100,0
Alumine.	0,6	
Acide chromique, un atome.	0,0	
Perte	0,3	

M. Cordier, qui s'est beaucoup occupé de cette substance, pense que les sables ferrugineux titanifères, qui sont communs dans les terrains volcaniques, proviennent du détritus des laves altérées par l'action de l'air ou des autres agens, qui désagrégent continuellement les substances qui ne sont pas assez solides pour résister à leur action.

Gisemens, localités, usages.

Le fer oxydulé forme de grandes masses dans la nature; il constitue même à lui seul quelques montagnes d'une certaine étendue, telle que le Taberg, en Suède; on le trouve en couches épaisses dans plusieurs provinces de ce pays, ainsi qu'en Sibérie, et là il traverse les roches granitiques d'antique origine; ailleurs, il s'associe aux gneiss, aux talcs schistoïdes verts, et même aux serpentines, auxquelles il procure sa vertu magnétique. C'est souvent en cristaux octaèdres parfaits qu'on le rencontre dans les roches talqueuses de la Suède et de la Corse; mais c'est aussi en grains imperceptibles qu'on le trouve répandu dans certaines roches, qui ne trahissent sa présence que par leur action magnétique sur l'aiguille aimantée : tel est le roc de

Schnarcherklippe, au Harz, dont le feldspath lui-même est polaire.

En Norwége, le fer oxydulé sé présente en filons ; il s'y montre associé au quarz, à l'épidote, au mica et à la tourmaline.

Quant aux terrains volcaniques, ils présentent la variété titanifère avec une telle abondance, qu'il est permis de lui attribuer l'action magnétique des roches qui jouissent de cette faculté, et qui composent la partie la plus solide de ces terrains, dont l'origine est encore contestée par plusieurs minéralogistes d'ailleurs d'un très-grand mérite.

Les variétés qui portent plus particulièrement le nom d'aimant, en raison de leur faculté d'attirer et de repousser alternativement les aiguilles aimantées, se trouvent assez communément en Sibérie, en Suède, en Angleterre, dans l'Inde, à la Chine, à Siam et aux Philippines.

Le principal usage du fer oxydulé est de servir à la fabrication du meilleur fer connu ; c'est au moins la juste réputation du fer de Suède, qui est entièrement fabriqué avec ce minerai. Quant aux variétés qui jouissent du magnétisme polaire, on les taille quelquefois de manière à pouvoir les entourer d'une armure de fer calculée, et qui leur permet de supporter, avec le temps, des poids assez considérables. Ce sujet me conduirait naturellement à parler du magnétisme des minéraux, ou du moins à exposer les principaux faits qui s'y rattachent, si je ne l'avais pas déjà fait dans les notions préliminaires (page 18) ; quant à la théorie complète de ce fluide, elle se trouve dans tous les ouvrages de physique nouvellement publiés ; et les grandes découvertes d'OErsted et d'Ampère ont réuni cette théorie à celle de l'électricité.

TROISIÈME ESPÉCE.

FER OLIGISTE (*eisenglanz* de Werner).

SIGNALEMENT.

Surface brillante, analogue à celle de l'acier poli; poussière rouge.

Forme primitive, un rhomboïde un peu aigu.

Cassure, terne et raboteuse dans les cristaux de l'île d'Elbe et de Framont; éclatante et vitreuse dans ceux des volcans.

Pesanteur spécifique, 5,01 à 5,22.

Rayant le verre.

Colorant le verre de borax en vert sale.

ANALYSE.

$$\left. \begin{array}{ll} \text{Fer.} \dots & 69,34 \\ \text{Oxygène} \dots & 50,00 \end{array} \right\} \quad 100,00$$

Variétés de formes et de tissus.

Fer oligiste primitif. Un rhomboïde un peu aigu.

Binaire. Un rhomboïde plus aigu encore.

Trapézien. Un dodécaèdre à plans triangulaires, dont les deux sommets sont tronqués et remplacés par des faces hexagonales.

Haüy a décrit 17 variétés de formes cristallines de cette espèce de fer; leurs faces sont en général très-nettes, mais quelques-unes d'entre elles prennent un accroissement si extraordinaire aux dépens de celles qui leur sont contiguës, qu'il en résulte des solides très-difficiles à reconnaître et à mettre en position, et il ne fallait rien moins que la haute sagacité de ce savant cristallographe pour déchiffrer toutes ces énigmes. Les plus beaux cristaux viennent de l'île d'Elbe et de Stromboli.

Lenticulaire. Cristaux imparfaits changés en solides plats et arrondis; de l'île d'Elbe.

Laminaire. De Suède et de Norwége.

Lamelliforme. En petites paillettes brillantes polies, d'un gris d'acier, d'un rouge vif et quelquefois chatoyant.

Granulaire.

Écailleux. Il suffit de passer le doigt à sa surface pour en enlever de petites écailles qui tiennent fortement à la peau.

Luisant. Il accompagne souvent la variété précédente, dont il semblerait n'être qu'une simple variété, et il se montre à la fois en petites masses granulaires compactes et pulvérulentes.

Concrétionné (vulgairement ferret ou hématite rouge). Dans l'état naturel, cette variété est terne et d'un rouge sombre ; mais si l'on vient à lui donner le poli, cette teinte se change en un gris métallique très-foncé.

Terreux. Ci-devant fer oxydé rouge grossier ; malgré la couleur rouge et l'aspect terreux de cette variété, le poli lui fait encore acquérir l'aspect métallique ; c'est en partie lui qui sert d'enveloppe aux cristaux de l'île d'Elbe, et c'est à cette variété qu'Haüy rapportait la sanguine ou crayon rouge, sous le nom de fer oligiste argilifère.

Bacillaire-conjoint. En masses composées de petits prismes contournés, alongés et pressés les uns à côté des autres ; de Dutweiler, près de Sarrebruck, dans un terrain qui recèle une couche de houille embrasée.

Pseudomorphique. Fer oligiste terreux, ayant remplacé des cristaux calcaires, entre autres la variété métastatique ; de Dusseldorf en Westphalie.

Fer oligiste spéculaire. En cristaux aplatis ou en lames si parfaitement polies, qu'elles répètent les objets à la manière d'un miroir.

Irisé. La surface des cristaux de l'île d'Elbe et Framont présente souvent les plus vives couleurs de l'iris ; et les brillans reflets qui partent d'un fond bronzé ont un éclat qui leur est particulier.

Il y a de l'analogie entre le gisement du fer oligiste et celui du fer oxydulé : il se présente comme lui en masses considérables et isolées aux monts Rio et Calamita de l'île d'Elbe ; il forme ailleurs des filons et des couches dans les roches primitives, et il s'associe à une suite de substances qui appartiennent à ces mêmes roches. Enfin, les terrains volcaniques qui nous ont présenté le fer oxydulé titanifère avec une sorte de profusion, nous offrent aussi le fer oligiste, mais, il est vrai, dans des circonstances tout-à-fait différentes et dans une proportion incomparablement moindre.

Le fer oligiste de l'île d'Elbe, si remarquable par le brillant éclat de ses cristaux, celui de Framont, dans les Vosges, qui ne lui cède que par le volume et non par la richesse des couleurs qui pétillent à sa surface, sont accompagnés ou plutôt renfermés dans les variétés terreuses et compactes de la même espèce, qui ont été déjà décrites : le quarz hyalin s'associe au premier, et la baryte sulfatée à celui des Vosges. Quant au fer spéculaire des montagnes primitives, il se trouve en cristaux laminaires implantés sur les roches granitoïdes des Alpes, et se présente dans leurs fissures accompagné de quarz et de baryte, comme à Pormenas, près de Servoz en Savoie, disséminé à la surface des beaux cristaux de feldspath adulaire du Saint-Gothard, et groupés parmi les anatases, les craitonites, les feldspaths et les amianthoïdes de Saint-Christophe en Oisan. Dans d'autres localités, on le voit accompagné de fer sulfuré, de cuivre pyriteux, de cuivre carbonaté, de plomb sulfuré, etc. Enfin, le fer oligiste spéculaire volcanique, qui paraît avoir été formé par sublimation, se rencontre dans les fissures qui avoisinent les cratères ou les solfatares, comme à Stromboli et à la Guadeloupe, ou bien en paillettes ou en grains disséminés à la surface de certaines laves qui font partie des terrains vol-

caniques éteints, telles que la roche poreuse de Volvic en
Auvergne, celle du cap de Gate, en Espagne, etc. L'art a
quelquefois imité la nature par rapport à la sublimation du
fer; Faujas et Delarbre firent connaître dans le temps du
fer sublimé dans les fissures d'un pot de verrerie qui avait
été composé avec un mélange d'argiles ferrugineuses.

Le fer oligiste est un des meilleurs minerais de fer connus;
aussi, en raison de sa richesse en métal, est-il susceptible de
se laisser traiter par la méthode catalane, et de produire
d'excellent fer. La variété argiliforme servait autrefois aux
dessinateurs, et celle qui porte plus particulièrement le nom
d'hématite, sert à brunir les métaux travaillés et déjà polis.

<hr>

QUATRIÈME ESPÈCE.

FER ARSENICAL (gemeiner arsenikies de Werner, autrefois pyrite arsenicale
ou mispickel).

SIGNALEMENT.

*Dégageant par le choc et la chaleur une forte odeur arse-
nicale; se réduisant au chalumeau en un grain métallique
cassant, et attirable à l'aimant.*

Forme primitive, un prisme droit rhomboïdal.

Cassure finement granulaire et peu brillante.

Pesanteur spécifique, 5,6.

Étincelant sous le choc de l'acier avec odeur d'ail; d'un
blanc tirant sur celui de l'étain.

Présenté à la simple flamme d'une bougie, il dégage une
fumée épaisse accompagnée d'une forte odeur d'ail.

ANALYSE DU FER ARSENICAL DE FREIBERG, PAR CHEVREUL.

Fer. . .	54,958	
Arsenic.	45,418	98,488
Soufre .	20,152	

DU MÊME, PAR LAMPADIUS.

Fer. . . .   58,9 }
Arsenic. .   42,1 }   101,0

L'absence totale du soufre dans cette dernière analyse, est un fait d'autant plus extraordinaire, que son auteur est au nombre des savans métallurgistes qui s'en laissent rarement imposer.

On peut véritablement confondre, au premier coup d'œil, le fer arsenical avec le cobalt arsenical ; tous deux d'ailleurs produisent l'odeur arsenicale par le choc et par le feu, tous deux présentent la couleur grisâtre de l'étain ; mais ce qui les distinguera, c'est que le cobalt arsenical, essayé au chalumeau avec le verre de borax , le colore en beau bleu, ce que ne fait point le fer arsenical ; et enfin, que le cobalt pulvérisé et jeté dans l'acide nitrique chauffé, le colore en rouge de lilas. J'ajouterai que les cristaux de cobalt, dérivant d'un noyau cubique, se présentent toujours sous des formes qui conservent encore les traces de l'égalité de ses dimensions, tandis que ceux du fer arsenical, derivant d'un prisme, contractent ordinairement la forme étroite et alongée qui est propre aux cristaux prismatiques. Cette différence persiste même dans les formes indéterminables, car le cobalt se présente plutôt en grains qu'en aiguilles ; tandis que le fer arsenical, au contraire, s'offre plutôt sous cette dernière figure que sous la première.

Variétés de formes, de tissus et de couleurs.

Fer arsenical primitif. Un prisme droit rhomboïdal.

Unitaire. Un prisme rhomboïdal, surmonté de 2 pyramidièdres, reposant sur 2 arêtes.

Ditetraèdre. Le même prisme, avec des sommets à 4 faces surbaissées.

Bacillaire. En longues aiguilles cannelées.

Aciculaire.

Massif.

Ces différentes variétés sont d'un gris blanchâtre, voisin
de la couleur de l'étain ; mais il arrive souvent que leur surface prend une nuance de jaune ou qu'elle s'irise dans certaines parties, à peu près comme cela arrive à la surface du
plomb fondu.

APPENDICE.

Fer arsenical argentifère (weisserz de Werner). Il contient
de 1 à 10 pour 100 d'argent ; ressemble beaucoup au fer arsenical ordinaire, mais jouit d'une couleur plus sombre et
d'une grande facilité à jaunir par le contact de l'air. On
l'exploite comme minerai d'argent à Braunsdorf en Saxe,
où il se présente en grains engagés dans un quarz et associé
à l'antimoine capillaire.

Gisemens, localités, usages.

Le fer arsenical appartient exclusivement aux terrains
anciens ; il accompagne même l'étain et le schéelin. Il forme,
dit-on, des masses assez considérables pour qu'on ait pu le
mettre au rang des roches proprement dites, et serait alors
subordonné, suivant M. Tondi, au mica schistoïde. Il entre
comme partie accidentelle dans la composition de certains
granites du Massachusetts, dans les roches talqueuses de l'Angleterre, etc. ; mais son gisement le plus ordinaire sont les
filons métalliques dans lesquels on le trouve cristallisé, et
associé à tous les minerais qui partagent avec lui cette manière d'être. C'est ainsi qu'on le rencontre dans les mines
d'argent de Freyberg en Saxe ; dans celles d'étain de Bohême, dans les mines de cuivre d'Angleterre, etc. Je l'ai découvert à Flaviac, département de l'Ardèche, dans un filon
de fer sulfuré décomposé.

Le fer arsenical s'exploite de concert avec les autres minerais qu'il accompagne, et c'est en partie lui qui fournit l'arsenic blanc du commerce, dont on le retire par sublimation.

CINQUIÈME ESPÈCE.

FER SULFURÉ (eisenkies de Werner, autrefois pyrite martiale, vulgairement marcassite ou marquisette).

SIGNALEMENT.

Couleur et brillant du laiton, perdant cet éclat à la simple flamme d'une bougie; exhalant une odeur de soufre, et devenant brun et attirable à l'aimant.

Forme primitive, le cube.

Cassure ordinairement raboteuse et peu éclatante, mais quelquefois conchoïde et brillante.

Pesanteur spécifique, 4,60.

Donnant presque toujours des étincelles sous le choc du briquet, et répandant alors une odeur sulfureuse très-sensible.

Sa poussière, d'un vert sombre, jetée sur les charbons ardens dans l'obscurité, s'y couvre d'une lueur blanche due à la combustion du soufre.

ANALYSE DU FER SULFURÉ DODÉCAÈDRE, PAR HAICHET.

Soufre. . 52,15 }
Fer . . . 47,85 } 100,00

DU FER SULFURÉ RADIÉ, PAR LE MÊME.

Soufre. . 53,6 }
Fer . . . 46,4 } 100,0

Le fer sulfuré a souvent été pris pour de l'or par les bonnes gens de la campagne; il ne peut cependant point se confondre avec ce métal précieux, puisque l'or natif est ductile, et que le fer sulfuré est dur et cassant; mais il le peut

être réellement avec le cuivre pyriteux, et cela d'autant plus facilement, que l'un et l'autre se mélangent ensemble, et qu'il
n'est point rare de trouver du cuivre pyriteux surchargé de
fer sulfuré. Il n'y a qu'un moyen décisif de lever le doute:
c'est de pulvériser un fragment du minerai douteux, de gril-
ler cette poussière sur une pelle rouge jusqu'à ce qu'elle
n'exhale plus d'odeur sulfureuse, et de la jeter toute chaude
dans de l'acide nitrique étendu d'eau : au bout de quelques
instants, la liqueur prendra une couleur bleuâtre si le minerai c ntient du cuivre, et à plus forte raison si c'est du cuivre pyriteux pur.

Variétés de formes et de tissus.

Fer sulfuré primitif. En cubes ou en parallélipipèdes rectangles doubles, dimensions variant entre elles; souvent ces
cristaux cubiques sont isolés et d'un volume très-sensible;
d'autres fois ils sont groupés, disséminés et microscopiques.

Le fer sulfuré cubique est la variété la plus commune.
Parmi les cubes isolés, on remarque quelquefois que leurs
faces sont couvertes de stries disposées dans trois sens perpendiculaires l'un à l'autre; c'est le fer sulfuré *triglyphe*
d'Haüy, qui avait découvert que ces stries étaient le premier
pas de la cristallisation vers le dodécaèdre pentagonal.

Octaèdre. Ordinaire ou cunéiforme.

Trapézoïdal. Vingt-quatre facettes trapézoïdales.

Dodécaèdre. Douze faces pentagones symétriques égales
et semblables, ou alongé dans le sens de 2 de ces faces.

Cubo-octaèdre. Passage du cube à l'octaèdre, où l'on remarque les différens points de cette transfiguration.

Cubo-dodécaèdre. Passage du cube au dodécaèdre à plans
pentagones.

Icosaèdre. Solide composé de 8 faces triangulaires équilatérales et de 12 autres faces isocèles, en tout 20 faces triangulaires. Cette variété n'est point rare.

Haüy décrit 21 variétés de formes cristallines de fer sulfuré, parmi lesquelles on trouve le solide le plus compliqué que nous ait encore offert la cristallographie : c'est la variété nommée *parallélique*, dont la surface est couverte de 134 facettes. Elle provient du district de Petorka au Pérou.

Dendroïde. Formant des herborisations ramifiées d'un jaune assez brillant entre les feuillets, d'un schiste ardoisé noir.

Cylindroïde. En petits cylindres dont la surface est hérissée de rudimens de cristaux, et dont l'intérieur est radié. Variété très-commune.

Aciculaire radié. Assez rare.

Globuliforme. En petits sphéroïdes, dont la surface présente une multitude de facettes carrées posées à plat; se trouve souvent dans les argiles.

Pseudomorphique. Ayant remplacé en tout ou en partie la matière de différens corps organisés, tels qu'ammonites, oursins, bois, etc.

Compacte.

APPENDICE.

Fer sulfuré épigène (vulgairement fer hépatique). Cette variété n'est autre chose que le fer sulfuré ordinaire, dont le soufre s'est dégagé sans altérer la forme cristalline, et dont le fer s'est converti sur place en oxide brun ou noirâtre; il est sensiblement plus tendre et plus léger que le fer sulfuré qui lui a donné naissance. Un des beaux exemples de cette épigénie se trouve dans le fer sulfuré aurifère de la mine de Berezoff en Sibérie.

Fer sulfuré aurifère. C'est la variété précédente ou le fer sulfuré ordinaire, qui contient une assez grande quantité d'or pour être exploité. On ne sait point encore si ce métal est combiné ou simplement mélangé dans les pyrites, et l'on ne connaît encore aucun caractère extérieur qui décèle à l'œil l'existence de ce métal. Le fer aurifère s'exploite à Berezoff en Sibérie, dans la même mine qui renferme le plomb chromaté; dans les environs du Mont-Rose près de Macugnana, et sur plusieurs autres points des Alpes.

Gisemens, localités, usages.

Le fer sulfuré appartient à tous les terrains, à toutes les formations, et s'associe à tous les minéraux; le silex molaire est peut-être la seule roche où on ne l'ait point encore trouvé. Ce peu de mots suffit pour caractériser le gisement presque universel de cette substance, qui, en raison de son abondance dans la nature, est un des minéraux les plus connus des gens du monde. Ses usages sont bornés, parce que nous réservons ceux qui résultent de sa décomposition pour l'un des articles suivans, qui est réservé au fer sulfuré blanc, que l'on a cru devoir séparer du fer sulfuré ordinaire.

Le fer sulfuré qui nous occupe faisait autrefois partie des amulettes, parce que l'on pensait que celui qui se trouvait errant à la surface de la terre avait été lancé par le tonnerre; de là le nom de *pierre de foudre* qu'on lui avait donné. On en a trouvé des plaques polies dans les tombeaux des Incas ou princes péruviens, et l'on pensa qu'elles pouvaient avoir servi de miroirs; de là encore le nom de *miroirs des Incas* que portaient ces pyrites. Enfin, la *marcassité* des bijoutiers et la *marquisette* des mineurs sont encore les noms vulgaires du fer sulfuré.

SIXIÈME ESPÈCE.

FER SULFURÉ MAGNÉTIQUE (magnelkies de Werner, ci-devant pyrite magnétique).

SIGNALEMENT.

Soluble dans l'acide sulfurique étendu d'eau, avec odeur d'œufs pourris; magnétisme très-sensible et quelquefois polaire.
Forme primitive, un prisme hexaèdre.
Pesanteur spécifique, 4,5.
Couleur jaune de bronze avec une teinte de rouge brun.
Dur et cassant.

ANALYSE.

Fer . . . 59,85 }
Soufre. . 40,15 } 100,00

Variétés de tissus.

Fer sulfuré magnétique laminaire. **En lames très-éclatantes ; de Bodemnais en Bavière.**
Lamellaire.
Massif. Variété la plus ordinaire. Elle est disséminée dans différentes roches.

Gisemens et localités.

Jusqu'ici le fer sulfuré magnétique ne s'est rencontré que disséminé dans certaines roches primitives, et il diffère en cela très-essentiellement du fer sulfuré commun, qui se trouve dans tous les terrains sans exception.

On cite la pyrite magnétique dans les roches des environs de Nantes, où M. Dubuisson l'a découverte un des premiers ; près de Falaise, dans le granite de Sainte-Honorine, où il est associé à la pyrite commune et à la tourmaline ; à Bodemnais en Bavière, dans le feldspath et le talc chlorite ; enfin, à New-Yorck, avec la chaux phosphatée, la chlorite et l'amphibole aciculaire.

SEPTIÈME ESPÈCE.

FER SULFURÉ BLANC (1).

SIGNALEMENT.

Blanc d'étain plus ou moins jaunâtre; odeur de soufre quand on l'expose à la flamme d'une bougie, et devenant attirable.

Forme primitive, un prisme rhomboïdal droit.

Pesanteur spécifique, 4,75.

Pouss ère verdâtre.

Étincelant sous le choc du briquet.

Les masses brisées, exposées à l'air, se couvrent bientôt de fer sulfaté en efflorescences, et cela est surtout très-sensible sur les variétés radiées.

La composition du fer sulfuré blanc est identiquement la même que celle de la pyrite proprement dite.

On ne peut confondre le fer sulfure blanc qu'avec le fer arsenical; mais ce dernier se décèle par l'odeur d'ail qu'il exhale quand on vient à le chauffer ou à le frapper, tandis que le fer sulfuré blanc ne répand, dans l'un et l'autre cas, qu'une odeur de soufre.

Variétés de formes et de tissus.

Fer sulfuré blanc primitif. Un prisme rhomboïdal.

Quaternaire. Le noyau recouvert par 2 faces culminantes très-surbaissées.

Quadrihexagonal. Le noyau dont 4 angles solides sont accompagnés de chacun une facette triangulaire, etc.

Dentelé (vulgairement pyrite en crête de coq). Offrant des masses arrondies, dentelées sur leurs bords, et comme hé-

---

(1) Il en est ici du *fer sulfuré blanc* comme de la *chaux corbonatée arragonite*, pour lesquels l'analyse et la cristallographie sont en opposition.

rissées par des angles aigus appartenant à autant de prismes rhomboïdaux primitifs. Variété très-commune.

Aciculaire. Assez rare.

Globuliforme radié. En masses sphéroïdales hérissées par des portions anguleuses de cristaux, et composées à l'intérieur par une réunion d'aiguilles divergentes, qui sont le prolongement des mêmes cristaux qui font saillie à la surface.

Concrétionné mamelonné. Masses arrondies et mamelonnées à l'extérieur, mais dont le centre est radié.

Disséminé. En grains imperceptibles, disséminés dans plusieurs roches, differentes de texture et d'origine, et se décomposant avec la plus grande facilité.

Gisemens, localités, usages.

Le fer sulfuré blanc se trouve très-communément dans les terrains de nouvelle formation, et particulièrement dans les houilles, les schistes et les grès qui les accompagnent, dans les argiles, les craies et les marnes, enfin dans les lignites et les tourbières ; mais plusieurs observations tendent à prouver aussi qu'il n'est point étranger aux roches primordiales, car M. Dubuisson, entre autres, l'a signalé dans les granites des environs de Nantes, comme faisant partie constituante accidentelle de cette roche, et d'autres minéralogistes l'ont trouvé aussi associé dans les filons avec d'autres minerais.

En effet, la Picardie, la Normandie et les côtes d'Angleterre, qui font face à ces provinces, sont très-riches en pyrites disséminées dans les lignites, les marnes, les argiles, ou dispersées sur les plages. Je dis riches, parce que ce minerai fait la base de plusieurs fabrications du plus grand intérêt, ainsi que nous le verrons bientôt.

Le fer sulfuré blanc s'est trouvé dans les filons de la Saxe, de la Bohème et de la Cornouailles ; mais ce ne sont ici que de simples associations accidentelles, tandis qu'il paraît es-

sentiellement uni aux terrains modernes que nous venons
de citer.

La décomposition des pyrites en général est ordinairement accompagnée d'un dégagement de chaleur capable d'embraser les matières combustibles avec lesquelles on les met
en contact, ou celles dans lesquelles on les trouve disséminées ; c'est ainsi qu'en aidant cette tendance à la décomposition, on parvient à échauffer et même à embraser les
schistes alumineux, les lignites, les tourbes et les houilles
pyriteuses ; que cette combustion spontanée donne naissance
à des sulfates de fer, d'alumine ou de magnésie, dont l'utilité est bien connue, et que le résidu terreux qui provient de
la fabrication de ces sels se livre à l'agriculture sous le nom
de *cendres végétatives* (1). Cette inflammation naturelle,
dont on a su tirer un si bon parti, est quelquefois funeste
aux exploitations qui renferment de la houille pyriteuse ;
car il n'arrive que trop souvent que le feu se déclare dans
les travaux souterrains par suite de la décomposition du
fer sulfuré qui est disséminé dans le combustible. Non seulement nous connaissons plusieurs couches de houille qui
brûlent sous terre et qui paraissent s'être allumées spontanément, mais tout porte à croire qu'il existe beaucoup
d'autres dépôts pyriteux également en feu dans le sein de la
terre, et que les eaux chaudes qui sourdent au jour doivent
leur chaleur et une partie de leurs propriétés médicamenteuses à l'existence de ces feux souterrains, qu'il ne faut
point confondre avec les volcans.

Il faut ajouter à tous les services rendus aux arts et à
l'humanité, qu'il est très-probable encore que la plupart
des amas de fer oxydé terreux qui sont exploités pour être
convertis en fer métallique, sont dus à la décomposition de
ces mêmes pyrites, et qu'en les soumettant à la distillation,

(1) Voyez la Minéralogie appliquée aux arts.

on parvient à en extraire le soufre qu'elles contiennent, ou l'acide sulfurique qu'elles sont susceptibles de produire à l'aide de différens procédés plus ou moins ingénieux.

HUITIÈME ESPÈCE.

FER OXYDULÉ TITANÉ (1) (crichtonite de Bournon).

SIGNALEMENT.

Forme primitive, un rhomboïde très-aigu.

Couleur noire du fer.

Cassure conchoïde éclatante.

Rayant la chaux fluatée seulement.

Infusible.

Faiblement magnétique par la méthode du double magnétisme. Ce dernier caractère suffit pour le distinguer du fer oxydulé titanifère, qui est très-magnétique par la méthode simple.

Variétés de formes.

Fer oxydulé titané primitif. En petits cristaux noirs rhomboïdaux très-alongés.

Basé. Le même rhomboïde excessivement aigu, terminé par 2 plans perpendiculaires à l'axe.

Lamelliforme. Il est assez difficile de le distinguer sous cette forme d'avec le fer oligiste, qui se trouve précisément sur la même roche et dans la même localité.

Gisemens et localités.

Cette nouvelle espèce, dont on doit la première description

---

(1) Il ne faut point confondre le fer oxydulé titané avec le fer oxydulé titanifère dont nous avons déjà parlé; le premier est le résultat d'une combinaison produite par affinité, tandis que l'expression titanifère n'exprime dans l'esprit de la nomenclature qu'une réunion de rencontre, et cela paraît être le cas du fer oxydulé titanifère volcanique.

à M. de Bournon, qui l'a fait connaître sous le nom de craï-
tonite, dans le catalogue du cabinet particulier du roi, se
trouve à Saint-Christophe en Oisan, département de l'Isère,
précisément sur la même roche feldspathique qui sert de gangue au titane anatase.

NEUVIÈME ESPÈCE.

FER OXYDÉ HYDRATÉ.

SIGNALEMENT.

*Attirant l'aiguille aimantée après avoir été chauffé à la
flamme d'une simple bougie; poussière d'un jaune plus ou
moins bien prononcé, quelle que soit la couleur de la masse.*

Forme primitive, le cube.

Pesanteur spécifique, 5,3 environ.

Acquérant souvent le brillant métallique par l'action de
la lime.

Fusible au chalumeau avec addition de borax en un verre
jaunâtre.

Quelques variétés attirent naturellement l'aiguille aimantée; toutes deviennent magnétiques après avoir été chauf-
fées, et il en est même qui présentent le magnétisme polaire.

ANALYSE DU FER OXYDÉ HÉMATITE DES PYRÉNÉES, PAR D'AUBUISSON.

Oxyde de fer.	79	
Eau.	15	99 (1)
Oxyde de manganèse.	2	
Silice.	5	

---

(1) La combinaison de l'eau avec l'oxyde de fer n'était point encore
tout-à-fait admise par Haüy; il pensait que ce liquide pourrait bien
n'être que mélangé, en raison de la grande avidité de l'oxyde de fer
pour l'eau, et c'est ce qui l'engagea à placer un point de doute après le
mot *hydraté.*

Variétés de formes, de tissus et d'aspect.

Fer oxydé primitif. En petits cristaux cubiques groupés, qui ne paraissent point provenir d'un fer sulfuré épigène.

Octaèdre. Du Brésil.

Dodécaèdre. En cristaux implantés dans le fer oxydé argileux ; de l'île Volkostroff, en Russie.

Triforme. Cristaux qui résultent de la combinaison du cube, de l'octaèdre et du dodécaèdre rhomboïdal. De l'île Volkostroff.

Apiciforme. En petites houppes chatoyantes, engagées dans l'intérieur de cristaux de quarz hyalin améthiste, que l'on taille comme objet de curiosité, et qui sont connus en Russie sous le nom de *flèches d'amour*. De l'île Volkostroff.

Hématite (vulgairement hématite brune). Il ne faut point le confondre avec notre fer oxydulé hématite, dont la poussière est rouge. L'hématite brune se présente en masses mamelonnées, dont l'intérieur est fibreux, et dont la surface est veloutée ou couverte d'un vernis brillant métalloïde. Ces concrétions offrent à peu près tous les accidens de formes des concrétions calcédonieuses : c'est ainsi que l'on trouve cette hématite en petites stalactites coniques, fistulaires, cylindriques, mamelonnées, etc., tapissant les parois ou traversant l'intérieur du fer oxydé terreux géodique ; sa surface est quelquefois couverte des plus beaux reflets de l'iris.

Géodique (vulgairement pierre d'Aigle ou OEtite). En petites masses ovoïdes d'un brun jaunâtre à l'extérieur, et d'un brun assez foncé vers le centre, qui est ordinairement creux ou occupé par un noyau mobile qui résonne quand on agite la pierre avant de la casser. Cette variété était au nombre des amulettes, et se trouve encore dans le sac que les bergers pendent au cou de leur mouton favori.

Globuliforme (vulgairement mine de fer en grains). En

grains arrondis conglomérés ou errans, d'une grosseur assez
constante dans chaque localité, mais variable d'une mine à
une autre, depuis le volume d'une tête d'épingle jusqu'à celui d'une chevrotine ou d'un gros pois. Ces corps arrondis
sont formés par des couches concentriques, et réunis par un
fer argileux susceptible de se délayer dans l'eau.

Massif.

Pulvérulent.

Cloisonné. Cette variété se compose de petites cloisons
qui entourent des espaces vides, ce qui fait présumer qu'il
s'est déposé dans les fentes d'une substance argileuse qui
aurait pris un retrait régulier, et qui se serait détruite par
la suite.

Terreux. Masses ternes d'un jaune verdâtre, et qui tra-
cent sur le papier. Cette variété, qui avait été prise alternativement pour du nickel et du bismuth oxydé, et qui s'en
distingue par le magnétisme qu'on lui communique au
moyen du grillage, se trouve à Braunsdorf et à Schnéeberg
en Saxe.

Argileux (vulgairement ocre jaune). D'un jaune clair assez vif, se délayant dans l'eau, et devenant rouge de brique
par l'action d'un feu modéré. C'est l'ocre rouge du commerce.

APPENDICE.

Fer oxydé noir vitreux. Poussière jaune comme celle des
autres variétés; rayant légèrement le verre. Pesanteur spécifique, 3,2, et acquérant le magnétisme ordinaire par la
seule action de la flamme d'une bougie. Il accompagne souvent le fer oxydé brun amorphe.

Fer oxydé résinite (eisenpecherz de Werner). Brun ou brun
jaunâtre, avec l'aspect luisant de la résine; assez fragile
pour s'écraser facilement sous la pression de l'ongle. Pesanteur spécifique, 2,3. Isolé et frotté, il s'électrise résineuse-

ment; se fond à la simple flamme d'une bougie quand on le chauffe graduellement pour éviter la décrép tation , et se divise en grains dans l'eau sans s'y fondre. Des environs de Freyberg.

Ce minerai, que l'on pourrait aussi nommer *fer limonneux*, se trouve dans les tourbières et contient beaucoup d'acide phosphorique dans ses cavités, ce qui nuit beaucoup dans le traitement métallurgique.

Gisemens, localités, usages.

Il y a des séparations nombreuses à faire pour les gisemens du fer oxydé hydraté. La variété compacte et concrétionnée se trouve en filons et en amas absolument comme le fer hématite rouge ; ainsi, dans le département de l'Arriège on en trouve de vastes amas à la séparation des terrains anciens et des terrains secondaires; de même au Canigou, de même à Quillan. Ces dépôts de minerai sont d'ailleurs indépendans de la nature du terrain secondaire en contact : ainsi, à la mine de Rancié, le terrain secondaire est le *lias ;* au Canigou, c'est du *terrain de transition ;* dans la val ée de Quillan, c'est du *terrain crétacé.*

On assure que le fer oxydé hydraté en roches forme des couches régulières dans certains terrains, mais il ne faut point accorder trop de confiance à cette assertion.

Les minerais en grains isolés se trouvent : 1" remplissant des cavernes et des fentes du *calcaire jurassique ;* 2' à la surface même de la terre, et on leur donne alors le nom de minerais d'alluvions. Ces minerais d'alluvions datent de l'époque des *terrains tertiaires* , car on les trouve mélangés au *grès de Fontainebleau ;* on pense que le minerai des cavernes date de la même époque.

Le fer oxydé hydraté en grains aglutinés se trouve dans toutes les couches de l'*étage oolitique.* On en trouve en Angleterre dans les étages inférieurs de la craie.

Le fer oxydé limonneux se trouve dans les marais, les étangs, les tourbières, où il se forme journellement, et paraît devoir son origine à la décomposition d'autres minerais ferrugineux. C'est particulièrement la pyrite blanche de fer qui produit ce fer limonneux.

Les différentes variétés de fer oxydé hydraté sont les minerais de fer le plus généralement exploités en France ; ce sont eux qui alimentent les forges de la Normandie, de la Bourgogne, celles du Périgord et du Jura; et en cela nous sommes beaucoup mieux partagés que l'Angleterre, dont les minerais de fer sont inférieurs de qualité et de richesse : aussi les bons aciers anglais sont-ils fabriqués avec les excellens fers de Suède.

Les mines de fer oxydé de Sibérie sont au nombre de celles qui s'exploitent sur un terrain qui présente tous les caractères d'une formation récente ; ce sont elles qui semblent uniquement composées des debris de végétaux métamorphosés en fer. C'est parmi ces singuliers minerais que l'on rencontre des racines, des feuilles et des troncs de bouleau, dont le bois est passé à l'état de minerai, tandis que son épiderme, blanche et satinée, a résisté à cette transmutation, et peut encore se détacher en linéamens fins et papiracés, comme à l'époque où ces arbres vivaient et croissaient dans ces forêts antiques dont nous fondons aujourd'hui les débris. Les mines marécageuses de la Sibérie sont celles qui présentent ce fait de la manière la plus évidente.

Outre cet important usage de fer oxydé jaune, les variétés argiliformes, plus connues sous les noms d'ocre (1), de terre de Sienne, de terre d'ombre, etc., sont employées dans la peinture à l'huile ou à fresque, dans la fabrication

---

(1) L'ocre rouge est le produit de l'ocre jaune calciné à un feu modéré.

des papiers de tenture, etc. Elles se trouvaient jadis au nombre des médicamens employés par les empyriques.

DIXIÈME ESPÈCE.

FER OXYDÉ CARBONATÉ (spatheisenstein de Werner, ci-devant chaux carbonatée ferro-manganésifere, autrefois fer spathique, vulgairement mine d'acier).

SIGNALEMENT.

Toujours magnétique après avoir été grillé; tissu spathique plus ou moins prononcé.

Forme primitive, un rhomboèdre un peu plus obtus que celui de la chaux carbonatée.

Pesanteur spécifique, au moins 3,85.

Rayant la chaux carbonatée spathique.

Couleur naturelle, le blond plus ou moins foncé, qui passe au brun, au brun rouge et même au noir par suite d'une altération assez prompte causée par l'air.

Faisant souvent une effervescence lente dans l'acide nitrique.

On distingue deux variétés de fer carbonaté, 1° le fer spathique proprement dit, qui est ou cristallisé ou clivable en lames, ou saccharoïde; 2° le fer carbonaté compacte des houillères.

ANALYSE DU FER CARBONATÉ CRISTALLISÉ.

Peroxyde de fer. . .	53,00	
Acide carbonique . .	41,00	100,00
Oxyde de manganèse.	0,60	
Magnésie	5,40	

ANALYSE DU FER CARBONATÉ DES HOUILLÈRES.

Carbonate de fer. . .	80	
Carbonate de chaux .	4	98,00
Bithume.	14	

N. B. On rencontre beaucoup de chaux carbonatée ferrifère, mais le carbonate de fer n'y est qu'à l'état de mélange, et la forme des cristaux n'est pas altérée ; les formes
cristallines des substances ne sont changées, comme nous
l'avons fait observer en parlant de la dolomie, que lorsque
la composition chimique en proportions définies, change.

Variétés de formes et de tissus.

Fer carbonaté primitif. Ce rhomboèdre est la forme la
plus habituelle ; le triple clivage est bien indiqué.

Équiaxe. Rhomboèdre très-obtus, analogue à celui de la
chaux carbonatée équiaxe.

Rhomboèdres aigus. Dans la Cornouailles.

Prismes à 6 faces.

Lenticulaire. Cristaux imparfaits curvilignes.

Concrétionné. Mamelonné, dans le basalte des environs
de Francfort sur le Mein.

Laminaire. Grandes lames rhomboïdales.

Lamellaire. En masses composées d'une infinité de lamelles croisées en tous sens, et qui peuvent recevoir le
poli.

Fer oxydé carbonaté épigène. Dernier terme de l'altération successive de ce minerai par le contact de l'air, qui
finit par le changer tout entier en fer oxydé brun. On attribue au manganèse cette sorte d'altération.

Fer carbonaté compacte. Cette variété forme des rognons
ou des plaques plus ou moins lenticulaires ; la cassure en est
compacte, et le centre est généralement carrié.

Le fer carbonaté compacte est souvent fort impur par les
mélanges qu'il renferme ; toujours il contient une certaine
quantité d'argile. Il remplace souvent des bois fossiles.

Fer carbonaté dimorphe. A Poullaouen (département du
Finistère), on a trouvé du fer carbonaté en octaèdres rhomboïdaux ; la forme primitive correspondante étant le prisme

rhomboïdal droit, on retrouve l'anomalie que présentait
l'arragonite relativement à la chaux carbonatée.

Gisemens, localités, usages.

Le fer spathique a les mêmes gisemens que l'hématite
brune dont nous avons parlé; c'est ainsi qu'on le rencontre
en Saxe, en Bohême, en Tyrol, et surtout a Eisenerz en Styrie; c'est ainsi qu'on le trouve aussi a Baigorry dans les Pyrénées, et à Allevard en Dauphiné. Partout on l'exploite avec
d'autant plus d'avantage, qu'il est susceptible de se traiter à
la catalane et de donner immediatement une certaine proportion d'acier, qui se sépare naturel ement d'avec le fer
que l'on obtient par cette méthode économique; de là lui est
venu le nom de mine d'acier, qui n'était pas, comme on le
voit, tout-à-fait mal choisi.

A l'égard du fer carbonaté lithoïde, il fait partie essentielle des terrains houillers, se trouve en masses isolées ou
en couches continues, parmi les schistes qui servent de toit
et de mur aux couches de houille; il renferme lui-même des
débris de corps organisés, et passe insensiblement aux grès
houillers ferrugineux qui se font encore remarquer par leur
pesanteur, mais qui ne sont plus assez riches pour être considérés comme de vrais minerais. Le fer carbonaté lithoïde
s'exploite avec la houille qu'il accompagne assez constamment, et c'est un des minerais de fer les plus en usage dans
les grandes fonderies anglaises; le fer qu'il produit est assez
souvent cassant à froid, et quelquefois même à chaud, en
raison du phosphore qui se trouve faire partie des principes
constituans de ce fer carbonaté particulier. J'ai trouvé du
zinc sulfuré, de la baryte sulfatée, du plomb sulfuré et du
fer carbonaté rosé et spathique (spath perlé), dans les fissures de ce minerai, dont j'ai reconnu plusieurs gîtes dans les
départemens de la Dordogne et de la Corrèze.

ONZIÈME ESPÈCE.

FER PHOSPHATÉ (eisenblau de Werner ou vivianit, ci-devant fer azuré).

SIGNALEMENT.

Poussière d'un bleu sale, soluble sans effervescence dans l'acide nitrique.

On peut ranger dans cette espèce un grand nombre de variétés dont la composition est très-différente ; nous en citerons ici trois qui se distinguent aussi par la forme qu'elles affectent.

1° Le fer phosphaté de l'Ile-de-France. Il cristallise en prisme rectangulaire oblique ; il est d'un beau bleu, très-fragile.

Pesanteur spécifique, 2,60.

2° Le fer phosphaté de la Cornouailles, qui prend ordinairement le nom de vivianite. Sa forme primitive est le prisme droit rhomboïdal ; ses cristaux sont transparens, d'un bleu clair, et ont un clivage facile parallèlement à la base.

3° Le fer phosphaté en rognons et masses verdâtres très-foncées. Cette variété est facilement décomposable, et l'on y trouve çà et là des parties bleues.

ANALYSE DU FER PHOSPHATÉ LAMINAIRE DE L'ILE-DE-FRANCE, PAR FOURCROY ET LAUGIER.

Oxyde de fer. . . .	41,25	
Acide phosphorique.	19,25	
Eau.	31,25	100,00
Alumine.	5,00	
Silice ferruginée. . .	1,25	
Perte	2,00	

ANALYSE DE CELUI DE LA CORNOUAILLES, PAR STROMEYER.

Protoxyde de fer. . .	4123
Acide phosphorique.	3118
Eau	2748
	9989

ANALYSE DU FER PHOSPHATÉ EN ROGNONS.

Protoxyde de fer. . . 51,01 ⎫
Acide phosphorique. 24,80 ⎬ 99,89
Eau. . . . . 15,00 ⎪
Oxyde de manganèse.   9,08 ⎭

Variétés de formes, de tissus et de couleurs.

Fer phosphaté périoctaèdre. Un prisme à 8 pans obliques.

Quadrioctogonal. Un prisme octogone, terminé par 2 sommets dièdres ; de la Bouiche en Auvergne, et de Philadelphie.

Laminaire. De Bodemnais en Bavière, de Saint-Agnès en Cornouailles, et du Groenland.

Aciculaire libre. De Bodemnais.

Aciculaire radié. De l'Ile-de-France.

Compacte. De New-Yorck.

Terreux. Vulgairement bleu de Prusse natif.

Gisemens, localités, usages.

On trouve ordinairement le fer phosphaté dans les argiles, sous la forme de petits nids remplis de poudre bleue, dans le fer oxydé des marais et dans les tourbières. C'est dans le fer oxydé moderne que l'on a trouvé les plus belles variétés cristallisées et aciculaires ; des États-Unis.

Celui d'Auvergne accompagne des débris de poissons dans une roche ferrugineuse de la Bouiche, où M. Boirot de Servierre l'a découvert.

Enfin, celui de Nantes et de Bavière est disséminé sur une roche granitique, qui renferme aussi le fer sulfuré magnétique ; on présume qu'il s'y est formé après coup.

Le fer phosphaté terreux, qui est jaunâtre en sortant du sein de la terre, s'emploie dans la peinture à l'huile.

DOUZIÈME ESPÈCE.

FER CHROMÉ (eisenchrom de Karstein).

SIGNALEMENT.

*Infusible sans addition ; fondu avec le borax, il lui commu-
nique une belle couleur verte.*

Forme primitive, l'octaèdre régulier.

Pesanteur spécifique, 4,03.

Rayant le verre, facile à casser.

Magnétisme très-faible, et dans quelques variétés seulement.

Cassure très-raboteuse.

Insoluble dans l'acide nitrique.

Poussière grise.

ANALYSE DU FER CHRÔMÉ DE BALTIMORE.

Peroxyde de fer. .　55,00　⎫
Alumine . . . . .　10,00　⎪
　　　　　　　　　　　　　　　⎬　99,60
Oxyde de chrôme.　51,60　⎪
Silice. . . . . . .　3,00　⎭

On peut confondre le fer chrômé avec le fer oxydulé
en masse, avec le fer oxydé noir et avec l'urane oxydulé. Il
se distingue du premier et du second par sa poussière qui
est grise, au lieu que celle du fer oxydulé est d'un noir bien
prononcé, et que celle du fer oxydé noir est jaunâtre. Il se
distingue de ces deux minerais de fer et de l'urane par sa
propriété de colorer le verre de borax en beau vert.

Variétés de formes et de tissus.

Fer chrômé primitif. Cristaux octaèdres, venant de Baltimore.

Laminaire.

Sublaminaire. De Sibérie.

Lamellaire.

Massif.

Gisemens, localités, usages.

Jusqu'ici le fer chrômé ne s'est encore présenté que dans les terrains primitifs talqueux ou serpentineux. La première découverte en fut faite par M. Pontier, à la Bastide de la Carrade, département du Var, où il est disséminé dans une serpentine noirâtre mélangée de diallage. Depuis cette belle découverte, qui a procuré un nouveau principe colorant aux arts, et deux nouvelles couleurs à la peinture, on a retrouvé le même minéral à Baltimore, où il est accompagné de talc lamellaire coloré en rouge violet par l'acide chromique, et de stéatite gr s-verdâtre. Cette localité est remarquable par les cristaux octaèdres qu'elle a fournis. Enfin, il en existe aussi en Sibérie, sur les bords du Viasga, dans les monts Ourals. On exploite le fer chrômé pour en extraire l'oxyde de chrôme, qui est d'un très-beau vert, et pour en préparer le chromate de plomb, qui est d'un jaune très-brillant.

TREIZIÈME ESPÈCE.

FER ARSENIATÉ (wurfelerz de Werner).

SIGNALEMENT.

Se fondant très-facilement à la flamme d'une bougie, et s'y convertissant à l'instant en un grain d'un brillant métallique qui devient attirable par un feu prolongé.

Forme primitive, le cube.

Pesanteur spécifique, 3,00.

Rayant la chaux carbonatée.

Cassure inégale et un peu grasse à l'œil.

Répandant des vapeurs et une forte odeur d'arsenic, quand on l'expose sur le charbon à l'action du chalumeau.

Couleur d'un vert intense dans son état de perfection.

ANALYSE DU FER ARSÉNIATÉ DE LA CORNOUAILLES.

Peroxyde de fer. . .	59,20	
Acide arsenique. . .	57,82	97,55
Acide phosphorique.	2,53	
Eau	18,00	

Variétés de formes et de couleurs.

Fer arseniaté primitif. En petits cristaux cubiques, très-nets, demi-transparens, d'un beau vert, d'un vert bleuâtre-jaunâtre, ou passant au brun par suite de l'altération à l'air.

Concrétionné. En stalactites d'un jaune verdâtre ou d'un vert d'eau, recouvertes d'une infinité de petits cubes qui hérissent leur sur face et qui sont microscopiques.

APPENDICE.

Skorodite. On donne ce nom à une seconde variété de fer arseniaté fort rare, trouvée cristallisée en prisme rhomboïdal droit.

ANALYSE DE LA SKORODITE DE LA CORNOUAILLES.

Peroxyde de fer. .	47,80	
Acide arsenique. .	51,40	97,20
Eau	18,00	

Gisemens et localités.

On a découvert le fer arseniaté dans les mines de Muttrel, de Carrarach et de Tincroft en Cornouailles; depuis lors, M. de Cressac l'a reconnu aux environs de Saint-Léonard, près de Limoges, département de la Haute-Vienne. En Angleterre, sa gangue est un quarz brun fer rugineux; et en France un quarz blanchâtre.

QUATORZIÈME ESPÈCE.

FER MURIATÉ (pyrodmalith d'Hausmann).

SIGNALEMENT.

Répandant une odeur de chlore quand on en chauffe u fragment au chalumeau.

Forme primitive, un prisme rhomboïdal oblique.
Pesanteur spécifique, 3,08.
Très-lamelleux.

Variétés de formes et de tissus.

Fer muriaté hexaèdre. En petits cristaux prismatiques hexaèdres qui se divisent nettement dans le sens de leurs bases, d'un gris verdâtre.

Concrétionné. En masses concrétionnées, mamelonnées, jaunâtres, verdâtres ou brunâtres.

Gisemens et localités.

Le fer muriaté, encore très-rare dans les collections, a été découvert par M. Gahn le fils et par M. Clason, dans le Wermeland, près d'une mine de fer, où il a pour gangue une chaux carbonatée laminaire, qui renferme de gros cristaux d'amphibole. Il s'y présente en petits cristaux hexaèdres.

Quant au fer muriaté concrétionné, il fut rejeté par l'éruption du Vésuve en 1805, la même qui produisit le cuivre muriaté. Ces masses mamelonnées furent rapportées par M. Robinson, naturaliste américain.

QUINZIÈME ESPÈCE.

FER OXALÉ.

SIGNALEMENT.

Soluble en entier et sans effervescence dans l'acide nitrique, le colorant en jaune.

Forme primitive, un prisme droit à base carrée.

Rayant la chaux sulfatée seulement.

Action faible sur l'aiguille aimantée et à l'aide du double magnétisme.

Noircissant à la flamme d'une bougie et devenant fortement attirable à l'aimant.

Gisement et localité.

Cette substance, encore peu connue, et qui est d'un assez beau jaune, a été découverte aux environs de Freyberg en Saxe.

SEIZIÈME ESPÈCE.

FER SULFATÉ (eisen-vitriol de Karstein ; couperose ou vitriol vert).

SIGNALEMENT.

Saveur de l'encre à écrire.

Forme primitive, prisme rhomboïdal.

Réfraction double.

Soluble dans une quantité d'eau froide double de son poids; plus soluble à chaud qu'à froid.

La noix de galle, l'écorce de chêne, de sumac, et en général tous les astringens végétaux, précipitent le fer sous une couleur noire de la dissolution de sulfate. Ainsi, lorsqu'on a fait fondre du sulfate de fer dans de l'eau , si l'on vient à verser de l'extrait de noix de galle dans cette dissolution, la liqueur devient aussitôt d'un noir bleuâtre, qui est d'autant plus intense, que la solution est plus chargée de vitriol, et c'est là le principe colorant de l'encre à écrire. Si l'on pose une goutte de cette même dissolution sur un morceau d'écorce de chêne dont on aurait enlevé l'épiderme, il se fait une tache noire à la place de la goutte, etc.

ANALYSE PAR BERGMANN.

Fer. . . . . . . 23)
Acide sulfurique. 39 } 100
Eau. . . . . . . 38)

Si le sulfate de fer était toujours vert et cristallisé comme on le trouve dans le commerce, il serait impossible de le confondre avec aucun autre sel ; mais comme il se trouve en efflorescence blanche dans la nature, on pourrait difficilement le distinguer à l'œil d'avec plusieurs autres sels efflorescens, si la saveur qui lui est naturelle et la faculté de colorer en noir les matières végétales astringentes, n'étaient pas deux propriétés bien suffisantes pour le caractériser.

APPENDICE.

On distingue deux autres variétés : le fer sulfaté rouge et le fer sous-sulfaté.

Fer sulfaté rouge. Cristallise en prisme rhomboïdal oblique, différent du fer sulfaté vert.

Fer sous-sulfaté. Souvent mélangé à de l'arseniate de fer ; masse résineuse à cassure conchoïde, d'un brun très-foncé ; très-fragile.

Cette substance a été trouvée dans les mines de Freyberg, Klaproth l'appelle fer résinite.

ANALYSE.

Peroxyde de fer . . 62,40)
Acide sulfurique. . 15,90 } 100,00
Eau. . . . . 21,70)

Gisemens, localités, usages.

Tout le fer sulfaté du commerce provient de la décomposition du fer sulfuré jaune ou blanc, soit que cette décomposition se fasse naturellement, soit que l'art y contribue en plaçant ces minerais dans les circonstances les plus favorables à leur effloraison. Pour recueillir ensuite le sulfate de fer qui se forme spontanément, on amène l'eau à la partie supérieure des amas de pyrites formés à cet effet : elle traverse ces masses chaudes en décomposition, et ressort vers le bas presqu'à l'état d'ébullition et très-chargée du sel qu'elle a rencontré sur sa route. On rassemble cette lessive, on la fait reposer, on l'évapore, et il se forme des masses de sulfate de fer propres à être versées dans le commerce. Le principal usage de ce sel est de servir à la fabrication de l'encre à écrire, d'entrer dans la composition des teintures noires pour les étoffes et les chapeaux ; et ce même sel, distillé, produit l'acide sulfurique d'une part (huile de vitriol), et une substance rouge terreuse nommée colcothar, employée en médecine et en peinture.

DIX-SEPTIÈME ESPÈCE.

CHAMOISITE.

SIGNALEMENT.

Fortement magnétique, soluble en gelée dans les acides.

Cette substance est compacte, d'un gris foncé verdâtre, le plus souvent elle présente la structure oolithique.

Pesanteur spécifique, 3,0 à 3,4.

Calcinée, elle donne de l'eau, devient noire et plus magnétique.

ANALYSE DE LA CHAMOISITE DU VALAIS, PAR BERTHIER.

Protoxyde de fer.	60,5	
Alumine.	7,8	100,0
Silice	14,3	
Eau.	17,4	

Gisemens.

La chamoisite se trouve en couches peu étendues, mais

très-nombreuses, dans les dépôts calcaires de la montagne de Chamoison dans le Valais. Elle est exploitée avec avantage comme minerai de fer, et donne des produits de très-bonne qualité.

APPENDICE.

Berthiérite. Substance b'euâtre ou d'un gris olivâtre, magnétique, attaquable par les acides.

ANALYSE PAR BERTHIER.

Protoxyde de fer. .	74,7	
Alumine.	7,8	
Silice	12,4	100,0
Eau.	5,1	

M. Berthier a découvert ce minéral en étudiant la composition de certains mincrais de fer en grains, de la Champagne, la Bourgogne et la Lorraine, que cette substance rendait attirables au barreau aimanté. La berthiérite est disséminée en proportions très-variables dans ces minerais en petits grains.

ANALYSE D'UN MINERAI RENFERMANT LA BERTHIÉRITE.

Berthiérite.	48,5	
Carbonate de fer. . .	40,3	99,8
Carbonate de chaux .	11,0	

CINQUIÈME GENRE.

ÉTAIN.

SIGNALEMENT.

L'étain pur du commerce ne peut se laisser entamer par l'ongle comme le plomb, mais on peut y planter une forte épingle, ce qui ne peut avoir lieu pour le zinc.

Pesanteur spécifique, 7,29.

Plus fusible que tous les autres métaux solides.

Couleur tirant sur celle de l'argent, mais un peu plus sombre.

Faisant entendre un petit craquement intérieur quand on vient à le plier. C'est *le cri de l'étain.*

S'électrisant résineusement.

Moins dur, moins ductile, moins tenace, moins éclatant que tous les autres métaux, excepté le plomb.

Susceptible de cristalliser en cubes alongés ou en aiguilles croisées, par le refroidissement.

L'existence de l'étain natif n'est point encore prouvée ; tous les échantillons cités comme tels ont été reconnus comme étant des produits de l'art. Quelques minéralogistes ne partagent cependant point cet avis.

Usages et traitement.

Le seul minerai d'étain exploité est l'étain oxydé ; on parvient à le réduire en métal après l'avoir lavé soigneusement, le fondant en contact avec du charbon dans un fourneau à manche. Tel est le mode de traitement métallurgique adopté en Angleterre, en Bohême et dans l'Inde.

Les usages de l'étain métallique sont très-nombreux ; on sait qu'il sert à fabriquer une foule d'objets et de vases de ménage, qui se moulent d'abord et que l'on termine ensuite sur le tour ; on connaît la consommation prodigieuse du fer-blanc, qui n'est autre chose que du fer laminé étamé. L'étain réduit en feuilles sert à donner aux glaces la propriété de répéter tous les objets qui passent devant elles ; combiné avec le cuivre en différentes proportions, il produit des alliages infiniment précieux, tels que le bronze, le métal de cloche, l'airain, le potin, etc. ; allié avec le plomb, il produit la soudure des ferblantiers, qui se fond par le simple contact d'un morceau de cuivre chaud ; enfin, c'est à lui que l'on doit l'aspect particulier et souvent agréable que l'on parvient à donner au fer-blanc, et qui en a encore étendu l'usage; je veux parler du moiré, que l'on recouvre de vernis colorés plus ou moins agréab'es.

Les combinaisons de l'étain avec l'oxygène ou avec des acides sont encore susceptibles d'une infinité d'applications utiles, surtout dans l'art de la teinture; c'est lui qui avive les couleurs rouges, et particulièrement l'écarlate; à l'etat surcalciné, il prend le nom de *potée*, et sert alternativement à composer l'email de la faïence, celui des cadrans, les émaux colorés en général; et les lapidaires, vu son extrême dureté, s'en servent pour tailler et polir les pierres fines.

PREMIÈRE ESPÈCE.

ÉTAIN OXYDÉ (zinnstein de Werner).

SIGNALÉMENT.

Difficilement réductible au chalumeau en un grain d'étain métallique.

Forme primitive, un octaèdre symétrique.

Pesanteur spécifique, 6,90 à 6,94.

Cassure raboteuse.

Étincelant sous le choc de l'acier.

Électricité vitrée par le frottement.

ANALYSE DE L'ÉTAIN OXYDÉ D'ALTERNON DE CORNOUAILLES, PAR KLAPROTH.

Etain . .	77,50	
Oxygène.	21,50	
Fer . . .	0,25	100,00
Silice . .	0,75	

DE CELUI DE GUANAXUATO AU MEXIQUE, PAR DESCOTILS.

Étain . .	66	
Fer . . .	5	100
Oxygène.	29	

Plusieurs minerais peuvent se confondre facilement avec l'étain oxydé : tels sont le schéelin ferruginé ou wolfram, le schéelin calcaire et le zinc sulfuré brun. Il se distingue de tous les trois par la possibilité de se réduire au chalumeau en un bouton d'étain ; mais comme cette réduction est difficile et demande un peu d'habitude, il faut ajouter d'autres caractères différentiels ; ainsi, il se distingue du wolfram par une plus grande dureté qui lui permet d'étinceler sous le choc du briquet, parce qu'il est beaucoup plus difficile à pulvériser, et que sa poussière grisâtre ne tache point le papier en noir comme celle du wolfram.

Lorsqu'il est translucide et blanchâtre, il se distingue du schéelin calcaire de la même couleur, en ce que sa poussière conserve sa couleur dans l'acide nitrique, tandis que celle du schéelin y devient jaune.

Enfin, il se distingue du zinc sulfuré brun (blende), en ce que ce dernier se divise facilement à l'aide d'une lame de couteau, et que son tissu est très-lamelleux ; l'étain au contraire a la cassure raboteuse, il résiste à la percussion, et est sensiblement plus dur ; sa cassure intérieure a un aspect gras qui ne se retrouve point dans les autres minerais bruns que nous venons de citer.

Variétés de formes, de tissus et de couleurs.

Étain oxydé dodécaèdre. Un prisme à 4 pans, avec 2 pyramides à 4 faces hexagonales.

Quadrioctonal. Un prisme à 4 pans, avec 2 pyramides à 4 faces.

Dioctaèdre. Les mêmes, dont les angles des prismes sont remplacés par des facettes additionnelles.

Haüy décrit 8 autres variétés plus compliquées que celles-ci, et qui seraient difficilement comprises sans figures.

Hémitrope. Cette hémitropie résulte du groupement de deux cristaux qui se pénètrent de telle façon, que le plan de

contact est parallèle à l'une des faces du pointement octaè-
drique de chacun d'eux. Il en résulte un angle rentrant, auquel on a donné le nom de *bec d'étain*. Cette hémitropie est
fort commune et caractéristique.

Sublaminaire.

Concrétionné (wood tin des Anglais, autrefois étain de
bois). En petites masses globuliformes ou mamelonnées, dont
l'intérieur est composé d'une infinité d'aiguilles excessivement serrées, qui divergent en partant d'un même centre, à
peu près comme on l'observe dans certains morceaux de fer
hématite. Ces petites masses d'étain oxydé sont d'un brun
varié de jaune roussâtre ou couleur d'acajou, ce qui lui a
valu le surnom d'étain de bois. De la Cornouailles et du
Mexique.

Granuliforme. En grains, charriés et rassemblés par l'eau.

Massif ou *étain de roches*.

Gisemens, localités, usages.

L'étain oxydé est un des minerais les plus anciennement
formés; car, outre qu'il se trouve dans les terrains les plus
antiques, le granite, le gneiss, etc., on a remarqué que ses
filons étaient souvent coupés, mais qu'ils n'en coupaient jamais d'autres. L'étain oxydé forme des filons puissans, se
présente en masse, et se voit aussi disséminé dans la roche,
non seulement en veines qui se croisent en tout sens et dont
la réunion prend le nom de stocwerck, mais encore dans la
pâte proprement dite de certains granites, dont il semble
former un des élémens.

Le schéelin calcaire et ferruginé, le fer arseniaté, le fer
arsenical, le cuivre pyriteux, le cuivre arseniaté, le molybdène sulfuré et le cuivre natif, sont les principaux minerais
qui accompagnent l'étain oxydé; la topaze blanche et la
chaux fluatée, différemment colorées, lui sont également associées.

Les contrées les plus riches en étain sont la Cornouailles, la Saxe, la Bohème et la presqu'île de Malaca. Parmi les mines d'Europe, on cite, après celles d'Angleterre, les grandes exploitations de Schlakenwaldet de Zinnwald en Bohême, et celles d'Altenberg et d'Ehrenfriedersdorf en Saxe. Pendant long-temps on a vainement recherché l'étain dans les granités de France; mais tout à coup, et conduit par des analogies, on en a rencontré des indices aux environs de Limoges, et particulièrement à Vaulry; on en doit la découverte à MM. de Cressac et A luau. Le gouvernement y a fait faire quelques recherches, sous la direction de M. Allou, ingénieur des mines, qui a reconnu que ce gîte avait été fouillé à une époque tellement reculée, qu'il n'en reste aucun souvenir; et ce qui prouve cependant que c'était bien l'étain que l'on y recherchait, c'est qu'on a trouvé des scories qui en contenaient encore, plus, un vase d'étain antique. Les travaux de recherches ont été poussés avec si peu d'activité, faute de moyens suffisans, que l'on n'a rien pu obtenir de satisfaisant sur ce gîte. Un autre indice de minerai d'étain s'était présenté d'une manière beaucoup plus brillante sur la plage de Piriac en Bretagne : une quantité assez considérable d'étain oxydé avait été trouvée sur le rivage, les roches en place en ont présenté des veines, on en a enlevé le minerai d'alluvion, on en a fait une fonte à la fonderie de Poullaoen, qui a produit 1,500 livres d'étain de première qualité, et tout a fini là.

DEUXIÈME ESPÈCE.

ÉTAIN SULFURÉ (zinnkies de Werner).

SIGNALEMENT.

Poussière soluble dans l'acide nitrique avec une vive ef-

fervescence et des vapeurs rouges ; dépôt blanc d'oxyde d'étain au fond de la liqueur.

Ce minéral n'a pas encore été trouvé cristallisé.

Couleur jaune-verdâtre très-particulière.

Éclat métallique.

Fragile ; rayé par une pointe d'acier.

Pesanteur spécifique, 4,35.

Cassure inégale.

Berzelius regarde cette substance comme un sulfure double d'étain et de cuivre.

Aisément fusible au chalumeau en répandant d'abord une odeur de soufre, et donnant ensuite une scorie noirâtre irréductible.

ANALYSE PAR KLAPROTH.

Étain. . .	34	
Cuivre . .	30	97
Soufre . .	25	
Fer.	2	

Variétés.

Étain sulfuré laminaire.
Massif.

Gisement et localité.

L'étain sulfuré se trouve à Wheal-Rock dans le comté de Cornouailles ; il y fait partie d'un filon principalement composé de cuivre pyriteux. M. Klaproth pense que le cuivre qu'il a trouvé en analysant ce minerai, est intimement combiné avec le soufre et l'étain ; Haüy soupçonnait qu'il n'y était que comme principe accidentel. Si cette combinaison naturelle de cuivre et d'étain était assez abondante pour être exploitée, il résulterait de la fonte d'un tel minerai un bronze particulier, qui jouirait probablement de quelques qualités particulières. L'étain sulfuré que l'on fait de toute pièce est d'un assez beau jaune doré : on le nomme *or mussif;*

il sert à donner les frotis aux couleurs bronzées et à enduire les coussins des machines électriques , auxquelles il procure une grande énergie.

SIXIÈME GENRE.

ZINC.

SIGNALEMENT.

Le zinc du commerce est plus dur que le plomb et l'étain ; l'épingle se rebrousse plutôt que de pénétrer.

Il est blanc-bleuâtre.

Très-lamelleux dans sa cassure.

Malléable jusqu'à un certain point.

Difficile à briser par la percussion.

S'électrisant vitreusement par le frottement et quand il est isolé.

Combustib'e , en répandant une flamme blanche éblouis-sante, qui entraîne avec elle des flocons blancs très-légers.

Usages et traitement.

Pendant bien long-temps les usages du zinc à l'état de métal ont été ass'z bornés ; on ne s'en servait guère que pour convertir le cuivre en laiton , et encore c'était l oxyde et non le zinc métallique qui servait à composer cet all age , plus connu sous le nom de *cuivre jaune ;* on n'alliait guère le zinc avec le cuivre que pour composer le *similor* ou *l'or de Manheim.* Mais depuis que l'on est parvenu à laminer le zinc, à le tirer en fils assez fins , dès lors ses usages se sont étendus , il a augmenté d'importance , on lui a trouvé des avantages sur le plomb , sur l'étain même , et il est déjà admis à une foule d'usages pour lesquels on employait jadis l'un de ces deux métaux ; il remplace même assez avanta-geusement le potin pour les robinets , etc., etc. C'est ainsi que l'on emploie aujourd'hui le zinc à couvrir les terrasses, à doubler les baignoires de bois, à faire des tuyaux, des robinets, etc.

Le zinc chauffé fortement, mais sans atteindre le point où il entrerait en fusion, devient tellement aigre, qu'il se pulvérise dans un mortier et se réduit en poudre. C'est dans cet état qu'on le fait entrer dans la composition des feux d'artifices, où il brûle de concert avec le nitre, en répandant une clarté véritablement éblouissante.

Tant que l'on n'a retiré le zinc que des calamines, le traitement métallurgique n'a consisté qu'à désoxyder ces minerais en les fondant en contact avec le charbon, et en ayant égard à quelques précautions qu'exige l'extrême volatibilité de ce métal ; mais depuis que l'on a cherché à utiliser le sulfure de zinc, il faut lui faire subir un grillage préalable avant de l'amener à l'état-d'oxyde, et on lui applique le même traitement qu'à la calamine ou oxyde naturel, si l'on veut en retirer le zinc à l'état métallique.

L'on a cru pendant long-temps que le toutenague, ou cuivre blanc des Chinois, n'était autre chose que notre zinc pur, ou simplement allié à une petite dose de cuivre. Voici ce que nous trouvons à ce sujet dans les *Annales* de *chimie* (1). M. Fife décrit ainsi le *toutenague* :

Couleur blanche approchant de celle de l'argent, très-sonore.

Prenant un superbe poli.

Malléable à la température ordinaire et à la chaleur rouge, et susceptible de se laminer et de se tirer à la filière.

Devenant fragile quand on le chauffe au blanc.

Pesanteur spécifique, 8,43.

____

(1) Tome XXI, page 98.

ANALYSE PAR M. FIFE.

Cuivre . . 40,4
Nickel. . . 31,6
Zinc. . . . 25,4 } 100,0
Fer 2,6

On voit que le zinc n'y entre que pour le quart, et l'on croit assez généralement que cet alliage , nommé toutenague, s'obtient d'un minerai qui renferme tous les métaux dont il est composé. L'exportation en est défendue à la Chine, où il vaut à peu près le quart de l'argent.

PREMIÈRE ESPÈCE.

ZINC OXYDÉ SILICIFÈRE (galmei de Werner, calamine du commerce).

SIGNALEMENT.

Réductible en gelée dans l'acide nitrique , convertissant le cuivre rouge en laiton.

Forme primitive, prisme rhomboïdal droit. .

Pesanteur spécifique, 3,42.

Facile à pulvériser.

Cristaux dans un état habituel d'électricité.

Incolore quand il est pur.

ANALYSE DU ZINC OXYDÉ SILICIFÈRE DE LIMBOURG.

Oxyde de zinc. . . 66,30
Silice. 24,90
Eau. . . . . 7,40 } 98,62
Carbonate de zinc. 0,02

La calamine est un de ces minéraux dont l'aspect variable s'approche tellement d'une foule d'autres substances terreuses ou métalliques , que les caractères extérieurs sont toujours insuffisans pour le faire distinguer; il n'est pas même jusqu'à sa propriété de former gelée dans les acides qui ne soit commune aussi à plusieurs minéraux , il faut donc avoir recours à un caractère décisif qui convient à toutes ses variétés, et ce caractère consiste à convertir le cuivre rouge en cuivre jaune. Voici comment Haüy avait simplifié cette opération métallurgique, et comment, en la réduisant en miniature, il l'avait mise au rang des essais de cabinet : « Je « mêle, dit-il, un peu de poudre du morceau (de calamine) « que je veux éprouver, avec une égale quantité de poudre « de charbon ; je mets le mélange dans une petite cuiller de « fer ou de platine, et je plonge dans ce mélange un petit « bout de fil de cuivre rouge, comme celui dont on fait les « plus grosses cordes de piano, ou une petite lame du même « métal ; je place la cuiller sur un charbon ardent, et après « quelques coups de soufflet, je retire le morceau de cuivre, « et je trouve qu'il a pris à sa surface la couleur du jaune de lai- « ton. Ce caractère sert à faire reconnaître le zinc carbonaté « et le zinc sulfuré; il n'annonce que la présence du zinc ; mais « c'est déjà une indication utile pour distinguer surtout le zinc « oxydé et le zinc carbonaté de certaines pierres avec les- « quelles on serait tenté de les confondre. »

Variétés de formes, de tissus et de couleurs.

Zinc oxydé unitaire. Un prisme hexaèdre à sommets dièdres.

Trapézien. Un trapèze encadré par un double biseau.

Aciculaire.

Lamelliforme.

Mamelonné.

Testacé. On remarque qu'il fait effervescence dans l'acide nitrique en même temps qu'il s'y résout en gelée, ce qui fait présumer qu'il y a mélange de chaux ou de zinc carbonatés.

Compacte. C'est dans les masses de cette variété que l'on trouve les cristaux réguliers de cette espèce.

Caverneux.

Terreux.

Toutes ces variétés informes se réunissent quelquefois plusieurs ensemb'e, et donnent naissance à des masses qui sont quelquefois criblées de pores à la manière des tufs, cellulaires, spongieuses, ondulées, etc. Ces pierres calaminaires sont ordinairement alliées à de petites proportions d'argile ferrugineuse, et leurs couleurs sont aussi variables que leurs tissus, sans jamais être pures ni éclatantes.

APPENDICE.

Brucite. Zinc silicaté rouge, manganésifère. Cristallisé en prisme à six faces régulier, souvent en masses lamell.ires; dureté assez grande; colore le borax en violet au chalumeau. Pesanteur spécifique, 6,2.

Franklinite. Se présente en octaèdre régulier et en masses granulaires; attirable à l'aimant; composition variable.

ANALYSE.

Peroxyde de fer. . . . 66 ⎫
Oxyde de zinc. . . . . 17 ⎬ 99
Oxyde de manganèse . 16 ⎭

Gisemens, localités, usages.

Le zinc oxydé se trouve ordinairement dans les terrains secondaires, calcaires, argileux et arénacés; quant aux terrains primitifs, il ne leur est pas tout-a-fait étranger, ainsi que nous allons le voir.

La calamine forme des couches très-étendues interposées entre un grès et un schiste quarzeux et micacé, à Limbourg près d'Aix-la-Chapel'e. Elle s'interpose en couches puissantes entre les bancs du calcaire stratiforme du Derbyshire, de la Silésie, de la Westphalie et de beaucoup d'autres pays de formation très-secondaire. Il était réservé à M. Maclure, savant minéralogiste-voyageur, de découvrir ce même zinc oxydé calaminaire dans les montagnes primitives de New-Jersey.

On exploite les grands dépôts de zinc oxydé que nous venons d'indiquer, pour la fabrication du laiton ou cuivre jaune, et pour celle du zinc métallique.

DEUXIÈME ESPÈCE.

ZINC CARBONATÉ (Zinkspath de Leonhard).

SIGNALEMENT.

Dissoluble avec effervescence dans l'acide sulfurique, convertissant le cuivre rouge en laiton.

Forme primitive, un rhomboïde obtus.

Pesanteur spécifique, 3,59 à 4,33.

Sa poussière, frottée sur le verre, le dépolit.

Dissoluble à chaud dans l'acide nitrique; un papier trempé dans cette dissolution, et séché, s'enflamme spontanément quand on l'approche d'un brasier ardent, à la distance d'un pied environ; non électrique par la chaleur.

ANALYSE.

Oxyde de zinc. . . . . 65 } 100
Acide carbonique . . . 35 }

Variétés de formes, de tissus et de couleurs.

Zinc carbonaté prismé.

Rhombo dal aigu.

Aciculaire radié. En aiguilles divergentes, qui se terminent par des rhomboïdes aigus imparfaits.

Mamelonné.

Compacte.

Zinc carbonaté blanchâtre. Blanc-jaunâtre, jaunâtre-noirâtre.

Zinc carbonaté pseudomorphique. Ayant pris la place de

cristaux métastatiques de chaux carbonatée et de plusieurs autres variétés..

Gisemens et localités.

Le zinc carbonaté, presque toujours confondu avec le zinc oxydé, se trouve engagé dans les masses de calamine exploitées à Limbourg et en Angleterre, et il en partage par conséquent le gisement.

TROISIÈME ESPÈCE.

ZINC SULFURÉ (blende de Werner).

SIGNALEMENT.

Absolument infusible au chalumeau, poussière donnant une odeur de soufre dans l'acide sulfurique.

Forme primitive, l'octaèdre régulier.

Clivages très-faciles et très-multipliés menant au dodécaèdre rhomboïdal.

Tendre et très-lamelleux, facile à rayer avec une pointe d'acier.

Pesanteur spécifique, 4,16.

Refraction simple.

Phosphorescent dans l'obscurité par le frottement le plus léger.

Couleur jaune-citron dans l'état de pureté.

Surface des lames mise à découvert par une cassure fraîche très-éclatante, quelquefois spéculaire et présentant un aspect voisin des substances résineuses.

ANALYSE DE LA BLENDE PURE ET CRISTALLISÉE.

$$\left. \begin{array}{l} \text{Zinc.} \ . \ . \ . \ 67 \\ \text{Soufre.} \ . \ . \ 33 \end{array} \right\} 100$$

Le zinc sulfuré peut se confondre au premier abord avec plusieurs minéraux, et entre autres avec l'étain oxydé, le schéelin ferruginé, l'urane oxydulé, le grenat et l'idocrase.

Son tissu très-lamelleux, et la facilité avec laquelle on peut le casser, le distinguent de l'étain, qui est difficile à briser et dont la cassure est raboteuse.

Sa poussière grise et terne le distingue du schéelin et de l'urane, dont la poussière est noire et dont la pesanteur est bien supérieure.

Enfin, l'idocrase et le grenat ne se laissent point rayer par une pointe de fer comme la blende, ne se dissolvent pas dans l'acide sulfurique et se fondent au chalumeau.

Variétés de formes, de tissus et de couleurs.

Zinc sulfuré primitif. Un octaèdre.

Tétraèdre. Une pyramide triangulaire.

Dodécaèdre rhomboïdal.

Cubo-octaèdre.

Biforme. Combinaison de l'octaèdre régulier et du dodé-caèdre rhomboïdal.

Triforme. L'octaèdre, le cube et le dodécaèdre rhomboï-dal, réunis, etc.

Laminiforme. Grandes faces miroitantes.

Lamellaire.

Globuliforme, | cassure terne, structure radiée, de
Mamelonné, | Gerolsec en Brisgaw.

Zinc sulfuré jaune de citron. Variété la plus pure.

Rouge.

Verdâtre.

Brun.

Noirâtre.

Métalloïde.

Le zinc sulfuré jaune est quelquefois transparent ; les variétés brunes ne sont que translucides, et celui qui est concrétionné est tout-à-fait opaque.

Gisemens, localités, usages.

Le zinc sulfuré, plus connu sous le nom de blende, se trouve très-communément avec les autres substances métalliques, dont il partage les associations et les gîtes, soit en filons, soit en couches, soit en amas; il est pour ainsi dire le fidèle associé du plomb sulfuré, entre autres; et il faudrait faire l'énumération de tous les minerais, à très-peu de chose près, si l'on voulait citer toutes les substances métalliques avec lesquelles on le trouve au sein de la terre : il n'est pas même jusqu'au fer carbonaté des houillères avec lequel il ne se trouve mélangé en filets d'un rouge·vif, ainsi que je l'ai observé au Lardin, département de la Dordogne.

Le zinc sulfuré occupe quelquefois à lui seul tout l'espace des filons ou des couches métallifères : il remplace en quelque sorte les autres minerais plus précieux que lui, à mesure que ceux-ci deviennent de plus en plus rares; et je citerai à l'appui de ce fait tous les filons de galène qui ont été attaqués dans la vallée de Saint-Gervais, qui conduit au col du Bonhomme en Savoie. Il forme aussi des couches subordonnées au mica-schiste et au talc stéatite dans les environs de Philadelphie, ainsi que M. Maclure l'a observé. Les mineurs sont tellement accoutumés à voir la blende accompagner le plomb sulfuré, qu'ils la considèrent comme la mère de la mine, et que leur préjugé est tel à cet égard, qu'ils n'ont bonne opinion d'une couche ou d'un filon qu'autant qu'ils renferment cette même blende qui fait le désespoir des fondeurs.

Le zinc sulfuré a toujours été rejeté par les exploitans comme une substance de non-valeur. *Duhamel* avait cependant annoncé depuis très-long-temps que ce minerai grillé pouvait remplacer la calamine dans la fabrication du laiton; mais cette découverte fut négligée à cette époque, et ce n'est que depuis six à huit ans, où le grand dépôt de calamine d'Aix-la-Chapelle a cessé d'appartenir à la France, que l'on est revenu à songer à la blende, si commune et si long-temps négligée ; depuis lors on a continué à l'utiliser dans les grandes manufactures de laiton nouvellement établies en Normandie. J'ai dit que la blende faisait le tourment des fondeurs : c'est qu'en effet si l'on ne parvient point à en purger entièrement le minerai de plomb avant de le jeter dans les fourneaux, elle enlève une partie de ce métal en se volatilisant elle-même, et cause ainsi une perte énorme dans le résultat des fondages.

QUATRIÈME ESPÈCE.

ZINC SULFATÉ (zinc-vitriol de Karstein, vulgairement couperose ou vitriol blanc).

SIGNALEMENT.

Saveur styptique ; se boursoufflant au feu et laissant échapper une flamme brillante accompagnée de flocons blancs.

Forme primitive, un octaèdre symétrique.

Soluble dans l'eau, puisqu'il a une saveur marquée.

Fusible avec boursoufflement en une scorie grise.

Incolore dans l'état de pureté, mais se couvrant d'un enduit farineux.

ANALYSE DU ZINC SULFATÉ DE CORNOUAILLES, PAR SCHAUB.

Oxyde de zinc. . . .	25	
Acide sulfurique. . .	21	
Eau.	46	100
Manganèse	4	
Perte.	4	

Le signalement de ce sel suffit pour le distinguer de toutes les autres substances sapides blanches.

Variétés de formes et de tissus.

Zinc sulfaté quadrioctonal. Un prisme à 4 pans et 2 pyramides à 4 faces. Obtenu par l'art.

Concrétionné.

Capillaire.

Gisemens, localités, usages.

Le zinc sulfaté peut être considéré, jusqu'à un certain point, comme étant un produit de l'art, car on ne le trouve guère que dans les travaux souterrains où le zinc sulfuré abonde. Nous remarquerons toutefois cependant que nous ne connaissons point de blende altérée à la manière des pyrites de fer, et qu'il se pourrait plutôt que le sulfate fût le produit de la décomposition du fer sulfuré en contact avec des masses de zinc oxydé.

Le zinc sulfaté se trouve et se prépare particulièrement à Goslard en Carinthie, d'où lui est venu le nom de vitriol de Goslard; à Schemnitz en Hongrie, et au Cornouailles en Angleterre.

Il est employé dans l'art de la teinture, dans la préparation des cuirs, et quelquefois en médecine et en chirurgie pour les affections de la vue. Certains sulfates à doubles ou à triples bases, soit de cuivre, et de fer ou de zinc et de cuivre sont employés en Suisse pour garantir les grains de la carie : c'est un chaulage d'un nouveau genre qui paraît excellent.

NON DUCTILES.

SEPTIÈME GENRE.

BISMUTH.

PREMIÈRE ESPÈCE.

BISMUTH NATIF (gedieger wismuth de Werner).

SIGNALEMENT.

Fusible à la simple flamme d'une bougie ; soluble avec ef-

fervescence dans l'acide nitrique , et le colorant en vert jau-
nâtre.

Forme primitive, l'octaèdre régulier.

Couleur, le blanc légèrement jaunâtre avec une nuance de violet.

Tissu , à larges facettes.

Pesanteur spécifique, 9,02, et 9,82 pour le bismuth fondu.

Aigre , fragile, s'égrenant par la pression.

Isolé et frotté , il s'électrise vitreusement.

L'eau, ajoûtée à sa dissolution dans l'acide nitrique, le précipite en poudre blanche.

Le bismuth fondu ne peut se confondre avec aucun autre métal à l'état natif. On peut se méprendre entre lui et le bismuth su'furé ; mais comme ce dernier ne fait point effervescence dans l'acide, il est au moins bien facile de sortir de cette indécision.

Variétés de formes et de tissus.

Bismuth natif primitif. Un octaèdre régulier.
Rhomboïdal. En rhomboïde aigu.
Lamellaire. Souvent irisé.

APPENDICE.

Bismuth natif arsenico-ferrifère.

L'odeur d'ail qu'il répand au feu, jointe aux autres caractères du bismuth, font reconnaître cette sous-espèce ; il forme des dendrites dans un jaspe brun , et se trouve à Schnéeberg en Saxe.

Gisemens, localités, usages.

Le bismuth natif ne se trouve point dans des gîtes séparés ; il accompagne simplement d'autres minerais assez remarquables, tels que ceux de cobalt ou d'argent. C'est ainsi qu'on le trouve dans les célèbres exploitations de la Saxe et de la Bohême, dans celles du Hanau et du Furstemberg ; on l'a également trouvé dans la mine de plomb de Poulaouen en Bretagne.

L'extrême fusibilité du bismuth natif rend le traitement de ses minerais sans difficulté, puisqu'il suffit pour ainsi dire d'un simple grillage pour séparer le metal de la gangue pierreuse dans laquelle il est engagé.

Jusqu'ici le bismuth seul n'a eté l'objet d'aucune application utile ; on s'est contenté de le faire cristalliser par refroidissement dans des creusets pour la satisfaction des amateurs des jolies petites choses ; mais il entre dans la composition de plusieurs alliages intéressaus.

Mêlé à l'étain, il lui communique plus d'éclat et plus de dureté. Huit parties de bismuth, 5 de plomb et 3 d'étain forment l'alliage fusible de Darcet père, qui fond dans l'eau chaude bien avant le terme de l'ebullition. Cet alliage est propre à la fabrication des clichts et des caractères d'imprimerie ; M. Meushier l'a prouvé par une belle série d'expériences qui n'ont cependant point eu de suite.

Amalgamé avec le mercure, il peut s'employer à l'étamage des glaces. Enfin, le précipité blanc que l'eau produit quand on la verse dans une dissolution de bismuth par l'acide nitrique, est le blanc de fard employé par les dames.

DEUXIÈME ESPÈCE.

BISMUTH SULFURÉ (wismuthglanz de Werner).

SIGNALEMENT.

Fusible à la flamme d'une bougie ; dissolution lente et sans effervescence dans l'acide nitrique.

Forme primitive présumee, un prisme légèrement rhomboïdal ?

Très-facile à racler avec le couteau.

Cassure conchoïde.

Couleur intermédiaire entre le gris de plomb et le blanc d'étain.

Isolé et frotté, il acquiert l'électricité résineuse.

ANALYSE.

Bismuth. . . 82 ⎱
Soufre. . . . 18 ⎰ 100

Le signalement suffit pour faire distinguer le bismuth sulfuré d'avec tous les minerais que l'on pourrait confondre avec lui.

Variétés.

Bismuth sulfuré aciculaire.
Lamellaire. Souvent irisé.

APPENDICE.

Bismuth sulfuré plumbo-cuprifère (nadelerz de Werner).
Couleur grise ou jaunâtre, éclat métallique, cassure inégale, médiocrement luisante, faisant effervescence dans l'acide nitrique. Se trouve en longs prismes cannelés ou hexaèdres, engagés dans un quarz gras, blanc, en Sibérie.
Bismuth plumbo-argentifère. De Schaphach, dans le duché de Bade.

Le bismuth sulfuré se trouve en Saxe, en Bohême, en Suède, en Bavière, et dans le Hanau ; il accompagne le bismuth natif, et sa gangue ordinaire est le quarz.

TROISIÈME ESPÈCE.

BISMUTH OXYDÉ (wismuthocher de Werner).

SIGNALEMENT.

Réductible au chalumeau en un bouton de bismuth ; soluble dans l'acide nitrique.

Pesanteur spécifique, 4 ,36.

Tendre et friable.

ANALYSE.

Bismuth. . . . 90 |
Oxygène. . . 10 | 100

Variétés.

Bismuth oxydé massif. Recouvrant sa gangue sous la forme d'une espèce de croûte jaune-verdâtre , ou gris-jaunâtre.

Pulvérulent (vulgairement fleurs de bismuth). Verdâtre sale.

Gisement et localité.

Le bismuth oxydé est très-rare ; on le trouve à Schnée-berg en Saxe, où il accompagne le bismuth natif.

HUITIÈME GENRE.

COBALT (kobalt de Werner).

SIGNALEMENT.

Le cobalt est d'un blanc d'étain, et attire l'aiguille ai-mantée.

Pesanteur spécifique, 8 ,54.

Cassant et facile à pulvériser.

Grain fin et serré.

Isolé et frotté , il acquiert l'électricité vitrée.

Très-difficile à fondre.

Soluble avec effervescence dans l'acide nitrique.

Son oxyde colore le verre de borax en beau bleu.

Usages.

Le cobalt à l'état métallique n'est d'aucun usage ; mais, à l'état d'oxyde ou de *safre*, on en prépare un émail bleu en le fondant avec du sable quarzeux et de la potasse. Cet émail, pulvérisé et porphyrisé, est employé à relever le blanc de différentes substances par une très-légère nuance de bleu qui plaît à l'œil : c'est ainsi qu'on l'emploie dans les papeteries, dans la préparation de l'empois bleu, à la fabrication des pierres factices, des verres et des émaux colorés, etc. Le cristal bleu est coloré par le safre ou oxyde de cobalt; les curieux en préparent une encre sympathique, qui se colore en vert par la chaleur, et qui disparaît ensuite pour reparaître de nouveau quand on vient à approcher du feu le papier sur lequel on a tracé des caractères avec cette liqueur, qui n'est autre chose qu'une dissolution d'oxyde de cobalt dans l'acide nitro-muriatique.

PREMIÈRE ESPÈCE.

COBALT ARSENICAL (speiskobalt de Werner).

SIGNALEMENT.

Colorant le verre de borax en beau bleu; donnant par la flamme d'une bougie une odeur d'ail très-sensible.

Forme primitive, le cube.

Pesanteur spécifique, 7,36.

Aigre et cassant.

Cristaux d'un blanc d'argent; masses d'un gris de fer.

Cassure raboteuse.

Dissoluble dans l'acide nitrique avec effervescence; le colorant en lilas par la chaleur; attirant l'aiguille aimantée après avoir été chauffé.

M. Berthier admet l'existence de trois variétés de cobalt arsenical, contenant 1, 2, 3 atomes d'arsenic pour un atome de cobalt; en outre ces arséniures se trouvent mêlés entre eux avec des arséniures et avec des arsénico-sulfures de fer et de nickel, et même avec de l'arsenic en excès.

ANALYSE PAR M. JOHN.

Cobalt. . . 28,00 |
Fer . . . . . 6,30 } 100,00
Arsenic . . 65,70 |

On peut confondre le cobalt arsenical avec
Le fer arsenical,
Le cuivre gris, l'argent antimonial,
Et le cobalt gris.

Il se distingue des deux premiers par sa propriété de colorer l'acide nitrique chauffé, en rouge de lilas; du troisième, par cette même propriété et par l'odeur d'arsenic qu'il répand quand on le chauffe; et enfin, le cobalt gris a besoin d'être chauffé au chalumeau pour développer son odeur arsenicale, tandis que le cobalt arsenical n'a besoin que de l'action de la flamme d'une simple bougie.

Variétés de formes et de tissus.

Cobalt arsenical primitif. Cristaux cubiques.
Octaèdre.
Cubo-octaèdre.
Triforme. Cristaux dérivant à la fois du cube de l'octaèdre et du dodécaèdre rhomboïdal. Ces variétés sont les mêmes que dans le fer sulfuré.
Concrétionne.
Aciculaire radié.
Filiciforme. En feuilles de fougère. Variété qui pourrait bien n'être qu'une pseudomorphose de l'argent natif, que l'on trouve aussi sous cette forme.
Massif. Blanc argentin, ou gris de fer.

Gisemens, localités, usages.

Le cobalt arsenical se trouve en couches et en filons dans des terrains qui appartiennent à différentes époques géologiques; il traverse le granite, le gneiss, le mica schistoïde et le schiste ancien. On le trouve dans le terrain de transition, et enfin dans le calcaire secondaire; mais il est vrai que, dans ce dernier cas, le calcaire est celui que l'on considère comme étant le plus ancien parmi les terrains calcaires secondaires.

On exploite le cobalt arsenical à Wittichen, près de Wolfach, dans le Furstenberg, où il est engagé dans le même granite rosé qui renferme la chaux arseniatée; à Scuterud en Norwége, où il est accompagné de bismuth natif; à Bieberg, dans le Hanau; à Schécberg en Saxe, où le quarz agate et le quarz commun lui servent de gangue; enfin il s'en est trouvé à Sainte-Marie, dans les Vosges, et à Allemont, près de Grenoble, à l'époque où ces mines étaient exploitées.

Une partie de l'arsenic du commerce provient du grillage des minerais de cobalt; en sorte que ce premier produit, joint à l'oxyde de cobalt lui-même, dont le principal usage est de servir à colorer diverses substances en bleu, rend ce minerai très-précieux, et le fait rechercher dans tous les lieux qui en offrent des indices.

DEUXIÈME ESPÈCE.

COBALT GRIS (glanskobalt de Werner).

SIGNALEMENT.

Tissu très-lamelleux; colorant le verre de borax en bleu, et donnant l'odeur d'ail au feu.

Forme primitive, le cube.

Pesanteur spécifique, 6,33 à 6,45.

Étincelant sous le choc du briquet avec odeur d'ail.

Blanc d'étain nuancé de jaunâtre.

Soluble dans l'acide nitrique.

ANALYSE DU COBALT DE TUNABERG EN SUÈDE.

$$\left.\begin{array}{ll}\text{Cobalt.} & 39,0 \\ \text{Fer.} & 2,0 \\ \text{Arsenic.} & 34,7 \\ \text{Soufre.} & 21,7\end{array}\right\}\ 97,4$$

Le tissu très-lamelleux du cobalt gris le distingue, comme on l'a déjà dit, du cobalt arsenical et du fer arsenical. Sa fixité au feu du chalumeau le distingue aussi de l'antimoine natif, qui finit par se volatiliser en entier.

Variétés de formes.

Cobalt gris primitif. Cristaux cubiques.
Octaèdre.
Dodécaèdre.
Icosaèdre. 20 faces triangulaires.
Cubo-icosaèdre.

Les cristaux de cobalt gris se font remarquer par leur netteté, leur perfection, leur volume et leur brillant poli ; souvent ils sont isolés et complets, comme cela arrive à ceux de fer sulfuré, avec lesquels ils ont tant d'autres rapports.

Gisemens, localités, usages.

Le cobalt gris que l'on exploite à Tunaberg en Suède se trouve, en cristaux réguliers, disséminés dans une chaux carbonatée lamellaire, qui, renfermant aussi du cuivre pyriteux, paraît appartenir à une formation assez ancienne. On ne sait rien de plus sur le gisement de ce minerai, qui est exploité pour être converti en safre et en smalt, pour les usages dont nous avons parlé ci-dessus.

TROISIÈME ESPÈCE.

COBALT OXYDÉ NOIR (schwarzer erdkobalt de Werner).

SIGNALEMENT.

Colorant en bleu le verre de borax.

En petites masses mamelonnées noires et ternes, qui deviennent luisantes par le frottement d'un corps dur et poli, et qui contiennent quelquefois dans leur intérieur des taches rougeâtres qui sont dues à du cobalt arseniaté.

Ce minéral, encore peu tranché et assez mal caractérisé, pourrait se confondre avec plusieurs autres minerais, sans sa propriété de colorer le verre de borax en beau bleu ; ses gangues sont la chaux carbonatée et la baryte sulfatée. Il en existe une variété qui devient attirable après avoir été grillée, en raison du fer qu'elle contient.

On trouve l'oxyde noir de cobalt à Kitzbuchel, dans le Tyrol ; à Saalfeld en Turinge ; à Freydenstadt, dans le Wurtemberg ; à Schnéeberg en Saxe, etc. Ce minérai, qui est un safre naturel, n'a plus besoin que de subir une fusion pour donner naissance au smalt du commerce.

QUATRIÈME ESPÈCE.

COBALT ARSENIATÉ (rother erdkobalt de Werner, autrement cobalt fleur de pêcher).

SIGNALEMENT.

Couleur approchant plus ou moins de celle de la fleur du pêcher; colorant le verre de borax en bleu.

La poussière est à peu près de la même couleur que celle de la masse.

Exposé au chalumeau, ou même à la flamme d'une bougie, il y donne une odeur d'ail très-sensible.

On distingue le cobalt arseniaté de toutes les autres substances qui approchent de sa couleur rose et de son tissu capillaire, par sa propriété de colorer le verre de borax en bleu.

Variétés de tissus.

Cobalt arseniaté aciculaire. En petites rosaces d'une très-jolie couleur fleur de pêcher, composées d'aiguilles satinées et divergentes.

Concrétionné. En petites masses dont l'intérieur est composé d'aiguiles soyeuses divergentes; leur couleur passe à celle de la lie de vin.

Terreux pulvérulent. Aspect farineux, et couleur fleur de pêcher.

APPENDICE.

Cobalt arseniaté terreux argentifère (autrefois argent merde d'oie).

Ce minerai est un mélange d'argent, de cobalt arseniaté, oxydé noir, de nickel arseniaté et de fer oxydé. Les masses, informes, composées de cette singulière réunion, présentent des teintes verdâtres, rougeâtres, noirâtres, qui ont suggéré la dénomination bizarre sous laquelle on désignait ce minerai, dans le temps où l'on n'avait trouvé rien de mieux que de comparer les couleurs aux matières les plus dégoûtantes : boue de Paris, caca dauphin, etc., etc. Ce minerai est important pour les mineurs et pour les exploitans, parce qu'il renferme quelquefois une assez forte dose d'argent. Celui que l'on trouvait à Allemont, en Dauphiné, en contenait, suivant M. Schreiber, jusqu'à 13 pour 100 ; et il en est à peu près de même de celui de Schemnitz en Hongrie.

Gisemens et localités.

On pense avec raison que le cobalt arseniaté est le produit de l'altération du cobalt arsenical; et, ce qui semble venir à l'appui de cette opinion, c'est que ce cobalt efflorescent se trouve ordinairement dans le voisinage du cobalt arsenical, et souvent associé avec l'oxyde noir de cobalt, qui serait aussi le produit immédiat de cette décomposition ; car il se passerait ici à peu près la même chose, par rapport au cobalt, que ce que nous voyons s'exécuter journellement par rapport au fer sulfuré, qui produit à la fois et du sulfate et de l'oxyde de fer.

Les mines du Hanau, de Hesse, de Thuringe, de Saxe, etc., que nous avons citées comme renfermant les divers autres minerais de cobalt, contiennent nécessairement celui-ci, puisqu'il paraît leur devoir son origine. Les beaux échantillons du cobalt arseniaté font l'ornement des collections par la fraîcheur et la vivacité de leurs belles nuances.

NEUVIÈME GENRE.

ARSENIC.

PREMIÈRE ESPÈCE.

ARSENIC NATIF (gedieden arsenik de Werner).

SIGNALEMENT.

Couleur d'un gris d'acier qui se ternit promptement à l'air, et qui passe au noir sombre, forte odeur d'ail par le choc, et surtout par le feu, avec fumée blanche.

Pesanteur spécifique, 5,76 pour l'arsenic natif, et 8,30 pour l'arsenic fondu, suivant Bergmann.

Très-cassant.

Éclat du fer quand il est nouvellement cassé, mais le perdant bientôt pour se recouvrir d'un enduit noir.

L'arsenic natif se distingue de tous les autres minerais noirs par les deux caractères qui composent son signalement.

Variétés de tissus.

Arsenic natif lamellaire.

Tuberculeux testacé. En concrétions mamelonnées, composées de couches qui s'enlèvent par calottes, et qui renferment souvent un noyau d'argent antimonié sulfuré. Cette variété est la plus commune et la plus facile à reconnaître.

Bacillaire.

Aciculaire radié.

Globuliforme. De Transylvanie. Dans une gangue de chaux carbonatée manganésifère rose.

Massif. Présentant dans sa cassure fraîche une multitude de petites écailles satinées.

Gisemens, localités, usages.

L'arsenic natif ne se trouve pas en très-grandes masses dans la nature. Je crois que Patrin a visité le plus grand dépôt d'arsenic connu, dans une des mines de Sibérie, où l'on en a trouvé une couche de plusieurs pieds d'épaisseur. Au reste, ce métal accompagne une foule d'autres minerais, tels que le plomb sulfuré, le fer carbonaté, le cuivre gris, l'argent antimonié, et surtout le cobalt arsenical. Ses gangues sont aussi très-variables ; mais la chaux carbonatée, la baryte sulfatée et le quarz sont les p'us ordinaires. L'Allemagne, l'Angleterre et la France fournissent l'arsenic natif.

Les usages de ce métal, si pernicieux aux malheureux mineurs qui travaillent dans les mines qui le contiennent, sont assez bornés ; il sert cependant pour le travail du platine, et pour composer l'alliage dit métal blanc, dont on fait une foule d'objets d'utilité ou d'agrément, comme boutons, chandeliers, miroirs de télescopes, etc. On doit éviter soigneusement d'en exécuter des vases domestiques.

La poudre à mouches, si improprement nommée mine de plomb, et dont on se sert pour tuer ces insectes incommodes,

n'est autre chose que l'arsenic pulvérisé. On devrait renoncer à cet usage, qui peut avoir des inconvéniens.

DEUXIÈME ESPÈCE.

ARSENIC OXYDÉ (arsenikblüthe de Werner, vulgairement arsenic).

SIGNALEMENT.

*Toujours blanc et volatil sur les charbons , en répandant
une fumée blanche et une forte odeur d'ail.*

Pesanteur spécifique , 3,75.

Forme primitive , l'octaèdre régulier.

Soluble dans l'eau.

Le signalement de l'arsenic oxydé suffit pour le distinguer
d'avec tous les autres oxydes blancs et toutes les substances
minérales blanches en général.

Variétés de formes et de tissus.

Arsenic oxydé primitif. Cristaux octaèdres obtenus par
l'art.

Granulaire.

Aciculaire et divergent.

Pulvérulent. Vulgairement farine empoisonnée.

Gisemens , localités, usages.

L'oxyde blanc d'arsenic est assez rare dans la nature, et
celui du commerce est toujours un produit de l'art. Quand
on le rencontre dans les mines, ce n'est pour l'ordinaire que
sous la forme d'un léger enduit farineux blanc , ou tout au
plus en grains ou en petites aiguilles aciculaires. Celui du
commerce, au contraire, qui provient surtout du traitement métallurgique des minerais arsenicaux de fer ou de
cobalt, se présente en masses qui ont l'aspect de l'émail

blanc, et que l'on pulvérise pour les approprier aux différens usages auxquels il est employé.

Les teinturiers s'en servent comme de mordant, les vété-
rinaires l'emploient pour ronger les chairs baveuses, et on a
le funeste usage de le mêler à de la farine pour empoisonner
les rats domestiques ou ceux des champs. C'est ce dernier
emploi de l'arsenic mêlé à la farine qui cause le plus grand
nombre d'accidens, sans compter les crimes atroces auxquels il sert d'instrument; on préviendrait toutes les méprises et une bonne partie des crimes en ne délivrant que
de l'arsenic coloré en bleu. Cadet Gassicour avait déjà proposé ce moyen, mais je le reproduis ici avec confiance, parce que j'ai fait de nouvelles expériences à cet égard, et que
je me suis convaincu que 10 parties de bleu de Prusse sur
100 d'arsenic, colorent ce poison de manière à ce qu'en
en mêlant assez dans la farine pour l'empoisonner, il la colore suffisamment pour qu'il soit absolument impossible de
s'y tromper. Si l'on prépare peu de farine à la fois, les animaux nuisibles la mangeront sans répugnance, et seront
tout aussi bien empoisonnés que par l'arsenic blanc; mais
l'expérience a appris que, lorsque la farine empoisonnée est
vieille, elle contracte probablement un goût qui en éloigne
les animaux; ce qui a lieu tout aussi bien pour l'arsenic
blanc que pour l'arsenic bleu.

J'insiste sur ce point, parce qu'il intéresse la société; et,
quoiqu'on puisse trouver ces détails technologiques un peu
déplacés ici, j'espère qu'on me les pardonnera en faveur du
motif qui m'a engagé à les exposer. Je prépare un mémoire
à ce sujet, qui sera appuyé d'un grand nombre d'expériences: je le publierai séparément en forme d'instruction populaire; et, quand mon travail ne préviendrait qu'un seul
accident, je serais mille fois payé, et je me féliciterais de
l'avoir entrepris.

TROISIÈME ESPÈCE.

ARSENIC SULFURÉ (rauschgelb de Werner, vulgairement realgard ou orpiment).

SIGNALEMENT.

Couleur comprise entre le jaune-citron et le rouge-orangé; volatil au chalumeau avec fumée et odeur d'ail.

Forme primitive, un prisme rhomboïdal oblique.

Pesanteur spécifique de la variété jaune, 3,45; de la variété rouge, 3,34.

Facile à rayer avec la pointe d'un corps dur.

Généralement fragile, si ce n'est la variété jaune, dont les lames minces sont également flexibles.

Poussière jaune ou aurore, suivant la variété à laquelle elle appartient.

Couleur de la masse toujours plus ou moins jaune dans la fracture, mais variant entre les deux limites du jaune-citron doré au jaune-rouge orangé.

S'électrisant résineusement par le frottement, et acquérant une sorte de poli métalloïde par l'action d'un corps dur et uni.

ANALYSE DE L'ARSENIC SULFURÉ ROUGE DE POUZZOLE, PAR BERG-MANN.

Arsenic. . . . 90 ⎫
Soufre . . . . 10 ⎬ 100

DE L'ARSENIC SULFURÉ JAUNE, PAR THÉNARD.

Arsenic métallique. 57 ⎫
Soufre. . . . . . . 43 ⎬ 100

Le signalement de cette espèce suffit pour la distinguer d'avec tous les minéraux rouges et jaunes qui existent, et qui n'ont que la couleur de commun avec elle.

Variétés de formes, de tissus et de couleurs.

Arsenic sulfuré primitif. Un prisme rhomboïdal oblique.*

Octodécimal. Les arêtes des prismes sont remplacées par 2 faces qui forment un angle très-obtus, et dont les bords sont chargés de facettes triangulaires et trapézoïdales.

Bacillaire. Rouge (réalgar).

Laminaire. Rouge et jaune.

Sublaminaire Jaune (orpiment).

Concrétionné globuliforme. Jaune avec mélange de rouge.

Compacte. Rouge.

N. B. M. Bequerel regarde l'orpiment ou arsenic sulfuré jaune, comme le résultat de la décomposition du réalgar par action électrique.

Gisemens, localités, usages.

On trouve l'arsenic sulfuré dans des terrains qui diffèrent évidemment d'origine ; savoir : dans les crevasses des volcans et des solfatares qui brûlent encore, et dans des roches qui n'ont rien de commun avec cette formation ignée, c'est-à-dire dans des argiles, des calcaires secondaires, et dans des calcaires primordiaux ou chaux carbonatées magnésifères, connus par le surnom de dolomie du Saint-Gothard.

Les deux variétés jaune et rouge de l'arsenic sulfuré se trouvent dans les argiles bleuâtres de Neustadt en Hongrie ; on rencontre plus particulièrement le jaune dans l'argile et le calcaire secondaire, comme à Offenbanya en Transylvanie, où il est accompagné de baryte sulfatée.

Le rouge, plus connu sous le nom de *réalgar*, accompagne le cuivre gris et le fer sulfuré sous la forme de petites masses, qui tranchent, par la vivacité de leur couleur, sur le beau blanc de la dolomie du Saint-Gothard ; enfin, celui qui est évidemment dû à l'action des feux souterrains, se trouve sublimé en petits cristaux dans les fentes des cratères du Vésuve, de la solfatare de Naples, à l'Etna, à la Guadeloupe ; et quant à celui du Japon, qui se présente en stalactites assez volumineuses, nous ignorons complètement son gisement.

L'arsenic sulfuré jaune est beaucoup plus employé en peinture que celui dont la couleur passe au rouge aurore ; le premier, connu sous le nom d'orpin, sert à peindre les boiseries en jaune citron, et cette couleur éclatante a l'avantage de ne changer qu'à la longue. On s'en servait surtout pour la peinture des panneaux et des caisses de voiture; on commence à le remplacer par une couleur composée que l'on nomme *jaune minéral*.

Le *réalgar* est particulièrement employé pour disposer le plomb doux à se convertir en grains ronds propres à la chasse. On dit que les Chinois en font usage dans leurs pharmacopées, mais cela demande confirmation. Enfin, les Turcs le font entrer avec la chaux dans la composition du savon dépilatoire, qu'ils nomment *rusma*.

DIXIÈME GENRE.

MANGANÈSE. (braustein de Werner).

SIGNALEMENT.

L'oxyde du manganèse pur obtenu par l'art colore le verre de borax en violet (1).

Pesanteur spécifique, 6,85.

Blanc métallique tirant sur le gris de fer. Il perd cette

---

(1) Ce métal ne s'étant jamais trouvé à l'état natif, ces caractères se rapportent à celui que les chimistes sont parvenus à obtenir par l'art.

couleur à mesure qu'il passe au violet par suite de son exposition à l'air. Excessivement difficile à fondre.

Comme on n'obtient le manganèse métallique que dans les laboratoires , et qu'il passe très-promptement à l'état d'oxyde , ses usages sont nuls , et nous renvoyons ceux de ses oxydes à l'article suivant, qui leur est consacré.

PREMIÈRE ESPÈCE.

MANGANÈSE OXYDÉ (graun braunstelnerz de Werner).

SIGNALEMENT.

Colorant toujours le verre de borax en violet quand on y ajoute un peu de nitre.

On doit distinguer plusieurs oxydes de manganèse qui ont été long-temps confondus ; on le classe ainsi maintenant d'après M. Dufrénoy.

1° Hausmanite.
2° Braunite.
3° Pyroluzite.
4° Acerdèse.

1ʳᵉ *Variété.* — HAUSMANITE.

Forme primitive , octaèdre à base carrée.

Pesanteur spécifique , 4 , 72.

Ce minéral est d'un noir brunâtre et doué d'un éclat imparfaitement métallique.

Raie la chaux fluatée, mais ne raie pas le verre ; ne donne pas sensiblement d'oxygène quand on le chauffe.

Poussière brune.

ANALYSE.

Oxyde rouge de manganèse.	98,09	
Oxygène en excès	0,21	
Eau.	0,43	18,17
Baryte	0,11	
Silice	0,33	

Hausmanite cristallisée. La forme la plus ordinaire est un prisme à 4 faces surmonté du pointement primitif.

On rencontre quelquefois un prisme à 8 faces surmonté d'un pointement à 4 faces.

2ᵉ *Variété.* — BRAUNITE.

Forme primitive, octaèdre à base carrée.

Pesanteur spécifique, 4,81.

Couleur brune, éclat demi-métallique.

Raié le verre et le feldspath ; donne très-peu d'oxygène quand on la chauffe au chalumeau.

ANALYSE.

Oxyde rouge de manganèse. 95,48 ⎫
Oxygène en excès. . . . . . . 5,30 ⎪ 99,98
Eau. . . . . 0,95 ⎬
Baryte. . . . . 2,25 ⎭

Braunite cristallisée. Se rencontre en octaèdres plus fréquemment que la hausmanite, mais assez rarement cependant.

Souvent en prisme à 4 faces, avec un pointement à 4 faces et une base.

Massive.

3ᵉ *Variété.* — PYROLUZITE.

Forme primitive, prisme droit rhomboïdal.

Pesanteur spécifique, 4,82 à 4,94.

Couleur, noir de fer ; éclat métallique.

Poussière noire sans mélange de brun ; donne un vif dégagement d'oxygène au chalumeau, comme le manifeste l'ebullition du borax que l'on colore en violet avec cette substance.

ANALYSE.

Oxyde rouge de manganèse. 86,05 ⎫
Oxygène en excès . . . . . . 11,78 ⎪
Eau. . . . . 1,12 ⎬ 99,05
Baryte. . . . . 0,05 ⎪
Silice. . . . . 0,05 ⎭

Pyroluzite cristallisée. Les cristaux habituels sont des prismes à 8 faces, résultant non pas d'une troncature sur les arêtes du prisme primitif, mais d'un double biseau.

On remarque souvent dans ces cristaux un nombre très-multiplié de facettes.

Prismes cannelés.

Aciculaire. En aiguilles divergentes ou croisées dans tous les sens, d'un brillant ou d'un gris analogue à celui du fer poli.

Fibreux.

Compacte.

En dentrides.

La pyroluzite peut quelquefois se confondre avec l'antimoine sulfuré; mais, comme ce dernier se fond à la simple flamme d'une bougie, et que l'autre est infusible, il est aisé de sortir du doute qui peut s'élever entre ces deux substances.

4e *Variété.* — ACERDÈSE.

Forme primitive; prisme rhomboïdal droit.

Pesanteur spécifique, 4,30.

Couleur, gris métallique.

Poussière brune; perd de l'eau quand on la chauffe fortement.

ANALYSE.

Oxyde rouge de manganèse.	86,85	
Oxygène en excès........	3,05	100,00
Eau	10,10	

Acerdèse cristallisée. Prisme rhomboïdal primitif; on rencontre souvent cette substance en prismes cannelés, mais il n'y a pas ordinairement de pointement.

Métalloïde argentin (vulgairement fleur de manganèse). Tapisse souvent des géodes de fer hématite.

Concrétionné. En masses mamélonnées dures et pesantes, dont les unes ressemblent à du fer hématite, et les autres à des scories de fonderie. Ce dernier a été nouvellement découvert en Périgord.

N. B. On voit que cette classification des divers oxydes de manganèse à été nécessitée par une difference dans la forme primitive, la composition et les propriétés extérieures. Les caractères distinctifs qui constituent le signalement de chaque variété sont, comme on l'a vu : la dureté, la couleur de la poussière, la propriété de dégager de l'oxygène ou de l'eau par l'action de la chaleur.

Gisemens, localités, usages.

On trouve le manganèse oxydé associé au fer oxydé brun dans les terrains anciens et dans les terrains secondaires ; la baryte sulfatée lui sert souvent de gangue, et il forme avec elle des filons, des couches ou des amas très-étendus, soit en Allemagne, en Piémont ou en France.

On exploite le manganèse oxydé pour le service des verreries, où il est employé comme dépuratif, et pouvant détruire complètement les couleurs verdâtres qui altèrent la pureté du verre blanc ; c'est lui qui colore certains vases de verre en violet vineux ; il entre dans la composition de la couverte noire des faïences communes ; mais son usage le plus intéressant est de servir à préparer le *chlore* ou acide muriatique oxygéné, au moyen duquel on peut blanchir très-rapidement les toiles et les fils écrus, la pâte du papier, la cire, nettoyer et détacher les gravures et les livres précieux, etc. Enfin, c'est encore lui qui fait partie de la composition des appareils désinfectans de Guiton. Ainsi ce minéral de peu d'apparence a rendu à l'agriculture des espaces immenses qui étaient consacrés au blanchissage naturel ; et, en purifiant l'air pestilentiel de certains hôpitaux, il aura

déjà racheté l'existence d'une foule de malheureux qui auraient succombé à sa funeste influence. Voilà des services
qui attachent aux sciences et qui les font aimer.

DEUXIÈME ESPÈCE.

PEROXYDE DE MANGANÈSE HYDRATÉ.

SIGNALEMENT.

Colorant le borax en violet.

Amorphe.

Pesanteur spécifique, 3,2.

Compacte, terreux, tache les doigts.

Poussière de couleur brun-girofle foncé.

Perdant par la calcination 1/4 de son poids.

C'est une espèce fort abondante à laquelle on donne quelquefois le nom de *manganèse oxydé noir.*

ANALYSE.

Peroxyde de manganèse.   75,2 ⎱
Eau . . . .   15,8 ⎰ 91,9
Oxyde de fer . . . .   0,6 ⎰
Argile. . . . .   0,3 ⎰

APPENDICE.

Manganèse hydraté noirâtre baritifère. Tissu fin et serré;
rayant souvent le verre; masse d'un noir bleuâtre sombre;
poussière noire et tachante; mélangé de baryte rose et de
chaux fluatée violette. Se trouve en masses concrétionnées
ou amorphes, à la Romanèche près de Mâcon, où il est exploité depuis long-temps, à même une grande masse qui repose sur un granite rouge. M. Vauquelin pense que la baryte
qu'il contient est à l'état de combinaison.

Peroxyde aluminifère. Minerai d'un gris bleuâtre. On y
remarque des zones concentriques qui indiquent qu'il a été

formé par concrétions. Il n'est attaqué ni par un acide ni par la potasse, ce qui prouve qu'il y a combinaison entre l'alumine et le manganèse.

ANALYSE PAR BERTHIER.

Peroxyde de manganèse. 72)
Alumine. . . . . 18 } 99
Eau. . . . . 9)

Gisemens, localités, usages.

Le manganèse hydraté accompagne presque toujours le manganèse oxydé, le fer hydraté ou le fer spathique, et ce mélange altère souvent sa pureté, ce qui fait donner la préférence au manganèse oxydé métalloïde, surtout pour l'usage des verreries et la fabrication des émaux.

On l'exploite en France à la Romanèche, près de Mâcon, et aux environs d'Exideuil et de Thiviers, département de la Dordogne. Cette variété, comme la précédente, sert à colorer les terres et les faïences communes, ainsi qu'à préparer le chlore.

TROISIÈME ESPÈCE.

MANGANÈSE SULFURÉ (manganglanz de Karstein).

SIGNALEMENT.

Soluble sans effervescence dans l'acide nitrique en répandant des vapeurs puantes, et laissant un nuage dans la dissolution.

Forme primitive, l'octaèdre rectangulaire.

Pesanteur spécifique, 3,98.

Facile à entamer avec le couteau en s'égrenant.

Gris métallique dans les cassures fraîches, et passant au noir par suite du contact de l'air.

Poussière d'un vert obscur, qui, placée en petits tas sur

une lame de fer que l'on fait rougir, devient elle-même incandescente et d'un brun violet.

ANALYSE.

Manganèse. . . . 66,35 }
Soufre. . . . . . 33,65 } 100,00

Cette analyse est celle du sulfure pur, et il est rare que le
sulfure du manganèse ne soit pas mélangé de sulfure de
fer.

Variétés.

Manganèse sulfuré laminaire.
Sublamellaire.
Massif.

Gisemens et localités.

Le manganèse sulfuré est encore très-rare dans les collections; pendant long-temps on ne l'avait trouvé qu'à Nagyag
en Transylvanie, où il accompagne le manganèse carbonaté
rose, qui sert lui-même de gangue au tellure. Depuis peu,
M. Manuel del Rio l'a découvert dans les mines du Mexique;
il en a même fait l'analyse, d'où il résulte que ce dernier contiendrait beaucoup plus de soufre et beaucoup moins de
manganèse que celui de Nagyag.

QUATRIÈME ESPÈCE.

MANGANÈSE CARBONATÉ (roth braunsteinerz de Werner).

SIGNALEMENT.

*Passant du rose au brun par l'action du chalumeau, colo-
rant le verre de borax en violet.*
Dissoluble dans l'acide nitrique avec effervescence.
Rayant au moins la chaux carbonatée.
Pesanteur spécifique, 3,3 à 3,6.
Poussière rosée.

Oxyde de manganèse.	48,0	
Acide carbonique. . .	49,0	100,00
Oxyde de fer	2,1	
Silice.	0,9	

Variétés de tissus et de couleurs.

Manganèse carbonaté concrétionné mamelonné. **Rose** de Nagyag.

Massif. De Kapnick en Transylvanie, où il est associé au cuivre gris, à l'antimoine, et au zinc sulfuré.

Manganèse carbonaté brunâtre.

Blanc.

Gisemens, localités, usages.

On n'a encore trouvé le manganèse carbonaté qu'à Kap-nick et à Nagyag en Transylvanie, et à Orlez en Sibérie; ce dernier, d'un rose vif, varié de taches et de veines noires, reçoit un très-beau poli, et se trouve susceptible d'être travaillé en plaques, en vases et autres objets d'ornement. Nous ignorons quelles sont ses relations géologiques.

CINQUIÈME ESPÈCE.

MANGANÈSE PHOSPHATÉ (phosphormangan de Werner).

SIGNALEMENT.

Soluble lentement et sans effervescence dans l'acide nitrique; très-facilement fusible au chalumeau.

Il existe plusieurs combinaisons d'oxyde de manganèse et d'acide phosphorique; comme elles contiennent toujours de l'oxyde de fer, on pense que ce sont des phosphates doubles. Il y en a trois bien distincts.

1° Huraulite.
2° Hétéposite.
3° Phosphate ferrifère.

1re *Variété.* — HURAULITE.

Forme primitive, prisme rhomboïdal oblique.
Couleur jaune rougeâtre analogue à celle des zircons.
Fusible au chalumeau avec effervescence par l'eau qui se
dégage.

ANALYSE PAR M. DUFRÉNOY.

Oxyde de manganèse.	32,85	
Acide phosphorique .	38,00	
Oxyde de fer	11,23	99,34
Eau.	17,26	

Les cristaux ordinaires sont surmontés d'un biseau et ont
un clivage suivant le plan diagonal qui passe par l'arête de ce
biseau.
On trouve généralement ces cristaux mélangés à du phosphate de fer bleu.

2e *Variété.* — HÉTÉPOSITE.

Forme primitive, prisme rhomboïdal droit.
2 clivages très-faciles mènent à ce prisme.
Couleur vert bleuâtre.
Assez dure , ne rayant pas le verre.
Fusible au chalumeau sans effervescence.
Pesanteur spécifique , 3,5 à 3,6.

ANALYSE PAR M. DUFRÉNOY.

Oxyde de manganèse.	35,02	
Acide phosphorique .	42,61	
Oxyde de fer	18,10	100,22
Eau.	4,49	

3e *Variété.* — FERRIFÈRE.

Ne se trouve pas à l'état cristallin; éclat résineux, couleur d'un noir brunâtre.

Facilement rayé par une pointe d'acier.

Fusible au chalumeau sans effervescence.

ANALYSE.

Oxyde de manganèse. 31,90   ⎫
Acide phosphorique . 32,80   ⎪
Oxyde de fer . . . . : 32,60   ⎬ 100,50
Eau. 3,20   ⎭

Cette substance forme de petits rognons dans les terrains anciens des environs de Limoges.

Gisemens et localités.

Nous devons la connaissance du manganèse phosphaté ferrifère à M. Alluau, qui en fit la decouverte à Chanteloup près Limoes, précisément dans le même filon qui a fourni les émeraudes et qui traverse le granite; il formait là une masse assez considérable encaissée dans un quarz qu'elle colorait à certaines places; il y existait accompagné de feldspath, de grenat, de mica blanc, etc. Cette masse s'est épuisée, et l'on n'a plus retrouvé ce minerai depuis.

SIXIÈME ESPÈCE.
SILICATE DE MANGANÈSE.

SIGNALEMENT.

Colorant le borax en violet.

La silice se combine en proportions très-variables avec le manganèse; quelques uns de ces silicates sont solubles dans les acides, d'autres solubles en partie, d'autres insolubles; nous décrirons quatre variétés principales.

1·° *Variété*. — DYSLUITE DE FRANKLIN.

Forme primitive , octaèdre symétrique.
Pesanteur spécifique , 3,67.
Couleur d'un noir de fer métalloïde.

ANALYSE PAR THOMSON.

Protoxyde de manganèse.	54,70	
Peroxyde de fer.	9,40	99,50
Silice.	58,40	

Il existe une seconde dysluite très-différente de celle-ci pour la composition.

2ᵉ *Variété*. — BISILICATE DE MANGANÈSE.

Forme primitive, prisme rhomboïdal oblique.
Pesanteur spécifique , 3,53.
Couleur rose , cassure esquilleuse.
Il est complètement attaquable par les acides.

ANALYSE PAR BERZELIUS.

Protoxyde de manganèse.	44,00	
Peroxyde de fer.	2,20	
Chaux	5,10	97,30
Silice.	48,00	

3ᵉ *Variété*. — SILICATE NOIR HYDRATÉ.

Cette variété est mal définie ; quelques indications de clivage mènent à un prisme rhomboïdal droit.
Pesanteur spécifique , 4,8.
Dureté égale à celle du feldspath.
Couleur noire métalloïde.

ANALYSE.

Protoxyde de manganèse.	50,6	
Protoxyde de fer.	10,2	
Silice	27,5	98,5
Eau	10,2	

4ᵉ *Variété*. — TRISILICATE (manganèse corné).

Pesanteur spécifique, 2,85.

Substance concrétionnée analogue aux agates.

Compacte dur, de couleur rose passant au jaunâtre et au verdâtre , rubanné, tacheté.

Se réduit en gelée dans les acides.

ANALYSE PAR DUMÉNIL.

Protoxyde de manganèse.	41,30	
Peroxyde de fer	1,00	97,90
Chaux.	1,20	
Silice	54,40	

Gisemens , localités.

Les silicates de manganèse accompagnent les autres minerais de ce métal, et sont souvent mélangés au carbonate ; ils servent souvent de gangue au manganèse sulfuré.

La dysluite a été trouvée aux États-Unis. Le bisilicate se trouve au Hartz, à la Cornouailles, en Suède. Le silicate noir le mieux caractérisé nous vient de Saint-Marcel ; on en trouve aussi à Tinzen dans le pays des Grisons, il y forme un filon puissant dans un terrain-ancien. Le trisilicate de manganèse n'a été rencontré jusqu'ici en assez grande abondance qu'en Transylvanie.

ONZIÈME GENRE.

ANTIMOINE.

PREMIÈRE ESPÈCE.

ANTIMOINE NATIF (gediegen spiesglas de Werner).

SIGNALEMENT.

Blanc d'étain , fragile et s'évaporant complètement au chalumeau.

Forme primitive, l'octaèdre régulier.

Pesanteur spécifique, pour celui du commerce, 6,70.

Blanc d'étain.

Très-fragile.

Très-lamelleux.

On ne peut confondre l'antimoine du commerce qu'avec le zinc; mais un coup de marteau suffit pour lever le doute : il brisera l'antimoine et laissera son empreinte sur le zinc.

Variétés.

Antimoine natif laminaire. D'Allemont, département de l'Isère.

Lamellaire.

APPENDICE.

Antimoine natif arsenifère. En masses dont la surface est ondulée, et composées de calottes creuses qui se détachent l'une de l'autre à la manière de l'arsenic natif, ou bien dont l'intérieur est lamellaire. M. Sage a trouvé dans cet antimoine arsenifère d'Allemont jusqu'à 16 pour 100 d'arsenic.

Gisemens, localités, usages.

Swab découvrit l'antimoine natif à Saalberg en Suède, dans une chaux carbonatée laminaire; et depuis M. Schreiber le reconnut dans les travaux de la mine d'Allemont, tant à l'état de pureté qu'à l'état d'alliage avec l'arsenic, et associé à l'antimoine oxydé blanc grisâtre. On le cite aussi au Hartz et à Cuencamé au Mexique.

L'antimoine du commerce provient en entier du traitement de l'antimoine sulfuré, qui est très-commun dans la nature. On le prépare en pains ronds d'un pied de diamètre environ, et dont la surface est ornée d'une étoile à rayons branchus en forme de feuilles de fougère; cette figure, qui est une ébauche de cristallisation, avait frappé les alchimistes, et leur paraissait un présage heureux de la transmutation qu'ils cherchaient avec une constance extrêmement remarquable, ce qui fut la cause que l'antimoine se trouva plus tourmenté que tout autre métal, et qu'en cherchant à le convertir en or, ils parvinrent à découvrir plusieurs préparations pharmaceutiques très-utiles, l'émétique entre autres. L'antimoine entre dans la composition des caractères d'imprimerie ; c'est son principal usage ; mais on le mêle aussi à l'étain du commerce pour lui donner plus de solidité et plus d'éclat. A l'état d'oxyde et différemment combiné, il produit plusieurs médicamens précieux dont on fait journellement usage. On l'emploie également pour la peinture en émail, et pour enjoliver les porcelaines et les faïences communes.

DEUXIÈME ESPÈCE.

ANTIMOINE SULFURÉ (grauspiesglaserz de Werner, vulgairement antimoine cru).

SIGNALEMENT.

Fusible à la flamme d'une bougie, sans qu'il soit utile que le fragment soit très-petit.

Forme primitive, un octaèdre rhomboïdal.

Pesanteur spécifique, 4,52.

Fragile par la simple pression de l'ongle ; tachant le papier au noir.

Couleur tirant sur le gris d'acier.

Odeur sulfureuse par le frottement.

Analyse par Bergmann.

Antimoine. . . 74 $\Big\}$ 100
Soufre. 26

On ne peut confondre ce minerai qu'avec le manganèse oxydé métalloïde aciculaire ; le signalement suffit pour l'en faire distinguer, puisque le manganèse est infusible.

Variétés de formes et de tissus.

Antimoine sulfuré quadrioctonal. Un prisme à 4 pans, avec 2 pyramides à 4 faces.

Sexoctonal. Le précédent, dont 2 arêtes du prisme sont remplacées par 2 facettes.

Dioctaèdre. Le même encore, dont toutes les arêtes sont remplacées par des facettes.

Cylindroïde. Provenant de cristaux prismatiques, déformés par de profondes cannelures.

Aciculaire. En aiguilles plus ou moins déliées, divergentes ou entrecroisées, souvent associées à la baryte sulfatée.

Capillaire. En aiguilles ou en filamens élastiques d'un gris sombre, entrelacées dans tous les sens, que l'on peut soulever de dessus leur gangue sans les en détacher.

Granulaire.

Compacte. Assez rare.

Le variétés aciculaires et capillaires sont quelquefois ornées des couleurs gorge de pigeon.

APPENDICE.

Antimoine sulfuré argentifère. Il diffère à l'extérieur de l'antimoine sulfuré ordinaire par la couleur, qui est d'un gris beaucoup plus obscur. On le trouve à Himmelsfurst près de Freyberg, où il est associé au fer carbonaté ou au fer sulfuré.

Haidingérite. Espèce nouvellement découverte à Chazelles (Puy-de-Dôme), composée de sulfure de fer et de sulfure d'antimoine en proportions définies. Se présente en masses confusément lamellaires, d'un gris bleu; éclat métallique. Facilement soluble dans l'acide muriatique.

ANALYSE.

Antimoine. .	53,30	
Fer	16,85	100,00
Soufre . . .	29,85	

Antimoine sulfuré cuprifère. D'un gris métallique tirant sur celui du fer ; cassure vitreuse, lisse et brillante ; fragile, s'éclatant par l'ongle ; se fondant très-facilement à la flamme d'une bougie, avec odeur de soufre et vapeurs blanches ; se dissolvant dans l'acide nitrique qu'il colore en vert, et dans lequel il forme un dépôt blanc.

Antimoine sulfuré nickelifère. En partie composé de lames éclatantes d'un blanc d'étain, et d'une matière compacte légèrement luisante, d'un gris de plomb. Ce minéral n'est qu'un mélange d'antimoine sulfuré et de nickel arsenical ; ses caractères participent de l'un et de l'autre. Découvert près de Fraïsbourg, dans le comté de Sayn Alteukirchen, au pays de Nassau.

Antimoine oxydé épigène. C'est l'antimoine sulfuré qui a passé à l'état d'oxyde jaune sans changer de forme ; il arrive souvent que l'intérieur des échantillons est encore à l'état de sulfure.

Antimoine oxydé sulfuré épigène. Dans cette variété l'antimoine a conservé son soufre, tout en passant à l'état d'oxyde rouge de cochenille.

Gisemens, localités, usages.

L'antimoine sulfuré est un minerai très-commun dans la nature ; il surabonde même, car jusqu'à présent les usages de l'antimoine sont si bornés que l'on est loin d'exploiter toutes les mines qui sont connues, soit en Allemagne, en Angleterre ou en France. Il est commun surtout en Hongrie et en Transylvanie, où, suivant M. Jameson, il est associé à l'or natif, qui, dans ces contrées, a pour gangue un grès psammite à grain fin. J'ai vu en effet plusieurs beaux échantillons d'antimoine sulfuré, sur lesquels on voyait des cristaux d'or natif.

L'antimoine sulfuré, sous la forme de longues aiguilles ou de baguettes cylindroïdes, se trouve souvent entremêlé avec la baryte ; tel est celui de Hongrie et celui d'Auvergne, qui se font remarquer par le volume de leurs cristaux prismatoïdes. On doit bien penser qu'un minerai aussi commun s'associe avec une foule d'autres minéraux, et que ses gangues sont également très-variées.

L'antimoine sulfuré est le seul minerai qui soit exploité pour l'extraction de l'antimoine métallique ; on le débarrasse de sa gangue en le faisant chauffer dans un creuset percé au fond, et s'emboîtant dans un autre ; la gangue reste dans le creuset supérieur, et le sulfure, qui est excessivement fusible, se rassemble dans le creuset inférieur ; voilà ce que l'on nomme antimoine cru, c'est-à-dire le sulfure simplement débarrassé de sa gangue. Pour en extraire ensuite le métal pur ou à l'état de régule, il faut chasser le soufre par le moyen des grillages ; mais l'extrême fusibilité du sulfure rend cette opération assez difficile ; cependant on la pratique journellement en France et en Allemagne.

A l'état de sulfure, l'antimoine ne s'emploie que dans l'art vétérinaire, sous les noms de *trochus metallorum* ou de *merde de diable*.

TROISIÈME ESPÈCE.

ANTIMOINE OXYDÉ (weiss-spiosglazerz de Werner).

SIGNALEMENT.

Fusible à la flamme d'une bougie, et se volatilisant tout entier au chalumeau quand il est pur.

Blanc nacré.

Lamelleux dans un seul sens.

Facile à entamer avec le couteau.

Décrépitant sur les charbons ardens.

ANALYSE DE L'ANTIMOINE OXYDÉ D'ALLEMONT, PAR VAUQUELIN.

Oxyde d'antimoine	86	
Oxyde d'antimoine mêlé d'oxyde de fer.	3	100
Silice.	8	
Perte	3	

Comme on ne peut réellement confondre cet oxyde qu'avec la stylbite, à cause de son aspect nacré, son signalement suffit pour l'en distinguer.

Variétés de tissus.

Antimoine oxydé laminaire. En lames rectangles.
Aciculaire. En aiguilles divergentes.
Terreux.

Gisemens et localités.

L'antimoine oxydé fut découvert par Mongez dans la mine d'Allemont, département de l'Isère, où nous avons déjà cité l'antimoine natif ; mais, depuis lors, on l'a rencontré dans la plupart des mines qui contiennent l'antimoine sulfuré, si ce n'est à l'état blanc et nacré, du moins sous la forme de masses jaunes et ternes, produites par l'épigénie du sulfure.

QUATRIÈME ESPÈCE.

ACIDE ANTIMONIEUX.

SIGNALEMENT.

Très-difficilement fusible au chalumeau, ne se volatilise pas, comme l'oxyde.

Ce minéral se présente en couches jaunes sur les autres minéraux d'antimoine, et paraît résulter de leur décomposition.

ANALYSE.

Antimoine. . . 80 ⎫
Oxygène. . . . 20 ⎭ 100

CINQUIÈME ESPÈCE.

ANTIMOINE OXYDÉ SULFURÉ (roth-spiesglazers de Werner, autrefois
kermès natif).

SIGNALEMENT.

*Rouge mordoré et volatilisable au chalumeau en répandant
une fumée blanche.*

Se couvrant d'un enduit blanc quand on le jette dans
l'acide nitrique.

Cohservant sa couleur sombre de mordoré quand on le
réduit en poudre.

ANALYSE.

Oxyde d'antimoine. . 50 ⎫
Sulfure d'antimoine . 70 ⎭ 100

Variétés de tissus.

Antimoine oxydé sulfuré aciculaire. En aiguilles ordinairement luisantes, plus ou moins déliées et divergentes.

Amorphe. En masses granulaires d'un rouge mat.

Gisemens et localités.

L'antimoine oxydé sulfuré qui nous occupe ne paraît
être autre chose qu'une épigénie du sulfure d'antimoine, en
sorte qu'il partage son gisement et ses localités; mais comme
il ne se trouve point aussi communément que lui, on cite
seulement la mine de Braunsdorf en Saxe, de Felsobanya en
Hongrie, de Kapnick en Transylvanie, et celles de Toscane,
comme offrant cet oxyde particulier sous la forme d'un enduit rouge à la surface ou dans les interstices des aiguilles

du sulfure ; souvent elles se présentent encore avec leur brillant métallique, quand on vient à briser ou à enlever la matière rouge ; c'est ce qui a engagé notre auteur à citer cet oxyde au nombre des épigénies de l'antimoine sulfuré ; et ce qui aurait pu le déterminer à franchir le pas, comme il le dit lui-même, et à supprimer cette espèce, c'est que l'on trouve sur le kermès de Toscane une foule de petits cristaux de soufre qui sont dus à l'excédant de ce principe, qui n'a pu rester combiné avec l'oxyde. Il y a donc eu évidemment décomposition et épigénie.

DOUZIÈME GENRE.

URANE (uran de Werner).

L'urane pur ne s'est point encore rencontré dans la nature ; on ne l'a même obtenu que dans les laboratoires de chimie. Il est d'un gris foncé un peu éclatant, assez tendre pour se laisser entamer avec le couteau, et dissoluble dans l'acide nitrique ; sa pesanteur spécifique est de 8,44. Klaproth découvrit ce métal en 1789, d'abord dans l'oxydule, et ensuite dans l'oxyde, deux substances d'aspects absolument opposés.

PREMIÈRE ESPÈCE.

URANE OXYDULÉ (pecherz de Werner pechblende).

SIGNALEMENT.

Soluble dans l'acide nitrique en commençant par y faire effervescence ; couleur de la masse et de la poussière, le brun foncé.

Pesanteur spécifique, 6,38 à 7,5.

Assez difficile à entamer avec le couteau.

Brillant métallique peu déterminé, et par places seulement.

Structure feuilletée dans un sens, surface ondulée et inégale.

Aspect presque résineux.

Assez bon conducteur de l'électricité.

ANALYSE DE L'URANE OXYDULÉ DE JOACHIMSTHAL EN BOHÊME, PAR KLAPROTH.

Urane. 86,5
Plomb sulfuré. 6,0
Fer oxydé. . . 2,5   100,0
Silice. 5,0

Il faut avouer que l'urane oxydulé peut se confondre à l'œil avec plusieurs minéraux noirâtres et amorphes comme lui, tels que le zinc, sulfuré brun, le schéelin ferruginé et le fer chrômé. Heureusement aucune de ces trois substances n'est dissoluble dans l'acide nitrique ; et enfin la poussière de notre urane est d'un noir brunâtre, tandis que celles du zinc sulfuré et du fer chrômé sont grises, et que celle du schéelin ferruginé a toujours une teinte de violâtre.

Variétés de tissus.

Urane oxydulé sublaminaire.
Massif.

Gisemens et localités.

On trouve l'urane oxidulé en petits filons dans les roches de gneiss, où il accompagne d'autres substances métalliques, telles que le fer oxydé, l'argent sulfuré, le cobalt arsenical, etc. Freyberg et Johann-Georgenstadt en Saxe, et les environs de Joachimstahl en Bohême, sont les principaux lieux où l'on cite ce minerai, encore assez rare, et qui avait été pris dans l'origine pour une variété de zinc sulfuré, qu'on nommait

pech-blende ou blende de poix, à cause de sa couleur noire
et de son aspect luisant.

DEUXIÈME ESPÈCE.

URANE PHOSPHATÉ (uranglimmer de Werner uranité chalcolite).

SIGNALEMENT.

*Masses composées de lames brillantes jaunes ou vertes ;
dissolubles dans l'acide nitrique sans effervescence, en lui
communiquant une belle couleur citron.*

Forme primitive, un prisme droit symétrique.

Pesanteur spécifique, 3, 12.

Très-fragile, et cédant à la pression de l'ongle.

On ne peut confondre l'urane phosphaté vert qu'avec les
cuivres muriatés ou carbonatés, et l'urane phosphaté jaune
qu'avec l'arsenic sulfuré de même couleur ; mais, comme les
minerais de cuivre font effervescence dans les acides et les
colorent en vert, et que le sulfure d'arsenic jaune brûle en
répandant une fumée blanche et une odeur d'ail, la méprise
ne peut durer long-temps.

ANALYSE DE L'URANE PHOSPHATÉ DE LA CORNOUAILLES.

Acide phosphorique.	15,56	
Oxyde d'urane . . .	60,25	
Oxyde de cuivre. . .	8,44	100,00
Eau	15,05	
Silice.	0,70	

Variétés de formes, de tissus et de couleurs.

Urane phosphaté primitif. Cristaux prismatiques tellement
courts, qu'ils ont la forme de lames.

Octaèdre.

Sexoctonal. Le prisme de la forme primitive dont les bases
sont entourées de 4 trapèzes.

Flabelliforme. Lames divergentes en manière d'éventail.

Lamelliforme. Paillettes irrégulières disséminées sur la gangue.

Terreux.

Uranephosphaté d'un beau jaune-citron. Relevé d'un brillant analogue à celui des beaux vernis (Uranité).

Vert. D'un vert très-intense également brillant (Chalkolite).

Toutes ces variétés, excepté la terreuse, sont translucides.

Gisemens et localités.

Il paraît que l'urane appartient aux terrains granitiques ; car tout celui qui a été découvert jusqu'à ce jour s'est toujours offert dans cette sorte de roche plus ou moins altérée, qui lui sert même souvent de gangue immédiate ; d'autres fois c'est un quarz commun ferrugineux, un quarz agate grossier, etc.

L'urane phosphaté jaune a été découvert par M. Champeaux, ingénieur des mines, dans le granite décomposé de Marmagne, près d'Autun, département de Saône-et-Loire, M. Alluau l'a retrouvé depuis aux environs de Limoges, mais en moins grande quantité qu'à Marmagne. La variété verte vient de la Cornouailles, où un quarz hyalin brun lui sert de gangue ; on la trouve à Wessendorf, dans le Haut-Palatinat, sur la chaux fluatée noirâtre ; et enfin elle accompagne l'oxydule de Johann-Georgenstadt en Saxe.

TROISIÈME ESPÈCE.

URANE SULFATÉ.

Ce minéral, tout nouvellement découvert par M. John, dans le filon dit Rothengang, à Joachimsthal en Bohême, ne s'est encore présenté qu'en petits prismes rhomboïdaux ou en aiguilles divergentes d'un vert d'herbe et d'un éclat vi-

treux. Ils se dissolvent dans l'eau, et la noix de galle les précipite en poudre brune. Sa gangue est un mica schistoïde,
et il est associé à l'urane oxydé terreux et à la chaux sulfatée aciculaire.

TREIZIÈME GENRE.

MOLYBDÈNE (molybdan de Werner).

Le molybdène pur, qui n'a encore été obtenu que dans
les laboratoires, est d'un gris métallique bleuâtre; il est très-
réfractaire, et réductible en oxyde blanc, soit par l'acide nitrique, soit par l'action de la chaleur à l'air libre. Pesanteur
spécifique, 8,6.

ESPÈCE UNIQUE.

MOLYBDÈNE SULFURÉ (wasserbley de Werner).

SIGNALEMENT.

*Gris de plomb; tachant le papier en gris, et la porcelaine
en vert sale.*

Forme primitive, un prisme hexaèdre régulier.

Pesanteur spécifique, 4,74.

Composé de lames onctueuses au toucher, séparables et
flexibles sans élasticité.

Facile à gratter.

Communiquant à la cire d'Espagne et à la résine l'électricité vitrée par le frottement; s'électrisant lui-même résineusement.

Volatil au chalumeau avec une fumée blanche et odeur
sulfureuse.

ANALYSE PAR BUCHOLZ.

Molybdène...	60	
Soufre....	40	100

On ne peut réellement confondre le molybdène sulfuré qu'avec le graphite : on l'en distinguera par les traits gris qu'il laisse sur la porcelaine, par là facilité que l'on éprouve à le pulvériser, tandis que le molybdène trace en verdâtre sur la porcelaine, et se broie très-difficilement ; il reste long-temps en lamelles, qui s'aplatissent plutôt qu'elles ne se divisent.

Variétés de formes et de tissus.

Molybdène sulfuré primitif. En lames hexagonales.
Trihexaèdre. Un prisme hexaèdre terminé par 2 pyramides à 6 faces.
Laminaire.
Lamelliforme.

Gisemens et localités.

Le molybdène sulfuré est regardé, en raison de son gisement habituel, comme la plus ancienne substance métallique connue ; c'est toujours en effet dans les granites les plus anciens, ou dans des roches qui les avoisinent, que l'on a constamment trouvé ce minéral particulier. C'est ainsi qu'il se trouve dans la roche du Mont-Blanc, au pied du Talèfre ; dans le granite de l'Arbresle, près de Lyon, qui a été exploité par les Romains ; qu'il se trouve disséminé dans le gneiss, qui sert aussi de gangue à l'étain oxydé des environs de Limoges, etc. Le molybdène n'est point rare dans la nature ; mais jusqu'à présent il ne s'est jamais trouvé en grandes masses. On le cite en Suède, en Saxe, en Hongrie, et jusque dans l'une des îles Vierges de l'Amérique septentrionale, à Spanishtown.

QUATORZIÈME GENRE.

TITANE (menac de Werner).

Ce métal a été découvert en 1791 par Grégor qui le nomma

ménakanite; trois ans après, Klaproth trouva de son côté un métal particulier auquel il donna le nom de *titane*, et bientôt on reconnut que les deux métaux étaient identiques.

Le titane se sépare, dans les hauts fourneaux, de quelques minerais qui le contiennent en très-petite quantité, et vient se concentrer dans des scories où on le trouve disséminé en petits grains cubiques souvent groupés en forme de trémies. Il est alors d'un rouge de cuivre tirant sur le jaune, très-éclatant, et sa dureté est telle, qu'il raie le quarz. Sa pesanteur spécifique est 5,3. Il est absolument infusible.

PREMIÈRE ESPÈCE.

TITANE OXYDÉ (rutil de Werner).

SIGNALEMENT.

Absolument infusible sans addition (1).

Forme primitive, un prisme droit symétrique.

Pesanteur spécifique, 4,10 à 4,24.

Rayant toujours le verre, et quelquefois le quarz.

Rouge brunâtre passant au rouge aurore.

Opaque dans les échantillons tant soit peu épais ; translucide dans les cristaux minces ou aciculaires :

Cassure transversale raboteuse.

S'électrisant résineusement par le frottement.

ANALYSE.

Titane. . . . 66 ⎱
Oxygène. . . 34 ⎰ 100

Variétés de formes, de tissus et de couleurs.

Titane oxydé octaèdre.

____

(1) Les variétés du titane sont tellement différentes l'une de l'autre, si peu tranchées, qu'il est difficile de saisir chez elles une propriété rfaitement caractéristique, et qui survive à toutes leurs modifications.

Dioctaèdre. Un prisme octogone avec 2 pyramides à 4 faces trapézoïdales.

Bissexdécimal. Un prisme à 16 pans, 2 pyramides à 8 faces.

Géniculé. Deux cristaux prismatiques accolés bout à bout et formant une espèce de genou.

Bigéniculé. Trois cristaux prismatiques également accolés, et formant deux genoux, etc.

Laminaire. En Norwége, avec fer oligiste.

Grano-lamellaire. A New-Jersey.

Cylindroïde. En Hongrie et au Brésil.

Aciculaire. En aiguilles capillaires aussi fines qu'un cheveu, et de plusieurs pouces de long, traversant le quarz hyalin. De Madagascar et autres lieux.

Réticulé. En aiguilles qui se croisent sur le même plan, et qui imitent un tissu.

Pulvérulent. A la surface de la chaux carbonatée.

Titane oxydé rouge de minium, rouge brunâtre; massaca, brun noirâtre, jaune brunâtre, roux, jaune cuivreux orangé, et jaune de paille. Toutes ces couleurs avivées par le brillant de la soie.

Doré. En aiguilles couleur d'or. De Moutiers en Savoie.

APPENDICE.

Brochite. On donne ce nom au titane oxydé dimorphe; cet oxyde se présente en effet en lames rhomboïdales, forme incompatible avec celle du rutile; cette substance est donc relativement au rutile ce que l'arragonite est à la chaux carbonatée.

Titane oxydé chromifère. Gris métalloïde, voisin du gris de fer. De Sala, dans la paroisse de Fernebo en Suède; un mica métalloïde brun verdâtre lui sert de gangue.

Titane oxydé ferrifère. Gris de fer foncé; magnétique.

Laminaire. De Norwége et de Saltzbourg.

Granuliforme. De Menakan, vallée de la Cornouailles, qui lui avait fait donner le nom de Menakanite.

Gisemens et localités.

Le titane est encore un des plus anciens produits de la nature ; il s'associe aux roches les plus antiques, et se place à côté du molybdène, du schéelin et de l'étain. On le cite dans les granites proprement dits, dans les gneiss de la Hongrie, dans l'amphibole lamellaire du val Sésia en Piémont, etc. Le quarz est la gangue immédiate la plus ordinaire du titane rutile ; il se trouve à sa surface, se groupe avec lui, ou le pénètre dans toute son épaisseur sous la forme d'aiguilles longues et déliées. Les cristaux, groupés deux à deux ou trois à trois, en forme de genoux, se sont retrouvés dans une infinité de lieux différens et éloignés les uns des autres, tels que les environs de Limoges et d'Autun en France ; les Alpes, la Hongrie, l'Espagne, le pays de Saltzbourg, la Norwége, et plusieurs parties de l'Amérique.

Le Valais, la Savoie, Madagascar, le Brésil et la Sibérie, présentent les variétés capillaires et réticulées engagées dans le quarz hyalin incolore ; la variété dorée de Moutiers se trouve dans un fer carbonaté qui contient aussi des lames de fer oligiste. Enfin, d'autres cristaux laminiformes se trouvent implantés à la surface de plusieurs roches, ou groupés dans leurs fissures.

Ce minéral est un de ceux qui en a le plus imposé aux minéralogistes ; aussi la plupart de ses variétés ont-elles figuré parmi les espèces terreuses sous des noms spécifiques, et nous aurons l'occasion de faire la même remarque sur toutes les espèces du genre.

On dit que l'on fait usage de l'oxyde de titane pour donner à la porcelaine une certaine teinte isabelle, qui ne peut s'obtenir qu'à l'aide de ce principe colorant. On avait dit aussi, mais fort à tort, à ce qu'il paraît, qu'on se servait de la même substance pour produire le fond écaille.

DEUXIÈME ESPÈCE.

TITANE ANATASE (oktaëdrite de Werner, ci-devant anatase).

SIGNALEMENT.

Infusible sans addition ; communiquant diverses couleurs au verre de borax.

Forme primitive, un octaèdre symétrique.

Pesanteur spécifique, 3,85.

Rayant le verre.

S'électrisant résineusement par le frottement.

Couleur des cristaux : les plus volumineux, le gris d'acier joint à un éclat métalloïde ; les plus petits sont bleus et très-métalloïdes.

Poussière terne et blanchâtre.

Chauffé au chalumeau avec partie égale de borax, il fond et colore le verre en vert d'émeraude ; avec une forte dose de borax, il lui donne une couleur brune d'hyacinthe ; ce même verre brun, chauffé de nouveau à une médiocre chaleur, devient bleu foncé ; par un feu prolongé, ce bleu s'efface et fait place au blanc ; et enfin à une chaleur plus élevée, la couleur d'hyacinthe reparaît.

Tout porte à croire que dans le titane anatase, le métal est à l'état de protoxyde, du moins pour la plus grande partie ; cependant il est essentiel de faire remarquer que les formes de l'anatase peuvent se dériver, par des lois simples, de celles du rutile qui n'est que du peroxyde de titane.

Variétés de formes et de couleurs.

Titane anatase primitif. En octaèdres alongés.

Basé. Le même octaèdre, dont les sommets sont tronqués.

Dioctaèdre. Les sommets de l'octaèdre primitif terminés par 4 facettes additionnelles.

Titane anatase brun noirâtre. Avec reflets gris métalloïdes.
Jaune brunâtre.
Bleu. Avec reflets métalloïdes.

Les cristaux bruns sont presque opaques, mais les jaunâtres sont translucides.

Gisemens et localités.

On a découvert le titane anatase aux environs de Saint-Christophe en Oisan, et toujours en cristaux implantés, à la surface de cette roche à base d'amphibole et de feldspath, que nous avons déjà citée si souvent, en parlant des belles substances que l'on trouve dans les Alpes dauphinoises. M. de Bournon le fit connaître le premier en 1783 ; mais depuis, on a retrouvé cette anatase non seulement en Savoie, près de Moutiers, mais encore en Espagne, où elle a pour gangue un mica schiste.

TROISIÈME ESPÉCE.

TITANE CALCARÉO-SILICEUX (menac de Werner, ci-devant sphéne).

SIGNALEMENT.

Complètement infusible sans addition.
Forme primitive, prisme rhomboïdal oblique.
Pesanteur spécifique, 3,51.
Fragile, mais difficile à broyer.
Une partie des cristaux sont électriques par la chaleur.

ANALYSE PAR H. ROSE.

Acide titanique. . 48
Silice . . . . . . 33 } 100
Chaux. 19

Variétés de formes, de tissus et de couleurs.

Titane silicéo-calcaire cristallisé. On ne trouve pas la forme primitive ; les formes les plus habituelles sont des prismes surmontés de un ou deux biseaux.

Canaliculé. Deux ou quatre cristaux réunis dans le sens de leur longueur, et formant ainsi une petite gouttière, ou sillon simple ou double, adossée.

Cruciforme. Croisés, à angle droit comme les branches d'une croix; du Saint-Gothard. Tous ces cristaux groupés et ceux qui ne sont point symétriques, sont très-électriques par la chaleur.

Polyédrique. Très-petits cristaux indéterminables à cause de leur volume microscopique; éclat adamantin. Ils sont aussi électriques par la chaleur.

Laminaire. D'un blanc jaunâtre; d'Arendal.

Titane calcaréo-siliceux, blanc jaunâtre.

Verdâtre. Du Saint-Gothard.

Violâtre.

Brun.

Dichroïte. Brun par réflexion, orangé par transparence.

APPENDICE.

Titane calcaréo-siliceux ferrifère. En petites masses d'un brun noirâtre, disséminées dans une sienite de Norwége, qui sert aussi de gangue à des zircons.

Gisemens et localités.

Le titane, allié à la chaux et à la silice, paraît presque aussi répandu dans la nature que celui qui est simplement oxydé; seulement on remarque avec raison que celui-ci semble appartenir à une époque moins reculée que le titane rutile. En effet, ce n'est, au moins jusqu'à présent, ni dans le granite ni même dans le gneiss, que l'on trouve le titane sphène; ce sont les sienites, les diorites et les protogines qui lui servent de gangue médiate ou immédiate. C'est ainsi qu'il se trouve disséminé dans les sienites de Norwége, d'É-cosse, de New-Yorck, etc.; dans le diorite de Passau, d'U-zerche, département de la Corrèze, des environs de Nantes; dans les protogines grises de la vallée de l'Hôpital, près de La Roche en Savoie; dans cette belle roche talqueuse verte à grands cristaux de feldspath rose de la montagne de -Por-menas, près de Servoz en Savoie; dans cette roche diorite tant de fois citée du pays d'Oisan; dans les protogines de Cormayeur, de la Tête-Noire, et de plusieurs autres points qui entourent le Mont-Blanc; dans le talc chlorite des Gri-sons, et de la Stura en Ligurie; et enfin dans les déjections volcaniques des bords du Rhin et de Beaulieu en Provence, où Faujas le découvrit en grandes masses, et devant pren-dre place au rang des roches proprement dités.

QUINZIÈME GENRE.

TUNGSTÈNE (schéel de Werner).

Le tungstène a été découvert en 1781 par Schéele dans un minéral qui portait alors ce nom et qui est connu mainte-nant sous celui de *tongstate de chaux* ou de *schéelin calcaire*. Les propriétés de ce métal ont été étudiées par les frères d'Elhugar, Vauquelin et Hecht, Berzelius etc.

On a obtenu ce métal, en masse agglomérée, mais poreuse, cassante et même friable, composé de petits grains à peine attaquables à la lime. Cependant on prétend qu'à l'aide de la plus forte chaleur que l'on puisse produire dans les labora-toires, on est parvenu à réduire ce métal en culot, et qu'il ressemble alors à la fonte, mais qu'il est très-cassant.

La pesanteur spécifique de ce métal est environ de 17,4.

PREMIÈRE ESPECE.

SCHÉELIN FERRUGINÉ (wolfram de Werner).

SIGNALEMENT.

Fusible au chalumeau, donne par le refroidissement un bouton hérissé de cristaux.

Forme primitive, prisme rectangulaire oblique.

Cassure transversale raboteuse.

Se laissant facilement limer.

Pesanteur spécifique, 7,33.

Masse d'un noir brunâtre, avec un certain éclat métalloïde.

Poussière, d'un violet sombre ou d'un brun légèrement rougeâtre.

Faiblement électrique après avoir été isolé et frotté.

ANALYSE.

Protoxyde de fer.   16,65
Protoxyde de manganèse.   5,72   } 98,00
Acide tungstique. 75,63

Ce minéral se distingue facilement du fer oxidulé, fer chrômé, cuivre gris, etc., d'après les caractères connus de ces autres substances.

Variétés de formes et de tissus.

Schéelin ferruginé primitif. Un prisme oblique à base rectangle.

Epointé. Le même prisme, dont les angles solides sont remplacés chacun par une facette, ce qui déforme complètement le noyau.

Unibinaire. Comme la précédente variété, avec une facette sur toutes les arêtes du prisme ; de Saint-Léonard, près de Limoges.

Triplant. Prisme à 10 pans , sommets à 12 faces ; de Zinnwald en Bohême.

Laminaire. En lames très-serrées les unes contre les autres.

Lamellaire.

Gisemens et localités.

Le schéelin ferruginé est le contemporain de l'étain, et se trouve presque toujours avec lui ; c'est ainsi qu'il s'y montre associé dans les mines de Saxe, de Bohême et d'Angleterre , et que les faibles indices qui ont été reconnus aux environs de Limoges en France , ont été précédés pour ainsi dire par l'apparition du schéelin ferruginé. Au reste, cette règle n'est pourtant point sans exception, puisque, malgré toutes les recherches des minéralogistes russes , on n'a point encore pu découvrir l'étain dans ce vaste empire, quoique l'on y connaisse le schéelin ferruginé sur plusieurs points, et dans des roches tout-à-fait semblables à celles dans lesquelles on l'a découvert ailleurs.

DEUXIÈME ESPÈCE.

SCHÉELIN CALCAIRE (schwerstein de Werner, ci-devant tungstène).

SIGNALEMENT.

Poussière blanchâtre, jaunissant dans l'acide nitrique chauffé.

Forme primitive, l'octaèdre symétrique.

Pesanteur spécifique, 6,06.

Surface un peu grasse à l'œil et au toucher.

Couleur ordinairement blanchâtre, jointe à des reflets assez vifs.

ANALYSE DU SCHÉELIN CALCAIRE DE SUÈDE, PAR BERZÉLIUS.

Acide tungstique. . . . 80,41   }
Chaux. 19,40   } 99,81

, Le signalement de cette substance suffit pour la faire distinguer du plomb carbonaté et de la baryte sulfatée, avec lesquels l'œil pourrait facilement la confondre.

Variétés de formes, de tissus et de couleurs.

Schéelin calcaire unitaire. Un octaèdre à base carrée.

Dioctaèdre. Les 4 angles solides de la base remplacés par 2 facettes.

Lamunaire. En masses lamelleuses.

Granulaire. En petits cristaux indéterminables attachés à la surface d'un quarz hyalin gris cristallisé.

Schéelin calcaire, blanchâtre, jaunâtre, brunâtre, simplement translucide.

Gisemens et localités.

Le schéelin calcaire se trouve avec l'espèce précédente; et accompagne aussi l'étain oxydé presque partout où l'on a découvert cet utile métal, savoir, à Schonfeld et à Zinnwald en Bohême, à Marienberg et à Altenberg eu Saxe, en Cornouailles, dans les recherches de Puy-les-Vignes, près de Limoges, etc.

SEIZIÈME GENRE.

TELLURE (silvan de Werner).

PREMIÈRE ESPÈCE.

• TELLURE NATIF.

Se volatilisant en brûlant au chalumeau avec une flamme vive bleuâtre, et répandant une odeur de rave assez sensible.

Forme primitive, l'octaèdre régulier.

Pesanteur spécifique, 6,11.

Blanc d'étain, tirant sur le gris de plomb.

Très-fragile, très-brillant, lamelleux dans sa cassure.

Soluble dans l'acide nitrique sans rien changer à sa couleur et à sa limpidité.

Variétés de formes et de tissus.

Quoique le tellure se rencontre dans la nature à l'état natif
ou métallique, il est toujours allié à une petite dose d'or,
d'argent, de plomb ou de fer, et on ne l'a point encore
trouvé pur.

Tellure natif auro-ferrifère (gediegen silvan de Werner).
D'un gris d'étain sombre avec une teinte de jaunâtre dans la
plupart des échantillons; tendre et même fragile, tachant
légèrement le papier quand on le passe dessus avec frottement; au chalumeau, il commence par décrépiter, il fond
ensuite comme le plomb, et finit par brûler avec une flamme
vive en répandant une odeur âcre et une fumée blanche. Il
laisse un résidu qui ressemble beaucoup à de la silice.

ANALYSE PAR KLAPROTH.

Tellure. . . 92,55)
Fer. . . . . 7,20 } 100,00
Or . . . . . 0,25)

Sous-variété.

Tellure natif auro-ferrifère lamelliforme, vulgairement *or
blanc*. En petites lames groupées confusément; d'un éclat vif
dans le sens de leurs grandes faces, et faibles dans l'autre. Il
serait possible de le confondre avec l'antimoine natif; mais
la flamme du tellure servira toujours à le faire distinguer.

Tellure natif auro-argentifère. Tout-à-fait semblable pour
l'extérieur à la variété précédente.

ANALYSE PAR KLAPROTH.

Tellure. . . . 60)
Or. . . . . . 30 } 100
Argent. . . . 10)

30

Sous-variétés.

Tellure auro-argentifère graphique (vulgairement or graphique, schrifterz de Werner). En petits cristaux prismatiques, groupés de manière à imiter assez bien certains caractères étrangers ; de là le nom d'or graphique qu'il portait
dans l'ancienne minéralogie.

Tellure natif auro-plombifère (blatter-tellur de Léonhard).
Gris de plomb avec une teinte de jaune ; flexible sans élasticité ; traçant sur le papier en noir.

Pesanteur spécifique, 8,92.

Isolé et frotté, il s'électrise résineusement.

ANALYSE DE LA VARIÉTÉ LAMINAIRE, PAR KLAPROTH.

Tellure. . .	32,2	
Plomb . . .	54,0	
Or	9,0	100,0
Argent. . .	0,5	
Cuivre. . .	1,3	
Soufre. . .	3,0	

Sous-variétés.

Tellure natif auro-plombifère hexagonal.

Laminaire (autrefois or de Nagyag). En petites masses
composées de lames qui se séparent assez facilement dans le
sens de leurs grandes faces.

Lamelliforme. En petites lames implantées dans leur
gangue.

Compacte.

Gisemens, localités, usages.

Le tellure natif auro-ferrifère se trouve en Transylvanie,
à Facebay, près de Zalathna, dans une chaux carbonatée,
colorée par place par du manganèse. La quantité d'or contenue dans ce minerai est très-variable.

Le tellure auro-argentifère ne s'est encore trouvé que

dans la mine de Franziskus à Offenbanya en Transylvanie.

Enfin le tellure auro-plombifère, qui porte plus particulièrement le surnom d'or de Nagyag, se trouve en effet à Nagyag en Transylvanie, où il a pour gangue le manganèse carbonaté rose ; il y est accompagné de zinc et de plomb sulfuré, et parfois d'arsenic natif.

On exploite ces différentes variétés de tellure comme minerais d'or, en raison de la présence constante de ce métal précieux, qui s'y trouve jusqu'à 30 pour 100, et qui suinte en gouttelettes quand on expose la masse au grillage.

DEUXIÈME ESPÈCE.

TELLURE SELENIÉ BISMUTHIFÈRE.

SIGNALEMENT.

Odeur de rave par l'action du chalumeau. En petites lames brillantes et métalloïdes, accompagnées de cuivre pyriteux, de cuivre carbonaté vert, et de mica verdâtre par transparence ; encore peu connu, et découvert en 1814 par M. Esmarck, dans la mine de Mosnapomdal, à Tellemarck en Norwège.

ANALYSE.

Tellure. . . 54,60
Bismuth . . 60,00 } 99,40
Sélénium. . 4,80

DIX-SEPTIÈME GENRE.

TANTALE (tantal de Karstein).

Le tantale a été découvert en 1802 ; il fut pendant quelques années distinct du columbium, qui avait été découvert en 1801 ; mais en 1809 Wollaston démontra l'identité de ces deux métaux, et le nom de tantale prévalut.

Le tantale n'a point encore été obtenu en masses compactes, parce qu'il est infusible, et que ses oxydes sont irré-
ductibles par cémentation. Il est inattaquable par tous les
acides : c'est ce qui lui a fait donner son nom.

ESPÈCE UNIQUE.

TANTALE OXYDÉ.

PREMIÈRE SOUS-ESPÈCE.

TANTALE OXYDÉ FERRO-MANGANÉSIFÈRE (tantalit de Karstein).

SIGNALEMENT.

*Fondu avec de la potasse, il lui communique une couleur
d'un vert foncé.*

Masse d'un brun noirâtre, passant quelquefois, pour l'aspect et la couleur, au gris de fer ; poussière gris-brunâtre ;
étincelant sous le choc du briquet ; cassure inégale avec des
indices de lames quand on l'expose à une vive lumière. Pesanteur spécifique , 7,8 à 7,9.

ANALYSE.

Oxyde de tantale. . . . 83,20 ⎫
Oxyde de fer. . . . . . 7,20 ⎬ 98,40
Oxyde de manganèse. . 7,40 ⎪
Étain . . . . 0,60 ⎭

Variétés.

Tantale oxydé cristallisé. Cristaux incomplets qui indiquent la forme d'un prisme rhomboïdal oblique, modifié
par des facettes additionnelles.

Massif.

DEUXIÈME SOUS-ESPÈCE.

TANTALE OXYDÉ YTTRIFÈRE (yttro-tantalite de Karstein).

SIGNALEMENT.

Fondu avec la potasse, il ne lui communique aucune couleur sensible.

Masse d'un brun noirâtre ou jaunâtre; poussière d'un gris cendré.

Susceptible d'être raclé avec une lame de couteau.

Cassure inégale, présentant quelques reflets métalloïdes.

Pesanteur spécifique, 5,00.

ANALYSE PAR BERZÉLIUS.

Oxyde de tantale. .	51,815	
Yttria	58,515	
Chaux.	3,260	97,848
Acide tungstique. .	2,592	
Oxyde de fer. . . .	0,555	
Oxyde d'urane. . .	1,111	

Variété.

Tantale oxydé yttrifère massif.

Gisemens et localités.

Le *tantale oxydé* se trouve en Finlande, dans la paroisse de Kimito; il y est disséminé dans une roche composée de quarz blanc micacé, traversé par des veines de feldspath laminaire rougeâtre, qui lui sert de gangue proprement dite. On l'a trouvé aussi à Finbo et à Broddbo, près de Fahlun en Suède; enfin, depuis peu on l'a découvert à Bodemnais, dans un granite qui renferme aussi des béryls, de la cordiérite et de l'urane oxydé.

L'*yttro-tantalite* se trouve à Ytterby, dans le même gîte que la gadolinite, qui renferme aussi la terre nommée yttria. Cette variété de tantale a aussi un feldspath pour gangue, accompagné de quarz et de mica ; mais la disposition de ces trois substances, qui sont les élémens du granite, ne permet pas de les considérer comme composant cette·roche ; elles n'ont point entre elles cette aggrégation qui la caractérise. On a également trouvé l'yttro-tantalite au Groenland, dans un feldspath rouge.

C'est à M. Ekeberg que l'on doit la découverte du tantale, métal que M. Wollaston considère comme étant identique avec le colombium, découvert par Hatchett.

DIX-HUITIÈME GENRE.

CERIUM.

Le cerium a été découvert en même temps par Klaproth, Gahn et Berzélius. On n'a encore obtenu ce métal qu'en poudre dont la couleur varie du chocolat foncé au rouge rose ; par l'action du frottement il prend un léger éclat grisâtre. Il s'oxyde peu à peu à l'air, et sa couleur pâlit.

PREMIÈRE ESPÈCE.

CERIUM OXYDÉ SILICEUX.

PREMIÈRE SOUS-ESPÈCE.

CERIUM OXYDÉ SILICEUX ROUGE (cerit de Karstein).

Couleur d'un brun rougeâtre ; pesanteur spécifique, environ 5,00 ; poussière grise, qui devient rouge par la calcination ; facile à broyer, mais rayant légèrement le verre ; infusible au chalumeau sans addition, mais fusible avec du borax en verre d'un beau rouge qui par le refroidissement donne un émail rosé.

Oxyde de cerium. . . . . 67 ⎫
Silice . . . . 17 ⎪
Oxyde de fer. . . . . . . 2 ⎬ 100
Chaux. . . . . 2 ⎪
Eau et acide carbonique. . 12 ⎭

Variété.

Cerium oxydé siliceux rouge massif.

APPENDICE.

Cerium oxydé rouge yttrifère.

Gisemens et localités.

On trouve ce minéral à Ryddarhyttan en Suède, où il est
accompagné d'amphibole aciculaire verdâtre, de cuivre pyriteux, de molybdène sulfuré et de bismuth sulfuré; on le
trouve aussi à Bastnaès en Bavière. Il faut avouer que cette
substance est encore assez mal caractérisée, et qu'il est à désirer que l'on vienne à la découvrir dans un état plus pur et
plus susceptible de jouir de quelque caractère tranché. Dans
l'état actuel, le cerium ressemble à l'émeril de l'Archipel;
mais il s'en distingue par sa faible dureté, qui contraste avec
l'énergie de l'émeril. MM. Hisenger et Berzélius sont les auteurs de la découverte de ce nouveau métal, qu'ils ont dédié
à Cérès, nom de la planète de 1802.

DEUXIÈME SOUS-ESPÈCE.

CERIUM OXYDÉ SILICEUX NOIR (Alanit de Thomson, ceria de Hisinger).

Brun noirâtre ; rayant le verre ; éclat vitreux ; opaque, et
tirant à certaines places sur l'aspect demi-métallique. Pesanteur spécifique, 4,00. Cassure inégale ; poussière d'un gris
foncé ; isolé et frotté, il s'électrise résineusement. Une pincée
de sa poussière jetée dans l'acide nitrique et chauffée, prend

une teinte jaune-verdâtre, sans subir d'autre altération, ce qui seul peut faire distinguer le cerium noir d'avec la gadolinite, qui lui ressemble beaucoup, mais qui fait gelée dans l'acide. Infusible au chalumeau.

ANALYSE DU CERIUM OXYDÉ NOIR DU GROENLAND, PAR THOMSON.

Oxyde de cerium. .	33,9	
Silice	55,4	
Oxyde de fer. . . .	25,4	408,0
Alumine.	4,1	
Chaux.	9,2	

Variétés.

Cerium oxidé siliceux noir cristallisé. En petits cristaux prismatiques rhomboïdaux et hexaèdres, décrits par Thomson.

Massif.

APPENDICE.

Cerium oxydé noir hydro-alumineux. Engagé dans le feldspath d'un granite de Kararf et de Finbo, près de Fahlun en Suède.

Gisemens et localités.

On trouve le cerium oxydé noir au Groenland et à Riddarhyttan en Westermanie ; dans le premier lieu il a le feldspath pour gangue ; dans l'autre, c'est ùn asbeste raide verdâtre.

DEUXIÈME ESPÈCE.

CERIUM FLUATÉ.

Ce minéral est encore si rare qu'il a été fort peu étudié jusqu'à présent. Ses cristaux, d'une teinte · brunâtre, semblent appartenir à des prismes hexaèdres modifiés par des facettes. Il est infusible ; mais le feu lui fait prendre une couleur plus foncée. On ne l'a trouvé qu'en Suède, à Bastnaès, Broddbo et Finbo ; dans ce dernier lieu, il a pour gangue un quarz qui renferme du tantale oxydé yttrifère.

APPENDICE A LA CLASSE

DES SUBSTANCES MÉTALLIQUES AUTOPSIDES.

Haüy rappelle en peu de mots, avant de terminer cette classe, que plusieurs substances métalliques, encore peu connues, ont été découvertes dans différens minéraux, où elles ne jouent que des rôles secondaires, savoir :

Le CHRÔME, qui, à l'état d'oxyde, sert de principe colorant à l'émeraude, à la diallage verte, à l'amphibole actinote, et à plusieurs schistes chloriteux ; il se trouve disséminé dans un grès ancien, voisin du terrain houiller, aux Écouchets, entre la ville de Couches et l'établissement du Creuzot. Ici le chrôme colore des quarz calcédonieux et forme de petites veines irrégulières tout au travers de la roche arénacée, qui est entièrement composée des élémens de granites remaniés. L'oxyde de chrôme se trouve aussi combiné avec le plomb et avec le fer ; mais, dans ce dernier, son principe colorant n'est point apparent. A l'état d'acide, il colore en rouge le rubis spinelle et le plomb chromaté de Sibérie. Le chrôme, à l'état d'oxyde, est employé dans la peinture à l'huile, et surtout dans la peinture sur porcelaine ou en émail. Combiné avec le plomb, il produit un jaune excessivement vif et qui est très-estimé.

Le RHODIUM, qui communique une belle couleur rose à ses dissolutions dans les acides, a été trouvé dans le platine avec le palladium, autre métal dont on a déjà parlé.

Le CADMIUM enfin, qui a été découvert par MM. Ibermann et Stromeyer, dans plusieurs minerais de zinc, dans la calamine et la blende, prend un assez beau poli, trace sur le papier en noir, et donne, en passant de l'état liquide à l'état solide, des marques de cristallisation, des espèces de feuilles de fougères, comme l'antimoine. Sa pesanteur spécifique est de 8,6. Lorsqu'une calamine contient du cadmium, dit M. Berzélius, et qu'on l'expose sur le charbon à un feu de réduction, elle s'entoure de suite d'un anneau rouge.

QUATRIÈME CLASSE.

SUBSTANCES COMBUSTIBLES NON MÉTALLIQUES.

GÉNÉRALITÉS.

Les combustibles qui composent cette classe diffèrent essentiellement des métaux qui sont combustibles aussi, en ce qu'ils perdent infiniment de leur poids par l'acte de la combustion ; qu'ils disparaissent quelquefois même totalement, ainsi que cela arrive au diamant et au soufre pur. Tous acquièrent l'électricité résineuse par le frottement, sans qu'on soit obligé de les isoler ; le diamant seul s'électrise vitreusement. Les couleurs de cette classe sont peu variées; car, si l'on en excepte encore le diamant, toute la livrée des combustibles se réduit au noir, au jaune et au roussâtre. Enfin, ainsi que le fait remarquer Haüy, la dureté s'y montre depuis le zero de l'échelle, en commençant par les bitumes liquides jusqu'au maximum de cette faculté de résister à tous les corps dont le diamant est si bien pourvu.

PREMIÈRE ESPÈCE.

SOUFRE (schwefel de Werner).

SIGNALEMENT.

Brûlant avec une flamme bleue, et en répandant l'odeur sulfureuse par excellence.

Forme primitive, un octaèdre rhomboïdal.

M. Mitscherlich a reconnu que le soufre cristallisé par sublimation avait pour forme primitive un prisme rhomboïdal
oblique, cette forme étant incompatible avec celle du soufre
cristallisé par l'évaporation d'une dissolution ; on doit ranger
ce corps parmi ceux qui offrent le phénomène du dimorphisme.

Pesanteur spécifique du soufre natif, 2,03, et du soufre
fondu seulement, 1,99.

Réfraction double, visible à travers deux faces parallèles.

Fragile, craquant sous le pilon, et faisant entendre un
bruit particulier, une espèce de pétillement quand on en
serre un morceau un instant dans la main, et qu'on l'approche de l'oreille.

Électricité résineuse par le frottement.

D'un beau jaune clair ou jaune citron, quand il est pur.

Cassure conchoïde.

La flamme bleue et l'odeur elle-même disparaissent quand
le soufre brûle avec activité ; sa flamme devient blanche
alors.

Variétés de formes, de tissus et de couleurs.

Soufre primitif. Cristaux octaèdres pointus ou cunéi-
-formes.

Basé. Les sommets remplacés par une facette.

Unitaire. Deux facettes rhomboïdales sur deux des angles
solides de la base de l'octaèdre.

Prismé. En un prisme interposé entre les deux pyramides.
Haüy en décrit neuf variétés.

Tuberculeux. D'Italie.

Concrétionné. Des sources thermales ; des environs de Bex,
en Suisse.

Géodique.

Globuliforme.

Strié. Des solfatares et des volcans.

Pulvérulent.

Compacte.

Massif.

Soufre *jaune citrin, jaune verdâtre, miellé, brunâtre, gri-sâtre, blanchâtre, transparent, translucide* ou tout-à-fait *opaque.*

Gisemens, localités, usages.

Le soufre paraît avoir une double origine dans la nature, car il se trouve dans deux espèces de terrains qui conservent les traces de leur formation ; je veux parler des volcans brû-lans et des pays où le soufre est associé au sel gemme, aux sources salées, ou du moins aux roches gypseuses qui les accompagnent toujours à une très-faible distance.

Le soufre volcanique se trouve ordinairement en fines ai-guilles, en petits cristaux, ou en stalactites attachés aux pa-rois des crevasses par où les fumées sulfureuses s'échappent soit des volcans brûlans, soit des solfatares ; mais il en existe des amas immenses en Islande, dans un sol brûlant, où, dit-on, il se produit journellement, de telle sorte que ce-lui que l'on enlève est remplacé quelques mois après. Les eaux thermales le déposent quelquefois aussi, et c'est parti-culièrement celles qui exhalent une odeur d'hydrogène sul-furé.

L'Islande, la Guadeloupe, la solfatare de Pouzzole, dans le territoire de Naples, l'île de Bourbon, et plusieurs vol-cans d'Amérique, renferment des amas de soufre que l'on exploite et qui se reproduit journellement.

Quant au soufre qui accompagne le gypse, il faut se rap-peler que le gypse a deux sortes de gisemens, un gisement en couches formées par sédiment, et un gisement anomal; c'est toujours dans ce dernier que l'on rencontre le soufre, qui y a aussi été déposé par des sources thermales. En Sicile, dans les vals de Noto et de Mazzara, le soufre se présente en couches qui reposent sur des bancs de gypse, et où il est associé à la strontiane sulfatée blanche cristallisée ; en Espagne, le soufre est aussi déposé dans une marne calcaire qui en est imprégnée dans toute son épaisseur ; à Rex, dans le canton de Vaud en Suisse, la soufrière de Sublim est engagée dans les veines irrégulières d'un calcaire gris foncé veiné de blanc ; enfin, il se trouve parmi l'argile aux environs de Limberg en Silésie.

Le soufre peut se former journellement par le concours de quelques circonstances favorables, et c'est à quelques causes fortuites qu'il faut attribuer celui que l'on découvrit à Paris, lors de la démolition de la porte Saint-Antoine.

On cite rarement le soufre dans les terrains primitifs ; cependant M. de Humbolt en a trouvé à Cerio de Ticsa, dans le Quito, au Pérou, qui appartenait à cette formation, et qui adhère à du quarz ; mais si le soufre en nature est effectivement rare dans les terrains anciens, il n'y existe pas moins à l'état de combinaison, puisqu'il remplit le rôle de minéralisateur, par rapport à des minerais qui font partie constituante des granites, savoir : le molybdène sulfuré et le fer sulfuré magnétique.

Le soufre du commerce provient en partie de celui qui est tout formé dans la nature, et de celui que l'on extrait par le grillage des pyrites cuivreuses ou ferrugineuses.

Les principaux emplois de ce combustible sont d'entrer dans la composition de la poudre à canon et des feux d'artifices, de servir à assujettir les ferrures dans la pierre, à fabriquer l'acide sulfurique, à entrer dans la composition de plusieurs préparations pharmaceutiques, à la préparation des mèches destinées à la manutention des vins, etc. (1).

---

(1) Un usage important du soufre est celui de pouvoir servir à éteindre subitement les feux de cheminée. Deux ou trois poignées de soufre jetées

DEUXIÈME ESPÈCE.

DIAMANT.

SIGNALEMENT.

Rayant tous les corps, et coupant le verre.

Forme primitive, l'octaèdre régulier.

Quatre clivages très-faciles menant à l'octaèdre.

Pesanteur spécifique, 3,55.

Réfraction simple.

Éclat excessivement vif, que l'on désigne par le surnom d'éclat adamantin : il a quelque chose d'un peu gras.

S'électrisant vitreusement par le frottement, et sans avoir besoin d'être isolé ; ne conservant cette faculté que pendant peu d'instans.

Brûlant sans laisser de résidu, par un feu d'une certaine activité.

Présenté pendant un instant à la lumière du soleil, et porté immédiatement dans l'obscurité, il y répand une phosphorescence très sensible et pendant assez long-temps.

Variétés de formes et de couleurs.

Diamant primitif. En octaèdre régulier ou transposé, c'est-à-dire dont une moitié a tourné sur l'autre d'un quart de révolution.

Cubique.

Cubo-octaèdre.

Cubo-dodécaèdre.

Plan-convexe ou *sphéroïdal*, dont toutes les faces sont curvilignes.

Amorphe ou *granuliforme.*

---

sur le brasier d'une cheminée où le feu a pris, suffisent pour l'éteindre sur-le-champ. Il faut seulement fermer le devant de la cheminée avec un drap. Ce moyen est infaillible, et peut prévenir de grands malheurs.

Diamant incolore.

Rose.

Orangé.

Jaune.

Vert.

Bleu.

Bistré.

Noirâtre.

Transparent, translucide ou *opaque.*

Toutes ces teintes sont en général assez faiblement prononcées, ce qui fait que l'on estime ordinairement beaucoup plus le diamant incolore que les diamans de couleur.

Gisemens, localités, usages.

Les premiers diamans connus ont été apportés des Grandes-Indes, où on les trouvait dans les royaumes de Golconde et de Visapour ; il s'en trouvait encore au Mogol et à l'île de Bornéo. Le Nouveau-Monde eut aussi ses diamans, et l'on en découvrit dans différentes parties du Brésil ; mais dans l'un et dans l'autre hémisphère le diamant s'est constamment montré dans les terrains d'alluvion, dans des terres ocreuses, ou parmi le fameux poudingue, connu sous le nom de *cascalho.* On le trouve aussi dans le lit de plusieurs rivières, ou dans des attérissemens modernes, faits aux dépens même de ces terrains de transport. Les diamans du Brésil, qui ne le cèdent en rien à ceux de l'Asie, se trouvent particulièrement dans la croûte des montagnes du district de Serro-do-Frio, et aussi dans le lit de plusieurs rivières ou attérissemens voisins.

La découverte de la combustibilité du diamant ne remonte qu'à la fin du dix-septième siècle ; les anciens, qui connaissaient le diamant, assuraient, au contraire, qu'il triomphait du feu, et qu'il ne s'y échauffait même pas.

Lorsqu'il fut bien prouvé que le diamant était suscepti-

ble de brûler et de se volatiliser, on chercha à en déterminer
la nature ; et il résulta des travaux de Lavoisier et de plusieurs autres chimistes, que ce corps, si dur et si brillant,
n'était composé que de carbone, et s'approchait ainsi beaucoup de la nature du charbon dont nous faisons journellement usage.

On ne parvient à tailler et à polir le diamant qu'en em-
ployant sa propre poussière, et cette découverte, avant laquelle on portait le diamant brut, ne date que de 1456. Ce
fut un nommé Louis de Berquen, natif de Bruge, qui, s'étant
avisé de frotter deux diamans l'un contre l'autre, s'aperçut
qu'il en tombait une poudre, dont il se servit pour enduire
la meule d'un moulin de lapidaire, et au moyen de laquelle
il mit au jour les brillans reflets du diamant, jusqu'alors inconnus. Charles, duc de Bourgogne, surnommé le Témé-
raire, posséda le premier diamant poli ; il le perdit, avec
tous ses autres joyaux, à la bataille de Morat, que les Suisses gagnèrent sur lui.

A poids égal, le diamant l'emporte en valeur sur toutes
les gemmes connues ; elle augmente avec son volume dans
une proportion extrêmement rapide, et il arrive un terme où
le tarif cesse tout-à-fait d'être applicable ; c'est le cas de
quelques diamans célèbres par leur grosseur, tels que ceux
qui appartiennent au Grand-Mogol, à l'empereur de Russie ;
tel que celui qui est connu sous le nom du Régent, et qui
appartient à la couronne de France, etc. Celui de l'empereur de Russie, qui pèse 193 karats ou 772 grains, a coûté,
dit-on, 2 millions 250 mille livres comptant, et 100 mille
livres de pension viagère faite au vendeur.

Outre l'emploi du diamant dans la joaillerie, il sert aussi
dans l'art de graver sur les pierres dures, soit en relief, soit
en creux ; mais la plupart du temps on ne se sert que de sa
poussière humectée de vinaigre ou d'huile d'olive ; on se
sert aussi de cette même poussière, qui porte le nom d'*égri-*

sée, pour tailler, creuser ou forer l'agate. Enfin, les vitriers font un usage habituel du diamant pour couper les feuilles de verre qu'ils doivent poser (1).

TROISIÈME ESPÈCE.

MELLITE (honigstein de Werner, autrefois pierre de miel).

SIGNALEMENT.

Exposé à l'action d'un charbon ardent, il blanchit et perd sa transparence ; et par un feu prolongé il tombe en poussière, sans répandre ni flamme ni odeur.

Forme primitive, un octaèdre symétrique.

Pesanteur spécifique , 1,58 à 1,66.

Fragile et se laissant entamer avec le couteau.

Réfraction double très-marquée.

Électricité médiocre sans isolement, mais devenant forte et persistante quand le corps est isolé.

Jaune de miel dans l'état de pureté.

ANALYSE PAR KLAPROTH.

Alumine. . . . . . 16 ⎫
Acide mellique. . . 46 ⎬ 100
Eau . . . . 38 ⎭

Le signalement du mellite le distingue à lui seul d'avec le succin, qui brûle avec flamme , odeur et fumée.

Variétés de formes et de couleurs.

Mellite primitif. Cristaux octaèdres obtus.

Dodécaèdre. Provenant de l'octaèdre épointé latéralement.

Epointé. Les 6 angles solides remplacés par 6 facettes.

---

(1) Voyez le tome III de la Minéralogie appliquée aux arts, pour tout ce qui tient à la taille et au clivage du diamant.

Granuliforme.
Mellite jaune de miel.
Orangé brun.
Jaune verdâtre.
Transparent ou *simplement translucide.*

Gisemens et localités.

On a découvert le mellite à Artern en Thuringe, dans des couches de bois bitumineux ou lignites ; puis en Suisse, dans le bitume glutineux ; et enfin au col de Pialepinson, près de Juillac, département de la Corrèze, où il occupe la surface d'un lignite nouvellement découvert.

APPENDICE A LA CLASSE

DES SUBSTANCES COMBUSTIBLES.

SUBSTANCES PHYTOGÈNES (1).

PREMIÈRE ESPÈCE.

BITUME.

SIGNALEMENT.

Toujours combustible avec odeur et fumée fort épaisse ; résidu peu considérable, développant son odeur par le frottement.

Pesanteur spécifique du bitume liquide, 0,87, plus léger que l'eau,

Du bitume résinite,	1,35,
Du bitume solide,	1,104.

Électrique par frottement, sans avoir besoin d'être isolé.

Consistance de la poix ou de la résine, et s'éclatant comme elle par la pression ou le choc ; enfin quelquefois liquide.

---

(1) D'origine végétale.

Ne donnant point d'ammoniaque par la distillation, et ne laissant qu'un très-faible résidu.

La houille ne développe son odeur que par le feu ; ainsi on ne peut la confondre avec les bitumes les plus solides , puisqu'il suffit de les chauffer entre les doigts pour déterminer l'odeur qui leur est propre.

Variétés de consistance.

Bitume liquide (erdol de Werner , vulgairement naphte ou pétrole.) Blanc-jaunâtre, orangé , brun-noirâtre, dichroïte , c'est-à-dire bleuâtre par réflexion et jaunâtre par réfraction.

Glutineux (erdpech de Werner, poix minérale ou pissaphalte). La chaleur le rend visqueux et susceptible de s'attacher aux doigts ; le froid , au contraire, le rend sec et cassant.

Solide (asphalte ou bitume de Judée). Noir ou noir-brunâtre , brun-rougeâtre sur les bords , très-éclatant lorsqu'il est pur. Il y en a deux variétés : de *fragile* , qui s'éclate avec la pression de l'ongle ; et de *dur*, qui paraît provenir du bitume élastique dont on va bientôt parler. Il se trouve en petites gouttes rondes sur la chaux fluatée blanche, ou en petites masses irrégulières.

Résinite (retin asphalte). Brun-jaunâtre ; son aspect est semblable à celui de la résine.

Fusible sur un charbon ardent en répandant une odeur bitumineuse qui n'a rien de désagréable. Se trouve en petites masses ou en grains.

Élastique (caout-chouc minéral). Brun ou noirâtre , flexible , électrique sans être isolé. Il s'en trouve de *mou* qui cède à la pression du doigt ; de *coriace* comme le cuir , et de sec et aride au toucher.

Gisemens, localités, usages.

La plupart des variétés des bitumes qui viennent d'être décrites passent véritablement de l'une à l'autre par des nuances insensibles, et ce n'est que pour reposer les idées qu'on a cru devoir partager en différens groupes.

Les bitumes liquides ont fixé l'attention depuis les temps les plus reculés jusqu'à nos jours. On leur a attribué une foule de vertus idéales et médicamenteuses. En Perse surtout, il y a encore des sources bitumineuses réservées pour le service du souverain et de sa famille ; en Italie et ailleurs, on le brûle pour l'éclairage public et domestique ; en Judée, il nage à la surface de la mer morte, et les habitans le ramassent pour en faire commerce; ailleurs, il imprègne le sol et s'amollit au soleil : tel est celui d'Auvergne, du val Travers en Suisse, et des environs de Seissel, département de l'Ain. Le bitume élastique se trouve près de Castleton en Derbyshire, dans les fissures d'un schiste, où il est accompagné de plomb sulfuré, de chaux fluatée et de coquilles fossiles. Les minerais de mercure d'Idria sont pour ainsi dire imprégnés de bitume.

De nos jours, on a délaissé les bitumes sous le rapport de leurs prétendues propriétés médicinales; à peine leur accorde-t-on quelques facultés vermifuges; mais on sait les approprier à des usages plus réels : car on les emploie à l'éclairage, et depuis quelques années on en compose des cimens qui sont parfaitement imperméables, et qui jouissent d'une légèreté très-précieuse pour l'exécution des terrasses qui recouvrent les édifices. On a commencé par employer ainsi le bitume de Seissel, puis on a pensé à celui que l'on retire par la distillation de la houille dans les thermolampes; enfin M. Vicat est parvenu au même but avec le bitume ou goudron végétal, nommé bray, qui produit les mêmes effets que le bitume minéral, et qui est beaucoup moins cher. Quelques autres bitumes ; entre autres celui de Gabian, près de Besiers, sont employés à graisser les charrettes et les machines engrenages. Les Égyptiens paraissent avoir fait entrer divers bitumes minéraux dans la composition de leur baume de momie ; et il est certain que les briques des murs de Babylone sont assujetties les unes avec les autres au moyen du bitume asphalte.

DEUXIÈME ESPÈCE.

ANTHRACITE.

SIGNALEMENT.

Combustion lente et difficile, sans odeur ni fumée.

L'anthracite est d'un noir quelquefois grisâtre avec l'éclat demi-métallique de la blende.

Pesanteur spécifique, variable de 1,60 à 2,10.

Dureté assez grande ; elle se casse en fragmens aigus dont les arêtes vives résistent à la calcination.

On distingue plusieurs sous-variétés d'anthracite : l'anthracite vitreuse, l'anthracite commune, le graphite.

Anthracite vitreuse. C'est l'espèce la plus homogène ; elle est d'un beau noir, très-luisante et à cassure fortement conchoïde ; les parois des fentes sont souvent irisées et présentent les plus belles couleurs.

ANALYSE DE L'ANTHRACITE DE PENSYLVANIE PAR M. REGNAULT.

Carbone.	90,45	
Hydrogène. . . .	2,43	100,00
Oxygène et azote.	2,45	
Cendres.	4,67	

Anthracite commune. Couleur noire un peu grisâtre, s'écrasant sous les doigts sans les tacher. Cette espèce est très-impure, elle renferme jusqu'à 25 p. 0/0 de cendres.

Graphite. On a admis pendant long-temps que le graphite était un carbure de fer ; c'est M. Berthier qui, le premier, a fait voir que le fer qu'on y avait trouvé quelquefois en très-petite quantité, y était simplement à l'état de mélange. Le graphite doit maintenant être considéré comme du carbone pur.

On rencontre très-fréquemment le graphite cristallisé en tables hexagonales.

ı. Pesanteur spécifique, 2,1.

Le graphite tache la porcelaine en noir, ce qui le distingue du molybdène sulfuré.

Il est très-difficile à brûler, et l'on n'y parvient qu'en le maintenant à la chaleur rouge dans un courant de gaz oxygène.

ANALYSE PAR M. REGNAULT.

$$\left.\begin{array}{lr}\text{Carbone.} & 95,12 \\ \text{Cendres.} & 5,73\end{array}\right\} \; 100,85$$

Gisemens, localités, usages.

La formation carbonifère (kohlengebirge), qui se compose des terrains de transition et du terrain houiller proprement dit, peut être distinguée en deux étages d'après la nature des combustibles qu'elle renferme. Ces deux étages diffèrent en ce que dans le premier on n'a jamais rencontré que l'anthracite, tandis que le second, qui constitue le terrain houiller proprement dit, renferme, outre cette même anthracite, un combustible gras, riche en matières volatiles, auquel on donne le nom de *houille*. Le gisement principal de l'anthracite est donc dans ces terrains de transition ; mais ce combustible accompagne aussi quelquefois la houille et les lignites, et même il en existe une assez vaste couche au milieu d'un grès du *Lias* dans le département de l'Isère.

Le graphite ne se trouve jamais que dans une position anomale ; il forme de petits amas dans les parties du terrain de transition qui avoisinent les modifications ; il colore aussi certaines roches et certains gneiss et granites. Quelques personnes pensent que le graphite a une origine végétale dont les indices ont complètement disparu par l'effet des modifications postérieures du terrain qui le renferme. Cette explication s'applique mieux à l'anthracite qui offre un passage presque insensible avec les houilles où les traces d'organisation végétale sont évidentes. L'opinion le plus généralement admise est que le graphite doit son origine à des gaz carburés qui se sont décomposés dans les cavités des terrains échauffés ; ce qui donne beaucoup de poids à cette opinion, c'est qu'on observe dans les hauts fourneaux une formation continuelle de graphite qui vient se déposer en lames brillantes dans les fentes et dans les cavités des parois de l'*ouvrage*.

Les diverses anthracites, étant très-difficiles à brûler, n'ont été guère employées en Europe jusqu'à présent que pour la cuisson des briques et de la chaux. Mais aux États-Unis on en fait maintenant une consommation immense pour les foyers domestiques, et même pour le chauffage des chaudières , et dans le pays de Galles on commence à employer l'anthracite avec succès aux hauts fourneaux (1). Il est probable, d'après cela, que l'anthracite reprendra bientôt dans les arts métallurgiques une place plus élevée, qui lui appartient par la grande quantité de calorique qu'elle peut donner sous l'unité de volume.

Les blocs de graphite pur sont très-précieux pour la fabrication des crayons : les crayons anglais en sont fabriqués : c'est ce qui leur donne leur supériorité. En France, on ne peut employer pour la fabrication des crayons qu'une pâte dont l'élément principal est la poussière de graphite : le grain du crayon est beaucoup moins homogène, mais on peut en faire varier la dureté.

On fait aussi des creusets de *plombagine*, qui est un graphite très-impur.

____

(1) Voir à ce sujet les Lettres sur l'Amérique du nord, par Michel Chevalier.

TROISIÈME ESPÈCE.

HOUILLE (steinkohle de Werner, vulgairement charbon de terre).

SIGNALEMENT.

*Brûlant avec odeur et fumée, et plus ou moins de boursouf-
flement.*

Couleur d'un beau noir, presque toujours éclatante. Cassure fréquemment conchoïde inégale; poussière d'un noir
foncé.

Pesanteur spécifique, 1,16 à 1,30.

Les houilles sont souvent mélangées de matières terreuses,
de chaux carbonatée, silice, pyrites, etc.; mais ces substances n'y sont que disséminées. Lorsqu'on les distille ou
qu'on les carbonise en vase clos, elles dégagent de l'eau et
des matières volatiles, et laissent un résidu plus ou moins
boursoufflé, ou d'un gris métallique que l'on nomme *coke*
ou charbon de houille. Les houilles les plus médiocres donnent 45 ou 50 p. 0/0 de coke, les meilleures; 60 p. 0/0

Il y a à distinguer plusieurs espèces de houilles; M. Thomson avait donné une classification des houilles anglaises et
un tableau complet de leurs analyses; mais il résulte d'un
travail tout récent de M. Regnault, ingénieur des mines, que
ces analyses présentent beaucoup d'inexactitude. Nous décrirons ici quatre variétés de houille qui présentent des caractères assez tranchés, et nous donnerons leurs analyses
extraites du mémoire de M. Regnault.

1° *Houilles grasses maréchales.* Ces houilles sont les plus
recherchées pour la forge; leur couleur est un beau noir, et
elles ont un éclat gras caractéristique. Souvent elles sont
fragiles et se divisent en fragmens qui ont une fausse apparence cubique. Le cackingcoal de Newcastle rentre dans
cette sous-espèce. Le coke que donnent ces houilles est métalloïde et très-boursoufflé. Leur poussière est brune.

ANALYSE D'UNE HOUILLE MARÉCHALE DE RIVE-DE-GIER.

Carbone.	87,20	
Hydrogène.	5,07	100,00
Oxygène et azote.	5,95	
Cendres.	1,78	

2° *Houilles grasses et fortes.* Ces houilles sont surtout recherchées pour les opérations métallurgiques ; leur coke est plus dense que celui des houilles maréchales, et convient parfaitement au traitement du fer dans les hauts fourneaux. Leur poussière est noire.

ANALYSE.

Carbone.	87,85	
Hydrogène. . . .	4,90	100,00
Oxygène et azote.	4,29	
Cendres.	2,96	

3° *Houilles grasses à longue flamme.* Ces houilles sont fort estimées pour la grille ; elles conviennent aussi très-bien pour le chauffage domestique, et ce sont celles que l'on emploie de préférence pour la fabrication du gaz d'éclairage. Le coke que donnent ces houilles est beaucoup moins boursoufflé que celui donné par celles dont nous avons déjà parlé. Le canalcoal du Lancashire appartient à cette sous-espèce. La poussière de cette qualité de houille est brune.

ANALYSE DU CANALCOAL DU LANCASHIRE.

Carbone.	84,07	
Hydrogène. . . .	5,61	100,00
Oxygène et azote.	7,82	
Cendres.	2,40	

4° *Houilles sèches à longue flamme.* Ces houilles brûlent avec une large flamme, mais qui passe assez rapidement ; on les emploie avantageusement pour la chaudière. Elles donnent un coke métalloïde à peine fritté.

ANALYSE DE LA HOUILLE D'ALAIS.

Carbone.	89,27	
Hydrogène. . . .	4,85	
Oxygène et azote.	4,47	100,00
Cendres.	1,41	

Variétés de tissus.

Houille pseudorégulière. Quelques houilles présentent une fausse apparence de cristallisation ; ainsi on peut citer la houille de Mons (flénu), qui se présente en fragmens rhomboïdaux d'une régularité remarquable ; de même la houille de la Grande-Croix présente des fragmens grossièrement rectangulaires.

Laminaire. A feuillets plans ou courbes.

Schistoïde. A feuillets plus épais.

Compacte.

Irisée. Présente les plus belles couleurs de l'iris sur un fond noir ; mais ces reflets sont simplement superficiels et annoncent un premier degré d'altération. On remarque en effet que cet accident ne se rencontre guère qu'à l'approche des failles ou des filons qui dérangent la régularité des couches.

APPENDICE.

Charbon minéral. On donne ce nom à des houilles dans lesquelles on aperçoit encore la texture du bois ; elles se rapprochent beaucoup de l'anthracite ; contiennent très-peu de cendres.

ANALYSE D'UN CHARBON MINÉRAL DE LA HAUTE-SILÉSIE.

Carbone.	91,90	
Matières volatiles .	4,20	100,00
Cendres.	5,90	

Gisemens, localités, usages.

Le principal gisement des houilles est le terrain houiller proprement dit, qui, dans l'échelle géologique, se trouve immédiatement au dessus des terrains de transition. La houille ne s'est point encore rencontrée dans le terrain de transition antérieur au terrain houiller ; mais elle se retrouve dans les terrains secondaires plus récens : ainsi l'on en trouve des couches exploitables dans le terrain jurassique, puis dans les marnes irisées (dans le département du Doubs).

La houille se trouve toujours en couches où l'origine sédimentaire est évidente, et partout elle est accompagnée des mêmes matériaux : argile schisteuse en couches parsemées de rognons de fer carbonaté ; grès dont le grain est variable, et qui se changent souvent en grossiers poudingues. Les couches déposées primitivement sur une surface horizontale, comme l'indique leur uniformité d'épaisseur sur une grande étendue , ont été disloquées avec le sol qui les renfermait ; en France, ces dislocations sont moins fortes , mais en Belgique les couches occupent souvent une position verticale et se replient en nombreux crochets. Le terrain houiller de l'Angleterre est celui qui a été le moins tourmenté depuis qu'il s'est déposé , et il a conservé une position peu éloignée de l'horizontale. Mais quelque disloqué que soit un terrain houiller, une même couche présente toujours, malgré ses replis , la même épaisseur sur une grande étendue , ce qui ne laisse aucun doute sur son mode de dépôt.

L'origine végétale des houilles est incontestable ; on ne peut définir chimiquement le changement qu'ont éprouvé les végétaux , mais on peut mettre au nombre des circonstances physiques qui ont accompagné cette formation une augmentation de température et une forte pression des matières sédimentaires superposées. Comme les végétaux qui ont donné naissance à la houille paraissent être en grande partie

des palmiers et des fougères arborescentes dont les analogues ne se trouvent maintenant que sous la zone Torride,
quelques géologues pensent que les houillères sont dues à
de grands transports de matières végétables charriées vers
le nord par des courans partis de l'équateur ; mais cette hypothèse, qui ne pourrait s'appliquer qu'au terrain houiller de
l'Angleterre, s'accorde difficilement avec la régularité observée dans les couches. Une seconde hypothèse consiste à regarder les houillères comme de vastes tourbières recouvertes
ensuite de sédiment ; mais les troncs verticaux, ou perpendiculaires aux couches, que l'on y rencontre constamment sont
une forte objection à cette manière de voir. Enfin d'autres
géologues admettent que ces dépôts houillers ont été formés·
par de vastes forêts dont le sol s'est abaissé et a été recouvert par les eaux ; mais, pour expliquer la succession des
couches, il faut aussi admettre que le sol, primitivement
abaissé, a été soulevé, puis abaissé de nouveau, et a subi ainsi
plusieurs oscillations. Ce mouvement oscillatoire semble d'a-
bord difficile à admettre, mais comme de nos jours nous en
avons des exemples, on peut supposer qu'alors il existait sur
une plus vaste échelle.

J'ai dit que la première hypothèse sur la formation des
houillères ne pouvait s'appliquer qu'au terrain houiller
de l'Angleterre, et peut-être à celui de Liége. Ces deux
terrains sont en effet les seuls qui aient eu une commu-
nication avec la mer, et ceux de France et d'Allemagne se
sont déposés dans des eaux douces comme l'indiquent les
coquilles fossiles qu'on y rencontre. La grande abondance
de végétaux de races maintenant équatoriales s'explique cependant facilement, si l'on admet comme résultat de beaucoup de faits géologiques, dans le détail desquels il serait trop
long d'entrer, qu'à l'époque des formations houillères, la
température était beaucoup plus uniforme et plus élevée sur
le globe, que les glaces polaires n'existaient pas, et que l'air
était très-chargé d'humidité et d'acide carbonique.

Tout le monde connaît les brillans résultats de l'exploitation des mines de houille ; l'influence énorme que l'usage de ce combustible a eue sur la prospérité du commerce anglais, et les nombreuses applications qui s'en font journellement ; il y aura donc quelque intérêt à comparer ici les richesses en houille des diverses contrées de l'Europe.

En Angleterre, tout le terrain houiller est rassemblé sur une bande qu'occupent toutes les villes industrielles et qui s'étend du nord au sud-ouest. La superficie de cette bande houillère est, à la superficie totale de la Grande-Bretagne, dans le rapport de 1 à 20.

En Belgique, tout le terrain houiller est compris sur une bande qui s'étend presque en ligne droite de Aix-la-Chapelle à Valenciennes. Le rapport de la surperficie de ce terrain houiller à celle de la Belgique est celui de 1 à 24.

En France, la houille s'est déposée dans des bassins très-circonscrits. Ces bassins sont ceux de Saint-Étienne, du Creusot, d'Anzin, d'Allais (Gard), de Decazeville (Aveyron), puis d'autres beaucoup moins importans à Vitry, dans le Calvados, à Quimper, en Bretagne, etc. En somme, le rapport de la surface du terrain houiller en France à la surface totale de la France est celui de 4 à 214.

La richesse en houille de l'Allemagne est un peu moindre que celle de la France.

Là Russie, la Pologne, l'Espagne, l'Italie, sont moins riches en houilles à beaucoup près que la France. En Russie, on soupçonne l'existence du terrain houiller sur les bords du Don ; en Espagne, il se montre dans les Asturies.

Je ne puis entrer ici dans les détails de l'exploitation des houillères, ni dans ceux qui ont rapport aux nombreux emplois de la houille, il suffira de dire que, dans une foule de circonstances, la houille en nature ou la houille carbonisée (coke) est susceptible de remplacer le bois avec avantage pour le degré de chaleur, et sous le rapport économique.

QUATRIÈME ESPÈCE.

LIGNITES.

SIGNALEMENT.

Combustion avec flamme et avec dégagement d'odeur pyroligneuse, conservant souvent, dans quelques parties, l'apparence ligneuse du bois.

Les lignites diffèrent essentiellement de la houille, en ce que, par la distillation, ils ne donnent point de bitume, mais de l'acide pyroligneux. On distingue les lignites proprement dits et le jayet.

Lignites proprement dits.

Ces lignites présentent souvent l'aspect de la houille, ont la cassure compacte et la couleur noire ou brune ; ils s'effleurissent à l'air après un temps plus ou moins long, et les pyrites qu'ils contiennent peuvent les incendier. Ils donnent en brûlant une odeur désagréable.

ANALYSE D'UN LIGNITE DU MONT MEISNER, PAR M. RÉGNAULT.

Carbone.	71,71	
Hydrogène.	4,85	100,00
Oxygène et azote.	21,67	
Cendres.	1,77	

On donne le nom de *bois fossile* à une sorte de lignite qui a conservé totalement l'aspect et la texture du bois, dégage jusqu'à 20 pour 100 d'eau sans s'altérer, et contient 50 à 54 pour 100 de carbone.

Jayet (vulgairement *jais*).

Assez solide pour être travaillé sur le tour et pour recevoir le poli.

Ordinairement noir, mais passant quelquefois au brun de

bistre ; cassure conchoïde et luisante ; toujours opaque ; compacte.

Pesanteur spécifique, 1,26 ; on cite cependant quelques morceaux qui surnagent sur l'eau.

ANALYSE DU JAYET DE SAINTE-COLOMBE, PAR M. REGNAULT.

$$\left.\begin{array}{lr}\text{Carbone.} & 73,44 \\ \text{Hydrogène.} & 5,79 \\ \text{Oxygène et azote.} & 17,91 \\ \text{Cendres.} & 3,89\end{array}\right\} 100,00$$

Gisemens, localités, usages.

Les lignites et le jayet se rencontrent accidentellement dans les divers terrains qui renferment la houille ; mais ce sont plus particulièrement les combustibles des *terrains tertiaires.*

On exploite le jayet à Sainte-Colombe, département de l'Aube, pour en fabriquer une foule de petits ouvrages d'agrément, que l'on exécute sur le lieu même, et dont il s'exporte une grande partie pour l'Espagne et le Levant. Il en existe une autre fabrique en Espagne même ; enfin, les lignites en général servent de combustible dans les contrées où le bois et les houilles sont rares.

N. B. Il conviendrait peut-être de placer ici quelques mots sur les *tourbes,* qui sont les combustibles de la formation contemporaine ; nous indiquerons seulement que ces dépôts, qui se forment sous nos yeux, sont le produit de l'altération de plantes herbacées marécageuses qui ont la propriété de croître sur leurs propres débris. Ces tourbes contiennent souvent des pyrites en très-grande quantité. On a cherché, quelquefois avec succès, à employer la tourbe ou le charbon de tourbe au lieu de bois et de houille, qu'on ne pouvait se procurer que difficilement.

CINQUIÉME ESPECE.

SUCCIN (bernstein de Werner, vulgairement ambre jaune).

SIGNALEMENT.

Ordinairement jaune, combustible avec flamme, fumée et odeur douce et agréable.

Pesanteur spécifique 1,08.

Cassant, mais cependant assez solide pour être tourné, taillé et poli.

Réfraction simple.

Électricité très-sensible par le frottement; résineuse et susceptible de l'acquérir sans être isolé.

Odeur douce par le frottement, la trituration et la combustion.

Cassure conchoïde.

Variétés de tissus et de couleurs.

Succin compacte.
Feuilleté.
Globuliforme.
Jaune foncé.
Jaune pâle.
Jaune d'huile figée.
Blanchâtre.
Grisâtre.
Rouge d'hyacinthe.
Vert glauque.
Dichroïte. Bleu verdâtre par réflexion, et jaune par réfraction.
Insectifère. Renfermant des insectes dans son intérieur.

Gisemens, localités, usages.

On croit généralement que le succin est une résine fossile dont l'analogue parfait nous est inconnu, mais qui se rapproche beaucoup de la *gomme copale*. Ce qui vient à l'appui de cette idée est, 1° sa nature chimique qui la range au nombre des matières végétales ; 2° son gisement dans les lignites ou bois bituminisés de diverses contrées ; 3° enfin, les insectes et les autres petits animaux qu'il recèle dans sa pâte, et qui paraissent avoir été saisis et entourés à l'époque où la substance, encore molle, découlait de l'arbre qui la produisait.

Les principaux lieux où l'on trouve le succin sont : les bords de la mer Baltique, où il est accompagné de cailloux roulés et de morceaux de bois fossiles auxquels il adhère quelquefois. La recherche s'en fait au compte du gouvernement, et les riverains n'ont droit que sur celui qui, arraché du fond de la mer ou de ses côtes, vient nager à sa surface. On s'en empare à l'aide de petits filets appropriés à ce genre de pêche.

On le travaille à Dantzik, et l'on en exécute sur le tour de petits ouvrages si délicats, qu'ils peuvent passer pour de vrais tours de force. Les côtes de la Sicile sont également riches en succin ; et M. Lucas y a même remarqué plusieurs variétés qui nous étaient inconnues. On travaille celui-là à Palerme, et il se débite dans le pays et en Italie. On trouve aussi du succin en Allemagne, en Espagne, au Groenland, et même en France, dans les mines de lignites de Saint-Paulet, près du Saint-Esprit, département du Gard ; mais il ne s'y présente point en masses assez pures ou assez volumineuses pour être employé dans la bijouterie ; il n'a qu'une valeur purement géologique. Plus nouvellement encore, M. Becquerel a trouvé du succin rouge, jaune et blanchâtre sur un lignite qui se rencontre dans l'argile marneuse d'Auteuil, près de Paris : on en a détaché d'assez pur pour être travaillé.

Voilà encore une substance qui était connue des anciens, et sur laquelle leur brillante imagination s'est exercée. Les poètes racontèrent que les larmes d'Aréthuse, sœur de

Phaéton, se changèrent en ambre jaune en tombant dans l'Éridan ; et les dames romaines, qui recherchaient aussi l'odeur suave que cette substance répand par la chaleur, en faisaient exécuter le bout supérieur de leurs fuseaux. Enfin, les philosophes eux-mêmes, qui avaient remarqué la propriété électrique du succin, et qui étaient loin de prévoir les effets ou les phénomènes qui ont été reconnus depuis, et qui se rallient cependant à ce fait originaire, crurent que l'ambre jaune était animé par la chaleur, et qu'il donnait ainsi quelques signes de vie à l'approche des corps légers.—On prépare des vernis qui ont le succin pour base, et l'on emploie en médecine différens médicamens dont il fait partie.

APPENDICE

AUX QUATRE CLASSES PRÉCÉDENTES.

Substances dont la nature n'est point encore assez connue pour permettre de leur assigner des places dans la méthode. (Ces substances sont rangées ici par ordre alphabétique.)

1. ALLOPHANE.

Substance d'un bleu de ciel qui présente des indices de division mécanique parallèle aux faces d'un prisme rhomboïdal, qui se résout en gelée dans les acides, se boursouffle sans fondre au chalumeau, qui tombe ensuite en poussière, dont la pesanteur spécifique est de 1,9, et qui ne peut rayer que la chaux sulfatée.

M. Stromayer l'a trouvée composée ainsi qu'il suit :

Alumine	52,202	
Silice.	21,922	
Eau	41,301	
Chaux	0,750	100,000
Chaux carbonatée.	0,517	
Cuivre carbonaté .	3,058	
Fer hydraté. . . .	0,270	

Il paraît évident, par le résultat même de cette analyse, que l'allophane est composé de plusieurs autres substances, et que ce n'est point un minéral homogène. Se trouve à Grafenthal et en Turinge.

2. Bergmanite.

Substance composée, tantôt d'aiguilles confuses, tantôt de lamelles nacrées d'un blanc grisâtre; trouvée à Fridrischwern, en Norwége, où elle est accompagnée de feldspath rouge et de pierre grasse.

3. Breislackite.

Substance capillaire, trouvée dans une dolérite, avec mica et amphibole, rejetée par les éruptions du Vésuve, de 1794.

4. Feldspath bleu.

Ce minéral se présente en prismes rectangulaires d'un bleu tendre.

Pesanteur spécifique, 3,02.

Infusible au chalumeau, donne de l'eau par la calcination et perd sa couleur.

ANALYSE PAR FUSCH.

Acide phosphorique.	43,32	
Alumine	54,50	
Magnésie	13,56	
Chaux	0,48	99,66
Oxyde de fer	0,80	
Silice.	6,50	
Eau	0,50	

D'après cette analyse, on peut considérer ce [minéral comme un phosphate double d'alumine et de magnésie.

Le feldspath bleu a été trouvé dans les fissures des schistes argileux en Salzburg et à Krieglach, en Styrie, où il est accompagné de quarz blanc et de talc argentin.

32.

Le *lazulit* de Werner, qu'il ne faut pas confondre avec le *lapis lazuli*, n'est autre chose qu'un feldspath bleu.

5. TURQUOISE (calaïte).

M. Fischer, à qui nous devons un essai sur les turquoises, en distingue deux sortes (1).

La turquoise, dite orientale de vieille roche; ou pierre qu'il nomme calaïte, et la turquoise occidentale ou osseuse, qu'il nomme *odontolithe*. De plus, parmi la calaïte il distingue encore 3 variétés, savoir, *la calaïte* proprement dite, *l'agaphite* et la *johnite*.

La *calaïte* se trouve en masses réniformes ou mamelonnées d'un bleu céleste clair, qu'on pourrait appeler bleu turquoise ou bleu calaïte; elle est parfaitement opaque, sa pesanteur spécifique est de 3,86. On ne l'a encore trouvée qu'aux environs de Nichabour, dans le Khorasan, en Perse, où elle se rencontre dans un terrain d'alluvion.

L'agaphite. Sa couleur est un bleu de ciel de diverses teintes plus ou moins pâles ou foncées, elle est parfaitement opaque ou légèrement translucide sur les bords; sa pesanteur spécifique est de 3,25. On la trouve en couches minces accompagnées de fer argileux, près de Nichabour.

La johnite se trouve disséminée en couches très-minces dans un schiste siliceux noir; sa couleur est le bleu céleste clair qui passe au vert, sa cassure est écailleuse, elle raie le verre, et par conséquent est plus dure que les précédentes.

Il paraît que ces trois variétés de calaïte renferment de l'acide phosphorique, de l'alumine, de la chaux, de l'oxyde de fer et de l'oxyde de cuivre.

Les odontolithes sont des dents fossiles colorées en bleu par du phosphate de fer; elles appartiennent aux molaires

____

(1) Essai sur les turquoises, par Fischer, 1818; et Annales des mines, t. VIII, p. 327.

d'un animal voisin des paresseux, du cerf, d'animaux car-
nassiers, et elles sont beaucoup moins dures que les calaïtes ;
leur tissu est feuilleté ; elles sont solubles dans les acides, et
perdent leur couleur même dans le vinaigre distillé, tandis
que les turquoises pierreuses résistent aux épreuves.

On trouve les odontolithes dans une foule d'endroits divers, et entre autres à Simorres, département du Gers ; à
Castres, département du Tarn ; à Miask et à Olonetz, en Silésie ; en Suisse, en Bohème, dans la Cornouailles, etc.

Les turquoises sont employées dans la bijouterie ; celles
qui sont pierreuses, que l'on nomme de vieille roche ou
orientales, sont fort estimées.

Les turquoises osseuses ou occidentales le sont moins, à
cause de leur peu de dureté et de leur couleur, qui change
aux lumières.

Les turquoises ont fait partie des amulettes.

DESCRIPTION MINÉRALOGIQUE

DES ROCHES.

Les roches sont des mélanges plus ou moins homogènes composant des compartimens assez étendus de l'écorce terrestre ; les roches simples sont celles qui ne sont formées que d'un seul minéral , les roches composées sont celles qui sont formées de plusieurs minéraux enchevêtrés.

On a nommé *roches phanérogènes* celles dont les élémens sont apparens, et *roches adélogènes* celles composées de plusieurs éléments qui échappent à l'œil. Pour reconnaître si une roche est simple, on examine la cassure fraîche et la cassure décomposée, on traite par les acides ; enfin on fait l'analyse mécanique en cassant en très-petits fragmens qu'on examine à la loupe, et cherchant si le lavage ne sépare pas des parties de densités différentes.

On a long-temps adopté la méthode de classification d'Haüy, entièrement fondée sur la composition des roches ; cette méthode est généralement abandonnée maintenant, et il paraît plus convenable d'adopter une classification fondée en partie sur la composition et la manière d'être de ces roches. Je crois ne pouvoir être plus utile à mes lecteurs qu'en leur donnant ici un résumé de la description minéralogique des roches adoptée par M. Élie de Beaumont, dans son cours de géologie à l'école royale des mines.

ROCHES FELDSPATHIQUES.

ROCHES A BASE DE FELDSPATH ORTHOSE.

Feldspath orthose lamelleux. Roche formée essentiellement
de feldspath ; renferme souvent des corindons, du quarz ,
du mica ; passe au granite.

Feldspath grenu (eurite grenue, leptinite, granulite, weiss-
tein , pierre blanche). Roche quelquefois compacte , jaune ,
rouge ou grise ; plus commune que le feldspath lamelleux.
Cette roche contient souvent de l'amphibole horneblende ,
des grenats , des tourmalines , du disthène , du mica, du
quarz , des pirites cuivreuses.

Feldspath terreux (kaolin), très-peu grenu, quelquefois dur ; mais friable quand il est à l'état de kaolin proprement dit , c'est-à-dire lorsqu'il a perdu une partie de
sa potasse. Le kaolin est mêlé de quarz et de mica , on le
purifie pour l'employer à la fabrication de la porcelaine.

Feldspath compacte (pétrosilex). Couleur verdâtre ou
blanchâtre, disposition rubannée, quelquefois bréchiforme,
comme si la masse avait été concassée, puis ressoudée.

Feldspath compacte glanduleux. Roche amygdaloïde à
parties orbiculaires, contemporaine. Cette structure est due
à une séparation produite au moment de la solidification.

On donne le nom d'*eurites* aux roches de feldspath compacte, celles de pétrosilex sont les plus répandues.

Feldspath compacte porphyroïde. Pétrosilex à cristaux de
feldspath disséminés, pâte rouge et verdâtre, cristaux blancs.
Les anciens donnaient le nom d'*ophite* à la variété à pâte
verte, mais ce nom est maintenant réservé à une roche d'un
autre genre.

Feldspath résinite (pechstein). Cassure résineuse, éclat
presque vitreux , couleur jaunâtre , verdâtre ou rougeâtre ;
fusible en émail blanc ; on y trouve des cristaux de quarz

empâtés. Cette roche paraît avoir été d'abord dans un état de parfaite fusion, puis refroidie rapidement.

Porphyre quarzifère (elvan de la Cornouailles). La pâte est un feldspath compacte le plus souvent rouge, les cristaux sont du quarz en prismes bipyramidés. On y trouve quelquefois disséminés du mica et de l'amphibole. La grosseur des grains varie beaucoup, ainsi que leur proportion avec la pâte. La couleur bleue se substitue souvent à la couleur rouge par le changement de degré d'oxydation du fer ; il n'est pas rare de trouver des masses de ce porphyre, rouges à l'extérieur, bleues à l'intérieur ; l'elvan de la Cornouailles est jaune, et doit cette couleur à de l'hydrate d'oxyde de fer. Un mélange de spath fluor colore quelquefois la masse en violet. Ce porphyre est souvent décomposé et donne lieu à une sorte de kaolin : aussi les Allemands l'appellent porphyre argileux.

Granite. Mélange grenu de feldspath, de quarz et de mica ; le feldspath est souvent un mélange d'albite et d'orthose. Le quarz y est rarement crystallisé, il tend à former une double pyramide à six faces ; le mica est noir, blanc, vert, le plus souvent en lamelles ; le feldspath est à grains très-variables depuis de gros cristaux de 6 à 8 pouces et même au delà jusqu'à un grain indiscernable à l'œil nu. La couleur du feldspath varie du blanc au rouge, du gris au vert pâle ; la lamellosité est variable, le feldspath verdâtre est souvent peu lamelleux, le rose est très-lamelleux. Quelques granites sont facilement décomposables, d'autres résistent beaucoup plus fortement aux agens atmosphériques ; on pense que cette différence tient à la composition variable des feldspaths. Le granite du Limousin et de l'Auvergne se décompose très-facilement : aussi les montagnes qu'il forme sont-elles arrondies et comme usées, tandis que les Alpes suisses, formées d'un granite résistant, présentent une forme très-âpre. Le granite est le gisement d'une foule de minéraux presque tous silicatés ; on y trouve aussi du fer oxydulé et du fer oligiste, et même on cite quelques granites dans lesquels ce dernier minéral remplace le mica.

Syénite. Granite dans lequel l'amphibole a remplacé le mica; il y a aussi en général moins de quarz, et quelquefois même il disparaît complètement. La syénite zirconienne de Norwége renferme beaucoup de zircons, du pyroxène, du titane oxydé, et contient quelquefois deux sortes de feldspaths.

Granite graphique (pegmatite). Roche granitique dans laquelle l'élément quarzeux forme souvent des commencemens de cristaux qui s'orientent parallèlement à une certaine direction, de sorte que la masse taillée dans un certain sens présente une texture qui rappelle l'écriture hébraïque. Ces pegmatites forment en général des ganglions dans l'intérieur des grandes masses granitiques.

Greissen (hyalomicte, de Brongniart). Cette roche est un granite dans lequel l'élément feldspathique a disparu, elle est donc uniquement composée de quarz et de mica.

Schorl-rock (de la Cornouailles). Roche de quarz et de tourmaline, se trouvant à l'extérieur des masses granitiques en forme de filons ou d'amas.

Roche de topaze (topazofeld). Roche composée de topaze, quarz, tourmaline en mélange granitoïde; elle n'existe qu'en Saxe.

Protogine. Granite dans lequel le mica est remplacé par du talc ou de la chlorite. Cette roche renferme souvent deux espèces de feldspath; elle abonde dans les Alpes, et constitue en grande partie le Mont-Blanc.

Gneiss. Granite, syénite, protogine, schisteuses; les élémens de ces diverses roches se groupent suivant une disposition rubannée, d'où résulte une sorte de schistuosité qui fait de suite reconnaître le gneiss. Il y a souvent passage insensible du granite au gneiss; ces deux roches sont identiquement composées des mêmes élémens, mais les grains sont géné-

-ralement moins gros dans la dernière. On trouve disséminés dans le gneiss les mêmes minéraux que dans le granite, mais ils y sont moins abondans.

Il y a un gneiss amphibolique correspondant à la syénite, assez rare. `

De même il y a un gneiss talqueux qui correspond à la protogine , et qui est assez fréquent dans les Alpes.

Les feldspaths qui entrent dans la constitution de ces diverses roches sont généralement mal connus ; l'analyse chimique peut seule, dans la plupart des cas, donner des résultats positifs ; on peut dire cependant que lorsque dans ces roches l'amphibole domine , c'est l'albite qui l'accompagne; il faut toutefois excepter la syénite dont nous avons vu la composition.

ROCHES DANS LESQUELLES L'AMPHIBOLE DOMINE.

Amphibole lamelleux. Couleur verte foncée; cette roche est une rareté.

Amphibole grenu. (Horneblende-rock). Roche assez peu dure, mais très-tenace. La texture est quelquefois schistoïde. D'autres fois la cassure devient terreuse, la roche prend alors le nom d'*aphanite* ou *cornéenne*.

Diorite. Mélange granitoïde d'albite et d'amphibole ; le quarz s'y trouve en très-petite quantité. L'albite y est lamelleux , on le reconnaît à la forme de ses mâcles , et à l'angle rentrant que nous avons signalé dans la description minéralogique de cette substance. Ce caractère est rarement applicable dans le granite, mais fréquemment dans le diorite ; on peut ajouter en outre que l'albite est très-rarement rose, mais quelquefois verdâtre. L'amphibole y est en grains de grosseur très-variable, mais rarement très-gros ; dans l'Oural on cite cependant des grains qui ont plus d'un pouce de diamètre.

- On trouve disséminés dans cette roche du mica, des pyrites, du fer oxydulé, etc.

Diorite porphyroïde (porphyre dioritique). Cristaux d'albite et d'amphibole énchâssés dans une pâte probablement de même nature; cette pâte est un mélange trop intime pour se prêter à l'analyse mécanique; il peut donc rester du doute sur sa constitution.

Le quarz est quelquefois assez abondant dans cette roche; on y trouve aussi du mica, des pyrites, du fer oxydulé.

On trouve cette roche dans les monts Ourals; à Schemnitz; dans l'Amérique du sud; à Schemnitz, du carbonate de chaux s'y trouve mélangé, de sorte qu'elle fait effervescence avec les acides.

Enfin, quelquefois les diorites deviennent schisteuses comme les gneiss, et se lient aux syénites par l'addition du feldspath orthose et la diminution de l'albite.

ROCHES A BASE DE RYACOLITHE.

Il y a des roches en masses considérables formées de feldspath ryacolithe et en partie d'albite; ces roches sont toutes d'origine ignée; elles sont âpres au toucher, et à l'analyse microscopique elles paraissent formées de parties cristallines réunies à la manière des granites. On y trouve associés du pyroxène, de l'amphibole, etc.; et les cristaux disséminés leur donnent souvent un aspect porphyroïde.

Les laves de l'île d'Ischya font partie de cette classe; elles renferment du pyroxène et du péridot. De même les laves des volcans éteints des bords du Rhin, qui renferment du pyroxène et de l'amphibole, puis des grains cristallins d'haüyne et des fragmens de gneiss et de granite.

Trachytes. On donne ce nom à une série de roches d'origine volcanique composées de ryacolithe en très-petits grains d'amphibole et de pyroxène. Le ryacolithe domine beaucoup, et c'est à lui qu'est due l'âpreté au toucher qui caractérise ces roches. On y trouve du mica noir, du fer titané, etc. Le trachyte de Drakenfels contient de gros cristaux de ryacolithe et d'amphibole, puis des fragmens de grauwacke disséminés. Le trachyte de la Hongrie présente une pâte rougeâtre dans laquelle sont enchevêtrés des cristaux de mica et d'amphibole assez abondans.

M. Beudant a distingué en Hongrie :

Trachyte granitoide,

Trachyte porphyroide,

Trachyte micacé amphibolique.

Dans les porphyres trachytiques, la pâte devient presque compacte, et contient souvent des cristaux bipyramidés de quarz ; ils ressemblent alors aux porphyres quarzifères. Quelquefois la pâte est intimement pénétrée de silice ; elle devient alors très-dure et produit le *porphyre molaire.*

Andésite. On a proposé de donner ce nom à un trachyte dans lequel l'albite domine; cette roche est un mélange grenu d'amphibole et d'albite ; ce serait donc à proprement dire une diorite à grains très-fins ; mais l'aspect général de cette roche fait qu'on la range dans les trachytes, et avec d'autant plus de raison que beaucoup de ces trachytes contiennent de l'albite.

Domite. Ryacolithe à cassure terreuse, roche formée de très-petits grains cristallisés admettant en mélange du mica noir et de l'amphibole.

Phonolithe. Roche composée de ryacolithe ou d'albite et de mésotype, à cassure cireuse, attaquable par les acides, à cause de la mésotype contenue. Cette roche est extrêmement sonore.

Perlithe. Roche feldspathique compacte à éclat perlé, à cassure conchoïde; on y trouve de petits sphéroïdes à texture radiée; la couleur passe du gris verdâtre au gris bleuâtre. On distingue le perlithe testacé, lithoïde, ponceaux, porphyrique, etc.

Obsidienne (roche feldspathique vitreuse). Aspect d'un laitier bien fondu, se boursoufflc fortement au chalumeau, couleur noire ou verdâtre. L'obsidienne passe souvent au trachyte ou à la pierre-ponce ; elle est quelquefois porphy-roïde et présente des cristaux de feldspath, péridot et py-roxène.

Pierre-ponce (verre feldspathique fibreux). Sortes de tubes vitreux juxtaposés, grande légèreté spécifique, âpreté au toucher poussée à l'extrême. On voit dans beaucoup d'é-chantillons le passage de l'obsidienne à la pierre-ponce, par le boursoufflement. On y trouve quelques cristaux de ryaco-lithe, disséminés, et quelquefois ces cristaux sont eux-mêmes en partie boursoufflés.

ROCHES A BASE DE LABRADORITE.

Le feldspath labradorite est généralement allié au pyro-xène, et l'aspect général des roches qui résultent de ces mé-langes est toujours dû au pyroxène, bien que souvent l'élé-ment feldspathique domine.

Pyroxène lamelleux (lerzolithe). Cette roche est peu abondante, la masse la plus considérable est située près de la vallée de Viedessos ; on y trouve des géodes à cristaux de pyroxène.

Porphyre pyroxénique (porphyre augitique, porphyre noir, mélaphyre). Roche composée de cristaux de labrado-rite et de pyroxène réunis par une pâte de même nature; cette structure est analogue à celle du porphyre dioritique. La couleur verdâtre varie d'intensité avec le mélange des deux élémens constituans. Peu fusible; les acides attaquent le la-bradorite après un certain temps. Il y a souvent des cristaux de labradorite disséminés; ces cristaux présentent une gout-tière caractéristique, analogue à celle de l'albite; l'attaque par les acides suffirait pour faire la distinction d'avec cette autre substance; mais en outre les cristaux étant le plus souvent accolés les uns aux autres, présentent une suite moins interrompue de gouttières parallèles, ou une succession de faces alternativement miroitantes, suivant qu'on incline plus ou moins l'échantillon.

C'est dans cette roche que l'on trouve l'*ouralithe* ou cristaux de pyroxène avec les clivages de l'amphibole. On y rencontre aussi quelques pyrites; mais jamais de quarz, ce qui s'accorde avec la composition atomique du labradorite, qui n'est pas un silicate au maximum.

Ce porphyre est quelquefois amygdaloïde : ainsi il renferme des cavités remplies d'agates, de mésotype, de stilbite, de spath calcaire; mais ces minéraux sont dus à des infiltrations postérieures.

Le porphyre pyroxénique est une roche très-répandue, douée d'une grande ténacité et difficile à tailler, surtout quand le pyroxène domine.

Dolérite. Mélange grenu de pyroxène et de labradorite, texture granitoïde; renferme quelquefois des cristaux d'amphibole et de péridot, ce qui n'a pas lieu pour les porphyres pyroxéniques. Cette roche est moins abondante que le porphyre pyroxénique, auquel elle est liée comme la diorite au porphyre dioritique.

Basalte. Mélange intime de labradorite et de pyroxène; il faut l'analyse microscopique pour distinguer ces deux substances, et la roche a une teinte homogène noirâtre. Quelquefois le pyroxène forme plus de la moitié de la roche; on n'y trouve jamais de cristaux de labradorite isolés, mais souvent des cristaux de pyroxène et d'amphibole, des grains cristallins de péridot souvent fort abondans, ainsi que du fer titané, des zircons, etc. Quelques basaltes sont amygdaloïdes et renferment des agates et des zéolithes. On y rencontre aussi fréquemment des fragmens de granite, gneiss, schiste argileux, calcaire, qui sont empâtés dans la masse, et qui ont été arrachés de leur position première dans l'éruption de ces coulées basaltiques.

Les basaltes sont les roches qui prennent le plus souvent et avec le plus de régularité la structure pseudo-régulière ; la division en prismes à 6 faces leur est habituelle ; ces prismes sont l'effet du retrait que la masse a subi dans son refroidissement ; car il est établi d'une manière incontestable que cette roche est sortie du sein de la terre dans un état de fluidité ignée, qui lui permettait de s'épancher en nappes dans des vallées qu'elle a en partie comblées. Dans quelques localités, la mer vient battre le pied de ces escarpemens de basaltes, et elle y produit à la longue de profondes cavernes dont le sol est jonché de prismes éboulés, et dont les parois en colonnade font naître l'idée d'une vaste ruine.

Syénite hypersthénique. Mélange de labradorite et d'hypersthène. Quelquefois le labradorite y est en gros cristaux présentant le miroitement dont nous avons parlé, d'autres fois ces cristaux sont presque indiscernables ; l'hypersthène y est noirâtre avec son éclat particulier. D'après G. Rose on n'y trouve point d'amphibole disséminé, mais du péridot, du mica brun, de l'apartite, du fer titané, des pyrites, etc... Cette roche se trouve au Hartz, aux Alpes, et dans le Labrador.

Euphotide (gabbro). Roche de jade et de diallage, ou, d'après G. Rose, de labradorite et de diallage. C'est un mélange à gros grains de jade peu lamelleux et de diallage très-lamelleux. Le diallage y est cristallisé en prismes avec un clivage très-distinct parallèlement à l'un des plans diagonaux. Cette roche est très-facile à confondre avec la roche d'hypersthène. On y trouve aussi du mica noir, du fer titané, des pyrites.

Variolithe de la Durance. Roche porphyroïde à pâte de jade compacte verdâtre et à cristaux de jade et de labradorite. Dans la variolithe de la vallée de la Durance, les cristaux deviennent indistincts, et la roche est amygdaloïde à noyaux contemporains.

Quelques porphyres verts antiques paraissent se rapporter à cette roche.

Serpentine (hydrosilicate de magnésie). Cette roche s'associe souvent à l'euphotide; voilà pourquoi nous la plaçons immédiatement après dans l'histoire des roches, bien que par sa composition elle appartienne à l'espèce talc. Le diallage se trouve fréquemment dans ces serpentines; on y rencontre du fer oxydulé disséminé, du fer chromé en petits amas, des pyrites, du mispickel, du mica, des grenats, de l'amphibole grammatite et horneblende, mais jamais de quarz. Enfin on cite quelques cas où il y a passage de la serpentine à l'asbeste.

Trapp (grunstein). On réunit sous ce nom plusieurs roches dont la composition est mal connue, parce que l'analyse microscopique n'est pas encore parvenue à séparer leurs élémens; ces roches, du reste, se rattachent à celles que nous venons de décrire, et l'on conçoit que, lorsque, dans les porphyres pyroxéniques, ou hypersthéniques, les grains deviennent indiscernables, on doive confondre toutes ces roches.

Les roches trappéennes, qui ont autrefois renfermé le basalte, ont comme lui une tendance à prendre la division prismatique, mais moins régulière; ce sont aussi des roches d'origine ignée que le retrait dû au refroidissement a fissurées.

L'attaque par les acides peut donner quelques idées sur la composition de ces roches, et montrer si c'est le labradorite ou l'albite qui domine. Souvent ces roches sont amygdaloïdes à noyaux postérieurs; les géodes renferment des agates, des zéolithes et quelquefois des cristaux de quarz; mais le quarz ne se trouve jamais dans la masse même de la roche qui est un silicate basique. En Angleterre, on y trouve des noyaux calcaires (toadstone), et, quand ce calcaire disparaît, ces roches prennent l'aspect de laves.

ROCHES TALQUEUSES.

Talc lamelleux. Roches vertes, onctueuses au toucher, se distinguant de la serpentine par la lamellosité. Cette roche se taille en grandes masses, se coupe au couteau et peut se tourner avec facilité (pierre ollaire). On y trouve des grenats, du fer oxydulé, des staurotides, du disthène, etc. Ces minéraux sont enchâssés entre les feuillets de cette roche.

Chlorite. Variété du talc proprement dit, forme comme lui une pierre ollaire quand elle est en masse.

Stéatite. Talc contenant de l'eau de combinaison ; quand cette roche devient tout-à-fait compacte, elle est très-difficile à distinguer de la serpentine.

Stéaschiste. Quand le talc compacte admet un sens constant de clivage, on lui donne le nom de stéaschiste. Cette roche contient du quarz en mélange, sa couleur varie du blanc au vert, on y trouve les mêmes minéraux que dans le talc.

Schiste chloritique. Roche analogue au stéaschiste, mais ne contenant pas de quarz en mélange. En général ces masses de serpentine sont entourées de schiste ayant l'apparence de schistes chloritiques.

Micaschiste. Roche composée de quarz et de paillettes de mica toutes parallèles à un même plan : c'est comme un gneiss, dans lequel le feldspath a disparu. Les minéraux qu'on y rencontre le plus ordinairement sont : la tourmaline, le grenat, le graphite, l'amphibole, les corindons, le titane rutile, etc.

Il y a aussi une roche de mica en masse, mais elle est peu abondante et se trouve plus particulièrement disséminée dans les filons.

Itabirite. Roche de quarz et de fer oligiste ; c'est un micaschiste dans lequel les paillettes de mica sont remplacées par des paillettes de fer oligiste ; cette roche est une rareté.

ROCHES QUARZEUSES.

Quarz grenu (quarzite). Grains de quarz soudés ensemble ; la texture est très variable, depuis le quarz hyalin amorphe jusqu'aux grès qui ont totalement la structure arénacée.

Les quarzites prennent souvent une structure un peu schisteuse due à la présence de lamelles de talc ou de mica.

Quarz silex (pierre à fusil). Se trouve disséminé en rognons, principalement dans la craie.

Quarz lydien (phtanite, pierre de touche), couleur noire foncée.

Jaspe. Cassure conchoïde, teintes variées, rouges, vertes, brunes, disposées d'une manière rubanée.

Silex carié (pierre meulière), couleur ocreuse pâle, très-celluleuse, quelquefois translucide, d'autres fois opaque et blanchâtre.

ROCHES CALCAIRES.

Ces roches présentent un grand nombre de variétés.

Calcaire lamelleux grenu ou saccharoïde.

Ce calcaire présente dans sa cassure une infinité de lamelles qui sont enchevêtrées à la manière des grains de granite, et miroitent dans tous les sens ; la grandeur de ces lamelles est très-variable, mais elle dépasse rarement quelques lignes. La couleur est ordinairement blanche, d'autres fois grisâtre. Ces calcaires sont quelquefois schisteux ; il y a en général une schistuosité en grand ; quand elle n'existe pas, on a un *marbre statuaire.*

Calciphyre. Calcaire saccharoïde mélangé de cristaux d'albite.

Hemitrème. Calcaire saccharoïde avec amphibole hornblende disséminée.

Marbre cypolin des anciens. Calcaire schisteux, mélangé de lamelles de mica.

Les calcaires que nous venons d'énumérer ont cristallisé sous l'action d'une très-haute température jointe a une grande pression, mais il y a des calcaires grenus qui proviennent de stalactites et de stalagnites, et constituent l'albâtre antique. On y trouve en général une disposition zonaire et un tissu radié perpendiculairement aux zones ; les lamelles y sont grandes, et l'on n'y trouve pas de minéraux cristallisés disséminés.

Calcaire compacte. Le calcaire lithographique est le type de cette variété. Quelquefois un mélange de sable et d'argile donne à ce calcaire un aspect grenu, mais non miroitant. Couleur grise, blanchâtre, jaune, rougeâtre, noire, suivant le mélange plus ou moins grand d'argile ferrugineuse ou de bitume.

Ce calcaire est souvent traversé de veines blanches de calcaire saccharoïde qu'il faut rapporter à la variété des stalactites.

Lumachelle. Calcaire coquiller compacte.

Ce calcaire renferme un grand nombre de coquilles ; des débris d'ancrines et d'oursins agglutinés par une pâte compacte.

On donne en général le nom de *marbres* à des masses minérales susceptibles d'être taillées et polies. Ce sont ordinairement des calcaires compactes ou grenus ne contenant pas trop d'argile et de sable.

Calcaire grossier. Calcaire compacte à cassure terreuse ; il y a un mélange considérable de sable et d'argile, dû probablement à ce que ce calcaire s'est déposé dans des eaux agitées, au bord d'une mer ; on y trouve une multitude de débris de coquilles marines, principalement de cérithes.

Le calcaire grossier constitue la pierre à bâtir employée à

Paris; on le retire abondamment des carrières situées sous la plaine de Mont-Rouge.

Calcaire d'eau douce. Cassure un peu compacte. Comme son nom l'indique, ce calcaire a été déposé dans l'eau douce, tandis que les autres calcaires sédimentaires ont été déposés dans la mer. Il présente une multitude de petites cavités irrégulières que l'on attribue au dégagement de bulles de gaz analogues à celles qui se dégagent journellement encore dans les marais; ce caractère empyrique le fait facilement reconnaître. Ce calcaire renferme aussi quelques coquilles, mais ce sont toujours des coquilles d'eau douce.

Le calcaire d'eau douce fournit une pierre à bâtir bien supérieure, pour la solidité et l'élégance, au calcaire grossier; aussi l'emploie-t-on de préférence pour la construction des grands monumens; l'Arc-de-Triomphe de la barrière de l'Étoile est construit de ce calcaire, que l'on exploite à Château-Landon.

Calcaire oolithique. Roche formée de petits sphéroïdes soudés par du calcaire. Ces sphéroïdes sont à cassure compacte ou à cassure rayonnée; leur couleur est blanche, et le grain varie depuis la grosseur d'une noisette jusqu'à celle d'une tête d'épingle. Quelques unes de ces oolithes ont au centre un petit grain quarzeux, d'autres fois elles sont le produit d'une simple granulation du calcaire. Ces calcaires se sont formés le plus souvent au bord de la mer, et l'on y trouve des fragmens de corps marins.

Calcaire terreux (craie). Couleur blanche, cassure terreuse, toujours assez tendre, tache les doigts, passe souvent à la marne, par un mélange d'argile.

Marne. Calcaire argileux. Mélange de calcaire et d'argile, laissant 10 ou 15 pour 100 de résidu, quand on le traite par un acide; cassure terreuse, donne souvent de bonne chaux hydraulique, par la calcination.

Calcaire siliceux. Calcaire plus ou moins mélangé de

quarz, ce qui lui donne une grande dureté. Ce mélange n'est pas toujours homogène, et en traitant un morceau de cette roche par un acide, il reste une masse caverneuse analogue à la pierre meulière : aussi la pierre meulière paraît être du calcaire siliceux dépouillé par des eaux acides du calcaire qu'il contenait.

Calcaire bitumineux. Beaucoup de calcaires sont bitumineux ; on les reconnaît à leur couleur noirâtre ou grisâtre, et surtout à l'odeur bitumineuse qu'ils développent quand on les frappe.

ROCHES DE DOLOMIE.

Dolomie saccharoïde. Ces roches se distinguent facilement des calcaires par leur éclat nacré particulier, leur âpreté au toucher, et leur moins grande blancheur ; enfin la masse renferme presque toujours quelques cavités hérissées de rhomboèdres primitifs, tandis que la chaux carbonatée affecte très-rarement cette forme.

La dolomie est rarement schisteuse, même dans les grandes masses ; on y trouve fort peu de fossiles, et généralement ils sont mal conservés ; les minéraux le plus ordinairement disséminés dans cette roche sont : tourmaline, talc, mica, amphibole trémolite, pyroxène, corindon, pyrites, réalgar, serpentine.

La dolomie très-caverneuse et cariée a reçu le nom de *cargneule.*

Dolomie compacte. Grande âpreté au toucher, cassure le plus souvent terreuse, quelquefois tout-à-fait pulvérulente. La dolomie compacte est presque toujours stratifiée ; elle a été déposée simplement par sédiment, tandis que la dolomie saccharoïde qui accompagne presque toujours les roches de serpentine, paraît avoir été soumise à l'action d'une forte chaleur, et résulter d'une épigénie.

Ces roches de dolomie sont beaucoup moins abondantes que les calcaires.

ROCHES DE CHAUX SULFATÉE.

Chaux anhydrosulfatée. Cette roche est moins répandue que les précédentes, elle est presque toujours saccharoïde, mais se distingue facilement du calcaire par son clivage rectangulaire, sa plus grande densité, et surtout par l'action des acides qui est nulle sur cette roche.

On rencontre dans cette roche des pyrites, du fer oligiste, de la blende, du réalgar, du soufre, du sel gemme; quelquefois le sel gemme est intimement mélangé à cette roche : elle prend alors le nom de *muriacite.*

L'anhydrite est quelquefois compacte, elle ne renferme pas de débris organiques reconnaissables, et elle se trouve généralement, comme nous l'avons déjà dit à l'article de la chaux sulfatée, dans des positions anomales.

Gypse (pierre à plâtre). Roche composée de cristaux juxtaposés, rayée facilement par l'ongle, se délitant quand on la chauffe fortement, et devenant susceptible de se gâcher avec l'eau et de donner du plâtre. Cette roche contient souvent un mélange de calcaire ou de marne très intime : tel est le gypse calcarifère de Montmartre, dans lequel sont ouvertes de vastes carrières.

Gypse fibreux. Forme des espèces de filons dans lesquels les fibres ont une direction perpendiculaire au plan des deux épontes. Quelques échantillons présentent un éclat satiné fort remarquable.

Comme nous l'avons déjà fait remarquer en parlant du gypse et du sel gemme considérés comme simples espèces minérales, les gisemens de cette roche sont de deux sortes : 1° en dépôts sédimentaires contenant beaucoup d'ossemens fossiles : tel est le gypse de Montmartre ; 2° en masses épigènes qui paraissent provenir d'anhydrite qui a pris de l'eau de cristallisation, et qui sont ordinairement accompagnées de soufre natif : tels sont les gypses de la Sicile.

. SEL GEMME.

Le sel gemme, qui partage presque toujours les gisemens de la chaux sulfatée, se présente, comme elle, à l'état saccharoïde, à l'état compacte et à l'état fibreux, en couches régulières, en masses anomales, ou en petits filons dans des marnes. On y remarque souvent le clivage cubique bien prononcé ; les couleurs sont variées, et elles sont dues à des mélanges très faibles d'oxyde de fer qui nécessitent cependant un raffinage pour que cette substance devienne marchande, quoique le sel marin brut qui a cours dans le commerce soit souvent beaucoup plus impur.

ROCHES DE FER OXYDÉ.

Fer oxydé hydraté. Le fer oxydé hydraté est une roche très répandue, mais formant rarement des masses considérables ; le plus souvent il est mélangé à de l'argile ferrugineuse en grains arrondis, souvent formé de couches concentriques ; lorsque ces grains sont très fins, on leur donne le nom d'*oolithes*; s'ils sont plus gros, on les nomme *pisolithes*.

D'autres fois, le fer oxydé hydraté se trouve en veines dans des terrains argileux ou des sables, ou bien en sphéroïdes assez réguliers dont le centre est quelquefois vide (pierre d'aigle).

Fer carbonaté, *compacte* ou lithoïde. Se rencontre dans des couches d'argile en rognons ou en tubercules irréguliers ; ce sont des concrétions dans lesquelles pénètre cependant quelquefois la stratification de la masse environnante.

On y trouve disséminés du titane oxydé, de la blende, des pyrites, etc. ; quelques rognons présentent du quarz ou spath calcaire en filons convergeant vers le centre ; on leur donne le nom de *septaria*.

Fer silicaté. Couleur verdâtre due au protoxyde de fer,

quelquefois en petits grains oolithiques, d'autres fois en masse, souvent magnétique.

Alumino-silicate, ou chamoisite. Se trouve en couches que l'on peut employer comme minerais de fer quand elles sont assez pures ; ces couches se nomment *glaucolithes*.

ROCHES CLASSÉES D'APRÈS LEUR STRUCTURE.

ROCHES VOLCANIQUES.

Laves (matières qui ont coulé, du latin *labere*). Ces matières sorties fluides du sein de la terre ont pour caractère commun de présenter des traces de tiraillemens, et une forme contournée très reconnaissable ; mais leur composition varie avec les divers volcans qui les rejettent ; ainsi les laves de l'Etna sont formées de pyroxène et de labradorite, comme les basaltes, mais avec la différence que la labradorite domine ; les laves du Vésuve sont formées de pyroxène et de sodalithe ; celles des Andes, de pyroxène et d'albite, etc.

Scories. Ce sont des laves en morceaux détachés et criblés de cavités irrégulières, ce qui leur donne une forme spongieuse et une âpreté au toucher caractéristiques.

Lapilli. On donne ce nom aux morceaux de scories lancés par les volcans ; ce sont même quelquefois des cristaux isolés de pyroxène.

Cendres. Ce sont les lapilli très fins. Au reste la composition de ces lapilli et de ces cendres est la même que celle des laves correspondantes.

ROCHES ARÉNACÉES.

Ces roches sont formées de fragmens de roches plu anciennes soudés et agglutinés postérieurement. On y distingue les fragmens arrondis qui prennent le nom de *galets*, des fragmens anguleux seulement concassés, et qui n'ont point été, comme les premiers, roulés par les eaux ; enfin de petits grains , soit anguleux soit arrondis.

1° On nomme *poudingues* celles de ces roches dans lesquelles les fragmens sont arrondis.

2° On nomme *brèches* les roches arénacées à fragmens anguleux.

3° On nomme *grès* les roches arénacées à petits grains. On voit qu'une même roche peut être à la fois poudingue et grès ou brèche et grès.

Dans un grès on distingue le grain et la pâte ; souvent la pâte n'existe pas, et les grains ont été soudés entre eux par une grande pression ; d'autres fois la pâte est argileuse , calcaire, siliceuse , ferrugineuse.

Psamite (grès micacé). Dans ce grès le ciment est peu apparent, et les grains de mica y sont très abondans.

Psaphite. Grès dans lequel les grains de micaschiste sont abondans.

Arkose. Grès quarzeux et feldspathique situé à la partie inférieure du lias, au contact des terrains anciens ; c'est le gîte d'un grand nombre de minéraux.

Mimophyre. Grès feldspathique.

Grauwacke. Grès à ciment argileux et à grains quarzeux grisâtres.

Il n'est pas toujours facile de distinguer les galets des poudingues, quand il y a une soudure parfaite , et que le ciment est de même nature ; mais le plus souvent l'apparence est différente , les galets sont cristallisés et la pâte compacte ; ou, inversement, la structure schisteuse de la pâte ne se continue pas dans les galets, et la masse se casse plutôt suivant la surface des galets.

Les roches amygdaloïdes ressemblent aux poudingues ; mais avec de l'attention on distingue facilement les amandes des galets, à leur tissu radié ou à leurs zones concentriques.

Les galets présentent une surface complètement convexe,

tandis que les amygdaloïdes à noyaux postérieurs ont une forme tuberculeuse, et présentent des parties concaves ; cette distinction est surtout applicable aux silex de la craie.

Les brèches présentent des fragmens anguleux réunis soit par un ciment compacte, soit par un grès ou une brèche à grains plus fins. Les poudingues sont plus abondans que les brèches, mais ces roches, de même que les grès, ont été formées par l'action des eaux.

Conglomérats. Masses de débris qui ont été formées par trituration et frottement lorsque les roches ignées se sont ouvert un chemin à travers d'autres roches froides. Ces fragmens se sont un peu arrondis par leur frottement mutuel ; ils ont été ressoudés par une fusion subséquente ou par un ciment apporté par les eaux. On donne souvent le nom de *tufs* à ces conglomérats, et on distingue les tufs trachytiques, basaltiques, trappéens, serpentineux, etc. Ces conglomérats se distinguent toujours facilement des poudingues, parce qu'ils accompagnent généralement les roches d'origine ignée ; que l'arrondissement des fragmens est très imparfait, et qu'il n'y a pas ce triage de grosseur que l'action des eaux produit toujours.

Les lapilli, en se soudant par fusion ou par l'action des eaux, produisent des *tufs volcaniques.*

Argiles. Il y a un passage insensible des grès aux argiles, dont le caractère minéralogique est d'avoir le grain très-fin, et de faire généralement pâte avec l'eau. Les argiles présentent des états d'aggrégation très variés, depuis la *mollasse* qui se laisse très facilement pétrir, jusqu'au schiste argileux qui est très agrégé et ne fait point pâte avec l'eau. Enfin la composition chimique de ces argiles est très variable, et elles sont fusibles ou réfractaires.

Phillade. Schiste argileux très agrégé, et ne faisant point pâte avec l'eau ; couleur variable avec la quantité de bitume et l'état d'oxydation du fer. La schistuosité est le plus souvent oblique à la direction des couches sédimentaires, et, comme il y a généralement en outre deux sens de fissures, ces schistes présentent souvent une forme pseudo-régulière.

On y trouve disséminés du quarz et du mica par un reste de structure arénacée, du feldspath, des mâcles, des staurotides, de l'épidote, de la wavellite, du dysthène, etc.

Quand la silice domine, ces schistes argileux passent au quarz grenu ; ils passent aussi au micaschiste et au stéaschiste, du moins pour les caractères extérieurs.

Schiste bitumineux. Argile schisteuse dans laquelle le bitume est disséminé et colore en noir.

Schiste alunifère. Contenant de petits grains de pyrites de fer, susceptibles de s'effleurir au contact prolongé de l'air, en donnant de l'alun et du sulfate de fer.

Ampélite graphique. Schiste argileux peu dur et très chargé de charbon.

COMBUSTIBLES FOSSILES.

Tourbes. Combustibles se formant encore de nos jours dans les vallées marécageuses ; présentant une structure organique bien conservée.

Lignites. Bois fossiles dans lesquels la texture ligneuse est encore plus ou moins distincte.

Houilles. Matière charbonneuse luisante dans laquelle la structure ligneuse est en général peu conservée. Les houilles sont en général plus ou moins bitumineuses, et donnent en brûlant une odeur distincte de celle des lignites.

Anthracite. Houille fort peu bitumineuse, difficile à brûler.

Graphite. Carbone sans mélange de matières bitumineuses.

DISTRIBUTION DES ROCHES.

MÉTHODE DE M. BRONGNIART.

PREMIÈRE CLASSE.

ROCHES SIMPLES.

1. CALCAIRE (chaux carbonatée).

1re *Section*. Calcaires durs produits par cristallisation. Exemple, calcaire fibreux; lamellaire, saccharoïde, concrétionné, spongieux.

2e *Section*. Calcaires purs produits par sédiment. Exemple: certains marbrés; calcaires compactes, oolithe. Craie; blanche, tuffau et chlorithée; calcaire grossier, calcaire marneux, etc.

3e *Section*. Calcaires formés de chaux carbonatée mélangée à différentes substances. Exemple : calcaire quarzifère; siliceux, calp, magnésien, bitumineux, fétide, etc.

2. FLUOR (chaux fluatée). Fluor compacte de Thuringe, de Silésie, etc.

3. APATITE (chaux phosphatée). L'apatite terreuse de l'Estramadure.

4. GYPSE (chaux sulfatée). Gypse laminaire; saccharoïde, fibreux, compacté, grossier ou calcarifère.

5. ANHYDRITE (chaux anhydro-sulfatée). Anhydrite spathique, fibreuse, concrétionnée, quarzifère (pierre de Vulpino ou Bardiglio.)

6. ALUN (alumine sulfatée alcaline). Alun en couches, d'Égypte, de Milo, de Sardaigne, etc.

7. Aluminite (alumine sous-sulfatée.) Aluminite de la Tolpha, etc.

8. Magnésite (magnésie carbonatée). Magnésite de Salinelle, département du Gard.

9. Baryte (baryte sulfatée). Baryte compacte de Servoz en Savoie. -

10. Célestine (strontiane sulfatée). Célestine en couches, de Pensylvanie, etc.

11. Sel gemme (soude muriatée). Tous les amas de sel gemme connus.

12. Quarz ou cristal de roche. Quarz commun amorphe, quarz grenu.

13. Grès (quarz arénacé). Grès lustré, grès blanc, rouge.

14. Silex (quarz agate grossier, etc.). Silex corné, meulière, silicicalce.

15. Jaspe (quarz jaspe). Jaspe commun, rubané, schistoïde, porcelanite.

16. Tripoli.

17. Ponce.

18. Obsidienne. Vitreuse, perlée.

19. Résinite (pechstein).

20. Petrosilex (feldspath compacte). Petrosilex agatoïde, jaspoïde, feuilleté.

21. Feldspath. Feldspath laminaire (petuntzé).

22. Idocrase. Idocrase en couches de Fassa en Tyrol.

23. Grenat. Grenat en couches de Saxe et de Bohême.

24. Pyroxène (lherzolithe). Pyroxène en masse des Pyrénées.

25. Amphibole. Amphibole hornblende, actinote.

26. Basalte.

27. Serpentine. Serpentine noble, commune, ollaire.

28. Stéatite commune (talc stéatite).

29. Chlorite (talc chlorite).

30. Talc endurci. La craie de Briançon, etc.

31. ARGILE. Kaolin (feldspath décomposé). Plastique (terre de pipe). Smectique (terre à foulon). Figuline (terre glaise ou à potier). Feuilletée, légère, etc.

32. MARNE (argile calcarifère). Argileuse, calcaire ou sablonneuse.

33. OCRE (argile ocreuse). Ocre rouge, jaune, brun, orangé de Combal en Savoie.

34. ARGILOLITHE (argile endurcie).

35. VAKE.

36. CORNÉENNE (aphanite d'Haüy). Cornéenne compacte, trapp, lydienne ou pierre de touche.

37. SCHISTE. Schiste luisant, ardoise, argileux, coticule ou pierre à rasoir, marneux.

38. AMPÉLITE. Ampélite alumineux, graphite, ou crayon noir.

39. GRAPHITE (vulgairement mine de plomb).

40. ANTHRACITE. Anthracite schistoïde, conchoïde, friable.

41. HOUILLE (charbon de terre). Houille grasse, sèche, compacte.

42. LIGNITE. Lignite jayet, friable, fibreux, terreux.

43. TOURBE. Tourbe compacte ou limoneuse, fibreuse, ligneuse.

44. FER SULFURÉ OU PYRITES. En masses et en couches, en Silésie, en Suède, etc. -

45. FER OXYDULÉ. En couches puissantes, en Suède, en Silésie, en Piémont, etc.

46. FER OLIGISTE. En grandes masses, à l'île d'Elbe.

47. FER HYDRATÉ. Fer hydraté compacte, globuliforme.

48. FER TERREUX. Fer terreux argileux, limoneux, sablonneux.

49. FER CARBONATÉ. Fer carbonaté spathique, terreux.

50. FER CHROMATÉ. En masses, dans le département du Var, en Styrie, etc.

51. ZINC CALAMINE (zinc oxydé et carbonaté).

52. Manganèse oxydé. En grands amas, à la Romanèche, près de Mâcon.

DEUXIÈME CLASSE.
ROCHES MÉLANGÉES.

PREMIÈRE DIVISION.
ROCHES CRISTALLISÉES ISOMÈRES.

Ier GENRE. — Les feldspathiques.

1re *Espèce*. Granite. Essentiellement composé de feldspath lamellaire, de quarz et de mica.

Granite commun, porphyroïde.

2e *Esp*. Protogyne. Essentiellement composée de feldspath et de talc, stéatite ou chlorite, sans ou avec un peu de mica. Le Mont-Blanc et la plupart des aiguilles qui l'entourent.

3e *Esp*. Pegmatite (granite graphique). Essentiellement composée de feldspath laminaire et de quarz. Le kaolin de Saint-Yriex et celui de Louhossoa sont des pegmatites décomposées.

4e *Esp*. Dolerite ou Mimose. Essentiellement composée de feldspath lamellaire et de pyroxène. La roche du sommet du Meisner en Hesse.

IIe GENRE. — Les amphiboliques.

5e *Esp*. Siénite (faisait partie des granites). Essentiellement composée de feldspath lamellaire et d'amphibole, avec quarz comme partie constituante accessoire.

Variétés. Siénite granitoïde d'Égypte, etc.

Siénite schistoïde, porphyroïde, zirconienne.

6e *Esp*. Diabase (grunstein W.). Essentiellement composée d'amphibole hornblende et de feldspath compacte.

Variétés. Diabase granitoïde, matière d'un grand nombre de pagodes de l'Inde.

Diabase schistoïde (grunstein schiefer W.).

Diabase porphiroïde (grün porphir W.).

Diabase orbiculaire (c'est l'ancien granite orbiculaire de Corse).

Diabase diallagique.

Diabase maculée.

7ᵉ *Esp.* HÉMITHRÈNE. [Essentiellement composée d'amphibole et de calcaire (c'est le gronitone des marbriers italiens).

DEUXIÈME DIVISION.

ROCHES CRISTALLISÉES ANISOMÈRES.

IIIᵉ GENRE. — A base de quarz hyalin.

8ᵉ *Esp.* HYALOMICTE (greisein). Essentiellement composée de quarz hyalin et de mica disséminé ; le quarz est prédominant ; elle sert souvent de gangue à l'étain. A Zinnwald, à Vaury, etc.

Appendice.

Hyalomicte granitoïde, schistoïde, compacte.

Avec fer oligiste ; abonde au Brésil.

Avec tourmaline ; en Suède, au Mont-Rose, etc.

Avec topaze (topazfels W.).

IVᵉ GENRE. — A base de mica.

9ᵉ *Esp.* GNEISS ou GNEUSS. Essentiellement composé de mica abondant en paillettes, et de feldspath lamellaire ou grenu ; structure feuilletée.

Variétés. Gneiss commun, quarzeux, talqueux, porphyroïde.

10ᵉ *Esp.* MICA SCHISTE (glimmer schiefer). Essentiellement composé de mica et de quarz ; mais le mica est la partie prédominante.

Variétés. Mica schiste quarzeux.

Mica grenatique:

Mica feldspathique.

Ve GENRE. — A base de schiste.

11e *Esp.* PHYLLADE (thonschiefer). Base de schiste argileux renfermant plusieurs minéraux disséminés.

Variétés. Phyllade porphyroïde à cristaux de feldspath, à grains de quarz à cristaux de mâcle, à cristaux de staurotide, de pyrites, etc.

Phyllade micacé, pailleté, satiné, terne.

Phyllade carburé.

12e *Esp.* CALSCHISTE. Schiste argileux formant la partie dominante ; calcaire blanc disposé en taches, en lames ou en veines.

Variétés. Calschiste veiné de la Madeleine, près de Moutiers en Savoie.

Calschiste granitellin, sublamellaire ; des Diablerets près de Bex.

VIe GENRE. — A base de talc.

13e *Esp.* STÉASCHISTE (talkschiefer). Base talqueuse, renfermant du mica et différens autres minéraux disséminés.

Variétés. Stéaschiste rude, feldspathique, grenatique, noduleux, stéatiteux, chloritique, ophiolin, diallagique, phylladien.

VIIe GENRE. — A base de serpentine.

14e *Esp.* OPHIOLITE (serpentine commune). Pâte de serpentine enveloppant du fer oxydulé, etc.

Variétés. Ophiolite ferrifère, chromifère, diallagique, grenatique, grammatiteux.

15e *Esp.* CIPOLIN. Base calcaire saccharoïde, renfermant, comme partie essentielle, du mica souvent très talqueux.

16e *Esp.* OPHICALCE. Base calcaire, avec serpentine, talc ou chlorite.

Variétés. Ophicalce grenu, réticulé, veiné (marbres dits polzeverra, vert antique, etc.).

17ᵉ *Esp*. Calciphyre. Pâte calcaire, enveloppant des cristaux de diverses natures.

Variétés. Calciphyre feldspathique, pyropien, mélanique, pyroxénique ; le marbre rose de l'île Tyry.

VIIIᵉ GENRE. — A base de cornéenne ou de wacke.

18ᵉ *Esp*. Spillite amygdaloïde. Pâte de cornéenne compacte, renfermant des noyaux et des veines, soit calcaires, quarzeux, siliceux, chloriteux, etc., etc.

Variétés. Spillite commun à noyaux calcaires, agatins ou chloriteux.

Spillite bufonique, zootique, veiné.

19ᵉ *Esp*. Trappite. Base de cornéenne souvent fragmentaire, enveloppant des minéraux disséminés.

Variétés. Trappite terne, feldspathique, pétrosiliceux.

20ᵉ *Esp*. Wackite. Base de wacke empâtant des minéraux disséminés.

IXᵉ GENRE. — A base d'amphibole.

21ᵉ *Esp*. Amphibolite. Base d'amphibole hornblende, empâtant différens minéraux disséminés.

Variétés. Amphibolite granitoïde, actinotique, ophiolique, diallagique, micacé, schistoïde, pétrosiliceux.

22ᵉ *Esp*. Basanite. Base de basalte ordinairement un peu brillant, empâtant divers minéraux disséminés.

Variétés. Basanite compacte, maculé, cellulaire.

23ᵉ *Esp*. Mélaphire. Pâte noire d'amphibole pétrosiliceux, enveloppant des cristaux de feldspath.

Variétés. Mélaphyre demi-deuil, sanguine à taches vertes.

Xᵉ GENRE. — A base de pétrosilex amphiboleux.

La pâte des roches de ce genre est de pétrosilex ; plus ou

moins coloré par l'amphibole qui y est comme dissous , mais elle n'est pas noire.

24ᵉ *Esp.* Porphyre. Pâte de pétrosilex rouge ou rougeâtre, enveloppant des cristaux de feldspath.

Variétés. Porphyre rouge antique brun-rouge , rosâtre, violâtre, granitoïde.

25ᵉ *Esp.* Ophite (porphyre vert antique ou serpentin). Pâte de pétrosilex amphiboleux verdâtre enveloppant des cristaux déterminables de feldspath.

Variété. Ophite antique , varié.

26ᵉ *Esp.* Variolite. Pâte de pétrosilex renfermant des noyaux arrondis de pétrosilex , d'une couleur plus ou moins différente de celle du fond de la roche.

Variétés. Variolite verdâtre de la Durance ; grisâtre, rougeâtre, de Corse , des Vosges , etc.

27ᵉ *Esp.* Pyroméride (vulgairement porphyre globuleux de Corse). Pâte compacte de pétrosilex , avec des parties sphéroïdales radiées de feldspath ; de Corse.

28ᵉ *Esp.* Euphotide (vulgairement verde di Corsica). La diallage est la seule partie constituante essentielle de cette roche.

Variétés principales. Euphotide jadien , pétrosiliceux, feldspathique , amphiboleux , ophiteux , micacé.

XIᵉ GENRE. — A base de pétrosilex ou de feldspath grenu.

29ᵉ *Esp.* Eurite (leptinite d'Haüy). Le pétrosilex ou le feldspath grenu sont ici les seules parties constituantes essentielles.

Variétés principales. Eurite compacte (cette variété comprend les phonolithes et les klingstins), schistoïde, porphyroïde , etc.

30ᵉ *Esp.* Trachyte (trapp. porphyr). Pâte d'aspect terne et mate, pétrosiliceuse, fusible, enveloppant des cristaux de feldspath vitreux.

Exemple : la roche des Sept-Montagnes , ou porphyre de Drachenfels.

31e. *Esp.* ARGILOPHIRE (feldspath porphyritique décomposé d'Haüy). Pâte d'argilolithe enveloppant des cristaux de feldspath compacte et terne , quelquefois vitreux.

Variétés principales. Argilophyre porphyroïde, terreux, etc.

32e *Esp.* DOMITE. Pâte d'argilolithe âpre, enveloppant des cristaux de différentes natures. Abondante au Puy-de-Dôme.

XIIe GENRE. — A base de retinite ou d'obsidienne.

33e *Esp.* STIGMITE (pechstein porphyr). Pâte de retinite (pechstein), ou d'obsidienne avec des cristaux de feldspath. Du Cantal, des îles Ponces , du Pérou, etc.

XIIIe GENRE. — A base indéterminée.

34e *Esp.* LAVE. Base mélangée ou indéterminée. Depuis la publication de cette distribution méthodique dans le Dictionnaire d'histoire naturelle, M. Brongniart lui-même a fait différens changemens dans cette espèce, qui comprend les roches suivantes :

LEUCOSTINE. Base de feldspath plus ou moins translucide, avec cristaux de feldspath disséminés dans la pâte.

Leucostine compacte, porphyritique, écailleuse. Des monts Euganéens.

PUMITE. Pâte vitreuse, poreuse, boursoufflée, fibreuse, etc.

Pumite porphyroïde des Egroulets du Mont-Dor.

OBSIDIENNE (verre volcanique, verre d'Islande). Sensiblement homogène, noire, verte, etc. ; texture vitreuse ; fusible en émail, blanchâtre. A Ténériffe, etc.

TEPHRINE. Quelquefois d'apparence homogène à. texture grenue, ou même terreuse, grisâtre, et contenant beaucoup de vacuoles et de cristaux de feldspath et d'amphibole disséminés. Fusible en émail blanc piqué de noir.

Téphrine pavimeuleuse (pierre à bâtir de Volvic). Feld-

spathique, pyroxénique, amphigénique, scoriacée, ou renfermant plus de vide que de plein.

BASANITE. Base de pyroxène avec cristaux de pyroxène
disséminés.

Basanite compacte, celluleuse ou scoriacée noire, noirâtre, grisâtre, brunâtre, rouge verdâtre. Fusible en émail
noir.

P. S. Suivant M. Brongniart, il ne faut point confondre
cette roche avec le basalte, qui rentre, suivant lui, dans
les minéraux en masses.

Basanite pyroxénique, scoriacée.

Basanite péridodique.

Basanite variolithique.

Basanite lavique.

GALLINACE. Sensiblement homogène ; texture vitreuse,
noire ou rougeâtre. Fusible en émail noir.

Gallinace parfaite.

Gallinace compacte, smalloïde.

Gallinace imparfaite.

Gallinace scorifiée.

On voit par ce tableau que les roches simples ou composées qui ont éprouvé l'action du feu des volcans au point
d'être fondues et de couler, ou, ce qui revient au même,
que les roches principales qui entrent dans la composition
des courans de laves communes, se réduisent aux huit sortes
qui viennent d'être indiquées.

TROISIÈME CLASSE.

ROCHES AGRÉGÉES ou ARÉNACÉES.

XIVe GENRE. — Les cimentées.

35e *Esp.* PSAMMITES proprement dits. Petits grains de quarz sableux mêlés également de mica, d'argile, de grains ocreux, et inégalement de grains de feldspath ; ils comprennent le grès des houillères, le grès rouge, la grauwacke schisteuse, etc.

36ᵉ *Esp:* Arkoses. Gros grains de quarz hyalin, de feldspath inégalement mêlés ensemble, et renfermant, comme partie accidentelle, du mica, de l'argile et souvent du kaolin.

. 37ᵉ *Esp.* Macigno. Essentiellement composé de petits grains de quarz sableux distincts, mêlés avec du calcaire, ou liés par un ciment calcaire en proportions à peu près égales, et renfermant, comme parties accessoires, du mica, de l'argile, des grains de fer ocreux, quelquefois des taches charbonneuses. Macigno est le mot par lequel on désigne en Toscane la pierre des monumens et du pavé de Florence. La mollasse de Genève en est une variété.

<h3 style="text-align:center">XVᵉ GENRE. — Les empâtées.</h3>

Parties enveloppées par une pâte très-distincte.

38ᵉ *Esp.* Mimophyre (faux porphyres). Un ciment argiloïde réunissant des grains très-distincts de feldspath, et quelquefois de quarz, de mica, de schiste, etc.

. . Variétés : Mimophyre quarzeux, pétrosiliceux, argileux.

39ᵉ *Esp.* Pséphite (grès rudimentaires d'Haüy). Une pâte argiloïde et sableuse, renfermant des fragmens, gros ou moyens, disséminés, de micaschite, de schiste argileux, de schiste coticule, et d'autres roches des mêmes formations, structure empâtée, agrégée.

40ᵉ *Esp.* Poudingue. Roche composée principalement de parties arrondies assez grosses non cristallisées, plus ou moins roulées, et agglutinées par une pâte de diverses natures.

Variétés : Poudingue anagénique. De Trient en Valais.

Poudingue pétrosiliceux. Brèche universelle. De Qossir.

Poudingue argiloïde.

Poudingue ophiteux.

Poudingue poligénique. De Vevay et du Rigui en Suisse. Nagelfluhe des Allemands.

Poudingue calcaire. Des ruines d'Alexandrie.

Poudingue siliceux.

Poudingue jaspique.

Poudingue psammique. D'Écosse.

41ᵉ *Esp*. BRÈCHE. Roche composée principalement de fragmens assez volumineux, ou de grosseur moyenne, non cristallisés, mais anguleux, non arrondis, tout au plus émoussés, et agglutinés par une pâte.

Variétés. Brèche quarzeuse.

Brèche siliceuse.

Brèche silicéo-calcaire.

Brèche schisteuse.

Brèche schisto-calcaire.

Brèche calcaire. C'est la variété la plus commune et la seule à laquelle plusieurs minéralogistes veulent conserver le nom de brèche.

La plupart des marbres brèches du commerce doivent être rapportés à cette variété.

Brèche volcanique. Fragmens de roches volcaniques enveloppés dans une pâte calcaire, argiloïde, de wacke, etc., etc.

QUELQUES IDÉES

SUR L'ART DE SE COMPOSER

UNE COLLECTION DE MINÉRAUX,

SUR LA MANIÈRE
DE CASSER, DE TAILLER, D'ÉTIQUETER, D'EMBALLER ET D'ENCAISSER
LES ÉCHANTILLONS QUE L'ON RAMASSE EN VOYAGE.

Avant de commencer à rassembler une collection de minéraux, on devrait toujours en avoir calculé et arrêté le plan, le but et les limites; je dis le but, parce que toutes les collections ne tendent pas vers le même point d'instruction, et à cet égard je crois pouvoir les partager en six genres.

1° *Les collections de luxe*, qui sont l'apanage des établissemens publics et des gens fortunés.

Les échantillons qui les composent doivent frapper les yeux par leur nombre, leur volume et leur éclat; le local, par le bon goût de sa décoration et la simplicité du meuble qui renferme la collection.

Leur but d'utilité est d'inspirer le désir d'apprendre et de faire naître l'amour de la science dans l'esprit des jeunes gens.

2° *Les collections méthodiques*, essentiellement destinées à l'étude des espèces minérales, doivent renfermer tout ce qui peut concourir à faire connaître les variétés et sous-variétés du même minéral. Les échantillons étant nombreux, doivent être soumis à un maximum de grosseur, qui est déterminé d'avance par la profondeur uniforme des tiroirs dans lesquels une collection d'étude doit toujours être enfermée.

3° *Les collections cristallographiques*, particulièrement consacrées à l'étude de toutes les variétés de formes possibles et de tous les accidens qui se rattachent à ce phénomène, peuvent être excessivement nombreuses en échantillons, sans être volumineuses, parce que les cristaux les plus parfaits sont toujours petits, et qu'un cristal suffit pour constater un fait en cristallographie. .

Les collections d'Haüy et de de Bournon étaient des modèles en ce genre, et l'on sait assez tout ce dont la science leur est redevable.

4° *Les collections géognostiques*, spécialement dirigées vers la connaissance des gangues, des associations et des gisemens de chaque espèce, n'admettent qu'un petit nombre de variétés de formes, et seulement quand elles ont un rapport direct avec le gisement; ainsi, par exemple, si tel minéral affectait plus particulièrement telle forme dans tel terrain, ce serait une raison pour l'admettre dans la collection.

5° *Les collections locales*, étant tout simplement destinées à faire connaître la minéralogie d'une province, peuvent et doivent même présenter tous les accidens qui caractérisent une espèce, et tout ce qui peut contribuer à éclairer l'histoire de son gisement. Les échantillons peuvent être volumineux sans inconvénient, et les substances utiles aux arts doivent s'y trouver en première ligne. Une collection locale est donc à la fois géognostique et technologique.

La collection départementale de l'école royale des mines, à Paris, est un modèle à suivre, et il serait à souhaiter que chaque chef-lieu de préfecture fût obligé d'avoir la sienne.

6° Enfin *les collections technologiques, industrielles ou d'application*. Ici, l'on n'admet que les minéraux utiles aux arts et aux manufactures, et l'on y joint les produits de chacun d'eux, ainsi que les modifications qu'on leur fait subir avant de les amener au point où elles doivent être versées dans le commerce.

Cette sixième collection, infiniment moins flatteuse à l'œil que les précédentes, très-difficile à ranger et à disposer d'une manière agréable, est pourtant le résumé et l'application de ce que l'on peut avoir appris avec les autres; et jusqu'à présent c'est précisément celle dont on s'est le moins occupé.

Il n'y a certainement pas d'inconvénient à ce que le même établissement, le même naturaliste, réunisse deux ou trois de ces collections; nous en avons eu pendant long-temps un assez bel exemple dans le musée minéralogique de M. de Drée. C'est à chacun à sonder ses moyens; mais je crois cependant que la science gagnerait infiniment à être divisée, et que chaque partie serait plus parfaitement connue si le même minéralogiste ne s'occupait que d'une ou deux de ces parties à la fois.

Pour qu'une collection ait un aspect agréable, qu'elle se case et s'arrange facilement, il faut que les échantillons soient à peu près du même format, que tous ceux des roches et des substances en masses soient cassés avec soin, carrés longs, plats en dessous, afin qu'ils ne ballottent point quand on vient à ouvrir les tiroirs, et surtout que les cassures soient franches et fraîches en tous sens. Tout ceci est possible avec de la peine pour les roches, mais non pas pour les minéraux cristallisés, dont il faut quelquefois respecter l'irrégularité, sous peine d'en ôter tout le prix. Les bateaux de carton, carrés et uniformes, rétablissent la régularité, et c'est d'ailleurs un excellent moyen de conserver la fraîcheur des minéraux, puisque l'on peut éviter ainsi de les toucher sans se priver de les examiner de près en les enlevant avec leur bateau. Ce moyen de classement est plus coûteux que les règles et les cases de bois, mais il est bien préférable, à mon avis.

CHOIX DES ÉCHANTILLONS ET ÉTIQUETTES VOLANTES.

Il serait imprudent de ne point achever ses échantillons sur place, et de remettre à les diminuer ou à les parer au moment où l'on serait rentré chez soi, car il n'arrive que trop souvent qu'un échantillon taillé se brise au dernier coup de marteau; on le remplace quand on est sur le lieu, on ne le peut plus quand on en est déjà loin.

Les échantillons taillés reçoivent une étiquette volante qui doit contenir le nom du lieu bien lisible, et quelques notes sur le gisement; tout cela très en abrégé, mais écrit sur place; on enveloppe ces minéraux provisoirement avec les soins qu'ils exigent, et on les emporte ainsi au lieu d'où ils doivent être expédiés.

DIVERS MOYENS D'EMBALLER ET D'ENVELOPPER LES MINÉRAUX.

Quand il s'agit d'encaisser les minéraux et de les envoyer au loin, l'on ne doit rien négliger ni dans l'enveloppe ni dans l'emballage, et l'on procède ainsi qu'il suit, savoir : pour les roches et les substances en masses, on les enveloppe dans un papier souple, on plie l'étiquette volante en quatre, et on la place sur ce premier papier.

On enveloppe une seconde fois dans un papier solide et assez grand pour qu'il fasse deux fois le tour et pour que les bouts viennent se replier chacun jusqu'au milieu de l'échantillon, de manière que l'une des faces soit recouverte d'une certaine épaisseur de papier composée de six à huit doubles.

On presse bien chaque paquet entre les mains dans tous les sens, afin que les plis du papier soient bien formés, et dans cet état l'échantillon est prêt à entrer dans la caisse ; il faut les préparer tous ainsi avant de commencer à encaisser; et cela étant achevé, on débute par étendre au fond de la boîte un bon lit de menu foin ou regain, puis on place tous les échantillons sur le tranchant ou de champ, en ayan soin que tous les paquets soient tournés de même, c'est-à-dire que le côte qui est recouvert des papiers repliés se trouve appuyé sur la face de son voisin, qui ne présente que les papiers simples. On continue de la sorte la rangée en suivant l'un des petits côtés de la caisse, et l'on finit par serrer chaque rangée au moyen d'un dernier paquet que l'on choisit à cet effet, et qui fait l'office de coin ; pour ne point déchirer son enveloppe en le faisant entrer de force, on l'entoure d'une petite couche de foin menu. On compose de cette manière la première couche du fond, et, quand elle est achevée, on étend dessus un lit d'emballage, et l'on en recommence un second, et ainsi de suite jusqu'à ce que la caisse soit pleine; on termine par une bonne couche de foin qui doit deborder d'au moins deux pouces, et qui tasse tout le reste quand on cloue le couvercle. Si la caisse est grande et lourde, il est prudent de la cercler à ses deux extrémités pour éviter l'écartement des parois; on marque la caisse et l'on conserve la note de ce qu'elle contient. Voilà tout ce qui concerne les échantillons les plus faciles à emballer.

Passons aux minéraux fragiles.

Si un échantillon est très-délicat, mais que l'on puisse cependant le plier dans du papier fin sans le gâter, on commence par le recouvrir d'un papier souple, et si l'une des faces doit particulièrement être soignée, c'est sur elle que l'on replie les bords de ce premier papier ; l'on entoure le tout d'une bonne couche de bourre, de coton ou de filasse, suivant ce que l'on peut se procurer ; on place dessus l'étiquette volante pliée en quatre, et le tout est recouvert d'un second papier qui doit être solide sans être dur, en ayant soin de ne jamais perdre de vue la face qui demande le plus de ménagement ;

sur ce dernier papier, que l'on fixe avec une ficelle ou de gros fil en croix, on écrit en abrégé le nom de l'échantillon, afin que l'on sache en encaissant le degré de ménagement qu'il exige. Quand un échantillon de ce genre est bien préparé, on doit pouvoir le serrer dans tous les sens, sans rencontrer de places dures ; autrement ces places manqueraient d'emballage, et il faudrait y revenir.

Les échantillons qui ne peuvent être enveloppés sans souffrir du plus léger contact, sont les plus difficiles à expédier ; telles sont toutes les substances aciculaires, toutes celles qui sont hérissées de longues aiguilles cassantes ou flexibles, etc.

On parvient à les garantir de tout accident en les fixant au fond d'une petite boîte de carton ou de sapin, au moyen d'une couche de colle forte très-épaisse, et choisissant pour cela le point par lequel l'échantillon tenait à la roche. En faisant ensuite tremper le fond de la boîte dans de l'eau bouillante, l'échantillon se détache, et ne conserve aucune trace de la colle qui l'a maintenu pendant tout le voyage. J'ai vu arriver ainsi dans le meilleur état possible des échantillons de mésotype de Feroé, de la plus grande beauté.

Quand il ne s'agit que de garantir une cavité ou même une face entière du contact de l'enveloppe, on y parvient en fermant la druse avec une carte, ou en entourant la face en question par un bord de carton qui excède les cristaux, et que l'on fixe avec une corde, une ficelle ou un fil ; on recouvre ensuite cette espèce de boîte avec un carton plat, et l'on entoure le tout de filasse et de papier. C'est là le moyen que l'on emploie à Chamouny, pour expédier les amianthoïdes.

À l'égard des sables, rien n'est préférable, pour les enfermer, aux bouteilles à eau de Cologne bien bouchées. Les paquets les mieux faits perdent presque toujours.

Enfin, les minéraux salins ou ceux qui s'effleurissent en attirant l'humidité de l'air, doivent être enveloppés dans un emballage plus épais, et l'on doit avoir soin de placer l'étiquette volante sous la dernière enveloppe et le plus loin possible de l'échantillon, car, si elle en était voisine, elle se trouverait effacée ou tout-à-fait brûlée. Les minéraux de ce genre doivent former une petite boîte à part, et ne peuvent être mêlés à vague avec les autres sans occasioner des avaries extrêmement fâcheuses. Tous les sels qui peuvent entrer dans des fioles et dans des bocaux, doivent y être enfermés de préférence à tout autre emballage.

Tous ces détails, fort longs à décrire et fort ennuyeux à lire, se mettent très-facilement en œuvre et sans exiger même une grande perte de temps; il n'y a réellement que la taille des échantillons qui exige beaucoup d'adresse, de l'habitude, et un assortiment de marteaux. Nous allons terminer par les soins qu'exigent encore ces mêmes minéraux quand ils arrivent au lieu de leur destination.

DES ÉTIQUETTES COLLÉES.

Le mode d'étiqueter n'est pas indifférent; il faut le choisir de manière à ce qu'il soit assorti au genre de collection que l'on a adopté; mais, dans tous les cas, les étiquettes doivent être très-lisibles et fort laconiques.

Les localités en toutes lettres, le nom de la substance en abrégé, sa variété en toutes lettres, et le nom du donateur comme autorité, suffisent pour les collections méthodiques et géognostiques.

Le nom de la substance, sa dénomination vulgaire et sa localité, en toutes lettres, doivent se trouver sur les grandes étiquettes des collections de luxe.

Les étiquettes technologiques doivent renfermer, outre la localité, le nom de l'établissement où les substances sont mises en œuvre; sa richesse si c'est un minerai, et enfin tout ce qui peut augmenter l'intérêt que comporte cette substance utile, etc.

Il n'y a point d'inconvénient à ce qu'une étiquette soit un peu grande; souvent elle donne du prix à l'échantillon qui la porte; mais il est des bornes dont le jugement et le bon goût ne s'écartent point, et l'on conçoit que le volume du minéral détermine nécessairement la grandeur de l'étiquette, qui doit toujours être collée avec soin sur l'un des bords de l'échantillon, avec de bonne colle de pâte légèrement alunée; toutes les fois que la couleur et la nature de la substance permettent d'écrire dessus, l'on ne doit jamais balancer à y tracer le nom de sa localité. Ce moyen éternise toute sa valeur.

DES MEUBLES ET DE L'ARRANGEMENT PROPRES AUX DIFFÉRENS GENRES
DE COLLECTIONS.

Le choix du meuble qui doit contenir une collection dépend du goût de son propriétaire, du local qu'il lui destine, et de l'étendue qu'il a projeté de lui donner.

Les collections de luxe exigent absolument des armoires garnies de glaces du haut en bas ; telles sont celles du Muséum de Paris, qui se font remarquer par leur simplicité, ou celles du cabinet de la Monnaie, dont l'élégance est motivée par la richesse et la recherche du local.

Les collections d'études publiques doivent être déposées sur des tables étroites autour desquelles on puisse tourner, et qui sont recouvertes de cages de verre. Cette disposition est la plus commode pour les élèves, et c'est aussi celle qui est adoptée à l'école royale des mines de Paris, de Turin, etc.

Quant aux collections particulières, on a généralement adopté les corps de tiroirs plus ou moins simples, de trois pieds six pouces de hauteur, recouverts de cages de verre qui sont destinées à recevoir les échantillons de luxe que leur grosseur ne permet pas de faire entrer dans les tiroirs. La collection particulière du roi de France, qui était sous la direction de M. de Bournon, est un beau modèle à suivre ; seulement, je préfere l'usage des bateaux de carton à celui des cases de bois qui y est adopté. La collection d'Haüy était aussi renfermée dans des corps de tiroirs ; mais chaque échantillon était collé avec de la cire molle sur un socle de bois peint en noir, et c'était sur les faces de ce support que les étiquettes étaient placées. Il y a bien quelques inconvéniens à ce que les minéraux soient ainsi attachés à un corps étranger, mais il est difficile de parer à cela pour les collections cristallographiques, dont chaque pièce demande à être présentée sous tel aspect plutôt que sous tel autre.

Quant aux collections technologiques, j'ai déjà dit qu'elles étaient peu flatteuses à l'œil et très-difficiles à disposer d'une manière agréable. Cette réunion de minéraux et de vases de verre, renfermant les produits, leur donne toujours une apparence de désordre qu'il faut excuser en faveur de leur utilité et de la masse d'instructions qu'elles sont susceptibles de présenter.

Je regrette qu'il n'existe pas une de ces collections dans un des établissemens publics de Paris. L'hôtel royal des Monnaies me semblerait le plus convenable à la recevoir, tant par les belles opérations métallurgiques qui s'y font habituellement, que par la réunion des laboratoires, des usines, et de la collection générale qui y sont déjà rassemblés.

DES MARCHANDS DE MINÉRAUX.

Les marchands de minéraux se multiplient tous les jours (1). Quelques uns ont entrepris des voyages de long cours pour se livrer à cette spéculation, et leurs excursions ont eu de grands résultats pour la connaissance des espèces. Il est à regretter que leurs renseignemens ne soient pas toujours exacts, car, en général, leurs échantillons sont taillés avec intelligence. Il existe maintenant sur tous les points intéressans dès Alpes de simples paysans qui se livrent à ce commerce avec le plus grand succès, en sorte que cette branche d'industrie est assez répandue aujourd'hui, et que l'on peut se procurer facilement la plupart des substances connues par la voie du commerce ou des échanges, qui est celle que l'on doit préférer sous le rapport de l'économie, des avantages d'une correspondance suivie avec les savans les plus recommandables, et enfin, parce que les notes qui accompagnent les envois sont tout autrement authentiques que lorsqu'elles sont fournies par ceux qui n'attachent de prix qu'au minéral et nullement aux circonstances qui caractérisent son gisement. La voie des échanges étant sans contredit celle que les naturalistes doivent adopter de préférence à toute autre, exige que l'on ramasse plusieurs échantillons de la même substance quand on se trouve à même de le faire; et c'est dans l'intention de guider les jeunes voyageurs que j'ai consigné quelques conseils à ce sujet dans l'article suivant.

Voilà, je crois, ce qu'il était essentiel de connaître pour ceux qui veulent se former une collection de minéraux. Je regrette d'avoir été entraîné dans des détails si minutieux, mais le sujet l'exigeait; et, comme toutes ces données ne se trouvaient encore nulle part, j'ai pensé qu'il convenait de les consigner ici.

---

(1) Les principaux marchands de minéraux de Paris sont MM. Roussel, Gaillard, Lambotin, Launoy père et fils, et, à Londres, MM. Maw, Heuland et Sauwerby.

M. Belœuf, attaché au Muséum d'histoire naturelle, exécute avec la plus

RECHERCHES

DES MINÉRAUX,

OU VOYAGES MINÉRALOGIQUES ET GÉOGNOSTIQUES.

Avant d'entreprendre un voyage minéralogique, il faut avoir consulté tout ce qui a été écrit de meilleur sur la contrée que l'on veut explorer, l'avoir étudiée sur les cartes les plus détaillées, et s'être procuré de bonnes notes au sujet des recherches que l'on a l'intention d'y faire; enfin, il faut avoir dressé son itinéraire et arrêté son plan de voyage de manière à n'y rien changer.

Si le but du voyageur n'est que la recherche pure et simple des espèces minérales, il faut qu'il se rende directement sur les exploitations de la manière la plus expéditive; qu'il visite les travaux, non pour y recueillir des échantillons, car ce n'est guère là que l'on peut en faire, mais seulement pour prendre une idée de leur gisement dans le sein de la terre et des roches qui les renferment. Après l'excursion souterraine, il se rendra sur les haldes ou décharges, à l'orifice des puits et des galeries, pour y tailler les échantillons des gangues et des associations; puis il passera dans les ateliers de triage ou de cassage, pour y choisir les substances cristallisées, ou les recevoir des mains du directeur ou des caporaux, qui les réservent pour les offrir aux étrangers. Dans la plupart des établissemens français, on permet aux caporaux de tirer un léger profit de ces échantillons; mais ils en ont souvent abusé, et l'on a été forcé de les priver de cette faveur dans plusieurs exploitations. Il est donc convenable, lorsqu'on visite un établissement, de mettre de la discrétion dans le nombre et le volume

---

grande précision les modèles en bois de toutes les variétés de formes cristallines des minéraux.

Varin et Soyer, le premier demeurant au marché Saint-Jean, et l'autre rue de la Harpe, n° 7, s'occupent exclusivement du commerce des produits des environs de Paris.

des échantillons de minerai qu'on choisit, et qui a une valeur réelle,
afin de ne pas encourager les ouvriers à en soustraire des quantités
notables. Il n'en est pas de même des gangues et des associations,
qui sont jetées dans les déblais et qui n'ont aucune valeur.

Quant aux carrières et aux exploitations à ciel ouvert, on peut
souvent détacher soi-même de fort beaux échantillons, parce que la
roche est à découvert sur un grand espace, et qu'elle n'est salie ni
par la poudre ni par la fumée des lampes, comme cela arrive toujours dans les galeries de mines; mais encore, c'est aux ouvriers qu'il
faut souvent s'adresser pour obtenir ce qu'il y a de mieux; enfin,
c'est surtout pour les beaux fossiles et les belles empreinte que l'on
doit se recommander aux ouvriers qui travaillent habituellement,
car ce serait un grand hasard qu'il se découvrit précisément quelque
chose de remarquable durant la visite que l'on fait à l'atelier.

Il ne faut point négliger d'examiner les matériaux qui sont assem-
blés le long des grandes routes pour l'entretien de leur empierre-
ment : il peut s'y trouver quelques substances intéressantes, et les
cantonniers savent toujours indiquer le lieu où sont les carrières qui
les ont fournies. C'est ainsi que M. Lelièvre découvrit l'émeraude des
environs de Limoges, et ce seul exemple autorise le conseil.

Quelle que soit la manière dont on voyage, il faudra nécessairement s'arrêter dans tous les endroits où la roche est nouvellement
attaquée ou mise à nu, car ce n'est guère que dans ces places que
l'on peut espérer de découvrir quelque espèce intéressante ou nouvelle.

Si le but du voyageur est d'étudier ou de constater la formation à
laquelle appartient la contrée qu'il doit parcourir, sa marche ne ressemble nullement à celle du premier : il faudra qu'il s'arrête sur les
limites du terrain qu'il voudra explorer, qu'il pénètre dans les vallées, remonte les torrens, étudie les escarpemens, les superpositions,
la nature, l'inclinaison et la direction des couches, qu'il s'aide de
la boussole et d'une bonne carte; il faudra qu'il se méfie des appa-
rences : telle roche qui paraît superposée n'est qu'adossée à une
autre; il faudra qu'il se défende des déplacemens particls, etc., etc.
Enfin cependant, quand il croira avoir assez étudié la montagne
qu'il aura choisie pour donner une idée de la constitution de la
chaîne, il pourra commencer à en faire la collection, en prenant un

échantillon de chaque couche caractéristique; il fera l'étiquette volante de chacun, sur laquelle il écrira le nom et le numéro d'ordre, suivant qu'il aura commencé, par le sommet ou par la base; c'est alors seulement qu'il pourra esquisser la coupe de cette même montagne, en ayant soin de relater sur le dessin des numéros correspondans à ceux des échantillons ou des corps fossiles et pétrifiés qu'il aura recueillis.

On voit, d'après ce simple exposé, combien le voyageur géognoste diffère de celui qui n'a d'autre but que de ramasser des minéraux sur place, sans s'inquiéter du rapport qu'ils ont entre eux et des particularités du terrain qui les renferme; et si l'on ajoute à tous ces détails le soin que l'on doit apporter dans la rédaction des notes et du journal qui viennent à l'appui de la collection et des dessins, les observations barométriques, qui sont le complément de ces voyages géologiques, on conviendra sans doute qu'il faut résider dans une contrée avant de se hasarder à la décrire sous ces différens points de vue, et qu'il n'est pas donné à tout le monde de pouvoir embrasser tout cet ensemble d'une manière satisfaisante.

ÉTAT ET USAGE

DES OUTILS ET DES INSTRUMENS

QUI COMPOSENT

L'ÉQUIPAGE DU MINÉRALOGISTE VOYAGEUR.

L'équipage d'un minéralogiste voyageur se compose de quelques marteaux éprouvés d'avance, assortis de forme et de grosseur (1); d'un ou deux ciseaux à froid, bien trempés; d'une boussole de poche, d'un petit flacon d'acide nitrique, et d'une ou deux loupes.

Les marteaux servent à casser, à tailler et à parer les échantillons. Ils sont de cinq grosseurs :

Le premier doit peser 2 kil. ou 4 livres, être emmanché de manière à ce que l'on puisse s'en servir à deux mains; il sert à enlever des éclats de roche ou à briser les blocs. **Fig. 1.**

____

(1) Voyez leur figure et leur volume, pl. ci-jointe.

Le second, qui est pointu dans un sens, sert particulièrement à détacher les fossiles ou les éclats déjà ébranlés par le premier; il doit être aussi emmanché de manière à ce que l'on puisse s'en servir à deux mains. Fig. 2.

Le troisième, moitié moins lourd, sert à ébaucher les éclats, Fig. 5.

Le quatrième, qui ne doit peser qu'une demi-livre au plus, sert à tailler les échantillons carrément. Fig. 4.

. Le cinquième, beaucoup plus petit encore, sert à parer les échantillons de minéraux, à découvrir de petites cavités dans lesquelles on aperçoit des cristaux, etc.

Enfin, le sixième ne sert que dans le cabinet pour détacher quelques fragmens d'essai. Tous ces marteaux, et surtout les plus gros, doivent être fabriqués avec de bon acier, et trempés moyennement durs.

Quelques minéralogistes préfèrent que la grosse masse ait la forme du marteau n° 2; ils prétendent, je crois avec raison, que la pointe sert souvent de lévier et rend de fréquens services.

Les ciseaux servent à détacher des cristaux avec plus de facilité et plus de sûreté qu'à l'aide des marteaux seuls.

La boussole sert à s'orienter quand on s'égare, à déterminer la direction et l'inclinaison des couches, parce que ces boussoles sont garnies d'un aplomb, ainsi qu'on le voit dans la fig. 7. On trouve ces boussoles en argent, chez Rochette jeune, quai de l'Horloge, près du Pont-Neuf; elles coûtent 72 fr. Elles présentent la division ordinaire en 560°, et la division en heures à la manière des mineurs. Enfin, l'aiguille peut servir à éprouver le magnétisme de certains minéraux. Quant à l'acide nitrique, on s'en sert rarement ; on pourrait le réformer à la rigueur, mais il peut aider à reconnaître quelques minéraux équivoques de la famille des mésotypes et tous les calcaires.

Les loupes sont très-nécessaires pour aider l'œil dans la détermination des très-petits cristaux, et pour faire découvrir de légers accidens qui suffisent quelquefois pour déterminer rigoureusement la nature d'un minéral douteux. Elles doivent porter deux lentilles ; l'une d'un pouce de diamètre, et l'autre de six lignes : ce sont les mêmes dont on se sert en botanique.

35.

A ces instrumens il faut ajouter une petite provision de papier
d'emballage, de ficelle, de filasse, de coton : tout cela fait assez de
volume, un certain poids même ; et, comme les échantillons viennent l'augmenter à chaque instant, il est presque impossible d'entreprendre une excursion minéralogique tout-à-fait seul et à pied ;
la voiture et le cheval ont chacun leurs avantages et leurs inconvéniens. Voici, quant à moi, ce qui m'a parfaitement réussi, et ce que
je recommande aux jeunes minéralogistes.

J'ai fait une excursion minéralogique et technologique de huit cents
lieues, à pied, sur les bords du Rhin, tout au travers de la Suisse, de
la Savoie, du Piémont et du Dauphiné, avec un compagnon de voyage,
un domestique, et un cheval qui portait deux paniers couverts tout-
à-fait pareils à ceux des marchands ambulans. Je doute qu'il soit
possible d'imaginer un équipage plus commode et mieux approprié
à ce genre de voyage : nos deux paniers renfermaient à la fois notre
linge, nos cartes, nos livres, nos journaux, nos instrumens, nos minéraux, nos marteaux de rechange, et des vivres au besoin. Quand
nous passions dans une ville, nous soulagions notre pauvre cheval
en mettant tous les minéraux au roulage, et par ce moyen nous étions
toujours maîtres de passer où nous voulions, rien ne nous entravait;
car s'il nous plaisait de quitter l'équipage pour un ou deux jours et
de faire un détour, nous trouvions chacun un sac de soldat dans nos
chers paniers, le bagage continuait sa route, et nous le rejoignions à
un rendez-vous convenu. Enfin , l'un de nous s'étant blessé le pied
en descendant le Saint-Bernard eut la ressource de monter entre les
deux paniers jusqu'à la première ville. Je le répète, je ne crois pas
que l'on puisse adopter un attirail plus simple et plus commode que
celui-là, surtout si l'on fait soigner la confection des paniers, que
l'on y ménage quelques compartimens, et qu'ils soient doublés ou
recouverts de toile imperméable. J'aime à croire que les jeunes gens
qui suivront cette marche, qui est d'ailleurs fort économique, n'auront jamais qu'à s'en louer, car je parle ici par expérience.

Quant à la trousse de M. Berzélius , je suis loin d'en méconnaître
l'utilité; mais je crois fermement qu'elle est beaucoup plus essentielle
dans le cabinet que dans les excursions locales; cependant, s'il s'a-
gissait d'un long voyage, de la reconnaissance de tout un pays, d'une
colonisation enfin, je conseillerais de l'emporter, après toutefois

qu'on se serait exercé d'avance à l'usage des fondans et du chalumeau, auquel cette trousse est presque entièrement consacrée (voyez l'ouvrage de M. Berzélius sur l'emploi du chalumeau, où cette trousse est décrite et figurée). Elle coûte environ 150 francs à Stokholm, et à peu près autant à Paris.

ÉTAT DES INSTRUMENS

QUI COMPOSENT LE NÉCESSAIRE DU MINÉRALOGISTE SÉDENTAIRE.

Un goniomètre composé, avec son demi-cercle.

Un goniomètre simple.

Un goniomètre à réflexion, de Wolaston.

Un électromètre simple.

Un électromètre à tourmaline.

Un électroscope à pression.

Un électroscope à poil.

Une aiguille aimantée ordinaire.

Un barreau aimanté.

Un appareil pour le double magnétisme.

Une balance de Nikolson.

Un trébuchet hydrostatique.

Un ou plusieurs chalumeaux, avec tuyères de rechange.

Une pince de platine.

Une petite botte de fil de platine.

Une lame de platine très-mince.

Une cuiller de platine.

Une pince à manche de bois pour chauffer les corps.

Une pierre de touche avec ses toucheaux.

Deux limes.

Un briquet.

Un burin de graveur.

Un marteau avec un manche à pilon, et son tas et mortier, le tout en acier.

Un assortiment de godets de porcelaine et de verres de montre.

La boîte aux réactifs , renfermant des flacons

D'acide nitrique,

D'acide sulfurique,

D'acide muriatique,

De sirop de violette,

D'ammoniaque,

Du borax vitrifié,

Du carbonate de soude,

Du phosphate d'ammoniaque,

Des bâtons de cire d'Espagne ou de gomme laque,

Des plateaux de verre blanc, de verre noir,

Des morceaux de quarz, de chaux carbonatée, de chaux fluatée, etc., pour éprouver et comparer la dureté.

La trousse de M. Berzélius, dont nous avons déjà parlé, renferme tout ce qui a trait à l'électricité, au magnétisme et à la fusion surtout, même la lampe et tous ses accessoires.

Tous ces instrumens se trouvent à Paris, chez Rochette jeune, quai de l'Horloge, près du Pont-Neuf (1);

Chez Tavernier, horloger, rue Saint-Germain-des-Prés, n° 13;

Et chez Pixii, successeur de Dumotier.

---

(1) M. Rochette établit des chalumeaux de Berzélius depuis 3 francs jusqu'à 30, et des boussoles de poche à l'usage du minéralogiste voyageur, pour 72 francs.

ITINÉRAIRES MINÉRALOGIQUES

DANS L'INTÉRIEUR DE LA FRANCE

ET SUR SES FRONTIÈRES.

Je ne présente ici que l'essai d'un travail assez étendu que je médite depuis long-temps, et je réclame toute l'indulgence des minéralogistes pour cette simple ébauche, en faveur de la nouveauté du sujet, et du développement dont il est susceptible.

Je me bornerai, pour cette fois, à indiquer le gîte des espèces minérales seulement, et sans aucun commentaire, mais si jamais j'exécute le plan des voyages géologiques et minéralogiques que je me suis tracé, et qui formerait un recueil d'itinéraires, alors j'indiquerai les limites des formations, les lieux où les superpositions sont au jour, ceux où l'on trouverait la preuve écrite de telle ou telle opinion, ceux où l'on pourrait observer en place les débris et les restes des êtres qui vécurent dans les eaux ou à la surface de l'ancien monde ; les contrées qui furent ravagées par les feux souterrains ; enfin, ces grands faits s'enrichiraient d'une foule de détails qui viendraient se grouper autour d'eux, et qui s'y rattacheraient par des points multipliés et imprévus.

Les itinéraires minéralogiques que je présente ici ne doivent donc être considérés, je le répète, que comme de simples essais, et c'est même pour cette raison que je ne les ai point multipliés davantage. Je dois dire aussi que ce qui m'a fait préférer le nom des provinces à ceux des départemens, c'est que ces derniers désignent des contrées trop étroitement circonscrites, et qu'il m'eût fallu rappeler à chaque instant que je passais d'un département dans l'autre ; on ne doit pas même prendre le titre de chaque itinéraire à toute rigueur, mais seulement comme désignation générale.

ITINÉRAIRE MINÉRALOGIQUE DU BASSIN DE PARIS.

Montmartre. Visiter les différentes carrières ouvertes, où l'on pourra collecter la chaux sulfatée calcarifère, ou gypse proprement dit.

La chaux sulfatée lenticulaire et en fer de lance, celle qui est groupée en petits cristaux.

La chaux sulfatée niviforme.

La strontiane, sulfatée amorphe et capillaire.

Le quarz silex passant au quarz nectique, avec coquilles d'eau douce, à Saint-Ouen, précisément au bord de la Seine, au pied du moulin Fidèle.

Étudier les différentes masses gypseuses, les coquilles fossiles et les marnes polyédriques, d'après le bel ouvrage de MM. Brongniart et Cuvier. Quant aux ossemens, il est assez difficile de s'en procurer à Montmartre même; il vaut mieux s'adresser à Vauarin, marchand naturaliste, pour les produits de Paris, marché Saint-Jean.

Ménil-Montant. A peu près les mêmes produits qu'à Montmartre, avec du quarz résinite en rognons et en plaquettes.

Au mont Valérien. En passant par Neuilly, les gypses calcarifères, pareils à ceux de Montmartre; à Neuilly, quelques pas après avoir passé le pont, à droite, à gauche, chaux carbonatée inverse, quarz hyalin prismé, et cristaux de chaux fluatée blanche mêlés ensemble, et découverts par M. Lambotin, marchand de minéraux.

A Passy, Vis-à-vis du pont d'Iéna, le quarz pseudomorphique en crête de coq.

A Meudon. Grande exploitation de craie, fabrication de blanc d'Espagne.

Térébratules, échinites, bélemnites, silex pyromaques noirs renfermant quelquefois de la strontiane sulfatée bleue. A Bougival, près de Saint-Germain, autre variété de strontiane sulfatée cristallisée.

A Champigny près de Saint-Maur. Rive droite de la Marne. Exploitation de chaux carbonatée compacte, destinée à la fabrication de la chaux. Jolies variétés de silex calcédonieux rose, lilas, etc. On y trouve quelquefois des onyx, mais ils y sont excessivement rares.

A Fontainebleau. Visiter dans la forêt les grandes exploitations de grès pour le pavé de Paris, et surtout la carrière de la Belle Croix, où l'on trouve les plus beaux grès cristallisés (chaux carbonatée quarzifère inverse). Recueillir les renseignemens nécessaires à cette course, auprès de M. Deroy fils, minéralogiste, attaché à l'administration de la forêt.

Peu de contrées ont été aussi bien étudiées et aussi bien décrites que le bassin de Paris; c'est pour cette raison que je le place en tête de mes itinéraires, parce qu'en s'aidant de l'ouvrage de MM. Brongniart et Cuvier, et en se pénétrant bien du plan qu'ils ont adopté pour cette contrée, on pourra, avant d'entreprendre des excursions lointaines, s'exercer, pour ainsi dire, dans l'art de bien voir, dans l'art de décrire la position relative des couches, leur superposition et tous les accidens qu'il importe de signaler dans les relations des voyages géologiques; circonstances qui, seules, peuvent éclairer sur la constitution géologique des pays qui nous sont encore inconnus, sous le rapport de leur formation et de leur plus ou moins grande antiquité.

Le bassin de Paris appartient tout entier à la formation des terrains tertiaires; il est pauvre en minéraux, mais il abonde en faits géologiques, et surtout en fossiles et en pétrifications, et ce sont des restes des animaux qui vécurent autrefois sur le sol même que nous habitons aujourd'hui, qui ont donné naissance à l'important travail de M. Cuvier, sur les animaux fossiles en général, et à celui de M. Lamark, sur les coquilles fossiles de Grignon et de plusieurs autres dépôts des environs de Paris. Si l'on veut donc parcourir cette contrée avec tout le fruit possible, on devra bien étudier avant la géographie minéralogique de MM. Brongniart et Cuvier, et visiter les collections locales qui sont déposées à l'administration des carrières et aux catacombes, dans les galeries du Muséum d'histoire naturelle, et dans les cabinets particuliers de Paris.

ITINÉRAIRE MINÉRALOGIQUE DE LA BOURGOGNE.

Autun. A Autun même, quelques traces d'exploitations anciennes, voies et monumens romains en sienite.

D'Autun à Muse. Beau dépôt de poissons fossiles, bleus, dans un schiste noir, à l'entrée du village dans un chemin creux. Il suffit de lever quelques feuillets de schiste pour faire une bonne récolte de ces jolis poissons, qui sont très-communs dans cette localité et très-rares dans les collections.

D'Autun à Marmagne. Urane oxydé jaune, devenu très-rare, éme

.raudes blanches dans le quarz fétide avec tourmaline, et asbeste dur. Belle roche pegmatite blanche ou rose. Titane rutile aux environs d'Autun; au *Creusot* et à *Montcenis*, en passant par Marmagne, belle usine à fer. Exploitation de houille, houillère embrasée.

Du Creusot à Saint-Prix. Ancienne exploitation de plomb, où l'on trouve le plomb jaune arsenical.

— Du Creusot aux Écouchets, village situé sur la route du Creusot à Couches. Chrôme oxydé et chaux fluatée.

Des Écouchets au pic volcanique de Drevain. Montagne isolée, sur laquelle on trouve des roches basaltiques, excessivement compactes.

De Drevain à Couches et à Saint-Sernin du Plain. Grande exploitation de gypse, parmi lequel il s'en trouve de blanc soyeux, de rose, de violet et de couleur lie de vin.

Mâcon. De Mâcon à la Romanèche, grande exploitation de manganèse oxydé. Belle suite de toutes les variétés de ce minerai.

Chaux fluatée violette, baryte sulfatée rouge et argile rouge, marbrée, d'une finesse remarquable; le tout compris dans cet amas de manganèse. On traversera un pays granitique et un terrain houiller, et l'on pourra voir en place, dans ces diverses excursions, qui ne demandent que huit jours, savoir:

L'urane oxydé jaune,
L'émeraude,
La tourmaline,
Le quarz fétide,
L'asbeste,
Le titane rutile,
La roche pegmatite rose et blanche,
Le chrôme oxydé,
La chaux fluatée violette,
Les diverses variétés de gypse,
Le manganèse oxydé,
Le plomb arsenical,

Plus, tous les accidens qui tiennent aux houillères embrasées. Plusieurs produits volcaniques et un beau gîte de poissons fossiles.

Clermont. Collection de la société géologique d'Auvergne. Fontaine incrustante du faubourg de Saint-Alire.

De Clermont à Roya. Bitume et beau gisement de baryte sulfatée cristallisée.

A Chanturges, près de Roya. Arragonite, quelques caves où l'acide carbonique se dégage naturellement.

A Gergovia. Nombreuses variétés de quarz résinite.

A Gravenaire. Quarz concrétionné ou muller glass.

A Pont du Château. Bitume et gouttes de calcédoine.

A Pont-Gibeau. Ancienne exploitation; plomb phosphaté, disséminé à la surface des champs.

A Volvic, en passant par Riom. Grande exploitation de pierre d'appareil, quarante carrières ouvertes; fer oligiste à Mansa, près de Volvic; gisement de pinite.

A Mena, près de Riom. Gisement de tripoli.

Au Puy de Marmant près de Verre. Belle mésotype cristallisée, analcyme, bitume, etc.

A Vertaison. Masse d'arragonite, comme au Puy de Chalas.

Au Puy de la Pége. Bitume et bois fossile.

Au Puy de la Vache. Très-beau fer oligiste.

Au Puy Chopine. Idem.

Au Puy de Rodes. Une grande quantité de pyroxènes isolés.

A la Fontaine du Tambour, près de l'Allier. Gisement de baryte.

Au Puy de Sarcoui. Lave domite, à odeur de chlore.

A Issoire. Houillère de Brassac, quarz améthiste exploité, antimoine et marbre de Nonette.

Dans les Monts-Dor. Bains chauds, fer oligiste et feldspath cristallisé, à la cascade; aluminite, avec soufre, dans la vallée de la Dore.

A Saint-Flour, à Chaudesaigues. Eaux thermales de 65 degrés de chaleur, qui sont employées au chauffage des maisons du village. En passant à la Planaise, coulée énorme de laves décomposées.

En parcourant l'Auvergne et visitant les différens points qui viennent d'être indiqués, d'après les notes que M. Regley a bien voulu me communiquer, on rencontrera, presqu'à chaque pas, des coulées de laves, des cratères, et des colonnades de basalte, qui sont du plus grand intérêt pour le minéralogiste et le géologue voyageur, et si nous ne les avons pas indiqués, nous en avons dit la raison ailleurs. Cette excursion de l'Auvergne est d'autant plus instructive, qu'il existe dans le pays plusieurs naturalistes distingués, et que l'on peut s'aider des belles cartes géologiques qui furent dressées par Desmarest père, et publiées nouvellement par monsieur son fils.

Ainsi donc, outre la collection très-nombreuse et très-variée de roches volcaniques que l'on pourra faire et recueillir en Auvergne, on pourra voir en place, dans les diverses excursions qui ont Clermont, les Bains et Aurillac ou Saint-Flour pour point de départ, savoir :

La baryte sulfatée cristallisée,

L'arragonite,

La pinite,

Le bitume asphalte,

Le quarz améthiste,

La calcédoine,

La mésotype cristallisée,

Le fer oligiste spéculaire,

L'aluminite, analogue à celle de la Tolpha,

Le soufre natif,

Le plomb phosphaté,

L'antimoine sulfuré, etc.

Plus, différentes sources thermales et incrustantes.

ITINÉRAIRE MINÉRALOGIQUE DU FOREZ ET DU VIVARAIS.

Avant d'entrer en Vivarais, il sera bon de sacrifier quelques jours à parcourir les environs de Lyon ; ainsi l'on pourra aller

De Lyon aux mines de cuivre de Chessy, où l'on peut se rendre par les voitures publiques qui passent à la petite ville de l'Arbresle ; là, on voit en place, non seulement le cuivre pyriteux qui a formé pendant long temps le seul minerai de cette exploitation, mais encore une foule de belles variétés de cuivre carbonaté bleu ; le cuivre carbonaté vert, le cuivre oxydulé amorphe et cristallisé, et enfin le cuivre natif qui s'y trouve rarement encore, mais dont on peut se procurer quelques échantillons. Tous ces minerais précieux sont dis-séminés dans des bancs de grès arkos et dans des lithomarges. Les ou-vriers ont tellement abusé du léger pour-boire qu'on leur permet de recevoir pour les échantillons qu'ils offrent aux étrangers, que l'on a été forcé de prendre des mesures pour empêcher la dilapidation du minerai le plus riche ; et aujourd'hui, c'est aux chefs de l'établis-sement qu'il faut s'adresser pour en obtenir. Outre l'exploitation proprement dite de Chessy, on visitera avec intérêt les ateliers de lavage et de fonderie, les martinets à cuivre, etc.

De Lyon à Vienne. Il existe depuis long-temps, au milieu du fau-bourg de Vienne, une exploitation de plomb dont les produits sont assez variés pour le minéralogiste. Outre le plomb sulfuré à larges fa-cettes, qui est le minerai proprement dit, on y trouve aussi le plomb carbonaté cristallisé, le zinc sulfuré, le zinc oxydé calaminaire pseu-domorphique, le quarz agate calcédoine, la baryte sulfatée, et dans un autre atelier voisin, la chaux fluatée violette. M. Teraillon, di-recteur de la fonderie et bon minéralogiste, a rassemblé la collection des produits de ces mines. Les grands ateliers métallurgiques qui sont établis dans cette ville attireront nécessairement l'attention des mi-néralogistes.

De Lyon à Rive de Gier et à Saint-Etienne en Forez. Grandes ex-ploitations de houille, dans lesquelles on trouve le fer carbonaté li-thoïde et une très-belle suite d'empreintes végétales, décrites par MM. Brongniart père et fils. Établissement à l'anglaise pour le traite-ment des minerais de fer à Terre-Noire, près de Saint-Etienne, fondée par M. Beaunier ; école pratique des élèves mineurs, manufacture d'armes, verreries, etc., etc.

De Saint-Etienne au Puy en Velay. Visiter au Puy les rochers volca-niques de Corneilles et de Saint-Michel, dans lesquels ou trouve de la cordierite en rognons. Au village d'Expailly, tout près du Puy, visiter le sable du Rioupezzoulion, dans lequel on trouve le fer tita-né, le zircon rouge et le corindon saphir bleu ; dans les roches volca-niques des environs, chercher le zircon en place, et particulièrement à Clary, près d'Expailly.

Du Puy on entrera en Vivarais par la Massarade et Burset, on passera à Vals-les-Eaux, où il existe plusieurs sources purgatives fort estimées.

On visitera les ruines du château d'Entraigue qui fut bâti sur des roches de basalte, au milieu desquelles on trouve des noyaux de péridot vert et de péridot rouge décomposé. On visitera près de là le cratère de la Coupe, qui est remarquable, par ses laves scorifiées. Non loin de là existent de magnifiques colonnades de basalte, qui bordent les ruisseaux et les torrens nombreux de cette partie du Vivarais, et l'on pourra étudier le péridot dans toutes ses variétés, car les basaltes en renferment abondamment.

De Vals ou d'Aubenas on se rendra à *Saint-Jean-le-Noir*, pour y visiter les rampes et le cratère de Montbrul, dans lequel on trouve une foule de substances minérales fort intéressantes, telles que le fer titané bleuâtre, le feldspath laminaire, les pyroxènes isolés, et une suite de laves très-variées.

De Saint-Jean-le-Noir, il faudra se diriger sur *Rochesauve*, et particulièrement dans les ravins de Veiroulan. C'est là que Faujas découvrit de belles plantes fossiles; près du château, il existe des arragonites radiées, blanches et roses.

'Enfin, en se rapprochant des bords du Rhône, rive droite, on arrivera à Rochemaure, village près duquel il existe deux roches volcaniques qui se sont fait jour à travers les galets calcaires, et qui en ont enlevé plusieurs qui sont encore attachés à la matière volcanique. Près de Rochemaure, on visitera les abîmes de Rignas; grands ravins dans lesquels on trouve du pyroxène, du fer titané et plusieurs variétés de péridot.

En descendant un peu plus bas, vis-à-vis de la petite ville de Montélimar, on pourra visiter la carrière des pouzzolanes françaises, découverte par Faujas; elle est située sur le sommet d'un pic volcanique; de même que les grandes colonnades de basalte de Chedevant et de Saint-Bausile, qui sont exploitées pour le pavé de la ville.

En remontant sur la rive droite du Rhône, on passera au village du Pousin, près duquel on travaille à l'exploitation d'un marbre gris assez agréable à l'œil; puis on trouvera la petite ville de la Voûte, où il existe une grande exploitation de fer hématite, destiné aux usines de Vienne et de la Voûte.

Avant d'entreprendre le voyage du Vivarais, on devra consulter le bel ouvrage de Faujas sur les volcans éteints du Velay et du Vivarais, livre devenu rare, qui n'est plus à la hauteur de la science, mais où tout ce qui tient à la topographie de cette contrée est d'une exactitude et d'une vérité sans reproche. Faujas est pour le Vivarais ce que Desmarest est pour l'Auvergne.

ITINÉRAIRE MINÉRALOGIQUE DU LIMOUSIN.

Limoges. Voir la collection départementale qui est à la préfecture, et les belles manufactures de porcelaine qui sont établies dans la ville même, dont l'une appartient à M. Alluau, minéralogiste distingué.

De Limoges à Vaury, où il existe des travaux de recherches dirigés sur des indices de minerai d'étain, molybdène sulfuré dans un hyalomithe.

De Limoges à Saint-Léonard, où l'on trouve du fer arseniaté et du schéelin ferruginé.

De Limoges à Chantelup. Grand gisement des émeraudes blanches et verdâtres (dites émeraudes de France), mica en larges feuilles, lépidolite verdâtre et violette.

De Limoges à Saint-Yriex, en passant par la Roche-Labeille, où il existe un dépôt de serpentine exploité.

A Saint-Yriex. Grande exploitation de kaolin, mica en larges feuillets, titane rutile.

De Saint-Yriex à Pompadour-le-Haras. Filons d'antimoine sulfuré non exploités.

De Pompadour aux mines de plomb de Chabrignac. Plomb sulfuré à larges facettes, plomb carbonaté, fer sulfuré arsenical, baryte sulfatée rose, chaux carbonatée métastatique; plomb sulfuré disséminé dans le grès houiller, avec empreintes de plantes, indices de houille.

De Chabrignac au col de Piale Pinson. Lignites avec plantes en nature.

Du col de Piale Pinson aux Farges. Cuivre sulfuré et carbonaté vert, exploité dans le grès rouge ou bigarré.

Des Farges à Villac et au hameau de La Motte. Schistes chloriteux primitifs, exploités comme ardoises, avec chaux carbonatée magnésifere.

De Villac aux mines de houille du Lardin, en Périgord. Houille avec fer carbonaté et plantes en nature; collection géognostique du terrain houiller du bassin de la Vezére, superposition du terrain houiller sur le terrain primordial, et du terrain calcaire sur le terrain houiller.

De Limoges jusqu'au Lardin. On traversera d'abord le terrain granitique, le terrain des protogines, les montagnes schisteuses qui sont très-souvent couvertes par le terrain houiller, et enfin le terrain calcaire. On pourra voir et ramasser sur place

L'étain oxydé,
Le molybdène sulfuré,
Le schéelin ferruginé,
Le fer arseniaté,
Les lépidolithes,
L'émeraude béril,
La serpentine dure,
Le mica à larges feuillets,
Le kaolin,
Le titane rutile,
L'antimoine sulfuré,
Le plomb sulfuré,
Le plomb carbonaté,
Le fer sulfuré arsenical,
La baryte sulfatée rose,
La chaux carbonatée cristallisee,
Les lignites,
Le cuivre carbonaté vert,
Le cuivre sulfuré,
La chaux carbonatée magnésifère,
La houille avec fer carbonaté et empreintes.

Enfin, l'on sera à même d'observer la superposition de trois sortes de terrains, et de visiter plusieurs mines en pleine exploitation.

ITINÉRAIRE MINÉRALOGIQUE DE LA BRETAGNE (1).

Si l'on se rend de Paris à Nantes par Angers, le minéralogiste devra

____

(1) Je dois cet itinéraire tout entier à M. Regley, aide-naturaliste pour la géologie au Muséum d'histoire naturelle.

nécessairement s'arrêter dans cette ville pour y visiter les immenses exploitations d'ardoises qui sont ouvertes aux environs, et qui en fournissent à presque toute la France. Les mines de houille de Montrelaix pourront aussi faire le sujet d'une course ; et si l'on passe à la carrière dite des Fourneaux, on pourra observer de fort belle chaux fluatée violette, engagée dans un calcaire laminaire blanc.

A Nantes. Voir la collection publique et celle de M. Daubuisson, à qui l'on doit la découverte de la plupart des belles substances de la Bretagne.

Dans la ville même, rue de Rennes, on peut voir la mâcle hyaline rose.

Au Four au Diable, près de Nantes, on peut recueillir la chaux phosphatée et la pyrite magnétique; on devra se rendre sur la plage stanifère de Pyriac.

En allant de Nantes à Rennes, on passe à l'ancienne exploitation de *Pompéan*, d'où l'on tire la blende dont on fait aujourd'hui le laiton, ainsi qu'à *Poligné*, où il existe un gisement de tripoli et d'ampellite.

Le grand établissement de *la Hunaudière*, où il existe une fonderie de fer et une fenderie, n'est pas fort éloigné et mérite bien d'être visité; on trouvera même, près de là, des empreintes de trilobites fort bien conservées.

A Rennes. On pourra faire une suite de cette singulière roche siliceuse si connue sous le nom de caillou de Rennes, dont le gisement est perdu et qui ne se voit point en place.

A Saint-Brieux. En allant de Saint Brieux à Morlaix, après avoir dépassé Lannion, sur la plage de Roc-Eas, on trouve des mâcles hyalines dans une roche quarzeuse.

Entre *Tréguier* et *Lannion*, près de *Paimpol*, M. Regley a découvert une formation volcanique intermédiaire inconnue jusqu'à lui, où l'on trouve des roches amygdalaires à noyaux de chaux carbonatée, d'agate, et susceptibles d'être travaillées.

A Morlaix. On prendra la route des mines de plomb de Poullaouen et du Huelgoët, en traversant les montagnes d'Arres. On sait combien l'établissement de Poullaouen est important, puisque c'est la principale mine de plomb de toute la France, et celle qui fournit les minerais de plomb les plus variés, tels que

Les plombs sulfurés lamellaires et laminaires,

Les plombs phosphatés, cristallisés et aciculaires,

Le plomb hidraté alumineux, dit plomb gomme,

Le zinc sulfuré,

La laumonite, etc.

Si l'on revient par Quimper, on trouvera aux environs de cette ville une suite de *staurotides* engagées dans des schistes micacés.

ITINÉRAIRE MINÉRALOGIQUE DE L'OISAN.

Grenoble. Visiter le musée qui renferme une très-belle collection des minéraux des Alpes dauphinoises.

De Grenoble au pont de Claie, sur le Drac, où l'on trouve les roches amygdalaires du Champsaure.

De Grenoble à Vizille. Gypse exploité pour les prairies artificielles; fer carbonaté spathique.

De Vizille à Allemont et aux Chalanches. Ancienne exploitation d'argent, où l'on trouvait, non seulement l'argent natif et plusieurs autres minerais argentifères, mais aussi du nickel arsenical, de l'antimoine natif, de l'épidote, de l'asbeste, etc. Aux Chalanches, c'est-à-dire au sommet de la montagne d'Allemont, gîte d'anthracite avec empreintes de plantes changées en talc stéalite.

D'Allemont au bourg d'Oisan, où il existe plusieurs marchands de minéraux, chez lesquels on peut se procurer les belles espèces minérales qui se trouvent à Saint-Christophe, telles que l'anatase, la craitonite, la prehnite, l'axinite violette et verte, l'amianthoide, le fer oligiste, différentes variétés de quarz, etc.

De Grenoble à Allevard. Grande exploitation de fer carbonaté spathique dont on peut rassembler toutes les variétés, et dans lequel on trouve du cuivre pyriteux, du cuivre sulfuré, du quarz hyalin, etc.

De Grenoble à la Mure. Exploitation de houille sèche en pleine activité.

En allant de Grenoble à Allemont, on quittera bientôt le calcaire alpin sur lequel la ville est bâtie, et l'on entrera dans un terrain amphibolique traversé par la Romanche; en allant au bourg d'Oisan, on rencontrera des schistes contournés de transition, et l'on pourra observer une foule de substances minérales très-remarquables, savoir :

Les minerais d'argent (1),
L'antimoine natif,
Le nickel arsenical,
L'épidote,
L'asbeste,
L'anthracite,
L'axinite,
La prehnite,
L'amianthoïde,
L'anatase,
La craitonite,
Le fer oligiste,
Le fer carbonaté spathique,
Le cuivre pyriteux,
Le cuivre sulfuré,
Une très-belle suite de variétés de quarz hyalin.

On a exploité autrefois un filon d'or natif à la Gardette, mais cette recherche est absolument abandonnée, et il est impossible de s'en procurer des échantillons, quoiqu'il en soit sorti de très-beaux.

ITINÉRAIRE MINÉRALOGIQUE DE LA SAVOIE.

Avant d'entreprendre le voyage des Alpes, il faudra nécessairement étudier l'excellent ouvrage de Saussure; c'est bien certainement encore le meilleur guide que l'on puisse choisir.

Genève. Visiter le musée dont la collection minéralogique est déjà remarquable; les belles collections particulières appartenant à MM. Jurine, Maurican, Deluc, Necker de Saussure, Peschier Colladon, etc., Delille et Desrogis, marchands de minéraux.

De Genève à Servoz. En passant par Bonneville, Cluse et Salanches; établissement des mines de Servoz; passage du calcaire alpin au terrain des grès et des schistes de transition; anthracite exploité; plomb sulfuré compacte du lac; baryte sulfatée compacte du Pas;

---

(1) Ces mines sont abandonnées depuis long-temps ; mais on peut encore s'en procurer qdelques échantillons au village même d'Allemont. Ils commencent a devenir très-rares.

protogine de Pormenas, à grands cristaux de feldspath rose et à cristaux de titane sphène.

Visiter, en passant au village de Servoz, le cabinet de Marie Deschamps, aubergiste et marchand naturaliste, qui renferme une suite de roches et de minéraux de la vallée, composée de 80 échantillons étiquetés ; toutes les espèces minérales rares du revers méridional du Mont-Blanc, de l'allée Blanche, du glacier du Miage, du Triolet, etc. ; environ 14 espèces de coquilles pétrifiées du calcaire alpin, décrites par M. Brongniart, et colligées dans les montagnes calcaires de Salles, qui dominent le village de Servoz. Marie Deschamps, en parcourant les hautes cimes qui entourent le Mont-Blanc, fait la chasse aux oiseaux rares qui habitent ces régions élevées ; il en connaît les noms, les dépouille avec adresse, et préserve leurs peaux avec le savon arsenical camphré.

On peut aller de Servoz ou de Sallanches, aux bains de Saint-Gervais, où il existe des sources chaudes et hydro-sulfureuses très-estimées ; et près de là un gîte fort remarquable de jaspe rouge, comparable à ce que la Sicile offre de plus beau en ce genre.

Du village de Servoz et de l'établissement au village des Houches, où existent les ateliers d'exploitation, le minerai est un mélange de cuivre pyriteux, de plomb sulfuré, de zinc sulfuré, de fer carbonaté spathique, etc. Il renferme aussi, dans les cavités de sa gangue quarzeuse, des cristaux de bournonite, minéral assez rare.

Des Houches au village de la Grillas, près duquel il existe un dépôt de gypse blanc de transition.

De la Grillas à Chamouny, en passant au glacier des Bossons. A Chamouny, visiter les collections des marchands naturalistes David, Payot, Paccard, Michel Carrier, etc. ; ce dernier s'occupe particulièrement à exécuter les reliefs du Mont-Blanc en bois d'arol (*pinus cimbra*), dont le premier modèle fut exécuté par un ancien directeur des mines de Servoz ; Exchaquet, et Marie Deville, simple paysan de Servoz.

La plupart des minéraux qui se trouvent chez les marchands de Servoz et de Chamouny viennent de gîtes élevés et difficiles à visiter ; cependant ou pourra en voir plusieurs sur place, tels que l'asbeste tressé de la fontaine du Caillet en montant au Montanvert, l'axinite et la koupholithe de la montagne de la Côte, tous les minerais des mines de Pormenas, de la Sourde, du lac, de Sainte-Marie, etc.

On ne devra point quitter Chamouny sans visiter les eaux minérales des Praz, et la moraine du glacier des Bois, dans laquelle on trouve quelquefois des échantillons de chaux fluatée rose. Chamouny est tellement fréquenté par les simples curieux et par les naturalistes, que l'on y trouve aujourd'hui non seulement le nécessaire, mais encore quelques commodités que l'on est étonné de rencontrer dans un lieu si retiré.

Outre la collection assez complète des roches des Aiguilles et du Mont-Blanc lui-même, qui s'élève, dans le catalogue de Marie Deschamps, à 64 échantillons, on trouvera, chez les marchands ci-dessus indiqués,

Plusieurs variétés de quarz hyalin,

De baryte sulfatée,

De chaux fluatée rose,

De feldspath,

D'amianthoïde,

D'axinite,

De prehnite,

De tourmaline,

De corindon,

De mica,

D'épidote,

De grenat,

D'asbeste,

De cuivre pyriteux,

De cuivre sulfure,

De plomb sulfuré,

De zinc sulfuré,

De graphit,

De titane, etc. ; le tout provenant des environs de Servoz et de Chamouny.

A Cormayeur, chez Michel-Joseph Derriar, on pourra se procurer les minéraux du Piémont.

A Bex, près de la saline, chez Manuel Thomas, botaniste et marchand naturaliste, on pourra se procurer les minéraux du Saint-Go-

thard et du haut Valais, des graines et des plantes alpines en herbier.
Enfin, en partant de Chamouny, suivant le temps et le plan du
voyage, on pourra passer le col de Balme, où il existe des empreintes
de plantes talqueuses ; ou la Tête-Noire pour se rendre aux salines de
Bex, qui sont extrêmement curieuses à visiter, tant sous le rapport
des travaux souterrains, des usines et des minéraux qui s'y rencontrent, que par le mérite du savant minéralogiste qui dirige ce bel
établissement, M. de Charpentier, auteur d'un excellent ouvrage sur
les Pyrénées. Aux salines, on pourra recueillir plusieurs variétés de
chaux sulfatée cristallisée d'une limpidité parfaite, de la chaux
anhydro-sulfatée, etc.

Près des salines, au lieu dit Sublin, on pourra visiter un beau gisement de soufre natif.

Si l'on passe le col de Bonhomme au lieu de passer le col de
Balme, on entrera en Tarantaise, et l'on pourra visiter le magnifique
établissement des mines de plomb de Pesey, qui fut autrefois le
siége de l'école pratique des mines de France, et qui fut ensuite
sous la direction de M. Rosenberg, ancien agent du gouvernement
français aux mines de mercure d'Idria. Ce savant distingué recevait
les étrangers avec beaucoup d'affabilité, et les mettait à même de recueillir les différens minéraux qui proviennent de cette exploitation,
qui appartient maintenant au roi de Sardaigne.

ITINÉRAIRES MINÉRALOGIQUES DANS LES PYRÉNÉES.

Il est impossible ou du moins très difficile de tracer un seul itinéraire tout au travers des Pyrénées, soit qu'on attaque cette longue
chaîne de montagnes par Perpignan, soit qu'on y aborde par
Bayonne ; je supposerai donc que l'on fera plusieurs courses isolées,
en partant de quelques points saillans, tels que les eaux de Bagnères
ou de Baréges, les fameuses mines de Rancié, où tout minéralogiste
zélé doit faire une station.

PREMIÈRE COURSE (1).

DE BAYONNE A SAINT-JEAN-PIED-DE-PORT ET A BAIGORRY (BASSES-PYRÉNÉES).

Il existe à la *Houssi* et à *Itzassou*, près de *Bayonne*, sur la rive gauche

-----

(1) C'est à l'excellent ouvrage de M. de Charpentier, directeur des mines

de la *Nive*, des carrières de kaolin exploitées, et une autre à *Cambeau*, à quatre lieues de Bayonne.

La ville de *Saint-Jean* est bâtie sur la roche amphibolique secondaire, si connue sous le nom d'*ophite de Palassou*.

De *Saint-Jean* on se rendra à *Mauléon*, et là, entre cette ville et le village de *Libarens*, sur la rive droite du *Soison*, à très peu de distance, au dessous d'un moulin situé à un quart de lieue nord de *Libarens*, à *Lura* même, on pourra voir le dipire en place. Ce minéral rare est disséminé, en très-petits cristaux, dans une roche calcaire et dans une argile talqueuse altérée, qui est souvent recouverte par l'eau du ruisseau.

De *Saint-Jean* on se rendra dans la vallée de *Baigorry*, où il a existé une vaste exploitation, qui malheureusement est encore abandonnée.

Les filons exploités par la compagnie de Baigorry sont disséminés dans la vallée principale et dans les vallons qui s'y rattachent ; celui de *Laquore*, entre autres, produisait de beaux échantillons de plomb carbonaté terreux et phosphaté vert ; de zinc sulfuré, oxydé et carbonaté. Les autres ateliers, qui sont fermés aujourd'hui, et dont les principaux étaient à *Bihourietta*, ont fourni le cuivre natif, le cuivre pyriteux, le cuivre gris, le cuivre carbonaté vert et bleu, le cuivre sulfaté natif, les fers spathique, oligiste ; et des efflorescences alumineuses, dites *beurre de montagne*, se voient à Eskurlègue, dans la vallée de Baigorry, à l'entrée d'une exploitation de sanguine.

On pourra recueillir, dans cette vallée, une foule d'autres minéraux plus ou moins importans, tels que diverses variétés d'amphi-

---

du canton de Vaud, et à diverses notes que m'a données M. Regley, que je dois les renseignemens précis sur les localités des minéraux qui sont indiqués dans ces itinéraires ; mais je renvoie pour de plus amples détails aux ouvrages suivans , que l'on devra étudier avant d'entreprendre le voyage des Pyrénées.

Pallassou, Minéralogie des Pyrénées.

Picot la Peyrouse, Mines et Forges du comté de Foix.

Ramont, Voyage au mont Perdu.

Cordier, Voyage à la Maladetta.

Dietricht, Gîte des minerais.

Et enfin Charpentier, Constitution géognostique des Pyrénées, avec une carte.

bole, de grenat, de prehnite, d'épidote, et l'on visitera sans doute avec intérêt le kaolin de *Chara-Mahana*, et les beaux calcaires primitifs, interposés dans le granite à *Itzassou*, à l'entrée de la vallée ; on peut les suivre jusqu'au village de *Hellette*, en retournant à Bayonne, et passant par le village de *Louhoussoa*.

DEUXIÈME COURSE.

DE BAGNÈRES DE BIGORRE A CAMPAN, ETC. (HAUTES-PYRÉNÉES).

Avant d'aller à Bagnères de Luchon, il sera bon de visiter les grandes exploitations de marbre de *Sarançolin* et de *Campan*, au fond de la vallée de ce nom ; à *Espiadet*, plusieurs variétés de mâcles, et entre autres celle qui ne présente qu'une seule couleur se trouvant au pic de Montaigre, près de Bagnères de Bigorre.

Si l'on visite l'établissement thermal de Bagnères de Luchon (Haute Garonne), on trouvera dans les environs le mica palmé et flabelliforme ; des mâcles dans la vallée d'Essara, entre Bénasque et le torrent de Malivierna ; elles sont disséminées dans un schiste argileux qui contient aussi de l'anthracite.

TROISIÈME COURSE.

DE BARÈGES OU DE CAUTEREZ AU PIC DU MIDI, D'ERESLIDS ET D'ARBIZON.

Les environs de Baréges sont très riches en minéraux rares ; les pics d'Arbizon et d'Ereslids, surtout, présentent la stilbite cristallisée ou lamelliforme, l'harmotome, l'amianthoïde, l'asbeste tressé, le quarz en assez grands cristaux, l'idocrase, de petits grenats bien nets, rouges ou noirs, du feldspath cristallisé, des cristaux d'axinite, presque aussi beaux que ceux du Dauphiné, de l'épidote en cristaux fasciculés, de la prehnithe lamelleuse, ainsi que celle qui avait reçu le nom de koupholithe, la paranthine et la tourmaline, à Cierp et au port d'Oo ; la prehnite, près de l'étang de Léon ; plusieurs variétés de mâcle dans la vallée d'Héas ; du graphite, du mica, du talc, du fer sulfuré, ordinaire et ferrifère ; du plomb sulfuré dans la chaux fluatée, vallée de Barége, entre Gèdre et Gavarnie, etc.

En passant sur le revers méridional du côté de l'Espagne, on pourra visiter l'ancienne exploitation de cobalt arsenical à Saint-Jean, dans la vallée de Gistain ; elle alimentait la fabrique de smalt, de Bagnères de Luchon. On trouve aussi près de Saint-Jean, du bismuth natif, sulfuré et oxydé, enfin, de l'arsenic et du nickel arsenical et oxydé, de l'antimoine sulfuré, etc. Dans la vallée de Cinca, près de la prise d'eau de la forge Bielsa, du soufre disséminé en petites masses jaunes, dans un calcaire alpin. Du graphite dans la vallée de Gistain. Plusieurs variétés de mâcles et de prehnite, dans la même vallée, près du col de Lopez, etc.

QUATRIÈME COURSE.

DES MINES DE RANCIÉ A VICDESSOS, ETC. (DÉPARTEMENT DE L'ARRIÈGE).

La grande exploitation de Rancié serait bien suffisante pour attirer et fixer l'attention du minéralogiste voyageur, puisque, outre son importance comme exploitation, elle fournit une foule de variétés de minerais de fer, du plus grand intérêt, tels que,

Tous les fers hydratés et *carbonatés, spathiques purs* ou *manganésifères*, disséminés à Rancié même, ou dans la vallée de Vicdessos ;

L'arragonite corraloïde (vulg. flossferry) ;

Le calcaire primitif phosphorescent pur ou avec amphibole, épidote, talc, etc. , se montre particulièrement dans les vallées de Vicdessos, à la Roque de Porte-t-en-Y ; à la montagne de la Bouiche, au col de l'étang de Lherz ;

La couzeranite. Nouvelle substance ; se trouve particulièrement dans la vallée de Couzeran. La montagne de Rancié et la vallée de Vicdessos renferment plusieurs dépôts de pyroxène en masses, dans lequel on peut recueillir la *picotite*, nouvelle substance qui paraît voisine de la *gadolinite ;* plus, de l'*asbeste flexible*, de l'*amphibole lamelleux*, le *talc stéatite*, etc.

On trouvera dans la vallée de Salat, où il existe plusieurs sources salées, près du village de Saint-Sernin, des cristaux de *tourmaline noire*, qui ont un pouce de diamètre, et jusqu'à cinq de long. Il en existe aussi dans la vallée de Vicdessos.

Le fer oligiste spéculaire se montre dans plusieurs gîtes voisins de la vallée de Vicdessos, par exemple à la Roque de Balam, dans la vallée de Bitmale, à Tarascon, etc.

Le zinc sulfuré, disséminé en petits grains dans le granite ferrugineux, du village de la Cour, dans la vallée de Salat.

L'opale commune, dans la vallée d'Erce, avec un filon métallifère, situé au bois d'Aubac, près d'Aulm.

Le dipire, dans la vallée de Castillon, rive droite du Lès, à trois cents pas au dessous de la forge d'Angoumer, vers le village de Luzenac, disséminé très-abondamment dans un schiste argileux.

A la Roque d'Angoumer, où il est contenu dans un calcaire de transition.

OBSERVATIONS.

Si l'on se rend de Rancié, ou de Bagnères de Luchon, à Toulouse, on visitera, sur sa route, la montagne de Colas et les environs de Portet, où l'on pourra recueillir de beaux échantillons de *mâcles*, de *couzeranite*, près du pont de la Toule ; du fer *oxydé pseudomorphique* ; et voir les exploitations romaines de marbre blanc de Saint-Béat, que l'on reprend depuis quelque temps, et dont M. Bosiot a exécuté la statue de Henri IV enfant, et Mlle Charpentier le buste de Clémence Isaure, qui est au Capitole. A Toulouse, les collections de Picot Lapeyrouse, conservées par monsieur son fils, méritent d'être visitées sous tous les rapports.

Si au contraire on veut se rendre à Perpignan, pour achever de parcourir les Pyrénées, de l'Océan à la Méditerranée, on pourra visiter les riches mines de fer spathique de *Fillols* et d'*Escaron* près de *Prades*, celles de *Lapinouse* et de la *Tour de Batère* au nord d'*Arles*, qui alimentent toutes les forges à la catalane de l'Aude et des Pyrénées-Orientales ; enfin il sera bon de visiter la mine de cuivre de *Canareilles* près d'*Olette*, dans laquelle on exploite la kieselmalachite.

Je ne suppose pas que l'on franchisse les frontières de la France, car sans cette restriction, un nouveau champ d'instructions s'ouvrirait aux yeux du minéralogiste, et nous dépasserions nous-même les limites que nous nous sommes tracées.

On entrera en Palatinat par Metz et Sarrebruck, on traversera la vallée de Duttweler, à l'entrée de laquelle il existe une houillère embrasée. Là on pourra rassembler toutes les variétés des porcellanites, toutes les efflorescences alumineuses et vitrioliques qui en résultent; et l'on visitera des fabriques d'alun, de sulfate de fer, de sulfate de magnésie, de bleu de Prusse, de noir de fumée, etc.

De Sarrebruck à Cussel. Près de là, au Posberg, mine de mercure des Trois-Rois, exploitée à 800 pieds de profondeur dans un grès houiller.

De Cussel à Oberstein. Grande exploitation d'agate dans la montagne de Gallienberg, chabasie et harmotome, cristallisée dans les roches amygdalaires de la rive gauche de la Nahe.

Géodes d'agate, avec cristaux de chaux carbonatée et cristaux de quarz améthiste.

D'Oberstein à Reichembback. Gîte de la prehnite en morceaux isolés, avec cuivre natif, terre pourrie servant à polir les agates.

A Kirn et à Oberstein même. Moulins à tailler et polir les agates, marchands d'objets travaillés et d'échantillons bruts.

De Kirn à Meisenheim. Exploitation de mercure à Mochel Lausberg; mercure natif, sulfuré, muriaté, argental.

A Munster Apel. Empreintes de poissons dans un schiste bitumineux mercuriel.

De Maisenheim à Creusnack. Belles salines dont les sources sortent d'une roche porphyritique; près de là, quelques travaux anciens sur des filons de cuivre pyriteux.

Nous nous arrêterons ici; mais si l'on descendait le Rhin depuis Mayence, on ne tarderait point à entrer dans les terrains volcanisés d'Andernac, où l'on trouverait plusieurs minéraux en place qui sont rares partout ailleurs; nous nous bornerons à rappeler que dans l'excursion que nous venons de tracer, on pourra voir en place, savoir:

Tous les minerais de mercure, même le mercure muriaté et le mercure argental.

Un beau gisement d'agate dans des roches qui sont généralement considérées comme volcaniques.

La prehnite, la chabasie, l'harmotome, trois substances assez rares; enfin, on aura traversé un terrain houiller qui est embrasé à l'une de ses extrémités, et qui recèle une assez belle mine de mercure à l'autre; une saline en pleine exploitation terminera cette excursion.

FIN.

TERMINOLOGIE

ou

EXPLICATION DES TERMES ET DES ACCEPTIONS PEU USITÉS

DONT ON SE SERT DANS LE COURS DE LA DESCRIPTION DES MINÉRAUX.

A

ACICULAIRE. En forme d'aiguilles fines : variété aciculaire.

AFFINITÉ. Disposition des molécules à se réunir ensemble ; force qui oblige un corps à en abandonner un autre pour se réunir à un troisième qui lui est offert.

AGISSANT SUR LE BARREAU AIMANTÉ. Propriété de faire mouvoir le barreau ou l'aiguille aimantée.

ALLIAGES. Combinaison de deux ou plusieurs métaux ; le métal de cloche, le bronze, etc.

AMALGAME. Ne se dit guère que de l'alliage de l'or avec le mercure, ou de l'argent avec le mercure. Ce dernier est naturel.

AMORPHE. Minéral qui est privé de forme régulière, et qui ne présente rien de distinct dans sa contexture.

ANHYDRE. Minéral privé naturellement d'eau de cristallisation.

APYRE. Qui résiste à l'action du feu.

ARÉNACÉ. Ayant la forme et la consistance du sable mouvant.

ARGILEUSE (odeur). Odeur terreuse que l'on développe dans certains minéraux en les humectant ou en faisant tomber l'haleine dessus.

ATTIRABLE A L'AIMANT. Minéraux qui s'attachent au barreau aimanté.

B

BACILLAIRE. Minéral qui est disposé en longs prismes striés profondément, en espèces de baguettes.

BituminifÈre (odeur). Odeur qui est particulière aux différentes espèces du bitume minéral et analogue à celle du goudron.

Botrioïde. Disposé en grains ou en grappes.

C

Calcaire. Non générique, qui s'applique à toutes les variétés de chaux carbonatée; il est abréviatif et s'emploie journellement en géologie et en géographie. On dit pierre, roche, terre calcaire, bancs, montagnes, chaînes calcaires, etc.

Canalicule. Cristaux dont les faces sont creusées en gouttière.

Capillaire. Minéral qui a la forme et la contexture filamenteuse, qui approche plus ou moins de la finesse et de la souplesse des cheveux.

Ceroïde. Minéral dont l'aspect est analogue à celui de la cire jaune ou blanche.

Chatoyant. Reflets particuliers, ordinairement d'un blanc verdâtre, que l'on a comparés à ceux de l'iris des chats.

Clivage. Propriété des cristaux de se fendre dans le sens des lames dont ils sont composés; c'est ce que l'on exprime en cristallographie par l'expression de *division mécanique*.

Cliver. Opérer le clivage. Ce qui a lieu par simple percussion ou par l'intermède d'une lame tranchante. Les métaux ductiles ne peuvent se cliver, etc.

Concentriques (couches). Couches de couleurs disposées en cercles concentriques; c'est-à-dire qui vont toujours en augmentant de diamètre à mesure qu'elles s'éloignent du centre.

Conchoïde. Sorte de cassure qui présente des évasemens creux qui imitent des impressions de coquilles.

Concrétion et concrétionné. Minéral imitant plus ou moins bien divers objets familiers, tels que des grappes de raisin, des tuyaux de plume, des pois, des dragées, etc.

Coralloïde. Forme affectée par certains minéraux, et qui imitent plus ou moins bien les coraux et les madrépores.

Cylindroïde. Cristaux prismatiques dont les angles ont disparu par le frottement, par des stries ou des cannelures.

D

Décrepitation. On dit qu'un minéral décrépite quand il fait

entendre un petit pétillement sur le feu; effet qui provient de l'eau contenue dans le minéral, et qui cherche à s'échapper.

DÉLIQUESCENCE. Certains sels ont la propriété de soutirer l'humidité de l'air et de se réduire en liqueur; c'est ce que l'on appelle tomber en *déliquescence*; il s'oppose à *efflorescence*.

DENSE et DENSITÉ. État d'un minéral très-lourd et très-compacte.

DENTRITES. Imitation plus ou moins parfaite d'arbres, de buissons, de plantes, qui se trouvent à la surface ou dans l'intérieur de quelques substances minérales, telles que *les agates arborisées*.

DICHROITE. Qui a deux couleurs; l'une par réflexion, l'autre par réfraction.

DILATABILITÉ. Augmentation insensible du volume des corps par la chaleur. S'applique particulièrement aux métaux. La marche du *thermomètre* tient à la dilatabilité du mercure, etc.

DISSOLUTION. On dit qu'un minéral est dissoluble dans l'eau ou dans les acides quand il peut s'y fondre à la manière du sucre. Le liquide qui contient ainsi un corps étranger se nomme *dissolution* de *nitre*, de *cuivre*, etc., suivant le minéral qui est dissous.

DIVERGENCE. Rayons, cristaux ou aiguilles disposés à la manière des plis d'une cocarde ou des branches d'un éventail.

DIVISIBILITÉ. On dit qu'un minéral est divisible suivant telle ou telle direction et suivant telle ou telle forme, en parlant de l'action de ramener un cristal secondaire à sa forme primitive. *Divisibilité* s'applique encore d'une manière plus juste en parlant de la propriété de certains corps de se réduire en une infinité de molécules visibles. L'or est excessivement divisible, etc.

DRUSE. Espèce de géode irrégulière, tapissée de cristaux.

E

EAU DE CRISTALLISATION. C'est une certaine quantité d'eau qui paraît indispensable à la cristallisation, et qui est surtout fort abondante dans la plupart des sels. Ceux qui en sont privés se nomment *anhydres*.

ÉCAILLEUSE. Cassure ou tissu que présentent une certaine quantité d'écailles qui se soulèvent du reste de la masse.

ÉCLAT. Se dit surtout en parlant du brillant métallique et de l'aspect externe ou interne des minéraux.

EFFERVESCENCE. Sorte de bouillement que quelques minéraux excitent quand on les jette dans un acide.

EFFLORESCENCE. Les sels qui se trouvent à la surface des roches sous la forme d'aiguilles sont généralement appelés efflorescences.

EFFLORESCENCE (tomber en). Quelques sels exposés à l'air commencent à perdre leur transparence, se ternissent, se couvrent d'une poussière farineuse qui se détache, et c'est là ce qu'on appelle tomber en efflorescence.

On dit aussi qu'ils s'*effleurissent*.

ELASTICITÉ. Quelques minéraux flexibles, après avoir été recourbés, se redressent en reprenant leur première forme. C'est là l'*élasticité*.

ÉLECTRICITÉ des minéraux. (Voyez pag. 15.)

ÉMAIL. Produit de la fusion de certains minéraux. Il se distingue du verre par son opacité.

ÉPIGÈNE OU ÉPIGENIÉ. Passage d'une espèce à une autre par une sorte d'altération qui ne détruit point la forme cristalline de la substance qui subit cette transformation.

F

FACICULÉ. Réunion d'aiguilles serrées et parrallèles.

FEUILLETÉ. Minéral composé de feuillets papiracés plus ou moins faciles à séparer.

FIBREUX. Minéral composé d'aiguilles fines et serrées les unes contre les autres.

FILONS. Fentes qui se rencontrent dans les roches, et qui, pour la plupart ont été remplies par des minéraux tout-à-fait différens de ceux qui composent la montagne. Les filons sont les gîtes ordinaires des métaux précieux.

FISTULAIRE. Se dit des stalactites qui ont la forme de tube creux.

FONDANT. Substance qui accélère la fusion des minerais.

FONGIFORME. Qui ressemble à un champignon.

FORME PRIMITIVE OU NOYAU. (Voyez pag. 2.)

FORME SECONDAIRE. (Voy. page 4.)

FOSSILE. Corps qui a été animé, qui a vécu, qui se trouve dans les pierres et qui conserve sa nature. Coquilles, ossemens fossiles tant qu'ils sont calcaires, coquilles, ossemens pétrifiés quand ils sont changés en silice.

Bois fossile quand il peut encore brûler; bois pétrifié quand il est changé en agate, etc. On donne aussi le nom de fossiles à tous les minéraux.

FRAGILE. Qui se brise facilement.

FRIABLE. Minéral qui peut se réduire en poussière sous les doigts.

FRITTE. Commencement de fusion, ou résultat de la fusion de certains minéraux au chalumeau.

FULIGINEUX. Ayant l'aspect et la consistance de la suie, tachant les doigts.

G

GANGUE. Substance qui en renferme une autre plus rare ou plus précieuse qu'elle. Le quarz est la gangue de l'or, etc.

GÉODE. Pierre ordinairement ovoïde et creuse, dont l'intérieur est tapissé de cristaux ou d'incrustations.

GITE ou GISEMENT. Roche et situation dans laquelle on trouve habituellement tel minéral.

GLOBULIFORME. En forme de boules.

GRANULIFORME. En forme de graine.

GYPSE ou GYPSEUX. Nom générique de la chaux sulfatée et des terrains qui renferment cette substance en masse. Il est abréviatif comme le mot *calcaire*.

H

HAPPANT A LA LANGUE. Quelques minéraux ont la propriété de s'attacher à la langue en absorbant subitement l'humidité; on dit alors qu'ils happent à la langue.

HÉTÉROGÈNE. Minéraux composés de plusieurs substances différentes.

HOMOGÈNE. Qui ne forme qu'un seul et même corps, un tout de même nature.

HYDROPHANE. Quelques minéraux opaques deviennent presque transparens dans l'eau; on les appelle hydrophanes.

I

IDIO-ÉLECTRIQUE. Minéral qui n'est pas conducteur de l'électricité, qui peut isoler.

INCOLORE. Substance limpide et sans couleur; n'est point synonyme de limpide.

INCRUSTATION. Substance pierreuse déposée par les eaux à la

surface d'un corps organisé quelconque. ·

INFUSIBLE. Qui résiste au feu du chalumeau.

INSOLUBLE. Minéral qui ne peut se dissoudre soit dans l'eau, soit dans les acides.

IRRÉDUCTIBLE. Minerai qui n'est pas susceptible de se réduire à l'état métallique par l'action du chalumeau.

ISOLÉ. Corps qui repose sur ou qui est suspendu à une substance idio-électrique; posé sur un plateau de verre, suspendu à un cordon de soie.

L

LAMELLAIRE. Composé de très-petites lames.

LAMELLEUX. Tissu qui passe au feuilleté, mais dont les divisions ne sont point aussi minces.

LAMINAIRE. Composé de lames plus grandes que l'ongle.

LAVE. Nom générique des substances en masses qui sont rejetées par les volcans lors de leurs éruptions. On dit un courant de lave.

LENTICULAIRE. Cristaux imparfaits qui ont la forme d'une lentille.

LIMPIDE. Minéral d'une belle transparence, quelle que soit sa couleur. (Voyez *Incolore.*)

LITHOIDE. Qui a la cassure et le tissu d'une pierre compacte.

M

MAGNÉTISME des minéraux. (Voyez page 18.)

MALLÉABLE. Faculté d'un métal qui s'étend sous le marteau ou sous le laminoir.

MAMELONNÉ. Disposition des minéraux concrétionnés qui présente des saillies semi-sphériques plus ou moins en relief.

MARTIAL. Mot de l'ancienne nomenclature par lequel on était convenu de désigner tous les minerais de fer; *pyrite martiale, terre martiale,* etc.

MÉTALLOIDE. Qui a l'aspect métallique.

MICACÉ. Se dit d'une roche qui contient beaucoup de mica, ou d'un minéral qui a l'aspect et l'éclat du mica.

MINERAI. Minéral dont on peut extraire une substance utile aux arts; minerai de cuivre, de plomb, etc.

MINÉRAL. Nom générique applicable aux roches, aux pierres et aux minerais bruts.

MINÉRALISATEUR. Acide ou

combustible qui est combiné avec une terre ou un métal; le soufre est le minéralisateur du cuivre

sulfuré, et l'acide sulfurique est le minéralisateur du sulfate de cuivre, etc.

N

Natif. État d'un métal qui se trouve pur, ni minéralisé ni oxydé, et qui approche plus ou moins du métal fondu et obtenu par l'art. Dans l'ancien langage, on rendait la même idée par le mot

vierge; argent vierge, aujourd'hui argent natif, etc.

Négative (électricité). C'est l'électricité produite par tous les corps résineux frottés.

Noyau. Synonyme de forme primitive. (Voy. pag. 2.)

O

Œillée. Se dit particulièrement des agates qui imitent les couleurs de la prunelle de l'œil.

Onctueux. Aspect ou toucher doux et huileux.

Onix. Se dit des agates qui pré-

sentent plusieurs couleurs superposées et qui sont propres à l'exécution des camés.

Opaque. Minéral qui n'a aucune transparence quand on le place entre l'œil et la lumière.

P

Pépites. Morceaux d'or natif isolés et d'un volume supérieur à celui d'un pois.

Pesanteur spécifique. (Voyez pag. 13.)

Pétrification. Un corps organisé qui a eu vie, et qui se trouve changé en matière calcaire ou siliceuse, est pétrifié; *bois pétrifiés*, *madrépores pétrifiés*. (V. *Fossile*.)

Phosphorescence. Quelques minéraux pulvérisés et jetés sur les charbons ardens dans l'obscurité y répandent une lueur;[1] on

dit alors qu'ils sont phosphorescens.

Positive (électricité). La plupart des corps vitreux s'électrisant par le frottement, développent l'électricité vitrée ou positive.

Pseudomorphique. Minéral qui a pris la place et la forme d'un autre minéral cristallisé, ou qui s'est modelé sur un corps jadis organisé.

Pulvérulent. Minéral qui est naturellement en poudre.

Pyriteux. Minéral qui est mêlé de fer sulfuré ou de pyrite.

Q

Quarzeux, quarzeuse. Minéral, roche ou gangue qui tient de la nature du quarz.

R

Radié. Minéral qui se présente sous la forme de masses, dont l'intérieur offre des rayons qui partent d'un centre commun et vont en s'écartant vers la circonférence.

Reductible. Minerai qui peut se convertir en métal par l'action du feu du chalumeau.

Réfraction double ou simple. (Voy. pag. 11.)

Résineuse (électricité). C'est celle qui est produite par toutes les substances résineuses échauffées par le frottement.

Réticulé. Assemblage d'aiguilles croisées qui imitent un tissu; titane réticulé, etc.

S

Saccharoïde. Cassure, tissu qui ressemble au sucre; marbre blanc saccharoïde.

Schisteuse ou Schistoïde. Structure qui passe au tissu feuilleté, mais qui est moins délicat. C'est la contexture de toutes les roches ardoisées et de l'ardoise elle-même.

Scintillant. Qui fait feu sous le choc du briquet.

Sédiment ou Sédimentaire. Dépôt d'une substance qui, n'étant que suspendue dans un liquide, s'est précipitée par sa propre pesanteur.

Siliceux. Qui contient de la silice combinée ou apparente; sable siliceux, roche siliceuse; synonyme de quarzeux.

Soluble. Qui peut se dissoudre dans l'eau, dans les acides, les huiles, l'alcool, etc.

Spéculaire. Qui répète les objets à la manière d'un miroir.

Squamiforme. Imitant la forme ou l'aspect des écailles de poisson.

Stalactite. Concrétion qui est attachée au plafond des grottes, et qui croît en descendant.

Stalagmite. Concrétion qui se forme sur le sol des grottes, et perpendiculairement au dessous des stalactites.

Stratiforme. Composé de couches droites et parallèles entre elles. Plus employé en géologie qu'en minéralogie.

Strié. Marqué de petites cannelures parallèles.

STRUCTURE. Manière d'être d'un minéral, disposition de ses molécules; structure feuilletée du mica, etc.

SULFUREUSE. Odeur du soufre ou des substances qui en contiennent.

T

TÉNACITE. (Voy. page. 26.)

TESTACÉ. Formé de couches ou de feuillets curvilignes analogues aux lames d'accroissement des coquilles d'huîtres, aux tuniques de l'oignon, etc.

TISSU. A peu près synonyme de structure.

TRAITEMENT. Se dit de la manière dont on s'y prend pour retirer un métal du minerai qui le renferme; les différentes opérations de lavage, de grillage et de fonte, composent le traitement d'un minerai.

TRANSLUCIDE. Demi-transparence qui approche de la corne, de l'écaille, etc.

TUBERCULEUX. Minéral qui a la forme, de petits mamelons à l'extérieur.

V

VOLATIL. Corps qui disparaît quand on l'expose à la chaleur; le mercure se volatilise sur le feu, etc.

VITRÉE (électricité). Produite par la plupart des substances qui ont l'aspect vitreux.

VITREUSE (cassure). Qui ressemble à celle du verre en masse.

TABLE ALPHABÉTIQUE.

A

D

H

I

J

K

L

M

S

T

FIN DE LA TABLE ALPHABÉTIQUE.

ERRATA.

—

Page 18. *Au lieu de* du magnétisme de minéraux, *lisez* du magnétisme des minéraux.

Page 160. Ligne 5 en remontant, *au lieu de* oxyde de manganèse 5,80, *lisez* oxyde de manganèse 0,80 ; et pour la somme de l'analyse, *au lieu de* 96,80, *lisez* 99,80.

Page 159. Ligne 1 en remontant, ⎰ *Au lieu de* Spessantine, *lisez*
Page 161. Ligne 15 en remontant, ⎱   Spessartine.

Page 188. Pour la somme des nombres de la première analyse, *au lieu de* 99,20, *lisez* 99,00.

Page 196. Ligne 5 en remontant, *au lieu de* perte 1,65, *lisez* perte 2,20.

Page 216. Ligne 11 en remontant, *au lieu de* Rbésinite, *lisez* Résinite.

Page 236. ⎰ Pour la somme de l'analyse de la tourmaline noire, *au lieu de* 100,00, *lisez* 99,09.
⎱ Pour la somme de l'analyse de la tourmaline verte, *au lieu de* 100,00, *lisez* 96,00.

Page 250. Ligne 2 en descendant, *au lieu de* Broussérite, *lisez* Broustérite.

Page 452. Ligne 6 en descendant, *au lieu de* Uranité, *lisez* Uranite.

DICTIONNAIRE

DE MATIÈRE MÉDICALE ET DE THÉRAPEUTIQUE GÉNÉRALES,

Contenant l'indication, la description et l'emploi de tous les médicamens
connus dans toutes les parties du globe;

PAR F. V. MÉRAT ET A. J. DELENS,

6 vol. in-8, de six à sept cents pages, imprimés en caractère dit *gaillarde et nonpareille.*
Le tome 6 et dernier contient 1030 pages.

Prix de l'ouvrage complet : 52 fr.

BARBIER. TRAITÉ ÉLÉMENTAIRE DE MATIÈRE MÉDICALE, par *J. B. G. Barbier,*médecin en chef de l'Hôtel-Dieu d'Amiens, professeur de pathologie
et de clinique internes, à l'école secondaire de médecine d'Amiens, 4e
édition, entièrement revue et augmentée. Paris, 1837, 3 forts vol. in-8.
br.   26 fr.

GUIBOURT. HISTOIRE ABRÉGÉE DES DROGUES SIMPLES, par *N. J. B. G. Guibourt,* pharmacien, professeur d'histoire naturelle pharmaceutique à
l'école de pharmacie de Paris, membre de l'académie royale de médecine, etc., troisième édition, corrigée et considérablement augmentée. Paris, 1836, 2 très-forts vol. in-8. br.   17 fr.

HUTIN. MANUEL DE LA PHYSIOLOGIE DE L'HOMME, ou Description succincte
des phénomènes de son organisation, par *Ph. Hutin,* docteur en médecine, chevalier de la Légion-d'Honneur, etc., etc., 2e édition, 1 vol.
grand in-18, papier fin.   6 fr.

MÉRAT. NOUVELLE FLORE DES ENVIRONS DE PARIS, SUIVANT LA MÉTHODE
NATURELLE, avec l'indication des plantes usitées en médecine; par *F. V.
Mérat,* membre de l'Académie de médecine. Quatrième édition, contenant la cryptogamie et la phanérogamie. Paris, 1836, 2 vol. grand
in-18, imprimés avec caractères neufs (dits *petit-texte*), sur deux co-
lonnes, br.   13 fr.

MÉRAT. SYNOPSIS DE LA NOUVELLE FLORE DES ENVIRONS DE PARIS, suivant
la méthode naturelle, par *F. V. Mérat,* membre de l'Académie royale de
médecine, Paris, 1837, 1 vol. in-18, imprimé avec caractères neufs (dits
nonpareille), br..   4 fr. 50 c.

RIVIÈRE. ÉLÉMENS DE GÉOLOGIE PURE ET APPLIQUÉE, ou Résumé d'un
cours de Géologie descriptive, spéculative, industrielle et comparative,
par *A. Rivière,* professeur de sciences physiques à l'Université, membre
de plusieurs académies nationales et étrangères, etc.; 1 vol. in-8, avec
12 planches noires et coloriées. (*Sous presse, pour paraître très-
prochainement.*)

Corbeil. — Imprimerie de Crété.